# 基礎から
# スッキリわかる
# 微分積分

アクティブ・ラーニング実践例つき

皆本晃弥 [著]

近代科学社

◆ 読者の皆さまへ ◆

平素より，小社の出版物をご愛読くださいまして，まことに有り難うございます．

(株)近代科学社は 1959 年の創立以来，微力ながら出版の立場から科学・工学の発展に寄与すべく尽力してきております．それも，ひとえに皆さまの温かいご支援があってのものと存じ，ここに衷心より御礼申し上げます．

なお，小社では，全出版物に対して HCD（人間中心設計）のコンセプトに基づき，そのユーザビリティを追求しております．本書を通じまして何かお気づきの事柄がございましたら，ぜひ以下の「お問合せ先」までご一報くださいますよう，お願いいたします．

お問合せ先：reader@kindaikagaku.co.jp

なお，本書の制作には，以下が各プロセスに関与いたしました：

・企画：山口幸治
・編集：山口幸治，高山哲司，安原悦子
・組版：藤原印刷 (LATEX)
・印刷：藤原印刷
・製本：藤原印刷 (PUR)
・資材管理：藤原印刷
・カバー・表紙デザイン：藤原印刷
・広報宣伝・営業：山口幸治，東條風太

---

・本書の複製権・翻訳権・譲渡権は株式会社近代科学社が保有します．
・ JCOPY 〈(社)出版者著作権管理機構 委託出版物〉
本書の無断複写は著作権法上での例外を除き禁じられています．
複写される場合は，そのつど事前に(社)出版者著作権管理機構
(https://www.jcopy.or.jp, e-mail: info@jcopy.or.jp) の許諾を得てください．

# はじめに

### 本書の位置づけと特徴

　本書は，微分積分の基礎を学習するための入門書です．高校数学の初等的な知識があれば読み進められるよう，基本的なところから丁寧に説明しています．もともと，本書は，佐賀大学理工学部の数学共通教科書として企画されたため，特定の学科や課程を想定している訳ではありません．また，学生の学習履歴の多様化へも対応できるよう，簡単になり過ぎないように，かつ，難しくなり過ぎないように配慮しました．そのため，本書は，様々な大学，短大，高専，あるいは社会人の再教育などにおいても，テキストとして利用できると思います．

　以下に，本書の特徴を示します．

(1) これまでの経験から，高校数学において学生が不得意だと思われる事項や忘れがちな事項については，その都度，側注で説明しています．

(2) 日本語が不得意な留学生などを想定し，数学用語にはルビと英語表記を併記しました．日本人学生にとっても，英語表記は，将来，英文文献の検索や大学院入試の英語などでも役に立つでしょう．

(3) 学生が自習しやすいように，新しい概念が出る都度，例題と問を豊富に配置し，例題には詳細な解答を，問には略解とヒントをすべて掲載しました．

(4) 章末に演習問題を用意し，すべての演習問題に略解とヒントを掲載しました．

(5) アクティブ・ラーニング例を示しました．
　これについては，「本書の使い方」で説明したいと思います．

(6) ほとんどの定理に詳細な証明をつけました．
　入門書では，定理に証明をつけないこともあるのですが，それでは，やさしい部分のみを取り出して，すべての読者の皆さんを分かった気にさせるだけにしてしまう恐れがあります．やはり，数学的概念や定理の本質的な意味を理解しようとすると，どうしても定理の証明が必要です．読者の皆さんには，少なくとも証明に触れる機会は数多く提供

したいと思います．なお，証明は，数学的な厳密さよりも，直観的に理解できるようなものにしています．

今では，本書に登場するような微分積分の計算問題だけなら，コンピュータがあっという間に解いてしまいます．しかし，コンピュータは意味を理解して計算している訳ではありません．人間である皆さんは，なるべく計算力だけでなく，微分積分の考え方も身に付けて，これを新たな時代を生き抜く糧にしてもらいたいと思います．

### 本書の使い方

以下に，本書の使い方の例を示します．あくまでも例なので，自分の状況に応じてやり方を変えて構いません．

#### 計算力を中心に身に付けたい場合

計算力を身に付けたい場合は，次の手順で読み進めましょう．

(1) 本文の定義と定理を前から順に読む．定理の証明を読む必要はないが，定理の意味は理解するよう努める．

(2) 前から読み進み，例題までくれば，その例題に取り組み，何も見ずにスラスラ解けるまで，何度も繰り返し取り組む．

(3) 例題がスラスラ解けるようになったら，その例題に関連する問に取り組む．

(4) 上記の例題や問に対応する演習問題に取り組む．演習問題では，証明問題を飛ばしてもよい．

#### 理論を中心に学びたい場合

微分積分の理論を中心に学びたい場合は，次の手順で読み進めましょう．

(1) 本文の定義と定理を前から順に読む．定理の証明を，手を動かしながら追うととともに，定理の証明とその意味もしっかりと理解する．

(2) 前から読み進み，例題までくれば，その例題に取り組む．

(3) 例題のすべての問題が何も見ずに解けるようになったら，その例題に関連する問に取り組む．

(4) 上記の例題や問に対応する演習問題に取り組む．演習問題の証明も必ず取り組む．

(5) 章ごとに，理論的に重要だと思う点を自身の言葉でまとめる．

なお，理論も計算もしっかりと学びたいときは，上記2つの方法の両方を行ってください．

## アクティブ・ラーニングを取り入れる場合

「アクティブ・ラーニング」とは，「主体的・対話的で深い学び」と言われています．本書は，アクティブ・ラーニングの解説書ではないので，これ以上，アクティブ・ラーニングそのものやこれを取り巻く話題などには踏み込まず，そのやり方のみを示します．これもあくまでも例ですから，状況に応じてやり方を変えても構いません．

▶[アクティブ・ラーニングの情報]
アクティブ・ラーニングについて知りたい人は，文献2, 10–12) などを参照．

【注意】あくまでも【アクティブ・ラーニング】で示した活動は例なので，このとおり行う必要も，すべてを行う必要もない．

### 基本的な問題を解けるようになりたい場合

例題に対応した【アクティブ・ラーニング】を行いましょう．その際

(1) まずは自分で考え，それを書き出す（「個」）．

(2) 自分の意見を他の人に話したり，他の人の意見を聞いたりする（「協働」）．

(3) 以上を踏まえて，自分の考えをまとめ直し，それを書き出す（「個」）．

という「個－協働－個の学習サイクル」を繰り返してください．

### 数学的な概念や理論を深く学びたい場合

定義や定理に対応した【アクティブ・ラーニング】，および各章の最後にある【アクティブ・ラーニング】を行いましょう．その際，「個－協働－個の学習サイクル」を意識してください．

▶[個－協働－個の学習サイクル]
個－協働－個の学習サイクルの事例については，例えば，文献12) を参照．なお，本書の【アクティブ・ラーニング】は，「個－協働－個の学習サイクル」を意識して書かれている．

## アクティブ・ラーニングの注意点

漫然と他の人とおしゃべりしても何の力も身につきません．アクティブ・ラーニングを取り入れる場合は，必ず導入目的をはっきりさせましょう．例えば，目的が「問題を解けるようになる」なら，自分なりの解法手順をみんなの意見も参考にしながら，まとめるような活動をすべきです．そして，「分かった＝人に説明できる」を意識して，他の人に解説してみましょう．

また，アクティブ・ラーニングを取り入れる場合は，文書を正しく理解する力（読解力）と他人の意見を聞いて正しく理解する力（傾聴力）が必要です．私の経験では，グループワークにおいて，「教科書に書かれている内容が理解できない」，「相手の言っている日本語が難しくて理解できない」，という学生が必ずいます．もしも，グループワークなどでそのことを自覚した場合には，新聞を読んだりニュースを見る時間を増やすなど，読解力と傾聴力の向上に努めてください．新聞記事を題材にして，お互いに話し合ったり，質問作りをしてみるのもいいでしょう．

▶[質問作り]
「質問づくり」の方法については，例えば，文献7) を参照．

### これからの学習法について考えてみよう

　昭和の時代，日本は工業社会に資する人材の育成に成功し，急成長をしました．工業社会は，大量生産，大量消費の社会でもあり，そこでは，正確に速く計算する力，マニュアルを覚えて正確に再現する力，などが重要視され，これらの能力は，学校の教科（国語，数学，理科，社会，英語など）で育成されました．このような教育で高度経済成長を実現できたのは日本の大きな成功であり，誇りでもあります．しかし，これはパソコンやインターネットが広く普及する前の話です．正確に速く計算する力，マニュアルを覚えて正確に再現する力，などはコンピュータが得意とする作業です．今まさに直面している第4次産業革命（人工知能，ビッグデータ，IoT 等が中心）の時代を生き抜くには，コンピュータが得意とする能力だけを鍛えても意味がありません．また，第4次産業革命によって，今後，どのようなことが起こるのか，予測は困難です．このような時代を生き抜くためにも，今後は，認知科学でいうところの「生きた知識」を創造する力，学んだ知識や考え方を問題発見や解決に活かす力，知識を知恵に昇華させる力，人工知能では解けない問題に取り組める力，人間にしかできない創造的・協働的な活動を創り出しやり抜く力，などがますます重要になってくるでしょう．アクティブ・ラーニングは，これらの能力の育成を目指した一つの学習法に過ぎません．例えば，数学の場合，定理の証明をすれば，「本当に定理が成り立つんだ」，「この考え方はすごい」，「この考え方は他にも使えそうだ」といった感動や推測が得られ，この経験が知識を知恵に変えることでしょう．計算においても，コンピュータは意味も考えずに計算しますが，人間らしく数学的な背景も意識した上で計算すれば，その過程で得られた考え方やテクニックが他のところへ適用できるようになるかもしれません．

　学習法に正解はありません．学び方も人によって違います．同じ教科書を読むにしても，前から丁寧に読む人，一通り大雑把に読んでから細部を読む人，一人で学ぶのが好きな人，みんなと一緒に学ぶのが好きな人，など多様です．いずれにせよ，皆さんには，100年に1度と言われている大変革期の真っ只中にいることを意識し，自身の学び方も踏まえた上で，自身のどの能力をどのように伸ばすかを真剣に考え，自身にあった学習法を見つけて，新たな時代をたくましく生き抜いてほしいと思います．

2019年1月

皆本　晃弥

▶[人工知能]
　人工知能というと，何となく賢そうだが，コンピュータ上で動くソフトウェアに過ぎない．コンピュータは，もともと演算を高速に行う機械であり，基本的に数式で表現できないような処理はできない．当然ながら意味を考えることもできない．なお，人工知能については，例えば，文献[1]を参照．

▶[知恵]
　知恵とは「物事の理を悟り，適切に処理する能力のこと」（『広辞苑・第六版』）．

▶【アクティブ・ラーニング】
　週刊ダイヤモンドオンライン（2018年8月20日付）によれば，平成元年（1989年）の世界時価総額ランキングの上位50社中，日本企業は32社でしたが，平成30年（2018年）は1社のみです．なぜ，このような状況になったのでしょうか？これは，高度経済成長を支えた人材育成法が通用しなくなったことを意味するのでしょうか？自分の意見をまとめた上で，他の人と話し合ってみよう．

# 目　次

はじめに ............................................................................ i

本書で利用する主な記号や公式など ................................................ viii

## 第1章　関数と極限　　　　　　　　　　　　　　　　　　　　　　　　　　　1
　1.1　数 ........................................................................... 1
　1.2　実数の性質 ................................................................... 2
　1.3　数列の極限 ................................................................... 4
　1.4　有界数列の極限 ............................................................... 7
　1.5　無限級数 ..................................................................... 9
　1.6　関数の極限 .................................................................. 12
　1.7　指数関数と対数関数の極限 .................................................... 16
　1.8　三角関数の極限 .............................................................. 17
　1.9　数列の極限と関数の極限 ...................................................... 19
　1.10　関数の連続性 ............................................................... 19
　1.11　逆関数 ..................................................................... 23
　1.12　逆三角関数 ................................................................. 25

## 第2章　微分法　　　　　　　　　　　　　　　　　　　　　　　　　　　　31
　2.1　微分係数と導関数 ............................................................ 31
　2.2　微分可能性と連続性 .......................................................... 33
　2.3　導関数の基本的な性質 ........................................................ 35
　2.4　逆関数の微分 ................................................................ 38
　2.5　対数微分法 .................................................................. 40
　2.6　高次導関数 .................................................................. 41
　2.7　パラメータ表示された関数の導関数 ............................................ 44

## 第3章　微分法の応用　　　　　　　　　　　　　　　　　　　　　　　　　51
　3.1　平均値の定理とその応用 ...................................................... 51
　3.2　コーシーの平均値の定理とロピタルの定理 ...................................... 53
　3.3　テイラーの定理とその応用 .................................................... 58

3.4 テイラー展開とマクローリン展開 .................................................. 61
3.5 導関数と関数の増加・減少 ...................................................... 65
3.6 関数の極大と極小 .............................................................. 66
3.7 第2次導関数と関数のグラフの凹凸 ............................................... 69

## 第4章 積分法 .................................................................... 81
4.1 定積分 ........................................................................ 81
4.2 定積分と不定積分 .............................................................. 87
4.3 定積分の計算 .................................................................. 93
4.4 不定積分の置換積分 ............................................................ 95
4.5 定積分の置換積分 .............................................................. 97
4.6 不定積分の部分積分 ........................................................... 100
4.7 定積分の部分積分 ............................................................. 103
4.8 有理関数の積分 ............................................................... 105
4.9 三角関数の積分 ............................................................... 110
4.10 無理関数の積分 .............................................................. 112
4.11 指数関数の積分 .............................................................. 116

## 第5章 積分の応用 ............................................................... 125
5.1 図形の面積 ................................................................... 125
5.2 極方程式と面積 ............................................................... 128
5.3 曲線の長さ ................................................................... 130
5.4 立体の体積 ................................................................... 132
5.5 回転体の体積と側面積 ......................................................... 133
5.6 広義積分 ..................................................................... 136
5.7 正項級数と積分判定法 ......................................................... 139

## 第6章 偏微分法 ................................................................. 147
6.1 2変数関数 .................................................................... 147
6.2 2変数関数の極限 .............................................................. 149
6.3 2変数関数の連続性 ............................................................ 150
6.4 偏導関数 ..................................................................... 151
6.5 全微分 ....................................................................... 157
6.6 合成関数の微分法 ............................................................. 163

## 第7章 偏微分法の応用 ........................................................... 171
7.1 テイラーの定理 ............................................................... 171
7.2 2変数関数の極値問題 .......................................................... 173
7.3 陰関数とその極値 ............................................................. 176
7.4 条件付き極値問題 ............................................................. 180

### 第 8 章　重積分とその応用 　　　185

　8.1　2 重積分 　　　185

　8.2　累次積分 　　　189

　8.3　2 重積分の変数変換 　　　195

　8.4　2 重積分による曲面積と体積の計算 　　　198

　8.5　広義 2 重積分 　　　202

### 参考文献　　　211

### 索　引　　　212

# 本書で利用する主な記号や公式など

- $A \Longrightarrow B$ : $A$ ならば $B$
- $\mathbb{C}$：複素数全体の集合
- $\mathbb{N}$：自然数全体の集合
- $\mathbb{Q}$：有理数全体の集合
- $\mathbb{R}$：実数全体の集合，$\mathbb{R}^2$ は 2 次元実ベクトル全体の集合 (平たくいうと $xy$ 平面全体)，$\mathbb{R}^3$ は 3 次元実ベクトル全体の集合 (平たくいうと $xyz$ 空間全体)，$\mathbb{R}^n$ は $n$ 次元ベクトル全体の集合
- $\mathbb{Z}$：整数全体の集合
- $A \subset B$ : $A$ は $B$ の部分集合
- $a \in A$ : $a$ は $A$ の元 (要素)
- 集合を表記する場合，$A = \{x \in \mathbb{R} \mid |x| < 1\}$ や $B = \{(x,y) \in \mathbb{R}^2 \mid x \geq 0, y \geq 0\}$ のように $x$ や $y$ が属する数の集合 ($\mathbb{N}, \mathbb{Z}, \mathbb{Q}, \mathbb{R}, \mathbb{C}$) を明記することもあるが，特に誤解を与える恐れがない (と思われる) ときは，$A = \{x \mid |x| < 1\}$ や $B = \{(x,y) \mid x \geq 0, y \geq 0\}$ のように数の集合を省略することがある．
- $A \approx B$ : $A$ と $B$ は近似的に等しい
- 区間の記号

| 名前 | 意味 | 区間表現 |
|---|---|---|
| 開区間 | $\{x \mid a < x < b\}$ | $(a, b)$ |
| 閉区間 | $\{x \mid a \leq x \leq b\}$ | $[a, b]$ |
| 右半開区間 | $\{x \mid a \leq x < b\}$ | $[a, b)$ |
| 左半開区間 | $\{x \mid a < x \leq b\}$ | $(a, b]$ |
| 全区間 | $\mathbb{R}$ | $(-\infty, \infty)$ |
| 半無限区間 | $\{x \mid x \leq b\}$ | $(-\infty, b]$ |
| 半無限区間 | $\{x \mid x < b\}$ | $(-\infty, b)$ |
| 半無限区間 | $\{x \mid x \geq a\}$ | $[a, \infty)$ |
| 半無限区間 | $\{x \mid x > a\}$ | $(a, \infty)$ |

- $\binom{n}{r}$ : $_nC_r$ と同じ．$n$ 個から $r$ 個とる組合せ．つまり，$\binom{n}{r} = \dfrac{n!}{r!(n-r)!}$
- $\max\limits_{1 \leq i \leq n} x_i$ : $x_1, x_2, \ldots, x_n$ の最大値，$\max\limits_{x \in I} f(x)$ : $I$ における $f(x)$ の最大値
- $\min\limits_{1 \leq i \leq n} x_i$ : $x_1, x_2, \ldots, x_n$ の最小値，$\min\limits_{x \in I} f(x)$ : $I$ における $f(x)$ の最小値

# 記号の読み方

- $f'$：エフダッシュ，あるいはエフプライム (prime)
- $\partial$：丸いディー，柔らかいディー，ラウンディッド (rounded) ディー，デル，パーシャル (partial) ディー
- $\dfrac{dy}{dx}$：ディー ワイ・ディー エックス
- $\dfrac{\partial z}{\partial x}$：ディー ゼット・ディー エックス，あるいは丸いディー ゼット・丸いディー エックスなど
- $\int$：インテグラル (integral)
- $\iint$：ダブルインテグラル (double integrals)
- $\lim$：リミット (limit)

# 三角関数の公式

### 三角関数の合成

- $\dfrac{b}{a} = \tan \alpha$ とするとき，$a \sin \theta + b \cos \theta = \sqrt{a^2 + b^2} \sin(\theta + \alpha)$

- $\dfrac{-a}{b} = \tan\beta$ とするとき，$a\sin\theta + b\cos\theta = \sqrt{a^2 + b^2}\cos(\theta + \beta)$

## 加法定理
- $\sin(\alpha \pm \beta) = \sin\alpha\cos\beta \pm \cos\alpha\sin\beta$
- $\cos(\alpha \pm \beta) = \cos\alpha\cos\beta \mp \sin\alpha\sin\beta)$
- $\tan(\alpha \pm \beta) = \dfrac{\tan\alpha \pm \tan\beta}{1 \mp \tan\alpha\tan\beta}$

## 倍角の公式
- $\sin 2\alpha = 2\sin\alpha\cos\alpha$
- $\cos 2\alpha = \cos^2\alpha - \sin^2\alpha = 2\cos^2\alpha - 1 = 1 - 2\sin^2\alpha$
- $\tan 2\alpha = \dfrac{2\tan\alpha}{1 - \tan^2\alpha}$

## 半角の公式
- $\sin^2\dfrac{\alpha}{2} = \dfrac{1 - \cos\alpha}{2}, \quad \cos^2\dfrac{\alpha}{2} = \dfrac{1 + \cos\alpha}{2}, \quad \tan^2\dfrac{\alpha}{2} = \dfrac{1 - \cos\alpha}{1 + \cos\alpha}$

## 和・差を積にする公式
- $\sin\alpha + \sin\beta = 2\sin\dfrac{\alpha + \beta}{2}\cos\dfrac{\alpha - \beta}{2}$
- $\sin\alpha - \sin\beta = 2\cos\dfrac{\alpha + \beta}{2}\sin\dfrac{\alpha - \beta}{2}$
- $\cos\alpha + \cos\beta = 2\cos\dfrac{\alpha + \beta}{2}\cos\dfrac{\alpha - \beta}{2}$
- $\cos\alpha - \cos\beta = -2\sin\dfrac{\alpha + \beta}{2}\sin\dfrac{\alpha - \beta}{2}$

## 積を和・差にする公式
- $\sin A\cos B = \dfrac{1}{2}\{\sin(A + B) + \sin(A - B)\}$
- $\cos A\cos B = \dfrac{1}{2}\{\cos(A + B) + \cos(A - B)\}$
- $\sin A\sin B = -\dfrac{1}{2}\{\cos(A + B) - \cos(A - B)\}$

# 指数関数と対数関数

### 指数の拡張
$a^0 = 1, \quad a^{-n} = \dfrac{1}{a^n}, \quad a^{\frac{m}{n}} = \sqrt[n]{a^m} = (\sqrt[n]{a})^m \qquad (a > 0)$

### 指数法則
$a^m a^n = a^{m+n}, \quad (a^m)^n = a^{mn}, \quad (ab)^m = a^m b^m$

### 対数の定義
$m = \log_a M \iff M = a^m \qquad (a > 0, a \neq 1, M > 0)$

### 対数の性質
$\log_a 1 = 0, \quad \log_a a = 1, \quad a^{\log_a M} = M$

$\log_a MN = \log_a M + \log_a N, \quad \log_a \dfrac{M}{N} = \log_a M - \log_a N$

$\log_a M^p = p\log_a M, \quad \log_a b = \dfrac{\log_c b}{\log_c a}$

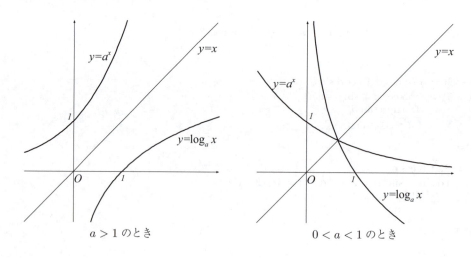

a > 1 のとき　　　　　　　　　　　0 < a < 1 のとき

## 弧度法と扇形

**弧度法とラジアン**

∠$XOY$ に対し，点 $O$ を中心とする半径 $r$ の円を描き，$OX, OY$ との交点を $A, B$，弧 $AB$ の長さを $l$ とする．このとき，$\theta = \dfrac{l}{r}$ を ∠$XOY$ の大きさという．また，このように $l$ と $r$ で ∠$XOY$ の大きさを表す方法を **弧度法** といい，$\theta$ を **ラジアン** という．

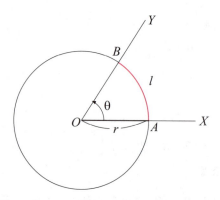

例えば，$r = 1$ とすると，半径 1 の円周の長さは $2\pi$ なので $360°$ が $2\pi$ ラジアンであり，$180°$ が $\pi$ ラジアンである．

**扇形の弧の長さ**

ラジアンの定義より，半径 $r$，中心角 $\theta$ ラジアンの扇形の弧の長さ $l$ は

$$l = r\theta$$

**扇形の弧の面積**

$n$ を十分大きな自然数とする．このとき，半径 $r$ の扇形は，弧長 $l$ を $n$ 等分したとき，高さが $r$ で底辺が $\dfrac{l}{n}$ の小さい三角形を $n$ 個集めたものと考えられる．よって，半径 $r$，中心角が $\theta$ ラジアンの扇形の面積 $S$ は

$$S = \left(\frac{1}{2} \cdot \frac{l}{n} \cdot r\right) n = \frac{1}{2} lr = \frac{1}{2} r^2 \theta$$

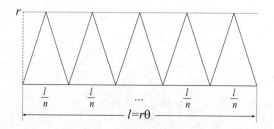

## 基本的な総和の公式

$$\sum_{k=1}^{n} k = \frac{n(n+1)}{2} \qquad \sum_{k=1}^{n} k^2 = \frac{n(n+1)(2n+1)}{6}$$

## ギリシャ文字

| 大文字 | 小文字 | 対応する英字 | 読み方 | 大文字 | 小文字 | 対応する英字 | 読み方 |
|---|---|---|---|---|---|---|---|
| $A$ | $\alpha$ | a | アルファ | $N$ | $\nu$ | n | ニュー |
| $B$ | $\beta$ | b | ベータ | $\Xi$ | $\xi$ | x | グザイ, グシー |
| $\Gamma$ | $\gamma$ | g | ガンマ | $O$ | $o$ | o | オミクロン |
| $\Delta$ | $\delta$ | d | デルタ | $\Pi$ | $\pi, \varpi$ | p | パイ |
| $E$ | $\varepsilon, \epsilon$ | e | イプシロン | $P$ | $\rho, \varrho$ | r,rh | ロー |
| $Z$ | $\zeta$ | z | ジータ, ゼータ | $\Sigma$ | $\sigma, \varsigma$ | s | シグマ |
| $H$ | $\eta$ | e（長音） | エータ, イータ | $T$ | $\tau$ | t | タウ |
| $\Theta$ | $\theta, \vartheta$ | th | シータ | $\Upsilon$ | $\upsilon$ | u,y | ウプシロン |
| $I$ | $\iota$ | i | イオタ | $\Phi$ | $\phi, \varphi$ | ph | ファイ |
| $K$ | $\kappa$ | k,c | カッパ | $X$ | $\chi$ | ch | カイ |
| $\Lambda$ | $\lambda$ | l | ラムダ | $\Psi$ | $\psi$ | ps | プサイ, プシー |
| $M$ | $\mu$ | m | ミュー | $\Omega$ | $\omega$ | o（長音） | オメガ |

# 第1章　関数と極限

### [ねらい]

1変数関数にしろ多変数関数にしろ，その土台は実数である．そのため，関数の連続性，微分可能性，積分可能性といった議論には必ず実数の性質が登場することになる．

まずは，土台となる実数とそこで定義される数列や関数について学ぼう．

### [この章の項目]

実数の性質，数列の極限，無限級数，関数の極限，関数の連続性，逆関数，逆三角関数

## 1.1 数

**自然数**

**自然数**(natural number) は，$1, 2, 3, \ldots$ と続く数であり，自然数の集合を Natural number の先頭の文字を使って $\mathbb{N}$ と表す．つまり，$\mathbb{N} = \{1, 2, 3, \ldots\}$ である．

ある集合に属する要素どうしの演算結果が再びその集合に属することを演算について**閉じている** (closed) という．2つの自然数 $m, n$ に対して，$m+n$ と $mn$ は自然数になるので，**自然数は加法と乗法について閉じている**．しかし，例えば，1 と 3 はともに自然数だが，減算結果 $1-3$，除算結果 $1 \div 3$ は自然数ではないので，自然数は減算と除算について閉じていない．

**整数**

**整数**(integer) は，自然数 $1, 2, 3, \ldots$ とこれらの値を負にした $-1, -2, -3, \ldots$ および 0 からなる数である．ドイツ語で，「数」を意味する Zahlen の頭文字を用いて，整数の集合を $\mathbb{Z}$ で表す．つまり，$\mathbb{Z} = \{\ldots, -3, -2, -1, 0, 1, 2, 3, \ldots\}$ である．**整数は，加法，乗法に加えて，減法についても閉じている**が，除法については閉じていない．

**有理数**

**有理数**(rational number) は，整数 $m$ と自然数 $n$ を用いて分数 $\dfrac{m}{n}$ の形に表される数である．有理数の集合は「割り算の商」や「比率」を意味する英語 Quotient の頭文字を使って $\mathbb{Q}$ と表す．つまり，$\mathbb{Q} = \left\{ \dfrac{m}{n} \middle| m \in \mathbb{Z}, n \in \mathbb{N} \right\}$

▶[四則演算]

加法（足し算），減法（引き算），乗法（掛け算），除法（割り算）をまとめて**四則**(four rules) といい，これらを使った計算を**四則演算**(four arithmetic operations) という．四則演算の結果を，それぞれ，**和**(sum)，**差**(difference)，**積**(product)，**商**(quotient) という．ただし，除法において 0 で割ることは考えない．

である．2つの数の有理数の和，差，積，商は常に有理数なので，有理数は，四則演算について閉じている．

整数以外の有理数を小数で表すと，例えば次のようになる．

(A) $\dfrac{1}{8} = 0.125$   (B) $\dfrac{1}{3} = 0.3333\cdots$   (C) $\dfrac{5}{22} = 0.2272727272\cdots$

(A)のように小数点以下第何位かで終わる小数を有限小数(finite decimal)という．また，小数点以下が限りなく続く小数を無限小数(infinite decimal)といい，(B)や(C)のように，ある位以下では数字の同じ並びが繰り返される小数を循環小数(recurring decimal)という．有理数については，「整数以外の有理数は，有限小数か循環小数のいずれかで表される．逆に，有限小数と循環小数は必ず分数で表され，有理数である．」ことが知られている．

これに対して，循環しない無限小数で表される数を無理数(irrational number)という．無理数は，分数で表すことはできない．

## 実数

実数(real number)とは，有理数と無理数を合わせた数であり，実数の集合を real number の頭文字をとって $\mathbb{R}$ と表す．2つの数の実数の和，差，積，商は常に実数なので，実数は，四則演算について閉じている．

## 区間

実数 $a, b (a < b)$ に対し，次のような実数 $x$ の範囲を区間(interval)という．

(1) $[a,b] = \{x \in \mathbb{R} | a \leqq x \leqq b\}$   (2) $(a,b) = \{x \in \mathbb{R} | a < x < b\}$
(3) $(a,b] = \{x \in \mathbb{R} | a < x \leqq b\}$   (4) $[a,b) = \{x \in \mathbb{R} | a \leqq x < b\}$

特に，$[a,b]$ を閉区間(closed interval)，$(a,b)$ を開区間(open interval)，$(a,b]$ および $[a,b)$ を半開区間(half-open interval)という．また，(1)〜(4)のように，区間の両端点が実数である区間を有界(bounded)な区間という．

## 1.2 実数の性質

### 実数の連続性

高校数学Ⅰで学ぶように，直線上に基準となる点 $O$ をとって数 0 を対応させ，その点の両側に目もりをつけた直線を数直線(number line)といい，点 $O$ を原点(origin)という．

実数は有理数と無理数を合わせた数だが，有理数だけでも数直線上にギッシリ詰まっている，というのが次の定理である．

> **定理1.1（有理数の稠密性(density)）**
> 任意の2つの実数 $a, b (a < b)$ に対して，$a < q < b$ を満たす有理数 $q$ が存在する．

---

▶ [無理数の例]
例えば，$\sqrt{2}$ や円周率 $\pi$ は無理数であることが知られている．

$\sqrt{2} = 1.414213562373\cdots$
$\pi = 3.141592653589\cdots$

▶ 【アクティブ・ラーニング】
平方根や円周率以外にどのような無理数があるでしょう？調べてみよう．その結果を周りの人にも話そう．

▶ [数の関係]

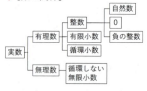

▶ [任意という言葉]
大学数学では「任意の」という言葉をよく使う．意味としては，「何でもいいから1つとってこい」と考えておけばよい．例えば，「任意の実数 $a, b (a < b)$ に対して」とは「思いのまま（好き勝手に）に選んできた実数 $a, b$ に対して」という意味で，今の場合，「$a$ と $b$ を限りなく近い実数に選んだとしても」というニュアンスである．

▶ 【アクティブ・ラーニング】
数直線を描いて，証明に記した状況を把握しよう．また，他の人に証明を説明しよう．

(証明)
$b-a>0$ なので，$0<\frac{1}{N}<b-a$ を満たす自然数 $N$ をとれる．ここで，$\frac{n}{N}$（$n$ は整数）と表せる数を考えると，$\frac{n}{N}$ は有理数である．また，$\frac{n}{N}$ は，幅 $\frac{1}{N}(<b-a)$ ごとに等間隔に存在している．したがって，このような数の中に $a$ より大きく $b$ より小さいもの，つまり，$a<\frac{m}{N}<b$ となる整数 $m$ が必ず存在する． ■

数直線上では，有理数だけでもギッシリと詰まっているが，さらに無理数も存在している．したがって，数直線は有理数と無理数からなる実数によってすべて埋め尽くされており，その結果，実数を連続した直線で描いてもよい，ことが保証される．

> **公理 1.1（実数の連続性(continuity of real numbers)）**
> 実数は数直線全体であり，連続的に存在する．

## 絶対値

数直線上で，実数 $a$ に対応する点 $P$ と原点 $O$ との距離を $a$ の**絶対値 (absolute value)** といい，記号 $|a|$ で表す．

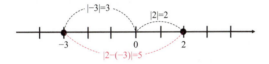

$a \geqq 0$ のときは $|a|=a$ で，$a<0$ のときは $|a|=-a$ となる．また，数直線において 2 つの実数 $x, y$ との距離は $|x-y|$ となる．

> **例題 1.1（三角不等式）**
> 実数 $x, y$ に対して，次の不等式を示せ．
> $$||x|-|y|| \leqq |x+y| \leqq |x|+|y|$$

(解答)
絶対値の性質より $-|x| \leqq x \leqq |x|$, $-|y| \leqq y \leqq |y|$ なので，
$$-|x|-|y| \leqq x+y \leqq |x|+|y|$$
が成り立ち，これは，
$$|x+y| \leqq |x|+|y|$$
が成り立つことを意味する．また，
$$|x|=|x+y-y| \leqq |x+y|+|-y|=|x+y|+|y|$$
に注意すれば，$|x|-|y| \leqq |x+y|$ が成り立つことが分かる．この式で $x$ と $y$ を入れ換えると $|y|-|x| \leqq |x+y|$ となるので，結局，$||x|-|y|| \leqq |x+y|$ を得る． ■

▶ [実数の連続性の重要性]
　今後，極限を学んでいくが実は，有理数で極限をとったとき，その極限値が有理数になるとは限らない．しかし，実数の範囲で極限をとれば，その極限値は必ず実数になる．実数の連続性のおかげで，極限操作が定義できる．微分積分学は，極限操作がその根幹を成しているので，実数の連続性は微分積分学の土台である．

▶ 【アクティブ・ラーニング】
　極限について学んだ後，実数の連続性の重要性について，実例を交えながら他の人に説明しよう．

▶ [平方根と絶対値の関係]
　$a \geqq 0$ のとき $\sqrt{a^2}=a$, $a<0$ のとき $\sqrt{a^2}=-a$ なので，$|a|=\sqrt{a^2}$ が成り立つ．

▶ [絶対値の例]
　2 の絶対値は $|2|=2$, $-3$ の絶対値は $|-3|=3$, $0$ の絶対値は $|0|=0$, 2 と $-3$ の距離は $|2-(-3)|=5$ である．

▶ [三角不等式]
　**三角不等式** という名前は，三角形の性質「三角形の 2 辺の長さの和は残りの 1 辺の長さよりも大きい」という性質に由来する．高校数学 B で学ぶ「平面上のベクトル」によれば，以下の図において $|\vec{a}+\vec{b}| \leqq |\vec{a}|+|\vec{b}|$ が成り立つ．

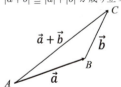

▶ 【アクティブ・ラーニング】
　$a \leqq b$ かつ $c \leqq d$ ならば，$a+c \leqq b+d$ が成り立つ．それでは，$a-c \leqq b-d$ が成り立つか考えてみよう．考えた結果を他の人にも話してみよう．

[基本テクニック] ▶ $x=x+y-y$
のように同じものを足して引くのは，微分積分ではよく使うテクニックである．

## 1.3 数列の極限

**数列**

順序付けて並べられた実数の列 $a_1, a_2, a_3, \ldots$ を $\{a_n\}$ と書き、これを数列(sequence)という.

---

**定義 1.1（数列の極限）**

$n$ を十分大きくすると $a_n$ が限りなく $a$ に近づくとき、数列 $\{a_n\}$ は $a$ に収束する (converge) といい、次の記号で表す.

$$\lim_{n \to \infty} a_n = a \quad \text{または} \quad a_n \to a \ (n \to \infty)$$

このとき、$a$ を $\{a_n\}$ の極限(limit) または極限値(limit value) という. また、$\{a_n\}$ がどんな実数にも収束しないとき、$\{a_n\}$ は発散する (diverge).

---

▶ [限りなく近づく]

あくまでも「$a$ に限りなく近づく」のであって、「$a$ に一致する」わけではない. 例えば、$a_n = 1 - \dfrac{1}{n}$ のとき、$n$ を大きくすれば、$a_n$ は 1 に近づくが 1 を超えることはない.

「$a_n$ が $a$ に限りなく近づく」ということは、$a_n$ と $a$ との差 $|a_n - a|$ が、勝手に決めた誤差 $\varepsilon > 0$ よりも小さくなることだと考える. つまり、勝手に設定した数 $\varepsilon > 0$ に対して

$$|a_n - a| < \varepsilon \quad (1.1)$$

が成り立つということだと考える. そして、「$n$ を十分に大きくすると」とは、条件 (1.1) が常に満たされるぐらい $n$ を大きくするとき、つまり、常に (1.1) が成り立つような最小の $n_0$ があって $n$ が $n_0$ よりも大きくなるとき、と考える.

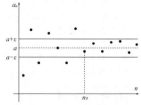

ここで、$n_0$ は $\varepsilon$ に依存することに注意しよう.

▶【アクティブ・ラーニング】

(a) 収束する, (b) 振動する, (c) $\infty$ に発散する, (d) $-\infty$ に発散する, という 4 種類の数列を自分で作り, それを他の人に解いてもらおう.

---

**$\infty, -\infty$ への発散**

$n$ を十分大きくすると、$a_n$ が限りなく大きくなるとき、数列 $\{a_n\}$ は正の無限大 $\infty$ に発散する ($\{a_n\}$ approaches positive infinity) といい、次の記号で書く.

$$\lim_{n \to \infty} a_n = \infty \quad \text{または} \quad a_n \to \infty \ (n \to \infty)$$

また、$a_n$ が限りなく小さくなるとき、数列 $\{a_n\}$ は、負の無限大 $-\infty$ に発散する ($\{a_n\}$ approaches negative infinity) といい、次の記号で書く.

$$\lim_{n \to \infty} a_n = -\infty \quad \text{または} \quad a_n \to -\infty \ (n \to \infty)$$

なお、$\infty$ は限りなく大きくなる状態を表す記号であって、数ではないので「$a = \infty$」という記号の使い方は本来は正しくない.

例 $\displaystyle\lim_{n \to \infty}\left(4 - \frac{3}{n^2}\right) = 4 \qquad \lim_{n \to \infty}(4n+5) = \infty \qquad \lim_{n \to \infty}(2 - n^2) = -\infty$

$a_n = 3(-1)^n$ とすると $\displaystyle\lim_{n \to \infty} a_{2n} = 3, \lim_{n \to \infty} a_{2n-1} = -3$ なので、$\{a_n\}$ は発散（振動）する.

**$\pm\infty$ による区間表示**

$\pm\infty$ を使って次のように区間を表示することもある.

(1) $[a, \infty) = \{x \in \mathbb{R} | x \geqq a\}$    (2) $(a, \infty) = \{x \in \mathbb{R} | x > a\}$

(3) $(-\infty, b] = \{x \in \mathbb{R} | x \leqq b\}$    (4) $(-\infty, b) = \{x \in \mathbb{R} | x < b\}$

特に、$\mathbb{R} = (\infty, \infty)$ と表す. また、「$a = \infty$」という記号の使い方はしないので、例えば、$[a, \infty]$ や $[-\infty, b]$ といった使い方はしない.

## 数列の極限の性質

「$a_n$ が限りなく $a$ に近づく」ということは，「$a_n$ と $a$ の距離が限りなく $0$ に近づく」ということなので，次の定理が成り立つ．

> **定理 1.2（数列の極限と距離）**
> $$\lim_{n\to\infty} |a_n - a| = 0 \iff \lim_{n\to\infty} a_n = a$$

▶ [ $\iff$ ]
$A \iff B$ は，$A$ は $B$ であるための**必要十分条件**(necessary and sufficient condition) であることを表す．

また，極限には次のような性質がある．

> **定理 1.3（不等式関係にある数列の極限）**
> 数列 $\{a_n\}, \{b_n\}$ が収束し，$\lim_{n\to\infty} a_n = a, \lim_{n\to\infty} b_n = b$ とする．このとき，すべての $n$ について $a_n \leqq b_n$ ならば $a \leqq b$ が成り立つ．

定理 1.3 において，常に，$a_n < b_n$ でも $a = b$ のときがある．例えば，$a_n = 1 - \dfrac{1}{n}, b_n = 1 + \dfrac{1}{n}$ のとき，$a_n < b_n$ だが，$\lim_{n\to\infty} a_n = \lim_{n\to\infty} b_n = 1$ である．また，**はさみうちの定理 (Squeeze theorem)** と呼ばれる次の性質が成り立つ．

▶ [定理 1.3, 1.4 の証明]
証明するには，$\varepsilon - \delta$ 論法と呼ばれるものが必要である．興味ある人は，チャレンジしてみよう．$\varepsilon - \delta$ は，$\varepsilon - N$ 論法や $\varepsilon - n_0$ 論法と呼ばれることがあります．調べるときには注意しよう．

> **定理 1.4（はさみうちの定理）**
> $a_n \leqq c_n \leqq b_n$ かつ $\lim_{n\to\infty} a_n = \lim_{n\to\infty} b_n = a$ ならば $\lim_{n\to\infty} c_n = a$ が成り立つ．

▶【アクティブ・ラーニング】
はさみうちの定理は $a_n < c_n < b_n$ の場合も成り立つか？まずは自分で考えた後，みんなで話し合ってみよう．

定理 1.2 と定理 1.4 とを使うと，次のような性質を導ける．

> **定理 1.5（数列の極限の性質）**
> 数列 $\{a_n\}, \{b_n\}$ が収束し，$\lim_{n\to\infty} a_n = a, \lim_{n\to\infty} b_n = b$ とすれば，次が成り立つ．ただし，$p, q$ は定数である．
>
> (1) $\lim_{n\to\infty} (pa_n \pm qb_n) = pa \pm qb$
>
> (2) $\lim_{n\to\infty} a_n b_n = ab$
>
> (3) $\lim_{n\to\infty} \dfrac{a_n}{b_n} = \dfrac{a}{b} \quad (b_n \neq 0, b \neq 0)$
>
> (4) $\lim_{n\to\infty} |a_n| = |a|$

（証明）
(1) $0 \leqq |(pa_n + qb_n) - (pa + qb)| \leqq |p||a_n - a| + |q||b_n - b| \to 0 \quad (n \to \infty)$

(2) $0 \leqq |a_n b_n - ab| \leqq |a_n - a||b_n| + |a||b_n - b| \to 0 \quad (n \to \infty)$

(3) (2) より $\lim_{n\to\infty} \dfrac{1}{b_n} = \dfrac{1}{b}$ を示せばよい．$\lim_{n\to\infty} b_n = b \neq 0$ より，十分大きな $n$ に対して $|b_n| \geqq \dfrac{1}{2}|b| > 0$ とできるので，

[基本テクニック] ▶ 同じものを足して引くテクニック $a_n b_n - ab_n + ab_n - ab$ の登場である．

$$0 \leqq \left|\frac{1}{b_n} - \frac{1}{b}\right| \leqq \frac{1}{|b_n||b|}|b - b_n| \leqq \frac{2}{|b|^2}|b - b_n| \to 0 \quad (n \to \infty)$$

(4) 例題 1.1 より, $0 \leqq ||a_n| - |a|| \leqq |a_n - a| \to 0$ ∎

---

**例題 1.2（数列の極限）**

次の数列の極限を求めよ．

(1) $\lim\limits_{n\to\infty} \dfrac{3n-5}{2n+3}$ (2) $\lim\limits_{n\to\infty} \dfrac{n^2 - 2n}{n+1}$ (3) $\lim\limits_{n\to\infty} \dfrac{(-2)^n + 2\cdot 3^n}{3^n + 2^n}$

(4) $\lim\limits_{n\to\infty} n\cos n\pi$ (5) $\lim\limits_{n\to\infty} \dfrac{1}{n}\cos n$ (6) $\lim\limits_{n\to\infty} \sqrt{n^2 + n} - n$

---

【注意】$\lim\limits_{n\to\infty} \dfrac{3n-5}{2n+3} = \dfrac{\infty}{\infty} = 1$ としない．

[基本テクニック] ▶ 数列の極限の計算では，分母あるいは分子がなるべく 0 や $\pm\infty$ にならないような変形を試みる．また，はさみうちの定理の利用を検討する．

（解答）

(1) $\lim\limits_{n\to\infty} \dfrac{3n-5}{2n+3} = \lim\limits_{n\to\infty} \dfrac{3 - \frac{5}{n}}{2 + \frac{3}{n}} = \dfrac{3}{2}$

(2) $\lim\limits_{n\to\infty} \dfrac{n^2 - 2n}{n+1} = \lim\limits_{n\to\infty} \dfrac{n-2}{1+\frac{1}{n}} = \infty$

(3) $\lim\limits_{n\to\infty} \dfrac{(-2)^n + 2\cdot 3^n}{3^n + 2^n} = \lim\limits_{n\to\infty} \dfrac{\left(-\frac{2}{3}\right)^n + 2}{1 + \left(\frac{2}{3}\right)^n} = 2$

(4) $\lim\limits_{n\to\infty} \cos 2n\pi = 1$, $\lim\limits_{n\to\infty} \cos(2n-1)\pi = -1$ なので，$a_n = n\cos n\pi$ とおけば，$\lim\limits_{n\to\infty} a_{2n} = \infty$, $\lim\limits_{n\to\infty} a_{2n-1} = -\infty$ となる．よって，$\{a_n\}$ は振動する．

(5) 任意の $n$ に対して，常に $-1 \leqq \cos n \leqq 1$ が成り立つので，$-\dfrac{1}{n} \leqq \dfrac{1}{n}\cos n \leqq \dfrac{1}{n}$ である．ここで，$\lim\limits_{n\to\infty}\left(-\dfrac{1}{n}\right) = 0$, $\lim\limits_{n\to\infty}\left(\dfrac{1}{n}\right) = 0$ なので，はさみうちの定理より，$\lim\limits_{n\to\infty} \dfrac{1}{n}\cos n = 0$．

(6)

【注意】$\lim\limits_{n\to\infty} \sqrt{n^2+n} - n = \infty - \infty = 0$ としない．

[基本テクニック] ▶ 分子や分母の有理化はよく使うテクニック．

$$\lim_{n\to\infty} \sqrt{n^2+n} - n = \lim_{n\to\infty} \dfrac{(\sqrt{n^2+n} - n)(\sqrt{n^2+n} + n)}{\sqrt{n^2+n} + n} = \lim_{n\to\infty} \dfrac{(n^2+n) - n^2}{\sqrt{n^2+n} + n}$$
$$= \lim_{n\to\infty} \dfrac{n}{n\sqrt{1+\frac{1}{n}} + n} = \lim_{n\to\infty} \dfrac{1}{\sqrt{1+\frac{1}{n}} + 1} = \dfrac{1}{2}$$

∎

▶【アクティブ・ラーニング】
例題 1.2 はすべて確実に解けるようになりましたか？解けていない問題があれば，それがどうすればできるようになりますか？何に気をつければいいですか？また，読者全員ができるようになるにはどうすればいいでしょうか？それを紙に書き出しましょう．そして，書き出した紙を周りの人と見せ合って，それをまとめてグループごとに発表しましょう．

[問] 1.1 次の数列の極限を求めよ．ただし，$\theta$ は定数とする．

(1) $\lim\limits_{n\to\infty} \dfrac{2n^2 + 3n - 1}{5n^2 - 2n + 3}$ (2) $\lim\limits_{n\to\infty} \dfrac{(-5)^n}{2^n - 1}$ (3) $\lim\limits_{n\to\infty} (n\sqrt{n} - n^2)$

(4) $\lim\limits_{n\to\infty} \dfrac{1}{\sqrt{2n+3} - \sqrt{2n}}$ (5) $\lim\limits_{n\to\infty} \dfrac{\sqrt{2n+1} - \sqrt{3n+1}}{n}$ (6) $\lim\limits_{n\to\infty} \dfrac{\sin^2 n\theta}{n^2 + 1}$

## 1.4 有界数列の極限

数列の収束性を調べるには，数列の有界単調性が有用である．

---

**定義 1.2（有界な数列）**

数列 $\{a_n\}$ に対して，

- すべての $n \in \mathbb{N}$ に対して $a_n \leqq M$ となる定数 $M$ が存在するとき，数列 $\{a_n\}$ は**上に有界**(bounded from above) であるという．
- すべての $n \in \mathbb{N}$ に対して $L \leqq a_n$ となる定数 $L$ が存在するとき，数列 $\{a_n\}$ は**下に有界**(bounded from below) であるという．

そして，数列 $\{a_n\}$ が上にも下にも有界なとき，数列 $\{a_n\}$ は単に**有界**(bounded) であるという．

---

▶【アクティブ・ラーニング】
 コンピュータで数列 $\{a_n\}$ を計算するとき，事前に収束性を吟味しておいたほうがいいと思いますか？それはなぜですか？自分の考えをまとめて，それを他の人に話してみよう．そして，みんなの意見をまとめてみよう．

【注意】$M$ が $\infty$，$L$ が $-\infty$ のときは，有界であるといわない．そもそも，$\pm\infty$ は数ではない．

---

**定義 1.3（単調増加数列，単調減少数列）**

すべての $n \in \mathbb{N}$ に対して，

- $a_n \leqq a_{n+1}$ となるような数列 $\{a_n\}$ を**単調増加数列**(monotone increasing sequence)
- $a_n \geqq a_{n+1}$ となるような数列 $\{a_n\}$ を**単調減少数列**(monotone decreasing sequence)

という．

---

**例** $a_n = \sqrt{2} - \left(\dfrac{1}{2}\right)^n$ は，すべての $n \in \mathbb{N}$ に対して $a_n \leqq \sqrt{2}$ かつ $a_n = \sqrt{2} - \left(\dfrac{1}{2}\right)^n < \sqrt{2} - \left(\dfrac{1}{2}\right)^{n+1} = a_{n+1}$ が成り立つので，$\{a_n\}$ は上に有界な単調増加数列である．また，$b_n = \sqrt{2} + \left(\dfrac{1}{2}\right)^n$ は，すべての $n \in \mathbb{N}$ に対して $\sqrt{2} \leqq b_n$ かつ $b_n = \sqrt{2} + \left(\dfrac{1}{2}\right)^n > \sqrt{2} + \left(\dfrac{1}{2}\right)^{n+1} = b_{n+1}$ が成り立つので，$\{b_n\}$ は下に有界な単調減少数列である．

▶【アクティブ・ラーニング】
 上に有界な単調増加数列および下に有界な単調減少数列の例を自分で作り，それを他の人に紹介しましょう．そして，みんなで例を共有し，一番おもしろいと思う例を選びましょう．また，選んだ理由も明確にしましょう．

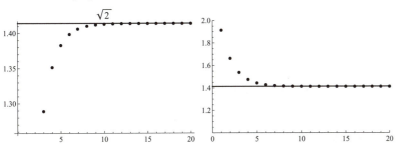

図 **1.1** 有界単調増加数列 $\{a_n\}$（左図）と有界単調減少数列 $\{b_n\}$（右図）．

有界な単調数列については，次の定理が成り立つ

▶ [定理 1.6 の証明]
　証明には定理 1.3, 1.4 の証明と同様に，$\varepsilon-\delta$ 論法が必要である．とりあえず，図 1.1 で納得してほしい．

▶ [定理 1.6 と実数の連続性]
　定理 1.6 は実数の連続性（公理 1.1）と同じである．ある数列の極限値が無理数になることもあるので，有理数の世界だと必ずしも単調有界数列が収束するとはいえない．実数は，隙間なく数直線を埋め尽くしているので，定理 1.6 のようなことが言える．

▶【アクティブ・ラーニング】
　定理 1.6 と実数の連続性（公理 1.1）が同じであることを他の人に分かりやすく説明してみよう．説明を受けた人は，説明してくれた人に質問してみよう．

【注意】$e$ はこのように定義するのであって，導くものではない．ただし，一つの式を分かっているものとして，$e$ に関する値を導出させる問題は，入試や定期試験など，様々な試験でよく見かける．

▶ [階乗]
　正の整数 $n$ に対して，$n! = n(n-1)(n-2)\cdots 3\cdot 2\cdot 1$ を $n$ の階乗 (factorial) という．ただし，$0! = 1$ と定義する．

▶ [二項係数]
　正の整数 $n, r (n > r)$ に対して，$\binom{n}{r} = \dfrac{n!}{(n-r)!r!} = \dfrac{n(n-1)\cdots(n-r+1)}{r(r-1)\cdots 1}$ を二項係数(binomial coefficients) という．高校数学 II で学ぶ $_nC_r$ と同じであるが，一般的（国際的）には，$\binom{n}{r}$ と表すことが多い．ちなみに割り算記号 ÷ を使っているのは日本くらいで，国際的には / が標準的である．

▶ [等比数列の和]
　高校数学 B で学ぶように，初項 $a$，公比 $r$ の等比数列の和 $S_n$ は $S_n = \dfrac{a(1-r^n)}{1-r}$ である．定理 1.8 の証明でも導出している．

---

**定理 1.6（単調数列の収束性）**
上に有界な単調増加数列は収束する．また，下に有界な単調減少数列は収束する．

### ネイピアの数と自然対数

$a_n = \left(1+\dfrac{1}{n}\right)^n$ で定義される数列 $\{a_n\}$ は，後で示すように有界な単調増加数列なので，定理 1.6 より，収束することがわかる．$\{a_n\}$ の極限値を $e$ と表し，これをネイピア数 (Napier's constant) あるいは自然対数の底 (base of natural logarithm ) と呼ぶ．つまり，

$$e = \lim_{n\to\infty}\left(1+\frac{1}{n}\right)^n \tag{1.2}$$

数学において，ネイピア数 $e$ は円周率と並んで重要な数である．

### $\{a_n\}$ の有界性

まず，高校数学 II で学ぶ二項定理

$$(a+b)^n = \sum_{k=0}^{n}\binom{n}{k}a^{n-k}b^k \tag{1.3}$$

を思い出そう．

$a_n$ を二項定理を使って展開すれば，

$$\begin{aligned}
a_n &= \left(1+\frac{1}{n}\right)^n = \sum_{k=0}^{n}\binom{n}{k}\left(\frac{1}{n}\right)^k \\
&= \binom{n}{0} + \binom{n}{1}\frac{1}{n} + \binom{n}{2}\frac{1}{n^2} + \cdots + \binom{n}{n}\frac{1}{n^n} \\
&= 1 + \frac{n}{1!}\frac{1}{n} + \frac{1}{2!}\frac{n(n-1)}{n^2} + \cdots + \frac{n(n-1)\cdots 1}{n!}\frac{1}{n^n} \\
&= 1 + 1 + \frac{1}{2!}\left(1-\frac{1}{n}\right) + \cdots + \frac{1}{n!}\left(1-\frac{1}{n}\right)\left(1-\frac{2}{n}\right)\cdots\left(1-\frac{n-1}{n}\right) \\
&< 1 + 1 + \frac{1}{2!} + \frac{1}{3!} + \cdots + \frac{1}{n!} \\
&< 1 + 1 + \frac{1}{2} + \frac{1}{2^2} + \cdots + \frac{1}{2^{n-1}} < 1 + 2\left(1-\frac{1}{2^n}\right) < 3
\end{aligned}$$

となるので，上に有界である．

### $\{a_n\}$ の単調増加性

$$a_{n+1} - a_n = \frac{1}{2!}\left\{\left(1-\frac{1}{n+1}\right)-\left(1-\frac{1}{n}\right)\right\} + \cdots$$

$$+ \frac{1}{n!}\left\{\left(1-\frac{1}{n+1}\right)\left(1-\frac{2}{n+1}\right)\cdots\left(1-\frac{n}{n+1}\right)\right.$$
$$\left. - \left(1-\frac{1}{n}\right)\left(1-\frac{2}{n}\right)\cdots\left(1-\frac{n-1}{n}\right)\right\}$$
$$+ \frac{1}{(n+1)!}\left(1-\frac{1}{n+1}\right)\left(1-\frac{2}{n+1}\right)\cdots\left(1-\frac{n}{n+1}\right) > 0$$

なので，$\{a_n\}$ は単調増加数列である．

### 自然対数

ネイピアの数 $e$ を底とする対数関数 $\log_e x$ を**自然対数(natural logarithm)**といい，通常は $e$ を省略して $\log x$ と表す．また，$\ln x$ と表すこともある．

## 1.5 無限級数

**定義1.4（無限級数）**

数列 $\{a_n\}$ に対して，各項 $a_n$ を形式的に $+$ の記号でつないだもの

$$a_1 + a_2 + \cdots + a_n + \cdots = \sum_{n=1}^{\infty} a_n \tag{1.4}$$

を**無限級数(infinite series)** あるいは単に**級数(series)** といい，その**第 $n$ 部分和**

$$S_n = \sum_{k=1}^{n} a_k = a_1 + a_2 + \cdots + a_n$$

の列 $\{S_n\}$ が $S$ に収束する，つまり，極限値 $S = \lim_{n\to\infty} S_n$ が存在するならば，無限級数 $\sum_{n=1}^{\infty} a_n$ は $S$ に**収束する** という．このとき，$S$ を (1.4) の**和(sum)** といい，$S = \sum_{n=1}^{\infty} a_n$ で表す．$\{S_n\}$ が収束しないとき，無限級数 $\sum_{n=1}^{\infty} a_n$ は**発散する** という．

▶[シグマ記号]
数列 $\{a_n\}$ の初項から第 $n$ 項までの和を数列 $\{a_n\}$ の**部分和(partial sum)**といい，次の記号で表す．

$$\sum_{k=1}^{n} = a_1 + a_2 + \cdots + a_n$$

【注意】例題 1.3(2) は少し難しいので，初読の際，数学・物理・情報系以外の学生はできなくても構いません．ただし，$\sum_{n=1}^{\infty} \frac{1}{n}$ が発散する，という事実だけは知っておいてください．

[基本テクニック]▶無限級数の和を求めるには，無限級数の部分和 $S_n$ を求めて $\lim_{n\to\infty} S_n$ を計算する．

▶【アクティブ・ラーニング】
例題 1.3(1) は確実に解けるようになりましたか？解けなかった場合は，どうすればできるようになりますか？何に気をつければいいですか？また，読者全員ができるようになるにはどうすればいいでしょうか？それを紙に書き出しましょう．そして，書き出した紙を周りの人と見せ合って，それをまとめてグループごとに発表しましょう．

**例題1.3（無限級数の和）**

次の無限級数の収束，発散を調べ，収束するときはその和を求めよ．

(1) $\sum_{n=1}^{\infty} \frac{1}{(2n-1)(2n+1)}$　　(2) $\sum_{n=1}^{\infty} \frac{1}{n}$

（解答）

(1) $\frac{1}{(2k-1)(2k+1)} = \frac{1}{2}\left(\frac{1}{2k-1} - \frac{1}{2k+1}\right)$ なので，

$$S_n = \sum_{k=1}^{n} \frac{1}{(2k-1)(2k+1)} = \frac{1}{2} \sum_{k=1}^{n} \left( \frac{1}{2k-1} - \frac{1}{2k+1} \right)$$
$$= \frac{1}{2} \left\{ \left(1 - \frac{1}{3}\right) + \left(\frac{1}{3} - \frac{1}{5}\right) + \cdots + \left(\frac{1}{2n-1} - \frac{1}{2n+1}\right) \right\}$$
$$= \frac{1}{2} \left(1 - \frac{1}{2n+1}\right) \to \frac{1}{2} \quad (n \to \infty)$$

より，無限級数 $\sum_{n=1}^{\infty} \frac{1}{(2n-1)(2n+1)}$ の和は $\frac{1}{2}$ である．

(2) 
$$S_{2^n} = \sum_{k=1}^{2^n} \frac{1}{k} = 1 + \underbrace{\frac{1}{2}}_{2^0 \text{個}} + \underbrace{\frac{1}{3} + \frac{1}{4}}_{2^1 \text{個}} + \underbrace{\frac{1}{5} + \frac{1}{6} + \frac{1}{7} + \frac{1}{8}}_{2^2 \text{個}}$$
$$+ \cdots + \underbrace{\frac{1}{2^{n-1}+1} + \cdots + \frac{1}{2^n}}_{2^{n-1} \text{個}}$$
$$= 1 + \sum_{k=1}^{n} \sum_{i=2^{k-1}+1}^{2^k} \frac{1}{i} \geq 1 + \sum_{k=1}^{n} \sum_{i=2^{k-1}+1}^{2^k} \frac{1}{2^k}$$
$$= 1 + \sum_{k=1}^{n} \frac{1}{2^k} \left(2^k - (2^{k-1}+1) + 1\right) = 1 + \sum_{k=1}^{n} \frac{1}{2^k}(2^k - 2^{k-1})$$
$$= 1 + \sum_{k=1}^{n} \left(1 - \frac{1}{2}\right) = 1 + \sum_{k=1}^{n} \frac{1}{2} = 1 + \frac{n}{2}$$

である．よって，$\lim_{n \to \infty} S_{2^n} = \infty$ なので無限級数 $\sum_{n=1}^{\infty} \frac{1}{n}$ は発散する． ∎

▶ [定理 1.7(1) の逆]

「$\lim_{n \to \infty} a_n = 0 \Longrightarrow \sum_{n=1}^{\infty} a_n$ が収束する」は成り立たない．実際，$\lim_{n \to \infty} \frac{1}{n} = 0$ だが，$\sum_{n=1}^{\infty} \frac{1}{n}$ は発散する．

▶ [逆]

2つの条件 $p, q$ について考える．「命題 $p \Longrightarrow q$」に対して「命題 $q \Longrightarrow p$」を「命題 $p \Longrightarrow q$ の逆 (converse)」という．命題が真であっても，その逆が真だとは限らない．

---

**定理 1.7（無限級数の基本性質）**

(1.4) で定義される無限級数に対して次が成り立つ．

(1) 無限級数 $\sum_{n=1}^{\infty} a_n$ が収束すれば，$\{a_n\}$ は 0 に収束する．

(2) $\{a_n\}$ が 0 に収束しなければ，$\sum_{n=1}^{\infty} a_n$ は発散する．

(3) $\sum_{n=1}^{\infty} a_n, \sum_{n=1}^{\infty} b_n$ が収束すれば，$\sum_{n=1}^{\infty} (a_n + b_n), \sum_{n=1}^{\infty} c a_n$ ($c$ は定数) も収束して

$$\sum_{n=1}^{\infty}(a_n + b_n) = \sum_{n=1}^{\infty} a_n + \sum_{n=1}^{\infty} b_n, \quad \sum_{n=1}^{\infty} c a_n = c \sum_{n=1}^{\infty} a_n$$

(4) 無限級数 $\sum_{n=1}^{\infty} a_n$ に有限個の項を付け加えても，また取り除いても，その収束・発散は変わらない．

(証明)

(1) $S_n = \sum_{k=1}^{n} a_k$ とし，$S = \sum_{n=1}^{\infty} a_n$ とすると，$a_n = S_n - S_{n-1}$ なので，
$$\lim_{n \to \infty} a_n = \lim_{n \to \infty}(S_n - S_{n-1}) = S - S = 0.$$

(2) (1) の対偶をとればよい．

(3) $S = \sum_{n=1}^{\infty} a_n, T = \sum_{n=1}^{\infty} b_n$ とすると
$$\sum_{n=1}^{\infty}(a_n + b_n) = \lim_{n \to \infty} \sum_{k=1}^{n}(a_k + b_k) = \lim_{n \to \infty} \sum_{k=1}^{n} a_k + \lim_{n \to \infty} \sum_{k=1}^{n} b_k = S + T$$
である．後半も同様である．

(4) 付け加えた項の総和を $A$ とすると，$\{S_n\}$ の代わりに $\{S_n + A\}$ の収束性を考えることになる．
$$\lim_{n \to \infty}(S_n + A) = \lim_{n \to \infty} S_n + A = S + A$$
となるので，$\{S_n\}$ の収束性は $\{S_n + A\}$ の収束性と同じである．取り除いた場合も同様に考えればよい． ∎

▶[対偶]
　条件 $p, q$ に対して，それぞれの否定を $\bar{p}, \bar{q}$ とする．このとき，「命題 $p \Longrightarrow q$」に対して「命題 $\bar{q} \Longrightarrow \bar{p}$」を「$p \Longrightarrow q$ の対偶(contraposition)」という．命題が真であれば，必ずその対偶も真である．

▶【アクティブ・ラーニング】
　有限個の項を取り除いたときの，収束，発散について具体的に証明を考えて，それを他の人に説明しよう．

**無限等比級数**

初項が $a$，公比が $r$ の無限等比数列から作られる無限級数
$$a + ar + ar^2 + \cdots + ar^{n-1} + \cdots = \sum_{k=1}^{\infty} ar^{k-1}$$
を，初項 $a$，公比 $r$ の**無限等比級数(infinite geometric series)** という．

> **定理 1.8（無限等比級数の和）**
> 等比無限級数 $\sum_{k=1}^{\infty} ar^{k-1} = a + ar + ar^2 + \cdots + ar^{n-1} + \cdots \; (a \neq 0)$
> に対して，次が成り立つ．
> $$\sum_{k=0}^{\infty} ar^k = \begin{cases} \dfrac{a}{1-r} & (|r| < 1) \\ \text{発散} & (|r| \geqq 1) \end{cases}$$

(証明)
$S_n = \sum_{k=1}^{n} ar^{k-1}$ とすると，
$$S_n - rS_n = \sum_{k=1}^{n} ar^{k-1} - \sum_{k=1}^{n} ar^k = a(1-r^n)$$
なので，$S_n = \dfrac{a(1-r^n)}{1-r}$ である．ここで，$|r| < 1$ のとき，$\lim_{n \to \infty} r^n = 0$ なので $\lim_{n \to \infty} S_n = \dfrac{a}{1-r}$ である．また，$|r| \geqq 1$ ならば，$\lim_{n \to \infty} ar^{n-1} \neq 0$ なので定理 1.7(2) より $\sum_{n=1}^{\infty} ar^{n-1}$ は発散する． ∎

【注意】定理 1.7(4) によれば，有限個の項を付け加えても，取り除いても，その収束・発散は変わらない．しかし，収束する場合，その値は変わることもある．例えば，定理 1.8 において，$|r| < 1$ のとき，等比無限級数に定数 $b$ を加えても収束するが，そのときの値は $b + \dfrac{a}{1-r}$ である．

> **例題 1.4**（無限級数の性質と無限等比級数の和）
> 次の無限級数の収束，発散を調べ，収束するときはその和を求めよ．
> (1) $\sum_{n=1}^{\infty} \dfrac{\sqrt{n^2+1}}{n}$　　(2) $\sum_{n=1}^{\infty} \dfrac{1}{4^n}$　　(3) $\sum_{n=2}^{\infty} 3\left(-\dfrac{1}{5}\right)^n$

[基本テクニック]▶無限等比級数の和の収束，発散は公比に着目しよう．

▶【アクティブ・ラーニング】
例題 1.4 はすべて確実に解けるようになりましたか？解けていない問題があれば，それがどうすればできるようになりますか？何に気をつければいいですか？また，読者全員ができるようになるにはどうすればいいでしょうか？それを紙に書き出しましょう．そして，書き出した紙を周りの人と見せ合って，それをまとめてグループごとに発表しましょう．

【注意】$\dfrac{1}{4}<1$ なので $\sum_{n=1}^{\infty}\dfrac{1}{4^n}$ は収束．

【注意】$\left|-\dfrac{1}{5}\right|<1$ なので $\sum_{n=2}^{\infty}3\left(-\dfrac{1}{5}\right)^n$ は収束．

【注意】$n=2$ に惑わされないこと．初項と公比が重要．

（解答）

(1) $a_n = \dfrac{\sqrt{n^2+1}}{n}$ とすると，

$$\lim_{n\to\infty} a_n = \lim_{n\to\infty}\left(\sqrt{\dfrac{n^2+1}{n^2}}\right) = \lim_{n\to\infty}\sqrt{1+\dfrac{1}{n^2}} = 1 \neq 0$$

なので，定理 1.7(2) より $\sum_{n=1}^{\infty}\dfrac{\sqrt{n^2+1}}{n}$ は発散する．

(2) 初項 $\dfrac{1}{4}$，公比 $\dfrac{1}{4}$ の無限等比級数の和なので，定理 1.8 より，

$$\sum_{n=1}^{\infty}\dfrac{1}{4^n} = \dfrac{1/4}{1-1/4} = \dfrac{1}{4}\cdot\dfrac{4}{3} = \dfrac{1}{3}$$

(3) $\sum_{n=2}^{\infty} 3\left(-\dfrac{1}{5}\right)^n = 3\left(-\dfrac{1}{5}\right)^2 + 3\left(-\dfrac{1}{5}\right)^3 + 3\left(-\dfrac{1}{5}\right)^4 + \cdots$ は，初項 $\dfrac{3}{25}$，公比 $-\dfrac{1}{5}$

の無限等比級数なので，$\sum_{n=2}^{\infty} 3\left(-\dfrac{1}{5}\right)^n = \dfrac{\frac{3}{25}}{1-\left(-\frac{1}{5}\right)} = \dfrac{3}{25}\times\dfrac{5}{6} = \dfrac{1}{10}$ ∎

[問] 1.2　次の無限級数の収束，発散を調べ，収束するときはその和を求めよ．
(1) $\sum_{n=1}^{\infty}\dfrac{3}{(n+1)(n+2)}$　　(2) $\sum_{n=1}^{\infty}\dfrac{1}{(2n+1)(2n+3)}$　　(3) $\sum_{n=1}^{\infty}\dfrac{3^n-2^n}{5^n}$
(4) $\sum_{n=1}^{\infty}\dfrac{n^3-3}{n^2+1}$　　(5) $\sum_{n=1}^{\infty}\left(-\dfrac{1}{\sqrt{2}}\right)^{n-1}$　　(6) $\sum_{n=1}^{\infty}(-2)^n$

## 1.6　関数の極限

> **定義 1.5**（関数）
> $\mathbb{R}$ の区間 $I$ の実数 $x$ に対して，ただ一つの実数 $y$ が対応しているとき，$f$ を $I$ 上の **関数(function)** といい，
>
> $$f: I \to \mathbb{R},\quad y=f(x),\quad f: x \mapsto y$$
>
> などと書く．このとき，$I$ を関数 $f$ の **定義域(domain)** といい，関数がとる値全体の集合 $f(I) = \{f(x)\mid x\in I\}$ を $f$ の **値域(range)** という．

## 1.6 関数の極限

**定義 1.6（関数の極限値）**
$x$ が $a$ に限りなく近づくとき，$f(x)$ が $\alpha$ に限りなく近づくならば，$f(x)$ は $\alpha$ に **収束する** といい，

$$\lim_{x \to a} f(x) = \alpha \quad \text{または} \quad f(x) \to \alpha \ (x \to a)$$

と表す．このとき，$\alpha$ を関数 $f(x)$ の $x = a$ における **極限値** という．

【注意】関数 $y = f(x)$ は $x = a$ において定義されていてもいいし，定義されていなくてもいい．たとえ，定義されていたとしても $f(a)$ は $\alpha$ と一致する必要はない．ただし，$y = f(x)$ は，$a$ の前後においては定義されているものとする．

「$x$ が $a$ に限りなく近づくとき」を考えるため，次の用語を導入する．

**定義 1.7（近傍）**
$x = a$ の **近傍(neighborhood)** とは，$a$ を含む開区間である．

【注意】「$x$ が $a$ に限りなく近づく」とは，「$x \neq a$ の状態で $|x - a|$ が限りなく小さくなる」ことを意味する．近傍という用語を使うと，このことを「$x \neq a$ となる $a$ の近傍において」と表現できる．

$x = a$ の近傍は，正の定数 $\varepsilon$ を用いて，$(a - \varepsilon, a + \varepsilon)$ と表せる．定義上は，$\varepsilon$ は大きくても小さくてもいいが，極限を考える場合は十分に小さい数を想定すればよい．

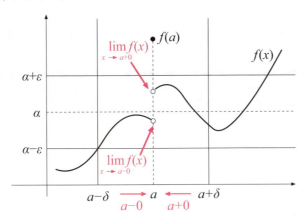

**図 1.2** 関数の極限のイメージ：$x$ が $x \neq a$ となる $a$ の近傍にあるとき，$f(x)$ は $\alpha$ の近傍内にある．

**例** $f(x) = \begin{cases} x & (x > 0) \\ -x & (x < 0) \end{cases}$ のとき，$f(0)$ の値は存在しないが，$\lim_{x \to 0} f(x) = 0$ である．一方，$g(x) = \sin \dfrac{1}{x}$ は $x \to 0$ のとき振動するため，極限値 $\lim_{x \to 0} f(x)$ が存在しない．

▶ [$y = f(x)$ と $y = g(x)$ のグラフ]

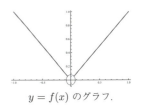
$y = f(x)$ のグラフ．

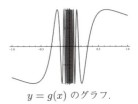
$y = g(x)$ のグラフ．

▶【アクティブ・ラーニング】
極限値が存在する例と存在しない例を作り，他の人に説明しよう．お互いに例を共有し，最も面白いと思う例を選ぼう．また，選んだ理由も明確にしよう．

> **定義 1.8（右極限）**
> $x$ を $a$ に右から（$x > a$ の条件の下で）限りなく近づけたとき，$f(x)$ が限りなく $\alpha$ に近づくならば，$f(x)$ の $x = a$ における右極限値 (right-hand limit value) は $\alpha$ であるといい，
>
> $$\lim_{x \to a+0} f(x) = \alpha, \quad \lim_{x \downarrow a} f(x) = \alpha, \quad f(x) \to \alpha \,(x \to a+0)$$
>
> などと表す．ただし，$a = 0$ のときは $a + 0$ の部分を $0 + 0$ と書かず，単に $+0$ と表す．

▶ [片側極限値]
　右極限値と左極限値をまとめて片側極限値(one-sided limit value) という．

> **定義 1.9（左極限）**
> $x$ を $a$ に左から（$x < a$ の条件の下で）限りなく近づけたとき，$f(x)$ が限りなく $\alpha$ に近づくならば，$f(x)$ の $x = a$ における左極限値 (left-hand limit value) は $\alpha$ であるといい，
>
> $$\lim_{x \to a-0} f(x) = \alpha, \quad \lim_{x \uparrow a} f(x) = \alpha, \quad f(x) \to \alpha \,(x \to a-0)$$
>
> などと表す．ただし，$a = 0$ のときは $a - 0$ の部分を $0 - 0$ と書かず，単に $-0$ と表す．

> **定理 1.9（極限と片側極限）**
> $\lim_{x \to a} f(x) = \alpha$ であるための必要十分条件は，$\lim_{x \to a+0} f(x) = \alpha$ かつ $\lim_{x \to a-0} f(x) = \alpha$ である．

【注意】右極限値と左極限値が一致しないとき，「極限値は存在しない」とする．

### $\pm\infty$ に発散

$x$ が $a$ に限りなく近づくとき，$f(x)$ が限りなく大きくなるならば，$f(x)$ は正の無限大に発散 するといい，

$$\lim_{x \to a} f(x) = \infty \quad \text{または} \quad f(x) \to \infty \,(x \to a)$$

と表す．また，$x \to a$ のとき，$f(x)$ がいくらでも小さくなるならば，$f(x)$ は負の無限大に発散 するといい，

$$\lim_{x \to a} f(x) = -\infty \quad \text{または} \quad f(x) \to -\infty \,(x \to a)$$

と表す．なお，$\lim_{x \to a+0} f(x) = \infty$，$\lim_{x \to a+0} f(x) = -\infty$，$\lim_{x \to a-0} f(x) = \infty$，$\lim_{x \to a-0} f(x) = -\infty$ も同様に定義される．

### $x \to \pm\infty$ のときの収束・発散

$x$ がいくらでも大きくなるとき，$f(x)$ が $\alpha$ に限りなく近づくならば，$f(x)$

は $\alpha$ に **収束** するといって,

$$\lim_{x \to \infty} f(x) = \alpha \quad \text{あるいは} \quad f(x) \to \alpha \ (x \to \infty)$$

と表す. なお, $\lim_{x \to -\infty} f(x) = \alpha$, $\lim_{x \to \infty} f(x) = \infty$, $\lim_{x \to -\infty} f(x) = \infty$, $\lim_{x \to \infty} f(x) = -\infty$, $\lim_{x \to -\infty} f(x) = -\infty$ なども同様に定義される.
関数の極限についても, 数列の極限と同じような性質が成り立つ.

> **定理 1.10（関数の極限の性質）**
> $\lim_{x \to a} f(x) = \alpha$, $\lim_{x \to a} g(x) = \beta$ のとき, 次が成り立つ.
> (1) $\lim_{x \to a} \{f(x) \pm g(x)\} = \alpha \pm \beta$
> (2) $\lim_{x \to a} f(x)g(x) = \alpha\beta$ 　　特に, $g(x) = c$（$c$ は定数）のときは $\lim_{x \to a} cf(x) = c\alpha$
> (3) $\lim_{x \to a} \dfrac{f(x)}{g(x)} = \dfrac{\alpha}{\beta}$ 　　$(\beta \neq 0)$
> (4) $f(x) \leqq g(x)$ ならば $\alpha \leqq \beta$

【注意】定理 1.10 は, $a = \pm\infty$ の場合や右極限・左極限に対しても成り立つ. また, $\alpha$ や $\beta$ が $\pm\infty$ の場合でも, 例えば $\dfrac{1}{\infty} = 0$ や $\infty + \infty = \infty$ のように, 右辺が意味を持つ場合は成り立つ. なお, 右辺が意味を持たない例としては, $\infty - \infty$ や $\dfrac{\infty}{\infty}$ といった場合などが挙げられる.

> **定理 1.11（はさみうちの定理）**
> $f(x) \leqq g(x) \leqq h(x)$ のとき, $\lim_{x \to a} f(x) = \lim_{x \to a} h(x) = \alpha$ ならば, $\lim_{x \to a} g(x) = \alpha$ である.

▶【アクティブ・ラーニング】
　はさみうちの定理は, $f(x) < g(x) < h(x)$ の場合も成り立つでしょうか？まずは自分で考えて, みんなで話し合おう.

> **例題 1.5（関数の極限）**
> 次の極限値を求めよ.
> (1) $\lim_{x \to 0} x \sin \dfrac{1}{x}$ 　　(2) $\lim_{x \to 2} \dfrac{2x^2 - x - 6}{3x^2 - 2x - 8}$ 　　(3) $\lim_{x \to -\infty} \dfrac{x^3}{1 + x^2}$
> (4) $\lim_{x \to 0} \dfrac{2x^2 + 3x}{|x|}$ 　　(5) $\lim_{x \to \infty} (4^x - 3^x)$
> (6) $\lim_{x \to \infty} (\sqrt{x^2 + 4x} - \sqrt{x^2 + x})$

[基本テクニック] ▶数列の極限の計算と同様, 分母あるいは分子がなるべく $0$ や $\pm\infty$ にならないような変形を試みる. また, はさみうちの定理の利用を検討する.

（解答）
(1) $0 \leqq \left| x \sin \dfrac{1}{x} \right| \leqq |x|$ であり, $\lim_{x \to 0} |x| = 0$ なので, はさみうちの定理（定理 1.11）より, $\lim_{x \to 0} x \sin \dfrac{1}{x} = 0$.

(2) $\lim_{x \to 2} \dfrac{2x^2 - x - 6}{3x^2 - 2x - 8} = \lim_{x \to 2} \dfrac{(2x+3)(x-2)}{(3x+4)(x-2)} = \lim_{x \to 2} \dfrac{(2x+3)}{(3x+4)} = \dfrac{7}{10}$

(3) $\lim_{x \to -\infty} \dfrac{x^3}{1 + x^2} = \lim_{x \to -\infty} \dfrac{x}{\frac{1}{x^2} + 1} = -\infty$

(4) $x > 0$ のとき, $\dfrac{2x^2 + 3x}{|x|} = \dfrac{2x^2 + 3x}{x} = 2x + 3$ なので, $\lim_{x \to +0} \dfrac{2x^2 + 3x}{|x|} = 3$

▶【アクティブ・ラーニング】
　例題 1.5 はすべて確実に解けるようになりましたか？解けていない問題があれば, それがどうすればできるようになりますか？何に気をつければいいですか？また, 読者全員ができるようになるにはどうすればいいでしょうか？それを紙に書き出しましょう. そして, 書き出した紙を周りの人と見せ合って, それをまとめてグループごとに発表しましょう.

一方，$x<0$ のとき，$\dfrac{2x^2+3x}{|x|}=\dfrac{2x^2+3x}{-x}=-2x-3$ なので，$\displaystyle\lim_{x\to-0}\dfrac{2x^2+3x}{|x|}=-3$ である．よって，定理 1.9 より，極限値は存在しない．

(5) $\displaystyle\lim_{x\to\infty}4^x=\infty$, $\displaystyle\lim_{x\to\infty}\left\{1-\left(\dfrac{3}{4}\right)^x\right\}=1$ なので，

$$\lim_{x\to\infty}(4^x-3^x)=\lim_{x\to\infty}4^x\left\{1-\left(\dfrac{3}{4}\right)^x\right\}=\infty.$$

[基本テクニック] ▶ 分母や分子の有理化は，基本テクニック．

(6) 分母と分子に，$\sqrt{x^2+4x}+\sqrt{x^2+x}$ をかけると，

$$\begin{aligned}\lim_{x\to\infty}(\sqrt{x^2+4x}-\sqrt{x^2+x})&=\lim_{x\to\infty}\dfrac{(x^2+4x)-(x^2+x)}{\sqrt{x^2+4x}+\sqrt{x^2+x}}\\ &=\lim_{x\to\infty}\dfrac{3}{\sqrt{1+\frac{4}{x}}+\sqrt{1+\frac{1}{x}}}=\dfrac{3}{2}\end{aligned}$$

∎

【注意】例 1.5 の (3) において，$x-2$ で分母と分子を割ってもいいのは，$x\to 2$ は，$x\neq 2$ を保ったまま $x$ が 2 に限りなく近づく，ことを意味するからである．

[問] 1.3　次の極限値を求めよ．

(1) $\displaystyle\lim_{x\to\infty}\dfrac{3x-6x^2+x^3}{2-5x^3}$ 　　(2) $\displaystyle\lim_{x\to\infty}(\sqrt{x^2+x+1}-x)$

(3) $\displaystyle\lim_{x\to\infty}(\sqrt{x+a}-\sqrt{x})(a\neq 0)$

## 1.7　指数関数と対数関数の極限

次に示すように，(1.2) の $n$ を $x$ に置き換えた数もネイピア数になる．

---

**定理 1.12（ネイピアの数）**

$$e=\lim_{x\to\pm\infty}\left(1+\dfrac{1}{x}\right)^x \tag{1.5}$$

---

（証明）

任意の $x>1$ に対して $n\leqq x<n+1$ を満たす自然数 $n$ を選ぶと

$$\left(1+\dfrac{1}{n+1}\right)^n\leqq\left(1+\dfrac{1}{n+1}\right)^x<\left(1+\dfrac{1}{x}\right)^x\leqq\left(1+\dfrac{1}{n}\right)^x<\left(1+\dfrac{1}{n}\right)^{n+1}$$

である．よって，

$$\dfrac{\left(1+\dfrac{1}{n+1}\right)^{n+1}}{1+\dfrac{1}{n+1}}<\left(1+\dfrac{1}{x}\right)^x<\left(1+\dfrac{1}{n}\right)\left(1+\dfrac{1}{n}\right)^n$$

である．ここで，$x\to\infty$ とすると $n\to\infty$ であり，

$$\left(1+\dfrac{1}{n}\right)\left(1+\dfrac{1}{n}\right)^n\to 1\cdot e=e,\qquad \dfrac{\left(1+\dfrac{1}{n+1}\right)^{n+1}}{1+\dfrac{1}{n+1}}\to\dfrac{e}{1}=e$$

なので，はさみうちの定理 (定理 1.11) より

$$\lim_{x\to\infty}\left(1+\dfrac{1}{x}\right)^x=e$$

である．また，$t=-x$ とおくと $x\to-\infty$ のとき $t\to\infty$ であり，$s=t-1$ とすると $s\to\infty$ なので，

$$\lim_{x\to-\infty}\left(1+\dfrac{1}{x}\right)^x=\lim_{t\to\infty}\left(1-\dfrac{1}{t}\right)^{-t}=\lim_{t\to\infty}\left(\dfrac{t-1}{t}\right)^{-t}=\lim_{t\to\infty}\left(\dfrac{t}{t-1}\right)^t$$

$$= \lim_{t \to \infty} \left(\frac{t-1+1}{t-1}\right)^t = \lim_{t \to \infty} \left(1 + \frac{1}{t-1}\right)^t$$
$$= \lim_{t \to \infty} \left(1 + \frac{1}{t-1}\right)\left(1 + \frac{1}{t-1}\right)^{t-1}$$
$$= \lim_{s \to \infty} \left(1 + \frac{1}{s}\right)\left(1 + \frac{1}{s}\right)^s = 1 \cdot e = e$$

■

---

**例題 1.6（指数・対数関数の極限）**

次の極限値を求めよ．

(1) $\displaystyle\lim_{x \to 0}(1+x)^{\frac{1}{x}}$  (2) $\displaystyle\lim_{x \to 0}\frac{\log(1+x)}{x}$  (3) $\displaystyle\lim_{x \to 0}\frac{e^x - 1}{x}$

---

（解答）
(1) $t = \dfrac{1}{x}$ とおくと，定理 1.12 より $e = \displaystyle\lim_{x \to \pm\infty}\left(1 + \dfrac{1}{x}\right)^x = \lim_{t \to \pm 0}(1+t)^{\frac{1}{t}}$ である．よって，$t$ を $x$ で置き換えると，$\displaystyle\lim_{x \to 0}(1+x)^{\frac{1}{x}} = e$

(2) (1) の結果と対数法則より，
$\displaystyle\lim_{x \to 0}\frac{\log(1+x)}{x} = \lim_{x \to 0}\log(1+x)^{\frac{1}{x}} = \log\lim_{x \to 0}(1+x)^{\frac{1}{x}} = \log e = 1$

(3) $y = e^x - 1$ とおくと，$x = \log(1+y)$ となり，$x \to 0$ のとき $y \to 0$ となるので，(2) の結果より，$\displaystyle\lim_{x \to 0}\frac{e^x - 1}{x} = \lim_{y \to 0}\frac{y}{\log(1+y)} = 1$.

■

**[問] 1.4**　次の極限値を求めよ．

(1) $\displaystyle\lim_{x \to \infty}\left(1 + \frac{a}{x}\right)^x$  (2) $\displaystyle\lim_{x \to 0}(1+ax)^{\frac{1}{x}}$  (3) $\displaystyle\lim_{x \to \frac{\pi}{2}}\left(x - \frac{\pi}{2} + 1\right)^{\frac{\cos x}{x - \frac{\pi}{2}}}$

(4) $\displaystyle\lim_{x \to 0}\frac{\log(2 - e^x)}{2x}$  (5) $\displaystyle\lim_{x \to 0}\frac{\log(1 + x + x^2)}{3x}$

## 1.8　三角関数の極限

---

**例題 1.7（正弦関数の極限）**

次の問に答えよ．

(1) $0 < |\theta| < \dfrac{\pi}{2}$ のとき，$0 < |\sin\theta| < |\theta|$ が成り立つことを示せ．

(2) $\displaystyle\lim_{\theta \to 0}\frac{\sin\theta}{\theta} = 1$ を示せ．

---

（解答）
(1) $0 < \theta < \dfrac{\pi}{2}$ のとき，次ページの図において，

$$\triangle AOB \text{ の面積} = \frac{1}{2}\sin\theta$$
$$\text{扇形 } AOB \text{ の面積} = \frac{1}{2}\theta$$
$$\triangle AOT \text{ の面積} = \frac{1}{2}\tan\theta$$

なので，

---

▶【アクティブ・ラーニング】
　例題 1.6 はすべて確実に解けるようになりましたか？解けていない問題があれば，それがどうすればできるようになりますか？何に気をつければいいですか？また，読者全員ができるようになるにはどうすればいいでしょうか？それを紙に書き出しましょう．そして，書き出した紙を周りの人と見せ合って，それをまとめてグループごとに発表しましょう．

[基本テクニック] ▶ $t = \dfrac{1}{x}$ のような変数変換を行って，極限値を求めるのは基本的なテクニック．

▶[対数法則]
　高校数学 II で学ぶように，正の数 $M$ と実数 $p$ に対して，$\log M^p = p\log M$ が成り立つ．例題 1.6(2) の変形ではこの事実を使っている．

▶[連続性と極限]
　例題 1.6(2) の赤字で示した lim と log の交換において，1.10 節で登場する関数の連続性，今の場合，対数関数 $\log x (x > 0)$ の連続性を利用している．ただし，多くの計算では，あまり連続性を気にせずに機械的に計算してもよい．

[基本テクニック] ▶ 指数・対数関数の極限の基本テクニックは，(1) 対数をとる，(2) 対数法則を活用する，(3) 変数変換する．

【注意】直線 $OT$ の方程式は $y = (\tan\theta)x$ なので，$x = 1$ として線分 $AT$ の長さは $\tan\theta$ であることが分かる．

$$0 < \frac{1}{2}\sin\theta < \frac{1}{2}\theta < \frac{1}{2}\tan\theta \tag{1.6}$$

である．
よって，
$$0 < \sin\theta < \theta \implies \sin\theta < \theta = |\theta|$$

である．$-\frac{\pi}{2} < \theta < 0$ のときは $-\theta$ を上式に代入すれば，

$$0 < \sin(-\theta) < -\theta \implies 0 < -\sin\theta < -\theta$$
$$\implies -\sin\theta < |\theta| \implies -|\theta| < \sin\theta$$

を得る．ゆえに，$0 < |\theta| < \frac{\pi}{2}$ のとき $-|\theta| < \sin\theta < |\theta|$ なので，$|\sin\theta| < |\theta|$ が成り立つ．

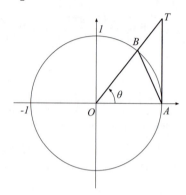

(2) $0 < \theta < \frac{\pi}{2}$ のとき，(1.6) より，

$$\sin\theta < \theta < \frac{\sin\theta}{\cos\theta} \implies \frac{\cos\theta}{\sin\theta} < \frac{1}{\theta} < \frac{1}{\sin\theta} \implies \cos\theta < \frac{\sin\theta}{\theta} < 1$$

である．また，$-\frac{\pi}{2} < \theta < 0$ のとき，上式において $-\theta$ として

$$\cos(-\theta) < \frac{\sin(-\theta)}{-\theta} < 1 \implies \cos\theta < \frac{\sin\theta}{\theta} < 1$$

を得る．よって，$\lim_{\theta \to 0} \cos\theta = 1$ およびはさみうちの定理より

$$\lim_{\theta \to 0} \frac{\sin\theta}{\theta} = 1$$

を得る． ∎

---

**例題1.8（三角関数の極限）**

次の極限値を求めよ．ただし，$a$ は定数である．

(1) $\displaystyle\lim_{x \to 0} \frac{\sin ax}{x}$ 　(2) $\displaystyle\lim_{x \to 0} \frac{1 - \cos x}{x^2}$ 　(3) $\displaystyle\lim_{x \to 0} \frac{\tan x}{x}$ 　(4) $\displaystyle\lim_{x \to \infty} x \sin\frac{1}{x}$

---

▶【アクティブ・ラーニング】
例題 1.8 はすべて確実に解けるようになりましたか？解けていない問題があれば，それがどうすればできるようになりますか？何に気をつければいいですか？また，読者全員ができるようになるにはどうすればいいでしょうか？それを紙に書き出しましょう．そして，書き出した紙を周りの人と見せ合って，それをまとめてグループごとに発表しましょう．

[基本テクニック]▶三角関数の極限の基本テクニックは，(1) $\displaystyle\lim_{\theta \to 0} \frac{\sin\theta}{\theta} = 1$ の形を作る，(2) $h \to 0$ の形を作る．

（解答）
(1) $y = ax$ とおけば，例題 1.7(2) より，
$\displaystyle\lim_{x \to 0} \frac{\sin ax}{x} = a \lim_{x \to 0} \frac{\sin ax}{ax} = a \lim_{y \to 0} \frac{\sin y}{y} = a \cdot 1 = a$

(2) $\displaystyle\lim_{x \to 0} \frac{1 - \cos x}{x^2} = \lim_{x \to 0} \frac{1 - \cos x}{x^2} \cdot \frac{1 + \cos x}{1 + \cos x} = \lim_{x \to 0} \left(\frac{\sin x}{x}\right)^2 \cdot \lim_{x \to 0} \left(\frac{1}{1 + \cos x}\right)$
$= 1 \cdot \frac{1}{2} = \frac{1}{2}$

(3) $\displaystyle\lim_{x \to 0} \frac{\tan x}{x} = \lim_{x \to 0} \frac{\sin x}{x} \cdot \frac{1}{\cos x} = \left(\lim_{x \to 0} \frac{\sin x}{x}\right) \left(\lim_{x \to 0} \frac{1}{\cos x}\right) = 1 \cdot 1 = 1$

(4) $h = \frac{1}{x}$ とおくと，$x \to \infty$ のとき $h \to +0$ であり，

$$\lim_{x\to\infty} x\sin\frac{1}{x} = \lim_{h\to+0}\frac{\sin h}{h} = 1.$$

■

[問] 1.5 次の極限値を求めよ．

(1) $\displaystyle\lim_{x\to 0}\frac{\sin 2x}{\sin 4x}$ (2) $\displaystyle\lim_{x\to 0}\frac{1-\cos 3x}{3x^2}$ (3) $\displaystyle\lim_{x\to 0}\frac{\tan(\sin \pi x)}{x}$ (4) $\displaystyle\lim_{x\to\infty} x\sin\frac{1}{4x}$

## 1.9 数列の極限と関数の極限

$\displaystyle\lim_{x\to a} f(x) = \alpha$ かつ $\displaystyle\lim_{n\to\infty} x_n = a\ (x\neq a)$ ならば，$\displaystyle\lim_{n\to\infty} f(x_n) = \alpha$ となるので，数列の極限値を関数の極限値に置き換えることができる．

例えば，(1.5) を使って，

$$\lim_{n\to\infty}\left(1-\frac{1}{n+1}\right)^n = \lim_{x\to\infty}\left(1-\frac{1}{x+1}\right)^x = \lim_{t\to-\infty}\left(1+\frac{1}{t}\right)^{-t-1}$$
$$= \lim_{t\to-\infty}\left(1+\frac{1}{t}\right)^{-t}\left(1+\frac{1}{t}\right)^{-1} = \frac{1}{e}\cdot 1 = \frac{1}{e}$$

として数列の極限値を求めてもよい．ここで，$t = -x-1$ とおいた．

## 1.10 関数の連続性

関数の収束を利用すると，関数 $f(x)$ は次の 3 つに分類できる．

(1) $\displaystyle\lim_{x\to a} f(x)$ は存在しない．

(2) $\displaystyle\lim_{x\to a} f(x)$ は存在するが，$\displaystyle\lim_{x\to a} f(x) \neq f(a)$ である．

(3) $\displaystyle\lim_{x\to a} f(x) = f(a)$ である．

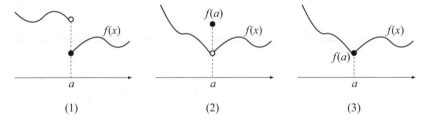

(1)　　　　　　　(2)　　　　　　　(3)

(3) の場合を，特に $f(x)$ は $x = a$ で 連続(continuous) であるという．

---

**定義 1.10（連続）**

$y = f(x)$ が $x = a$ で 連続 であるとは，$f(x)$ が $x = a$ の近傍において定義され，
$$\lim_{x\to a} f(x) = f(a)$$
であることをいう．また，区間 $I$ のすべての点について $f(x)$ が連続であるとき，$f(x)$ は $I$ で 連続 であるという．

---

【注意】$x = a + h$ とおけば，$x \to 0$ は $h \to 0$ を意味するので，連続の定義を
$$\lim_{h\to 0}|f(a+h) - f(h)| = 0$$
と表すこともできる．

▶[不連続]

$f(x)$ が $x = a$ で連続でないことを，不連続(discontinuous) という．

▶[区間における連続性]

区間で連続ということは，区間内でグラフがつながっていることを意味する．

▶ [閉区間における連続性]
閉区間 $[a,b]$ で $f(x)$ が連続な場合，$x=a$ では右側連続，$x=b$ では右側連続であればよいものとする．

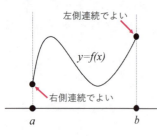

### 定義 1.11（片側連続）

$\lim_{x\to a+0} f(x) = f(a)$ が成り立つとき，$f(x)$ は $x=a$ で**右側連続**(continuous from the right) であるといい，$\lim_{x\to a-0} f(x) = f(a)$ が成り立つとき，$f(x)$ は $x=a$ で**左側連続**(continuous from the left) であるという．右側連続と左側連続をあわせて**片側連続**(one-sided continuous) という．

### 定理 1.13（連続関数の基本性質）

関数 $f(x), g(x)$ が $x=a$ で連続ならば

$$f(x)+g(x), \quad \gamma f(x)\ (\gamma は定数), \quad f(x)g(x), \quad |f(x)|$$

も $x=a$ において連続で，$g(x) \neq 0$ ならば $\dfrac{f(x)}{g(x)}$ も $x=a$ において連続である．

これらのことは，区間で連続な関数についても成り立つ．

### 定義 1.12（合成関数）

2つの関数 $y=f(x)$ と $z=g(y)$ において，$y=f(x)$ の値域 $f(I)$ が $z=g(y)$ の定義域に含まれているとき，$y=f(x)$ の定義域 $I$ 上で定義された新たな関数 $h(x)=g(f(x))$ が得られる．この $h(x)$ を $f$ の $g$ による**合成関数**(composite function) といい，$h = g \circ f$ と表す．すなわち，

$$(g \circ f)(x) = g(f(x)), \quad x \in I$$

▶ [$g \circ f$ の読み方]
「$g$ まる $f$」，「$f$ の $g$ による合成関数」，「$g$ と $f$ の合成関数」などと読む．

例　$f(x) = 2x$，$g(x) = x+1$ のとき，$(g \circ f)(x) = g(f(x)) = g(2x) = 2x+1$，$(f \circ g)(x) = f(g(x)) = f(x+1) = 2(x+1)$ である．このように一般には $(g \circ f)(x) \neq (f \circ g)(x)$ である．

### 定理 1.14（合成関数の連続性）

$y = f(x)$ が $x=a$ で連続，$z = g(y)$ が $y_a = f(a)$ で連続ならば，合成関数 $z = g(f(x))$ も $x=a$ で連続となる．

▶ [示すべきこと]
$z = g(f(x))$ が $x=a$ で連続
$\iff$
$\lim_{x\to a} g(y) = g(y_a)$
$\iff$
$\lim_{x\to a} g(f(x)) = g\left(\lim_{x\to a} f(x)\right)$

(証明)
$y = f(x)$ は $x=a$ で連続なので，$x \to a$ のとき，$y \to y_a$ かつ $y_a = \lim_{x\to a} f(x)$ である．また，$g$ は $y_a$ で連続なので，$\lim_{y\to y_0} g(y) = g(y_a)$ である．よって，

$$\lim_{x\to a} g(f(x)) = \lim_{y\to y_a} g(y) = g(y_a) = g\left(\lim_{x\to a} f(x)\right) \tag{1.7}$$

■

(1.7) は，合成関数の極限を求める際，関数が連続であれば極限と関数の順序を入れ換えてよい，ことを意味する．例題 1.6 では，この事実を利用している．

閉区間で連続な関数は，定理 1.15 および定理 1.16 で示す重要な性質をもつ．

> **定理 1.15**（中間値の定理(intermediate value theorem)）
> 関数 $f(x)$ は閉区間 $[a,b]$ で連続で $f(a) \neq f(b)$ ならば，$f(a)$ と $f(b)$ の間の任意の数 $k$ に対して，$f(c) = k$ となる $c\,(a < c < b)$ が少なくとも 1 つ存在する．

中間値の定理は，$f(c) = k$ となる $c$ が少なくとも 1 つ存在することを保証しているので，そのような点が 2 点以上あっても問題ない．

【注意】中間値の定理は，連続関数のグラフには切れ目がないことを保証している．

▶【アクティブ・ラーニング】
中間値の定理の逆は成り立つでしょうか？まずは自分で考えた後，他の人たちと話し合ってみよう．

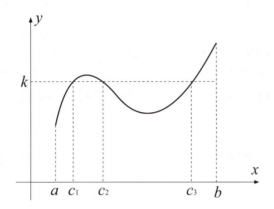

図 1.3 $f(c) = k$ となる $c$ が 3 点ある場合．また，最大値は $f(b)$，最小値は $f(a)$．

> **定義 1.13**（関数の最大・最小）
> $f(x)$ を区間 $I$ で定義された関数とする．このとき，任意の $x \in I$ および $\alpha \in I$ に対して，$f(\alpha) \geq f(x)$ が成り立つならば，$f(\alpha)$ は $f(x)$ の最大値(maximum value) であるという．また，任意の $x \in I$ および $\alpha \in I$ に対して，$f(\alpha) \leq f(x)$ が成り立つならば，$f(\alpha)$ は $f(x)$ の最小値(minimum value) であるという．

> **定理 1.16**（最大値・最小値の定理 (extream value theorem)）
> 関数 $f(x)$ が閉区間 $[a,b]$ で連続ならば，$f(x)$ は $[a,b]$ で最大値および最小値をとる．

中間値の定理も最大値・最小値の定理も直観的には理解できると思うが，その証明には実数と数列に関する厳密な議論が必要なので，ここでは割愛する．

▶【アクティブ・ラーニング】
最大値・最小値の定理の逆は成り立つでしょうか？まずは自分で考えた後，他の人たちと話し合ってみよう．

### 例題 1.9（中間値の定理の利用）
方程式 $\sin x = x\cos x$ の実数解が，$\pi < x < \dfrac{3}{2}\pi$ の範囲に少なくとも 1 つ存在することを示せ．

[基本テクニック] ▶ 中間値の定理は，方程式 $f(x) = 0$ の解 $x$ の範囲を特定するのによく使われる．

（解答）
$f(x) = \sin x - x\cos x$ とおくと，$f(x)$ は閉区間 $\left[\pi, \dfrac{3}{2}\pi\right]$ で連続である．また，
$f(\pi) = \sin\pi - \pi\cos\pi = \pi > 0$ かつ $f\left(\dfrac{3}{2}\pi\right) = \sin\dfrac{3}{2}\pi - \dfrac{3}{2}\pi\cos\dfrac{3}{2}\pi = -1 < 0$ なので，中間値の定理より，方程式 $f(x) = 0$，つまり，$\sin x = x\sin x$ の実数解は，$\pi < x < \dfrac{3}{2}\pi$ の範囲に少なくとも 1 つ存在する． ∎

**[問] 1.6** 次の方程式は，( ) 内の範囲に少なくとも 1 つの実数解をもつことを示せ．
(1) $x^2 - 2^x = 0 \ (0 < x < 3)$　　(2) $\log_{10} x - \dfrac{x}{20} = 0 \ (10 < x < 100)$

### 例題 1.10（最大値・最小値の定理）
最大値・最小値の定理の仮定が成り立たないとき，$f(x)$ は最大値または最小値をもたない，といえるか？理由を述べて答えよ．

[基本テクニック] ▶ 成り立たないことを示すには，反例を 1 つ挙げればよい．

（解答）
最大値・最小値の定理の仮定が成り立たないからといって，最大値・最小値が存在しないというわけではない．
例えば，
$$g(x) = \begin{cases} x^2 + 2x & (-2 \leqq x \leqq 0) \\ -x^2 + 2x + 1 & (0 < x \leqq 2) \end{cases}$$
は，$x = 0$ で不連続なので，閉区間 $[-2, 2]$ 上で不連続だが，この区間上で最大値 2，最小値 $-1$ をとるからである．

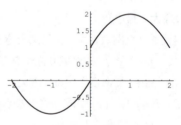

図 1.4　$g(x)$ のグラフ ∎

**[問] 1.7** 関数 $f(x)$ を次のように定める．
$$f(x) = \begin{cases} x + \dfrac{1}{x} & x \neq 0 \\ 0 & x = 0 \end{cases}$$
次の区間に対して，最大値・最小値の定理を適用できるかできないかを説明せよ．

(1) $\left(-2, -\dfrac{1}{2}\right)$　　(2) $[-1, 1]$　　(3) $\left[\dfrac{1}{2}, \dfrac{3}{2}\right]$　　(4) $[2, 3]$

## 1.11 逆関数

> **定義 1.14（逆関数）**
> $I = [a, b]$ で定義された関数 $y = f(x)$ および $f(I)$ に属する任意の $y$ に対して，$f(x) = y$ となる $x \in [a, b]$ がただ 1 つに定まるとする．このとき，$y$ に対して，この $x$ を対応させる関数を $x = g(y)$ で表す．また，$x = g(y)$ を $f$ の逆関数(inverse function) といい，$g = f^{-1}$ と表す．

▶ [$f^{-1}$ の読み方]
「$f$ インバース」あるいは「$f$ の逆関数」と読む．

逆関数の定義から，関数 $f(x)$ が逆関数 $f^{-1}(x)$ をもつとき，次が成り立つ．

$$y = f(x) \iff x = f^{-1}(y) \tag{1.8}$$

これと合成関数の定義より，次が成り立つ．

$$(g \circ f)(x) = (f^{-1} \circ f)(x) = f^{-1}(f(x)) = f^{-1}(y) = x \quad (x \in I)$$
$$(f \circ g)(y) = (f \circ f^{-1})(y) = f(f^{-1}(y)) = f(x) = y \quad (y \in f(I))$$

【注意】$f(x) = y$ となる $x$ がただ 1 つに定まらないときは，逆関数は存在しない．

【注意】関数とその逆関数では，定義域と値域が入れ換わる．逆関数 $f^{-1}(y)$ の定義域は $f(I)$ で，値域は $I$ である．

[基本テクニック] ▶ 逆関数の求め方．
(1) $y = f(x)$ を，$x = g(y)$ の形にする．
(2) $x$ と $y$ を入れかえて，$y = g(x)$ とする．

例 $y = \sqrt{x}$ の値域は $y \geqq 0$ である．$y = \sqrt{x}$ を $x$ について解くと，$x = y^2 \ (y \geqq 0)$ であり，$x$ と $y$ を入れ換えると $y = x^2 \ (x \geqq 0)$ である．よって，$y = \sqrt{x}$ の逆関数は，$y = x^2 (x \geqq 0)$ である．

$y = x^2$ を $x$ について解くと，$|x| = \sqrt{y}$, つまり，$x = \pm\sqrt{y}$ なので，$y$ の値を定めても $x$ の値はただ 1 つには定まらない．したがって，$y = x^2$ の逆関数は存在しない．

通常，例のように，$y = f(x)$ の逆関数 $x = f^{-1}(y)$ を $x$ と $y$ を入れ換えて $y = f^{-1}(x)$ と表す．このとき，$y = f^{-1}(x)$ のグラフは，$y = f(x)$ のグラフを直線 $y = x$ で折り返したものになる．例えば，$y = a^x (a > 1)$ の逆関数は $y = \log_a x$ で，これらのグラフを描くと下図のようになる．

【注意】$y = \sqrt{x}$ の値域 $y \geqq 0$ が，逆関数 $y = x^2$ の定義域 $x \geqq 0$ になっている．

【注意】定義域を制限した関数 $y = x^2 \ (x \geqq 0)$ は逆関数をもち，その逆関数は $y = \sqrt{x}$ である．

▶ [アクティブ・ラーニング]
逆関数が存在する例と存在しない例を作り，他の人に説明しよう．お互いに例を共有し，最も面白いと思う例を選ぼう．また，選んだ理由も明確にしよう．

▶ [2 つのグラフが $y = x$ に関して対称になる理由]
(1.8) より，点 $P(a, b)$ が関数 $y = f(x)$ のグラフ上にあることと，点 $Q(b, a)$ が $y = f^{-1}(x)$ のグラフにあることとは同値である．また，点 $P(a, b)$ と点 $Q(b, a)$ は直線 $y = x$ に関して対称である．

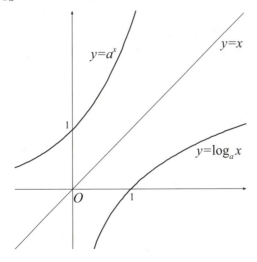

逆関数が存在する条件を求めておこう．

### 定義 1.15（単調増加・減少）

$f(x)$ を閉区間 $I = [a, b]$ で定義された関数とする．

- $x_1 < x_2$ を満たす $[a, b]$ の任意の 2 点 $x_1, x_2$ に対して $f(x)$ は，$f(x_1) \leqq f(x_2)$ を満たすとき，$f(x)$ は $I$ で**単調増加**(monotone increasing) であるという．また，$f(x)$ は，$f(x_1) \geqq f(x_2)$ を満たすとき，$f(x)$ は $I$ で**単調減少**(monotone decreasing) であるという．

- $x_1 < x_2$ を満たす $[a, b]$ の任意の 2 点 $x_1, x_2$ に対して $f(x)$ は，$f(x_1) < f(x_2)$ を満たすとき，$f(x)$ は $I$ で**狭義単調増加**(strictly monotone increasing) であるという．また，$f(x)$ は，$f(x_1) > f(x_2)$ を満たすとき，$f(x)$ は $I$ で**狭義単調減少**(strictly monotone decreasing) であるという．

▶[単調な関数のグラフ]
単調増加関数のグラフは右上がり，単調減少関数のグラフは右下がり．

【注意】$f(x)$ が狭義単調増加ならば，「$x_1 < x_2 \iff f(x_1) < f(x_2)$」である．右図を参照．

### 定理 1.17（逆関数の存在）

$y = f(x)$ は $[a, b]$ で連続かつ狭義単調増加（または減少）とすると，$f(x)$ の逆関数 $f^{-1}(y)$ が存在し，それは $[f(a), f(b)]$ で狭義単調増加（または減少）な連続関数である．

**（証明）**
狭義単調増加の場合のみ示す．
中間値の定理より，$y = f(x)$ の値域は $J = [f(a), f(b)]$ となり，任意の $y \in J$ に対して，$f(x) = y$ となる $x \in I = [a, b]$ がただ 1 つに定まる．したがって，逆関数 $x = f^{-1}(x)$ は $J$ で定義され，狭義単調増加である．そこで，任意の $y_0 \in J$ に対して $x_0 = f^{-1}(y_0)$ とすれば，$y_0 = f(x_0)$ であり，$f(x)$ の連続性より，$x \to x_0$ と $y = f(x) \to y_0$ は同じなので，$\lim_{y \to y_0} f^{-1}(y) = \lim_{y \to y_0} x = x_0$ である．よって，逆関数 $x = f^{-1}(y)$ は $J$ で連続である． ∎

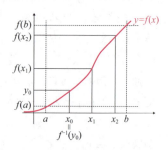

### 例題 1.11（逆三角関数の存在）

$y = \sin x$ の逆関数を $x = g(y)$ と表すとき，$x = g(y)$ の定義域と値域を求めよ．

**（解答）**
$y = \sin x$ は $\left[-\dfrac{\pi}{2}, \dfrac{\pi}{2}\right]$ において狭義単調増加かつ連続なので，定理 1.17 よりこれを値域とする逆関数 $x = g(y)$ が存在する．また，$-\dfrac{\pi}{2} \leqq x \leqq \dfrac{\pi}{2}$ のとき，$-1 \leqq y \leqq 1$ なので $x = g(y)$ の定義域は $[-1, 1]$ である． ∎

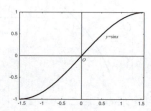

$y = \sin x$ のグラフ．$-\dfrac{\pi}{2} \leqq x \leqq \dfrac{\pi}{2}$ において $y = \sin x$ は狭義単調増加．

[問] 1.8 $y = \cos x$, $y = \tan x$ の逆関数をそれぞれ $x = f(y)$, $x = g(y)$ とする．このとき，$x = f(y)$, $x = g(y)$ の定義域と値域を求めよ．

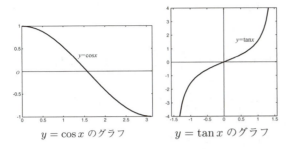

$y = \cos x$ のグラフ　　　　$y = \tan x$ のグラフ

## 1.12 逆三角関数

例題 1.11 および問 1.8 で見たように，三角関数 $\sin x$, $\cos x$, $\tan x$ の定義域をそれぞれ閉区間 $\left[-\dfrac{\pi}{2}, \dfrac{\pi}{2}\right]$, $[0, \pi]$, 閉区間 $\left(-\dfrac{\pi}{2}, \dfrac{\pi}{2}\right)$ に制限すると，これらは逆関数をもつ．

> **定義 1.16（逆三角関数(inverse trigonometric function)）**
> $y = \sin x$, $y = \cos x$, $y = \tan x$ の逆関数を次のように定義し，
>
> $y = \sin^{-1} x \quad (-1 \leqq x \leqq 1) \iff x = \sin y \quad \left(-\dfrac{\pi}{2} \leqq y \leqq \dfrac{\pi}{2}\right)$
>
> $y = \cos^{-1} x \quad (-1 \leqq x \leqq 1) \iff x = \cos y \quad (0 \leqq y \leqq \pi)$
>
> $y = \tan^{-1} x \quad (-\infty < x < \infty) \iff x = \tan y \quad \left(-\dfrac{\pi}{2} < y < \dfrac{\pi}{2}\right)$
>
> それぞれ，**逆正弦関数(inverse sine function)**，**逆余弦関数(inverse cosine function)**，**逆正接関数(inverse tangent function)**，という．

【注意】定義から分かるように $\sin^{-1} x \neq \dfrac{1}{\sin x}$, $\cos^{-1} x \neq \dfrac{1}{\cos x}$, $\tan^{-1} x \neq \dfrac{1}{\tan x}$ である．

▶ [逆三角関数の読み方]
$\sin^{-1} x$ を「サインインバース $x$」，「アークサイン $x$」などと読む．同様に，$\cos^{-1} x$ を「コサインインバース $x$」，「アークコサイン $x$」，$\tan^{-1} x$ を「タンジェントインバース $x$」，「アークタンジェント $x$」などと読む．

$\sin^{-1} x$, $\cos^{-1} x$, $\tan^{-1} x$ を $\arcsin x$, $\arccos x$, $\arctan x$ と表すこともあり，それぞれ，**アークサイン**，**アークコサイン**，**アークタンジェント** と読む．

> **例題 1.12（逆三角関数の値）**
> 次の値を求めよ．
> (1) $\sin^{-1} \dfrac{\sqrt{3}}{2}$　(2) $\cos^{-1} \dfrac{1}{\sqrt{2}}$　(3) $\tan^{-1} 1$　(4) $\displaystyle\lim_{x \to \infty} \tan^{-1} x$

【注意】逆三角関数の値を求める際は，範囲に注意．逆三角関数が存在する範囲は決まっている．

(解答)
(1) $y = \sin^{-1} \dfrac{\sqrt{3}}{2} \iff \sin y = \dfrac{\sqrt{3}}{2}$ および $-\dfrac{\pi}{2} \leqq y \leqq \dfrac{\pi}{2}$ より，$y = \dfrac{\pi}{3}$．
(2) $y = \cos^{-1} \dfrac{1}{\sqrt{2}} \iff \cos y = \dfrac{1}{\sqrt{2}}$ および $0 \leqq y \leqq \pi$ より，$y = \dfrac{\pi}{4}$．
(3) $y = \tan^{-1} 1 \iff \tan y = 1$ および $-\dfrac{\pi}{2} < y < \dfrac{\pi}{2}$ より，$y = \dfrac{\pi}{4}$．
(4) $y = \tan^{-1} x \iff \tan y = x$ で，$x \to \infty$ のとき，$y \to \dfrac{\pi}{2}$ なので，$\displaystyle\lim_{x \to \infty} \tan^{-1} x = \dfrac{\pi}{2}$． ■

▶【アクティブ・ラーニング】
　例題 1.12, 1.13 はすべて確実に解けるようになりましたか？解けていない問題があれば，それがどうすればできるようになりますか？何に気をつければいいですか？また，読者全員ができるようになるにはどうすればいいでしょうか？それを紙に書き出しましょう．そして，書き出した紙を周りの人と見せ合って，それをまとめてグループごとに発表しましょう．

**例題 1.13（逆三角関数の性質）**

次の問に答えよ．

(1) $\sin^{-1}(-x) = -\sin^{-1} x$ を示せ．

(2) $\sin^{-1} x + \cos^{-1} x = \dfrac{\pi}{2}$ $(-1 \leqq x \leqq 1)$ を示せ．

(3) $\sin^{-1} x = -\cos^{-1} \dfrac{5}{13}$ を満たす $x$ を求めよ．

(4) 極限値 $\displaystyle\lim_{x \to 0} \dfrac{\sin^{-1} x}{x}$ を求めよ．

(解答)

(1) $y = \sin^{-1}(-x)$ とすると，逆正弦関数の定義より，$\sin y = -x$, $-1 \leqq -x \leqq 1$, $-\dfrac{\pi}{2} \leqq y \leqq \dfrac{\pi}{2}$ であり，$-\sin y = x$ となる．ここで，$\sin$ 関数の性質より $\sin(-y) = x$ であり，$-1 \leqq x \leqq 1, -\dfrac{\pi}{2} \leqq -y \leqq \dfrac{\pi}{2}$ なので，再び逆正弦関数の定義より，$-y = \sin^{-1} x$ となり，$y = -\sin^{-1} x$ を得る．よって，$\sin^{-1}(-x) = -\sin^{-1} x$ が成り立つ．

(2) $y = \sin^{-1} x$ とすると，$\sin y = x$ $\left(-\dfrac{\pi}{2} \leqq y \leqq \dfrac{\pi}{2}\right)$ なので $\cos\left(\dfrac{\pi}{2} - y\right) = \sin y = x$ である．このとき，$0 \leqq \dfrac{\pi}{2} - y \leqq \pi$ なので $\dfrac{\pi}{2} - y = \cos^{-1} x$ である．ゆえに，次を得る．

$$y + \cos^{-1} x = \dfrac{\pi}{2} \iff \sin^{-1} x + \cos^{-1} x = \dfrac{\pi}{2}$$

(3) $\sin^{-1} x = -\cos^{-1} \dfrac{5}{13} = -y$ とおくと，$-\dfrac{\pi}{2} \leqq -y \leqq \dfrac{\pi}{2}$ かつ $0 \leqq y \leqq \pi$ なので，$0 \leqq y \leqq \dfrac{\pi}{2}$ である．ここで，$\cos y = \dfrac{5}{13}$ なので，

$$x = \sin(-y) = -\sin y = -\sqrt{1 - \cos^2 y} = -\sqrt{1 - \left(\dfrac{5}{13}\right)^2} = -\dfrac{12}{13}.$$

(4) $\theta = \sin^{-1} x$ とおけば，$x \to 0$ のとき $\theta \to 0$ かつ $x = \sin\theta$ なので，

$$\lim_{x \to 0} \dfrac{\sin^{-1} x}{x} = \lim_{\theta \to 0} \dfrac{\theta}{\sin\theta} = 1.$$
∎

[問] 1.9　次の値を求めよ．

(1) $\sin^{-1} \dfrac{1}{\sqrt{2}}$　　(2) $\sin^{-1}\left(-\dfrac{1}{2}\right)$　　(3) $\sin^{-1}(-1)$

(4) $\cos^{-1} \dfrac{\sqrt{3}}{2}$　　(5) $\cos^{-1} 0$　　(6) $\cos^{-1}\left(-\dfrac{1}{\sqrt{2}}\right)$

(7) $\tan^{-1} \dfrac{1}{\sqrt{3}}$　　(8) $\tan^{-1}(-1)$　　(9) $\tan^{-1}(-\sqrt{3})$

[問] 1.10　次を示せ．

(1) $\cos^{-1}(-x) = \pi - \cos^{-1} x$　　(2) $\tan^{-1}(-x) = -\tan^{-1} x$

[問] 1.11　次を満たす $x$ を求めよ．

(1) $\sin^{-1} x = \cos^{-1} \dfrac{4}{5}$　　(2) $\tan^{-1} x = \sin^{-1} \dfrac{4}{5}$

# 第1章のまとめ

- 有理数は実数において稠密である．
- 実数は連続である．
- $\lim_{n\to\infty} a_n = a$, $\lim_{n\to\infty} b_n = b$ のとき，$\lim_{n\to\infty}(pa_n \pm qb_n) = pa \pm qb$, $\lim_{n\to\infty} a_n b_n = ab$, $\lim_{n\to\infty} \dfrac{a_n}{b_n} = \dfrac{a}{b}$ $(b_n \neq 0, b \neq 0)$, $\lim_{n\to\infty}|a_n| = |a|$ が成り立つ．また，$a_n \leq c_n \leq b_n$ かつ $\lim_{n\to\infty} a_n = \lim_{n\to\infty} b_n = a$ ならば $\lim_{n\to\infty} c_n = a$ が成り立つ（はさみうちの定理）．なお，関数の極限についても同様の性質が成り立つ．
- 上に有界な単調増加数列は収束する．また，下に有界な単調減少数列は収束する．
- 無限級数 $\sum_{n=1}^{\infty} a_n$ が収束すれば，$\{a_n\}$ は 0 に収束する．また，$\{a_n\}$ が 0 に収束しなければ，$\sum_{n=1}^{\infty} a_n$ は発散する．さらに，$\sum_{n=1}^{\infty} a_n$, $\sum_{n=1}^{\infty} b_n$ が収束すれば，$\sum_{n=1}^{\infty}(a_n+b_n)$, $\sum_{n=1}^{\infty} ca_n$（$c$ は定数）も収束して $\sum_{n=1}^{\infty}(a_n+b_n) = \sum_{n=1}^{\infty} a_n + \sum_{n=1}^{\infty} b_n$, $\sum_{n=1}^{\infty} ca_n = c\sum_{n=1}^{\infty} a_n$ であり，無限級数 $\sum_{n=1}^{\infty} a_n$ に有限個の項を付け加えても，また取り除いても，その収束・発散は変わらない．
- 等比無限級数 $\sum_{k=1}^{\infty} ar^{k-1} = a + ar + ar^2 + \cdots + ar^{n-1} + \cdots (a \neq 0)$ に対して，$\sum_{k=0}^{\infty} ar^k = \begin{cases} \dfrac{a}{1-r} & (|r| < 1) \\ 発散 & (|r| \geq 1) \end{cases}$.
- $\lim_{x\to\pm\infty}\left(1 + \dfrac{1}{x}\right)^x = e$（ネイピアの数），$\lim_{x\to 0}(1+x)^{\frac{1}{x}} = e$, $\lim_{x\to 0}\dfrac{\log(1+x)}{x} = 1$, $\lim_{x\to 0}\dfrac{e^x - 1}{x} = 1$, $\lim_{x\to 0}\dfrac{\sin x}{x} = 1$
- 数列の極限値を関数の極限値に置き換えられる．
- 関数が連続であれば，極限と関数の順序を入れかえてもよい．
- 閉区間で連続な関数に対しては，中間値の定理と最大値・最小値の定理が成り立つ．
- 閉区間で連続かつ狭義単調増加（または狭義単調減少）な関数は，逆関数をもつ．
- $y = \sin^{-1} x$ $(-1 \leq x \leq 1) \iff x = \sin y$ $\left(-\dfrac{\pi}{2} \leq y \leq \dfrac{\pi}{2}\right)$
- $y = \cos^{-1} x$ $(-1 \leq x \leq 1) \iff x = \cos y$ $(0 \leq y \leq \pi)$
- $y = \tan^{-1} x$ $(-\infty < x < \infty) \iff x = \tan y$ $\left(-\dfrac{\pi}{2} < y < \dfrac{\pi}{2}\right)$

▶【アクティブ・ラーニング】
まとめに記載されている項目について，例を交えながら他の人に説明しよう．また，あなたならどのように本章をまとめますか？あなたの考えで本章をまとめ，それを他の人とも共有し，自分たちオリジナルのまとめを作成しよう．

▶【アクティブ・ラーニング】
本章で登場した例題および問において，重要な問題を 5 つ選び，その理由を述べてください．その際，選定するための基準は，自分たちで考えてください．

# 第1章　演習問題

[A. 基本問題]

**演習 1.1** 次の数列の極限値を求めよ．

(1) $\displaystyle\lim_{n\to\infty}\frac{3^n-2^n}{2^n+3^n}$
(2) $\displaystyle\lim_{n\to\infty}\left(\sqrt{n^2+4n}-n\right)$
(3) $\displaystyle\lim_{n\to\infty}\frac{\sqrt{4n}+\sqrt{n+1}}{\sqrt{n-1}+\sqrt{9n}}$
(4) $\displaystyle\lim_{n\to\infty}\frac{(n+1)(n^2-2)}{1-2n^3}$
(5) $\displaystyle\lim_{n\to\infty}\frac{1}{\sqrt{2n+3}-\sqrt{2n}}$
(6) $\displaystyle\lim_{n\to\infty}\frac{1}{n}\sin\frac{n\pi}{2}$

**演習 1.2** 次の関数の極限値を求めよ．ただし，$0<a\neq 1$ とする．

(1) $\displaystyle\lim_{x\to\infty}(\sqrt{x^2+4x}-x)$
(2) $\displaystyle\lim_{x\to-\infty}(\sqrt{x^2+4x}+x)$
(3) $\displaystyle\lim_{x\to 0}\frac{x\tan x}{1-\cos x}$
(4) $\displaystyle\lim_{x\to 1}\frac{\sin\pi x}{x-1}$
(5) $\displaystyle\lim_{x\to 0}\frac{\log_a(1+x)}{x}$
(6) $\displaystyle\lim_{x\to 0}\frac{a^x-1}{x}$
(7) $\displaystyle\lim_{x\to 0}\frac{e^{2x}-1}{\sin 2x}$
(8) $\displaystyle\lim_{x\to 0}(1+x+x^2)^{\frac{1}{x}}$
(9) $\displaystyle\lim_{x\to 0}\frac{\tan^{-1}x}{x}$

**演習 1.3** 次の無限級数の収束，発散を調べ，収束するときはその和を求めよ．

(1) $\displaystyle\sum_{n=1}^{\infty}\frac{1}{n(n+2)}$
(2) $\displaystyle\sum_{n=2}^{\infty}\frac{1}{n^2-1}$
(3) $\displaystyle\sum_{n=1}^{\infty}\frac{1}{n^2+8n+15}$
(4) $\displaystyle\sum_{n=1}^{\infty}\frac{n^2}{1+n}$
(5) $\displaystyle\sum_{n=0}^{\infty}2\left(\frac{1}{\sqrt{2}}\right)^n$
(6) $\displaystyle\sum_{n=1}^{\infty}\frac{1}{\sqrt{n+1}+\sqrt{n}}$

**演習 1.4** $f(x)$ は $[0,1]$ 上で定義された連続関数で，任意の $x\in[0,1]$ に対して，$0<f(x)<1$ であるならば，$[0,1]$ 内に $f(c)=c$ を満たす値 $c$ が存在することを示せ．

**演習 1.5** 閉区間 $[a,b]$ で連続な 2 つの関数 $f,g$ において，$f(a)>g(a)$ および $f(b)<g(b)$ が成り立つならば，$f(c)=g(c)$ となるような点 $c$ がこの区間内に存在することを示せ．

**演習 1.6** 次を示せ．

(1) $\cos(\sin^{-1}x)=\sqrt{1-x^2}$
(2) $\sin^{-1}x=\tan^{-1}\dfrac{x}{\sqrt{1-x^2}}$ $(-1<x<1)$

[B. 応用問題]

**演習 1.7** 数列 $\{a_n\},\{b_n\},\{c_n\}$ について，次の事柄は正しいか？正しい場合は，その理由を述べ，正しくないものは，その反例を挙げよ．

(1) $\{a_n+b_n\}$ が収束すれば，$\{a_n\}$ と $\{b_n\}$ は収束する．

(2) $\left\{\dfrac{a_n}{b_n}\right\}$ が発散すれば，$\{a_n\}$ と $\{b_n\}$ は発散する．

(3) $\{|a_n|\}$ が収束すれば，$\{a_n\}$ は収束する．

(4) $a_n<b_n$ かつ $\displaystyle\lim_{n\to\infty}a_n=\alpha,\ \lim_{n\to\infty}b_n=\beta$ ならば，$\alpha<\beta$．

(5) $\displaystyle\lim_{n\to\infty}(a_n-b_n)=0$ かつ $\displaystyle\lim_{n\to\infty}a_n=\alpha$ ならば，$\displaystyle\lim_{n\to\infty}b_n=\alpha$．

(6) $b_n<a_n<c_n$ かつ $\displaystyle\lim_{n\to\infty}(c_n-b_n)=0$ ならば，$\{a_n\}$ は収束する．

**演習 1.8** 次の無限級数の収束，発散を調べ，収束するときはその和を求めよ．ただし，(4) と (5) は無限等比級数である．

(1) $\displaystyle\sum_{n=1}^{\infty} \frac{1}{n^2 + 6n + 5}$ (2) $\displaystyle\sum_{n=1}^{\infty} \frac{1}{n(n+1)(n+2)}$ (3) $\displaystyle\sum_{n=1}^{\infty} \left(-\frac{1}{3}\right)^n \sin\frac{n\pi}{2}$

(4) $3 - 2\sqrt{3} + 4 - \dfrac{8\sqrt{3}}{3} + \cdots$ (5) $\sqrt{3} + \dfrac{3}{2} + \dfrac{3\sqrt{3}}{4} + \dfrac{9}{8} + \cdots$

**演習 1.9** 次の解答の間違いを指摘し，正しい解答を作成せよ．

$a_n = \dfrac{1}{\sqrt{n} + \sqrt{n+2}}$ とすると，$\displaystyle\lim_{n\to\infty} a_n = 0$ なので，$\displaystyle\sum_{n=1}^{\infty} \dfrac{1}{\sqrt{n} + \sqrt{n+2}}$ は収束する．

**演習 1.10** $\tan^{-1} x + \tan^{-1} \dfrac{1}{x} = \begin{cases} \dfrac{\pi}{2} & (x > 0) \\ -\dfrac{\pi}{2} & (x < 0) \end{cases}$ を示せ．

# 第 1 章 略解とヒント

## [問]

**問 1.1** (1) $\dfrac{2}{5}$ (2) 振動（ヒント）$\left(\dfrac{-5}{2}\right)^n$ でくくる．(3) $-\infty$（ヒント）$n^2$ でくくる．(4) $\infty$（ヒント）分母の有理化．(5) 0（ヒント）分子の有理化．(6) 0

**問 1.2** (1) $\dfrac{3}{2}$ (2) $\dfrac{1}{6}$ (3) $\dfrac{5}{6}$ (4) 発散 (5) $2-\sqrt{2}$ (6) 発散（ヒント）公比が 1 以上なら発散

**問 1.3** (1) $-\dfrac{1}{5}$ (2) $\dfrac{1}{2}$ (3) 0

**問 1.4** (1) $e^a$（ヒント）$t = \dfrac{x}{a}$ とおく．(2) $e^a$（ヒント）$t = \dfrac{1}{x}$ とおく．(3) 1（ヒント）$y = \left(x - \dfrac{\pi}{2} + 1\right)^{\frac{\cos x}{x - \frac{\pi}{2}}}$ とおくと，$\log y = \cos x \cdot \dfrac{\log\left(x - \frac{\pi}{2} + 1\right)}{x - \frac{\pi}{2}}$．

(4) $-\dfrac{1}{2}$（ヒント）$\dfrac{\log(2 - e^x)}{2x} = \dfrac{1}{2} \cdot \dfrac{\log(1 + 1 - e^x)}{1 - e^x} \cdot \dfrac{1 - e^x}{x}$ (5) $\dfrac{1}{3}$（ヒント）$\dfrac{\log(1 + x + x^2)}{3x} = \dfrac{1}{3} \dfrac{\log(1 + x + x^2)}{x + x^2} \cdot \dfrac{x + x^2}{x}$

**問 1.5** (1) $\dfrac{1}{2}$ (2) $\dfrac{3}{2}$ (3) $\pi$（ヒント）$\dfrac{\tan(\sin \pi x)}{x} = \dfrac{\tan(\sin \pi x)}{\sin \pi x} \cdot \dfrac{\sin \pi x}{\pi x} \cdot \pi$ (4) $\dfrac{1}{4}$

**問 1.6** (1) $f(x) = x^2 - 2^x$ とおくと $f(0) < 0$, $f(3) > 0$. (2) $f(x) = \log_{10} x - \dfrac{x}{20}$ とおくと，$f(10) > 0$, $f(100) < 0$

**問 1.7** (1) 適用できない．(2) 適用できない．(3) 適用できない．(4) 適用できる．最大値は $f(3) = \dfrac{10}{3}$, 最小値は $f(2) = \dfrac{5}{2}$.

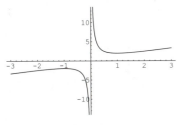

$f(x)$ のグラフ

問 1.8 $x = f(y)$ の定義域 $[-1, 1]$, 値域 $[0, \pi]$. $x = g(y)$ の定義域 $\mathbb{R}$, 値域 $\left(-\frac{\pi}{2}, \frac{\pi}{2}\right)$.

問 1.9 (1) $\frac{\pi}{4}$ (2) $-\frac{\pi}{6}$ (3) $-\frac{\pi}{2}$ (4) $\frac{\pi}{6}$ (5) $\frac{\pi}{2}$ (6) $\frac{3}{4}\pi$ (7) $\frac{\pi}{6}$ (8) $-\frac{\pi}{4}$ (9) $-\frac{\pi}{3}$

問 1.10 (1) $y = \cos^{-1}(-x)$ とおいて, $\cos(\pi - y) = -\cos y$ を使う. (2) $y = \tan^{-1}(-x)$ とおいて, $\tan(-y) = -\tan y$ を使う.

問 1.11 (1) $\frac{3}{5}$ (2) $\frac{4}{3}$

[演習]

演習 1.1 (1) $1$ (2) $2$ (3) $\frac{3}{4}$ (4) $-\frac{1}{2}$ (5) $\infty$ (6) $0$

演習 1.2 (1) $2$ (2) $-2$ (ヒント) $x = -t$ とおくと, $\lim_{x \to -\infty} (\sqrt{x^2 + 4x} + x) = \lim_{t \to \infty} (\sqrt{t^2 - 4t} - t)$ (3) $2$ (ヒント) $\frac{x \tan x}{1 - \cos x} = \frac{x}{1 - \cos x} \cdot \frac{\sin x}{\cos x} = \frac{x(1 + \cos x)}{\sin^2 x} \cdot \frac{\sin x}{\cos x}$ (4) $-\pi$ (ヒント) $t = x - 1$ とおくと, $\lim_{x \to 1} \frac{\sin \pi x}{x - 1} = \lim_{t \to 0} \frac{\sin(\pi t + \pi)}{t} = \lim_{t \to 0} \frac{-\sin \pi t}{t}$ (5) $\frac{1}{\log a}$ (ヒント) $\frac{\log_a(1 + x)}{x} = \frac{\log(1 + x)}{\log a} \cdot \frac{1}{x}$ (6) $\log a$ (ヒント) $a^x = 1 + y$ とおいて, (5) の結果を使う. (7) $1$ (ヒント) $\frac{e^{2x} - 1}{\sin 2x} = \frac{e^{2x} - 1}{2x} \cdot \frac{2x}{\sin 2x}$ (8) $e$ (ヒント) $y = (1 + x + x^2)^{\frac{1}{x}}$ とすれば, $\log y = \frac{x + x^2}{x} \cdot \frac{\log(1 + x + x^2)}{x + x^2}$ で, $\lim_{x \to 0} \log y = 1$ (9) $1$

演習 1.3 (1) $\frac{3}{4}$ (2) $\frac{3}{4}$ (3) $\frac{9}{40}$ (4) 発散 (5) $4 + 2\sqrt{2}$ (6) 発散

演習 1.4 $g(x) = x - f(x)$ とおくと, $g(0) < 0, g(1) > 0$.

演習 1.5 $h(x) = f(x) - g(x)$ とおけば, $h(a) > 0, h(b) < 0$.

演習 1.6 (1) $y = \sin^{-1} x$ とおいて, $\cos y = \sqrt{1 - \sin^2 y}$ を使う. (2) $y = \sin^{-1} x$ とおいて, $\frac{\sin y}{\cos y} = \frac{x}{\cos y}$ を使う.

演習 1.7 (1) 反例: $a_n = (-1)^n, b_n = (-1)^{n+1}$ (2) 反例: $a_n = \frac{n-1}{n}, b_n = \frac{1}{n}$. (3) 反例: $a_n = (-1)^n$ (4) 反例: $a_n = 1 - \frac{1}{n}, b_n = 1 + \frac{1}{n}$ (5) 正しい. (6) 反例: $a_n = n, b_n = n - \frac{1}{n}, c_n = n + \frac{1}{n}$

演習 1.8 (1) $\frac{77}{240}$ (2) $\frac{1}{4}$ (3) $-\frac{3}{10}$ (ヒント) $\sum_{n=1}^{\infty} \left(-\frac{1}{3}\right)^n \sin \frac{n\pi}{2} = \sum_{k=1}^{\infty} \left\{\left(-\frac{1}{3}\right)^{4k-3} \sin \frac{(4k-3)\pi}{2} + \left(-\frac{1}{3}\right)^{4k-2} \sin \frac{(4k-2)\pi}{2} + \left(-\frac{1}{3}\right)^{4k-1} \sin \frac{(4k-1)\pi}{2} + \left(-\frac{1}{3}\right)^{4k} \sin \frac{(4k)\pi}{2}\right\}$ (4) 発散 (5) $6 + 4\sqrt{3}$

演習 1.9 この級数は発散する. 実際, 部分和を $S_n$ とすると, $\lim_{n \to \infty} S_n = \infty$.

演習 1.10 $y = \tan^{-1} x$ とおいて, $x > 0$ のとき $\tan\left(\frac{\pi}{2} - y\right) = \frac{1}{\tan y}$, $x < 0$ のとき $\tan\left(-y - \frac{\pi}{2}\right) = \frac{1}{\tan y}$ に注意する.

# 第 2 章　微分法

## [ねらい]

　気温や風向きの変化，株価や求人倍率の変動，人間の記憶量や機嫌など世の中は変化だらけである．このような変化を捉えるための方法が微分法である．本章では，この微分法の基本を学ぶ．

　観測機器を使って，ある現象を明らかにしようとした場合，実際に観測できるのはある一定の期間だけであろう．しかし，そこでの変化，いわば局所的な変化の情報を集めて，全体的な情報を把握する方法があれば，観測期間以外の状況もおおよそ予想がつく．いわば，局所的な情報から，全体的な情報，もう少し言えば，未来をも予測できるのである．微分法はその基礎となるものである．

## [この章の項目]

微分係数，導関数，接線，微分可能性と連続性，導関数の計算，合成関数の微分，逆関数の微分，対数微分法，高次導関数，ライプニッツの公式，パラメータ表示された関数の微分法

## 2.1　微分係数と導関数

> **定義 2.1（微分係数）**
> 次を満たす有限な極限値 $\alpha$
> $$\lim_{h \to 0} \frac{f(a+h) - f(a)}{h} = \alpha \tag{2.1}$$
> が存在するとき，関数 $f(x)$ は $x = a$ で**微分可能(differentiable)** であるという．このとき，$\alpha$ を $x = a$ における**微分係数(differential coefficient)** といい，$f'(a)$ または $\dfrac{df}{dx}(a)$ と書く．

　$y = f(x)$ 上の点 $A(a, f(a))$, $B(a+h, f(a+h))$ において $h \to 0$ とすれば $B \to A$ であり，直線 $AB$ は $A$ での接線に限りなく近づく．このとき，直線 $AB$ の傾きは

$$\lim_{h \to 0} \frac{f(a+h) - f(a)}{h} \ (= f'(a))$$

となるので，$f'(a)$ は接線の傾きを表している．したがって，次の定理が成り立つ．

▶ [微分係数の重要性]
　(2.1) 式は，ある地点あるいは時刻 $x = a$ における値 $f(a)$ が少しだけ変化したとき，どのように変わるのかを調べている．ほんの少しだけ変化した地点あるいは時刻は $x = a + h$ と表せ，そこでの値が $f(a+h)$ なので，変化率は $\dfrac{f(a+h) - f(a)}{h}$ となる．そして，$h \to 0$ とすることで，「瞬間の変化率」を求めることができる．これにより未知の振舞いをするものに対して，「局所的な情報（瞬間の変化率）」をかき集めて「全体の様子（大域的な情報）を知ろう」とするのである．そのため，自然現象や社会現象などで未知の現象を解明しようとするとき，必ずといって言いほど微分の概念が登場する．

【注意】$h$ の符号については何も触れていないことに注意せよ．$h \to 0$ というのは $h \to -0$ かつ $h \to +0$ ということである．

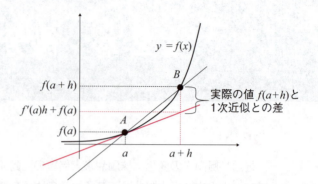

▶【アクティブ・ラーニング】
微分がどのような場面で利用されているか，調べてみよう．

▶［微分不可能］
微分可能でないとき，微分不可能(non-differentiable)であるという．

【注意】「$x = a$ で $f(x)$ が微分可能」ならば，「$x = a$ で接線が存在」する．このことは，$x = a$ で関数 $y = f(x)$ のグラフは滑らかにつながっていることを意味する．

【注意】「$\approx$」は「近似」を意味する．

▶［曲線の接線による近似］
曲線の接線による近似の身近な例が水平線である．地球は丸いが水平線は直線である（のように見える）．これは，曲線も局所的には直線で近似できることを意味する．

▶【アクティブ・ラーニング】
例題 2.1 はすべて確実に解けるようになりましたか？解けていない問題があれば，それがどうすればできるようになりますか？何に気をつければいいですか？また，読者全員ができるようになるにはどうすればいいでしょうか？それを紙に書き出しましょう．そして，書き出した紙を周りの人と見せ合って，それをまとめてグループごとに発表しましょう．

---

**定理2.1（接線）**
曲線 $y = f(x)$ の点 $(a, f(a))$ における接線(tangent, tangent line) の方程式は
$$y - f(a) = f'(a)(x - a) \tag{2.2}$$

(2.1) より，$h$ が十分に小さいとき
$$f'(a) \approx \frac{f(a+h) - f(a)}{h}$$
なので，
$$f(a+h) \approx f'(a)h + f(a) \tag{2.3}$$
である．(2.3) の右辺を $f(x)$ の $x = a$ における1次近似(linear approximation) という．(2.3) において $h = x - a$ とすれば，1次近似式は $f'(a)(x-a) + f(a)$ と表され，これを $y$ とおいた式 $y = f'(a)(x-a) + f(a)$ は，$x = a$ における $f(x)$ の接線の方程式と一致する．これは，$h$ が十分に小さければ，$x = a$ の近傍において $y = f(x)$ は $x = a$ における接線で近似できることを意味する．

**定義2.2（導関数）**
$y = f(x)$ が区間 $I$ の各点で微分可能なとき，$f(x)$ は区間 $I$ で微分可能 であるという．このとき，$I$ の各点 $a$ における微分係数は $f'(a)$ で与えられるが，$a$ を $I$ で動かすと $I$ 上の関数 $f'(x)$ が定義される．これを $f(x)$ の導関数(derivative) といい，$y'$, $f'(x)$, $\dfrac{dy}{dx}$, $\dfrac{df}{dx}$, $\dfrac{d}{dx}f(x)$ などと表す．なお，$f(x)$ の導関数を求めることを微分する (differentiate) という．

**例題2.1（定義に基づいた導関数の計算）**
導関数の定義 $f'(x) = \lim\limits_{h \to 0} \dfrac{f(x+h) - f(x)}{h}$ に基づき，以下の式が成り立つことを示せ．ただし，$n$ は自然数とする．
(1) $(x^n)' = nx^{n-1}$  (2) $(\cos x)' = -\sin x$  (3) $(e^x)' = e^x$

（解答）
(1) 二項定理 (1.3) より，

$$(x^n)' = \lim_{h \to 0} \frac{(x+h)^n - x^n}{h} = \lim_{h \to 0} \frac{1}{h}\left\{x^n + \binom{n}{1}x^{n-1}h + \binom{n}{2}x^{n-2}h^2 + \cdots \right.$$
$$\left. + \binom{n}{n-1}xh^{n-1} + \binom{n}{n}h^n - x^n\right\}$$
$$= \lim_{h \to 0} \frac{1}{h}\left\{nx^{n-1}h + \frac{n(n-1)}{2}x^{n-2}h^2 + \cdots + h^n\right\}$$
$$= \lim_{h \to 0} \left\{nx^{n-1} + \frac{n(n-1)}{2}x^{n-2}h + \cdots + h^{n-1}\right\} = nx^{n-1}$$

(2)

$$(\cos x)' = \lim_{h \to 0} \frac{\cos(x+h) - \cos x}{h} = \lim_{h \to 0} -\frac{2}{h}\sin\frac{2x+h}{2}\sin\frac{h}{2}$$
$$= \lim_{h \to 0} -\sin\left(x + \frac{h}{2}\right)\frac{\sin(\frac{h}{2})}{\frac{h}{2}} = -\sin x$$

▶ [差を積にする公式（高校数学II）]

$$\cos\alpha - \cos\beta = -2\sin\frac{\alpha+\beta}{2}\sin\frac{\alpha-\beta}{2}$$

(3)

$$(e^x)' = \lim_{h \to 0} \frac{e^{x+h} - e^x}{h} = e^x \lim_{h \to 0} \frac{e^h - 1}{h} = e^x$$

∎

[問] 2.1 次の関数 $f(x)$ の導関数 $f'(x)$ を定義に基づいて求めよ．
(1) $(\sqrt{x})' = \dfrac{1}{2\sqrt{x}}$ $(x>0)$ (2) $(\sin x)' = \cos x$ (3) $\log x$ $(x>0)$

## 2.2 微分可能性と連続性

**定義2.3（右・左微分可能）**
関数 $f(x)$ に対して，次の右極限値と左極限値

$$f'_+(a) = \lim_{h \to +0} \frac{f(a+h) - f(a)}{h}, \quad f'_-(a) = \lim_{h \to -0} \frac{f(a+h) - f(a)}{h}$$

が存在するとき，それぞれ，$f(x)$ は $x=a$ で**右微分可能**(right differentiable)，**左微分可能**(left differentiable) という．そして，極限値 $f'_+(a), f'_-(a)$ をそれぞれ，$x=a$ における**右微分係数**(right differential coefficient)，**左微分係数**(left differential coefficient) という．

▶ [右・左微分係数の意味]
それぞれの接線の傾きが $f'_+(a), f'_-(a)$

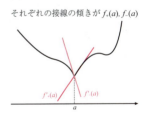

**定理2.2（左右微分可能性と微分可能性）**
点 $x=a$ において $f'(a)$ が存在する．つまり，$f(x)$ は $x=a$ で微分可能であるための必要十分条件は $f'_+(a) = f'_-(a)$ となることである．

▶ [閉区間における微分可能性]
「$f(x)$ が閉区間 $[a,b]$ で微分可能」というときは，$f(x)$ が $x=a$ で右微分可能，$x=b$ で左微分可能であればよい．

(証明)

$f(x)$ は $x = a$ で微分可能 $\iff \lim_{h \to 0} \dfrac{f(a+h) - f(a)}{h}$ が存在する

$\iff \lim_{h \to +0} \dfrac{f(a+h) - f(a)}{h} = \lim_{h \to -0} \dfrac{f(a+h) - f(a)}{h}$ ■

▶【アクティブ・ラーニング】
例題 2.2 は確実に解けるようになりましたか？解けていない問題があれば，それがどうすればできるようになりますか？何に気をつければいいですか？また，読者全員ができるようになるにはどうすればいいでしょうか？それを紙に書き出しましょう．そして，書き出した紙を周りの人と見せ合って，それをまとめてグループごとに発表しましょう．

▶ [$f(x) = |x^2(x-2)|$ のグラフ]

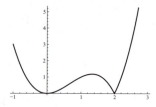

グラフから直観的に $f(x)$ は $x = 0$ で微分可能，$x = 2$ で微分不可能であることが分かる．

【注意】定理 2.3 の逆は必ずしも成り立たない．例えば，例題 2.2 を参照せよ．

**例題2.2（微分可能性）**
$f(x) = |x^2(x-2)|$ の $x = 2$ における連続性と微分可能性を調べよ．

(解答)

**連続性** $\lim_{x \to 2} f(x) = \lim_{x \to 2} |x^2(x-2)| = 0 = f(2)$ となるので，$f(x)$ は $x = 2$ で連続である．

**微分可能性** $x \geqq 2$ のとき，$f(x) = x^2(x-2), f(2) = 0$ なので，$h > 0$ として，

$$f'_+(2) = \lim_{h \to +0} \dfrac{f(2+h) - f(2)}{h} = \lim_{h \to +0} \dfrac{1}{h}\left((2+h)^2(2+h-2) - 0\right)$$
$$= \lim_{h \to +0} (2+h)^2 = 4$$

である．また，$x < 2$ のとき，$f(x) = -x^2(x-2), f(2) = 0$ なので，$h < 0$ として，

$$f'_-(2) = \lim_{h \to -0} \dfrac{f(2+h) - f(2)}{h} = \lim_{h \to -0} \dfrac{1}{h}\left(-(2+h)^2(2+h-2) - 0\right)$$
$$= -\lim_{h \to -0} (2+h)^2 = -4$$

である．よって，$f'_+(2) \neq f'_-(2)$ なので，$f(x)$ は $x = 2$ で微分可能ではない．■

**定理2.3（微分可能性と連続性）**
$f(x)$ が $x = a$ で微分可能ならば，$f(x)$ は $x = a$ で連続である．

(証明)
$f(x)$ が $x = a$ で微分可能ならば

$$\lim_{h \to 0}(f(a+h) - f(a)) = \lim_{h \to 0}\left(\dfrac{f(a+h) - f(a)}{h} \cdot h\right)$$
$$= \lim_{h \to 0}\left(\dfrac{f(a+h) - f(a)}{h}\right) \lim_{h \to 0} h = f'(a) \cdot 0 = 0$$

である．すなわち，$\lim_{x \to a} f(x) = f(a)$ となるので，$f(x)$ は $x = a$ で連続である．■

[問] 2.2　$f(x) = |2x + 4|$ の $x = -2$ における連続性と微分可能性を調べよ．

## 2.3 導関数の基本的な性質

**定理 2.4（微分の性質）**

$f(x), g(x)$ が区間 $I$ で微分可能ならば，次が成り立つ．

(1) $\{f(x) \pm g(x)\}' = f'(x) \pm g'(x)$　（複号同順）

(2) $\{kf(x)\}' = kf'(x)$　（$k$ は定数）

(3) $\{f(x)g(x)\}' = f'(x)g(x) + f(x)g'(x)$

(4) $g(x) \neq 0$ ならば $\left\{\dfrac{f(x)}{g(x)}\right\}' = \dfrac{f'(x)g(x) - f(x)g'(x)}{\{g(x)\}^2}$
　　特に，$f(x) = 1$ のときは，

(5) $\left\{\dfrac{1}{g(x)}\right\}' = -\dfrac{g'(x)}{\{g(x)\}^2}$　（$g(x) \neq 0$）

【注意】一見すると，(3) と (4) は別物のように見えるが，(3) は $\dfrac{(f(x)g(x))'}{f(x)g(x)} = \dfrac{f'(x)}{f(x)} + \dfrac{g'(x)}{g(x)}$ と書け，(4) は $\dfrac{(f(x)/g(x))'}{f(x)/g(x)} = \dfrac{f'(x)}{f(x)} - \dfrac{g'(x)}{g(x)}$ と書けるので，(3) と (4) には類似性が見られる．これは，(3) において $g(x)$ を $\dfrac{1}{g(x)}$ とすれば (4) が得られることを考えれば当然の結果といえるだろう．

（証明）
(1) と (2) は簡単に導くことができ，(5) は (4) よりすぐに導けるので，(3) と (4) のみを示す．
(3)

$$\frac{1}{h}\{f(x+h)g(x+h) - f(x)g(x)\}$$
$$= \frac{1}{h}\{f(x+h)g(x+h) - f(x)g(x+h) + f(x)g(x+h) - f(x)g(x)\}$$
$$= \frac{f(x+h) - f(x)}{h}g(x+h) + f(x)\frac{g(x+h) - g(x)}{h}$$
$$\to f'(x)g(x) + f(x)g'(x) \quad (h \to 0)$$

[基本テクニック] ▶ $f(x)g(x+h)$ を足して引いています．

(4)
$$\frac{1}{h}\left\{\frac{f(x+h)}{g(x+h)} - \frac{f(x)}{g(x)}\right\} = \frac{1}{g(x+h)g(x)}\left\{\frac{f(x+h) - f(x)}{h}g(x) - f(x)\frac{g(x+h) - g(x)}{h}\right\}$$
$$\to \frac{1}{\{g(x)\}^2}\{f'(x)g(x) - f(x)g'(x)\} \quad (h \to 0) \quad \blacksquare$$

[基本テクニック] ▶ $\dfrac{f(x+h)g(x)}{h}$ を足して引いています．

**例題 2.3（基本的な関数の導関数）**

次の関数を微分せよ．

(1) $x^n$　（$n$ は整数，$x \neq 0$）　　(2) $\tan x$

（解答）
(1) $n > 0$ のとき，例題 2.1 より $(x^n)' = nx^{n-1}$ である．
$n = 0$ のとき，$x \neq 0$ ならば $(x^0)' = (1)' = 0 = 0 \cdot x^{0-1}$ となる．
$n < 0$ のとき，$m = -n$ とおけば $m$ は自然数である．よって，$x \neq 0$ のとき，定理 2.4(5) より，

$$(x^n)' = (x^{-m})' = \left(\frac{1}{x^m}\right)' = \frac{-(x^m)'}{x^{2m}} = -\frac{mx^{m-1}}{x^{2m}} = -mx^{-m-1} = nx^{n-1}$$

である．以上をまとめると，整数 $n$ に対して，$(x^n)' = nx^{n-1}$ である．
(2) 定理 2.4(4) より，

$$(\tan x)' = \left(\frac{\sin x}{\cos x}\right)' = \frac{(\sin x)' \cos x - \sin x (\cos x)'}{\cos^2 x} = \frac{\cos^2 x + \sin^2 x}{\cos^2 x} = \frac{1}{\cos^2 x}$$

$\blacksquare$

▶【アクティブ・ラーニング】
例題 2.3, 2.4 はすべて確実に解けるようになりましたか？解けていない問題があれば，それがどうすればできるようになりますか？何に気をつければいいですか？また，読者全員ができるようになるにはどうすればいいでしょうか？それを紙に書き出しましょう．そして，書き出した紙を周りの人と見せ合って，それをまとめてグループごとに発表しましょう．

---

**覚えておきたい基本的な関数の導関数（その 1）**

- $(x^n)' = nx^{n-1}$ （$n$ は整数）
- $(\sin x)' = \cos x$
- $(\cos x)' = -\sin x$
- $(\tan x)' = \dfrac{1}{\cos^2 x}$
- $(\log x)' = \dfrac{1}{x}$ （$x > 0$）
- $(e^x)' = e^x$

---

**例題 2.4（導関数の計算）**

次の関数を微分せよ．
(1) $x^5 - \dfrac{1}{x^3}$  (2) $x \sin x + \cos x$  (3) $e^x \cos x$  (4) $\dfrac{x}{\log x}$

（解答）
(1) 定理 2.4(1)(2) より，
$$\left(x^5 - \frac{1}{x^3}\right)' = (x^5)' - \left(\frac{1}{x^3}\right)' = 5x^4 - (-3)x^{-4} = 5x^4 + \frac{3}{x^4}.$$
(2) 定理 2.4(3) より，
$(x \sin x + \cos x)' = (x)' \sin x + x(\sin x)' + (\cos x)' = 1 \cdot \sin x + x \cdot \cos x - \sin x = \sin x + x \cos x - \sin x = x \cos x$
(3) 定理 2.4(3) より，
$(e^x \cos x)' = (e^x)' \cos x + e^x (\cos x)' = e^x \cos x + e^x(-\sin x) = e^x(\cos x - \sin x).$
(4) 定理 2.4(4) より，
$$\left(\frac{x}{\log x}\right)' = \frac{(x)' \log x - x(\log x)'}{(\log x)^2} = \frac{(x)' \log x - x \frac{1}{x}}{(\log x)^2} = \frac{\log x - 1}{(\log x)^2}.$$ ∎

【注意】$(\log x)^2$ を $\log x^2$ と書いてはいけない．$\log x^2 = 2 \log x$ に注意しよう．

---

**定理 2.5（合成関数の微分 (differentiation of composite functions)）**

関数 $y = f(x)$ は区間 $I$ で微分可能とし，その値域 $f(I)$ は区間 $J$ に含まれるものとする．このとき，$z = g(y)$ が $J$ で微分可能ならば合成関数 $z = g(f(x))$ は $I$ 上で微分可能で，

$$\frac{dz}{dx} = \frac{dz}{dy}\frac{dy}{dx} = g'(f(x))f'(x) \tag{2.4}$$

$$x \quad \overset{\frac{dy}{dx}}{\mapsto} \quad y = f(x) \quad \overset{\frac{dz}{dy}}{\mapsto} \quad z = g(y)$$

（証明）
任意の $x \in I$ に対して $f(x)$ は $x$ で微分可能だから $h \neq 0 (x+h \in I)$ に対して

$$\varepsilon(h) = \frac{f(x+h) - f(x)}{h} - f'(x)$$

とおくと，$\lim_{h \to 0} \varepsilon(h) = 0$ である．また，$z = g(y)$ は $y \in J$ で微分可能だから，

$$\eta(k) = \frac{g(y+k) - g(y)}{k} - g'(y) \quad (k \neq 0)$$

とおくと，$\lim_{k \to 0} \eta(k) = 0$ である．ここで，$y = f(x), k = f(x+h) - f(x)$ とおくと，$h \to 0$ のとき $k \to 0$ なので，

$$\frac{g(f(x+h)) - g(f(x))}{h} = \frac{g(y+k) - g(y)}{h} = \frac{k(g'(y) + \eta(k))}{h}$$
$$= \frac{(f(x+h) - f(x))(g'(y) + \eta(k))}{h} = \frac{h(f'(x) + \varepsilon(h))(g'(y) + \eta(k))}{h}$$
$$= (f'(x) + \varepsilon(h))(g'(y) + \eta(k)) \to f'(x)g'(y) = g'(f(x))f'(x) \quad (h \to 0).\ \blacksquare$$

---

**例題 2.5**（合成関数の微分による基本的な関数の導関数の導出）

次の関数を微分せよ．

(1) $x^\alpha$ （$x > 0$, $\alpha$ は実数） (2) $a^x$ （$a > 0$）

---

（解答）

(1) $x^\alpha = e^{\log x^\alpha} = e^{\alpha \log x}$ に注意し，$y = \alpha \log x$, $z = e^y$ として，定理 2.5 を使うと，

$$x \; \overset{\frac{dy}{dx}}{\mapsto} \; y = \alpha \log x \; \overset{\frac{dz}{dy}}{\mapsto} \; z = e^y$$

$$(x^\alpha)' = (e^{\log x^\alpha})' = (e^{\alpha \log x})' = \frac{d}{dy}(e^y)\frac{dy}{dx} = (e^y)(\alpha \log x)'$$
$$= (e^{\alpha \log x})\frac{\alpha}{x} = x^\alpha \frac{\alpha}{x} = \alpha x^{\alpha - 1}$$

(2) $a^x = e^{\log a^x} = e^{x \log a}$ に注意し，$y = x \log a$, $z = e^y$ として，定理 2.5 を使うと，

$$(a^x)' = (e^{\log a^x})' = (e^{x \log a})' = \frac{d}{dy}(e^y)\frac{dy}{dx} = e^y (x \log a)' = e^{x \log a}(\log a) = a^x \log a$$
$\blacksquare$

【注意】(1) は $\alpha$ が実数なので，例題 2.3(1) の結果，$(x^n)' = nx^{n-1}$（$n$ は整数）は使えないことに注意.

---

**例題 2.6**（合成関数の微分）

次の関数を微分せよ．

(1) $\cos 5x^2$  (2) $\dfrac{1}{(x^2 + 1)^3}$  (3) $xe^{\cos 2x}$  (4) $\log(\log x)$

---

（解答）

(1) $y = 5x^2$ として

$$(\cos 5x^2)' = (\cos y)'(5x^2)' = -\sin y \cdot 10x = (-\sin 5x^2) \cdot 10x = -10x \sin 5x^2.$$

(2) $y = x^2 + 1$ として

$$\left(\frac{1}{(x^2+1)^3}\right)' = \left(\frac{1}{y^3}\right)'(x^2+1)' = -\frac{3}{y^4} \cdot 2x = -\frac{3}{(x^2+1)^4} \cdot 2x = -\frac{6x}{(x^2+1)^4}.$$

(3) $y = \cos 2x$ として

$$(xe^{\cos 2x})' = (x)' e^{\cos 2x} + x(e^{\cos 2x})' = 1 \cdot e^{\cos 2x} + x((e^y)' \cdot (\cos 2x)')$$
$$= 1 \cdot e^{\cos 2x} + x(e^{\cos 2x} \cdot -2 \sin 2x) = e^{\cos 2x}(1 - 2x \sin 2x).$$

(4) $y = \log x$ として，

$$(\log(\log x))' = (\log y)'(\log x)' = \frac{1}{y} \cdot \frac{1}{x} = \frac{1}{\log x} \cdot \frac{1}{x} = \frac{1}{x \log x}$$
$\blacksquare$

▶【アクティブ・ラーニング】
　例題 2.5, 2.6 はすべて確実に解けるようになりましたか？解けていない問題があれば，それがどうすればできるようになりますか？何に気をつければいいですか？また，読者全員ができるようになるにはどうすればいいでしょうか？それを紙に書き出しましょう．そして，書き出した紙を周りの人と見せ合って，それをまとめてグループごとに発表しましょう．

【注意】(3) で $(e^{\cos 2x})' = e^{\cos 2x - 1}$ といった計算をしてはいけない．

[問] 2.3 次の関数を微分せよ．

(1) $y = \sec x$ (2) $y = \operatorname{cosec} x$ (3) $y = \cot x$

ただし，$\sec x = \dfrac{1}{\cos x}$，$\operatorname{cosec} x = \dfrac{1}{\sin x}$，$\cot x = \dfrac{1}{\tan x}$ であり，それぞれ，正割(secant)（セカント），余割(cosecant)（コセカント），余接(cotangent)（コタンジェント）いう．また，cosec を csc と書くこともある．

[問] 2.4 次の関数の導関数を求めよ．ただし，$\lambda$ は定数とする．

(1) $\cosh x = \dfrac{e^x + e^{-x}}{2}$ (2) $\sinh x = \dfrac{e^x - e^{-x}}{2}$
(3) $\sinh \lambda x$ (4) $\cosh \lambda x$

なお，$\cosh x$ および $\sinh x$ をそれぞれ，双曲余弦関数(hyperbolic cosine)（ハイパボリックコサイン），双曲正弦関数(hyperbolic sine)（ハイパボリックサイン）という．

[問] 2.5 次の関数を微分せよ．ただし，$a, b$ は定数である．

(1) $5x^4 - \dfrac{2}{x^2}$ (2) $\dfrac{x^2 + x + 1}{2x - 1}$ (3) $e^x \log x$ (4) $e^{2x} \cos 3x$
(5) $\sqrt[4]{\dfrac{x}{1 - 3x}}$ (6) $x\sqrt{x^2 + a^2}$ (7) $\sqrt{1 + 2\log x}$ (8) $\sqrt[3]{(x^2 + 1)^2}$
(9) $x^2 \sec x$ (10) $(\cos 4x)^3$ (11) $x^2 \sqrt{x^2 + 4}$ (12) $x^2 e^{\sin 3x}$
(13) $\dfrac{\sin x}{\sqrt{a^2 \cos^2 x + b^2 \sin^2 x}}$ (14) $e^{3x} \sqrt{\log(2x) + 3}$

## 2.4 逆関数の微分

**定理 2.6**（逆関数の微分 (differentiation of inverse function)）
関数 $f(x)$ は区間 $I$ 上において狭義単調で，微分可能とする．このとき，$I$ 上で $f'(x) \neq 0$ ならば，$f(x)$ の逆関数 $x = f^{-1}(y)$ は $f(x)$ の値域 $J$ 上で微分可能であって，次が成り立つ．

$$(f^{-1}(y))' = \dfrac{1}{f'(x)} \tag{2.5}$$

また，(2.5) は，次のように書くこともできる．

$$\dfrac{dx}{dy} = \dfrac{1}{\dfrac{dy}{dx}} \left(\dfrac{dy}{dx} \neq 0\right), \qquad \dfrac{dy}{dx} = \dfrac{1}{\dfrac{dx}{dy}} \left(\dfrac{dx}{dy} \neq 0\right) \tag{2.6}$$

(証明)
$f(x)$ は区間 $I$ 上で連続な狭義単調関数なので逆関数 $x = f^{-1}(y)$ が存在し，それは連続である．このとき，任意の $y \in J$ に対して $x = f^{-1}(y)$ は $y = f(x)$ を満たす．ここで，$h = f^{-1}(y + k) - f^{-1}(y)$ とおくと，

$f^{-1}(y + k) = x + h \Longrightarrow y + k = f(x + h) \Longrightarrow k = f(x + h) - y = f(x + h) - f(x)$

であり，$x = f^{-1}(y)$ の連続性より $k \to 0$ のとき $h \to 0$ なので，

$$\dfrac{d}{dy} f^{-1}(y) = \lim_{k \to 0} \dfrac{f^{-1}(y + k) - f^{-1}(y)}{k} = \lim_{h \to 0} \dfrac{h}{f(x + h) - f(x)} = \dfrac{1}{f'(x)}$$

である．このとき，$f'(x) = \dfrac{dy}{dx}$, $(f^{-1}(y))' = \dfrac{dx}{dy}$ なので，(2.5) は，$\dfrac{dx}{dy} = \dfrac{1}{\frac{dy}{dx}}$ と書くことができる．また，$x = f(y)$, つまり，$y = f^{-1}(x)$ とおくと，上式において $x$ と $y$ を入れ換えたことになるので，$\dfrac{dy}{dx} = \dfrac{1}{\frac{dx}{dy}}$ と書くことができる． ∎

---

**例題 2.7（基本的な逆関数の導関数）**

次の関数の導関数を求めよ．
(1) $\log |x|$ $(x \neq 0)$  (2) $\log |f(x)|$ $(f(x) \neq 0)$
(3) $\sin^{-1} x$  (4) $\cos^{-1} x$  (5) $\tan^{-1} x$

---

(解答)
(1) $x > 0$ とする．$y = \log x$ とおくと $x = e^y$ なので，
$$(\log x)' = \frac{dy}{dx} = \frac{1}{\frac{dx}{dy}} = \frac{1}{e^y} = \frac{1}{x}.$$
$x < 0$ のときは，この結果と合成関数の微分法を使って，
$$\frac{dy}{dx} = (\log |x|)' = (\log(-x))' = \frac{1}{-x} \cdot (-x)' = \frac{1}{x}.$$

(2) $z = \log |y|$ とし，$y = f(x)$ とすると (1) と合成関数の微分より，
$$(\log |f(x)|)' = \frac{dz}{dx} = \frac{dz}{dy}\frac{dy}{dx} = \frac{1}{y} f'(x) = \frac{f'(x)}{f(x)}.$$

(3) $y = \sin^{-1} x$ とおくと，$x = \sin y$ $\left(-\dfrac{\pi}{2} \leqq y \leqq \dfrac{\pi}{2}\right)$ だが，$\dfrac{dx}{dy} = \cos y \neq 0$ が成り立つためには $-\dfrac{\pi}{2} < y < \dfrac{\pi}{2}$ でなければならない．このとき，$-1 < x < 1$ であり，定理 2.6 より，
$$(\sin^{-1} x)' = \frac{dy}{dx} = \frac{1}{\frac{dx}{dy}} = \frac{1}{\cos y} = \frac{1}{\sqrt{1 - \sin^2 y}} = \frac{1}{\sqrt{1 - x^2}} \quad (-1 < x < 1).$$

(4) $y = \cos^{-1} x$ とおくと，$x = \cos y$ $(0 \leqq y \leqq \pi)$ だが，$\dfrac{dx}{dy} = -\sin y \neq 0$ が成り立つためには $0 < y < \pi$ でなければならない．このとき，$-1 < x < 1$ であり，
$$(\cos^{-1} x)' = \frac{dy}{dx} = \frac{1}{\frac{dx}{dy}} = \frac{1}{-\sin y} = \frac{1}{-\sqrt{1 - \cos^2 y}} = -\frac{1}{\sqrt{1 - x^2}} \quad (-1 < x < 1).$$

(5) $y = \tan^{-1} x$ とおくと，$x = \tan y$ $\left(-\dfrac{\pi}{2} < y < \dfrac{\pi}{2}\right)$. $\dfrac{dx}{dy} = \dfrac{1}{\cos^2 y} \neq 0$ である．このとき，$-\infty < x < \infty$ であり，
$$(\tan^{-1} x)' = \frac{dy}{dx} = \frac{1}{\frac{dx}{dy}} = \frac{1}{\frac{1}{\cos^2 y}} = \frac{1}{\tan^2 y + 1} = \frac{1}{1 + x^2} \quad (-\infty < x < \infty).$$
∎

---

**覚えておきたい基本的な関数の導関数（その 2）**

- □ $(x^\alpha)' = \alpha x^{\alpha - 1}$ （$\alpha$ は実数）  □ $(a^x)' = a^x \log a$ $(a > 0)$
- □ $(\log |x|)' = \dfrac{1}{x}$ $(x \neq 0)$  □ $(\log |f(x)|)' = \dfrac{f'(x)}{f(x)}$ $(f(x) \neq 0)$
- □ $\left(\sin^{-1} x\right)' = \dfrac{1}{\sqrt{1 - x^2}}$ $(-1 < x < 1)$
- □ $\left(\cos^{-1} x\right)' = -\dfrac{1}{\sqrt{1 - x^2}}$ $(-1 < x < 1)$
- □ $\left(\tan^{-1} x\right)' = \dfrac{1}{1 + x^2}$

## 例題2.8（逆関数の導関数計算）

次の関数の導関数を求めよ．

(1) $\log(10^{\sin x})$　　(2) $\sin^{-1}\sqrt{1-x^2}$　　(3) $\left(1+\tan^{-1}\dfrac{2}{x}\right)^2$

▶【アクティブ・ラーニング】
　例題 2.7, 2.8 はすべて確実に解けるようになりましたか？解けていない問題があれば，それがどうすればできるようになりますか？何に気をつければいいですか？また，読者全員ができるようになるにはどうすればいいでしょうか？それを紙に書き出しましょう．そして，書き出した紙を周りの人と見せ合って，それをまとめてグループごとに発表しましょう．

（解答）

(1) $(\log(10^{\sin x}))' = \dfrac{(10^{\sin x})'}{10^{\sin x}} = \dfrac{10^{\sin x}\log 10 \cdot (\sin x)'}{10^{\sin x}} = \dfrac{(\log 10)10^{\sin x}\cos x}{10^{\sin x}}$
$= (\log 10)\cos x$

(2)

$\left(\sin^{-1}\sqrt{1-x^2}\right)' = \dfrac{1}{\sqrt{1-(1-x^2)}}\left(\sqrt{1-x^2}\right)' = \dfrac{1}{|x|}\cdot\dfrac{1}{2}\cdot\dfrac{-2x}{\sqrt{1-x^2}} = \dfrac{-x}{|x|\sqrt{1-x^2}}$

よって，$0<x<1$ のとき $-\dfrac{1}{\sqrt{1-x^2}}$，$-1<x<0$ のとき $\dfrac{1}{\sqrt{1-x^2}}$ である．

【注意】例題 2.5(2) や例題 2.6(2) も指数が $x$ の関数になっているので，対数微分法で導関数を求めることができる．実際，$y=a^x$ とおけば，$\log y = x\log a$ であり，この両辺を微分すれば，$\dfrac{y'}{y} = \log a$ となるので，$y' = y\log a = a^x \log a$ を得る．また，$y = xe^{\cos 2x}$ とおけば，$\log y = \log(xe^{\cos 2x}) = \log x + \cos 2x$ であり，この両辺を微分すれば，$\dfrac{y'}{y} = \dfrac{1}{x} - 2\sin 2x$ となるので，$y' = xe^{\cos 2x}\left(\dfrac{1}{x} - 2\sin 2x\right) = e^{\cos 2x}(1 - 2x\sin 2x)$ を得る．

(3)

$$\left\{\left(1+\tan^{-1}\dfrac{2}{x}\right)^2\right\}' = 2\left(1+\tan^{-1}\dfrac{2}{x}\right)\left(1+\tan^{-1}\dfrac{2}{x}\right)'$$
$$= 2\left(1+\tan^{-1}\dfrac{2}{x}\right)\left(\dfrac{1}{1+\left(\frac{2}{x}\right)^2}\left(\dfrac{2}{x}\right)'\right)$$
$$= 2\left(1+\tan^{-1}\dfrac{2}{x}\right)\left(\dfrac{x^2}{x^2+4}\cdot\left(-\dfrac{2}{x^2}\right)\right)$$
$$= -\dfrac{4}{x^2+4}\left(1+\tan^{-1}\dfrac{2}{x}\right)$$
∎

【注意】例題 2.8(2) において，$f(x) = \sin^{-1}\sqrt{1-x^2}$ は $x=0$ で微分不可能である．実際，$t = \sin^{-1}\sqrt{1-h^2}$ とおけば $h^2 = \cos^2 t$ であり，$h \to 0$ のとき $t \to \dfrac{\pi}{2} - 0$ であることに注意し，$\theta = t - \dfrac{\pi}{2}$ とおくと，$f'_+(0) = \lim_{h\to +0}\dfrac{\sin^{-1}\sqrt{1-h^2} - \frac{\pi}{2}}{h}$
$= \lim_{t\to \frac{\pi}{2}-0}\dfrac{t - \frac{\pi}{2}}{\cos t} = \lim_{\theta\to -0}\dfrac{\theta}{-\sin\theta} = -1$，$f'_-(0) = \lim_{h\to -0}\dfrac{\sin^{-1}\sqrt{1-h^2} - \frac{\pi}{2}}{h}$
$= \lim_{t\to \frac{\pi}{2}-0}\dfrac{t - \frac{\pi}{2}}{-\cos t} = \lim_{\theta\to -0}\dfrac{\theta}{\sin\theta} = 1$ である．よって，$f'_+(0) \neq f'_-(0)$ である．

[問] 2.6 次の関数を微分せよ．

(1) $\tan^{-1}\sqrt{\dfrac{x-1}{2-x}}$　　(2) $\log|\tan x + \sec x|$　　(3) $\tan^{-1}(\cot x)$

(4) $(\tan^{-1} 2x)^3$　　(5) $\cos^{-1}\dfrac{1}{x}$　　(6) $\sin^{-1}\dfrac{1}{x}$

(7) $\tan^{-1}\left(\dfrac{1}{\sqrt{2}}\tan\dfrac{x}{2}\right)$　　(8) $\sin^{-1}(2x)$　　(9) $\cos^{-1}\sqrt{1-x^2}$

## 2.5 対数微分法

$x^x$ や $\sqrt{\dfrac{1-x^2}{1+x^2}} = \left(\dfrac{1-x^2}{1+x^2}\right)^{\frac{1}{2}}$ のように指数が $x$ の関数（定数も含む）になっているような関数 $f(x)$ の導関数を求める際，

(1) $y = f(x)$ の両辺の対数をとって，$\log|y| = \log|f(x)|$ を考え，

(2) この両辺を微分した $\dfrac{y'}{y} = (\log|f(x)|)'$ より $y'$ を求める

方法を**対数微分法**(logarithmic differentiation) という．

## 例題2.9（対数微分法）

次の関数を微分せよ．　　(1) $x^{\frac{1}{x}}$　　(2) $x^{\sin^{-1} x}$

(解答)

(1) $y = x^{\frac{1}{x}}$ とすると $\log y = \frac{1}{x} \log x$ なので

$$\frac{y'}{y} = \left(\frac{1}{x}\right)' \log x + \frac{1}{x}(\log x)' = -x^{-2}\log x + \frac{1}{x} \cdot \frac{1}{x}$$ である．よって，

$$y' = y\left(\frac{1-\log x}{x^2}\right) = x^{\frac{1}{x}}\left(\frac{1-\log x}{x^2}\right)$$

(2) $y = x^{\sin^{-1} x}$ とすると，$\log y = \sin^{-1} x \log x$ なので，

$$\frac{y'}{y} = (\sin^{-1} x)' \log x + \sin^{-1} x (\log x)' = \frac{1}{\sqrt{1-x^2}} \log x + \sin^{-1} x \cdot \frac{1}{x}$$ である．よって，

$$y' = x^{\sin^{-1} x}\left(\frac{\log x}{\sqrt{1-x^2}} + \frac{\sin^{-1} x}{x}\right)$$

∎

[問] 2.7　次の関数を微分せよ．

(1) $y = (x+1)^{2x}$　　(2) $x^x \ (x>0)$　　(3) $\sqrt{\dfrac{1-x^2}{1+x^2}}$

(4) $e^{x^x} \ (x>0)$　　(5) $\log\sqrt{\dfrac{x+1}{x-1}}$　　(6) $\dfrac{e^{\tan^{-1} x}(x-1)}{\sqrt{1+x^2}}$

(7) $x^{\cos x}$　　(8) $(\sin x)^x \ (\sin x > 0, x > 0)$

## 2.6　高次導関数

**定義2.4（第 $n$ 次導関数）**
$f(x)$ が区間 $I$ で $n$ 回まで微分可能なとき，$f(x)$ は $I$ で **$n$ 回微分可能** ($n$ times differentiable) であるという．また，$y = f(x)$ を $n$ 回微分した関数を**第 $n$ 次導関数**($n$th derivative) といい，$f^{(n)}(x), \left(\dfrac{d}{dx}\right)^n f(x), \dfrac{d^n f}{dx^n}$ などと表す．

第 $n$ 次導関数 $f^{(n)}(x)$ は，第 $n-1$ 次導関数 $f^{(n-1)}(x)$ を微分することによって定義，つまり，

$$f^{(n)}(x) = \frac{d}{dx} f^{(n-1)}(x)$$

によって定義され，$n=2,3$ のときは，$f''(x), f'''(x)$ と表すときがある．さらに，$x=a$ における**第 $n$ 次微分係数**($n$th differential coefficient) $f^{(n)}(x)$ の値を $f^{(n)}(a), \left(\dfrac{d}{dx}\right)^n f(a), \dfrac{d^n f}{dx^r}(a)$ などと表す．また，$f^{(0)}(x) = f(x)$ と定めておく．

**定義2.5（連続的微分可能）**
$f^{(n)}(x)$ が $I$ 上で連続ならば，$f(x)$ は $I$ で **$n$ 回連続微分可能** ($n$ times continuously differentiable) であるという．また，このとき，$f(x)$ は $C^n$ **級** (class C n) であるという．さらに，$f(x)$ が何回でも微分可能なとき，$f(x)$ は**無限回微分可能**(infinitely differentiable) であるといい，$f(x)$ は $C^\infty$ **級** (class C infinity) であるという．

▶【アクティブ・ラーニング】
　例題 2.9 はすべて確実に解けるようになりましたか？解けていない問題があれば，それがどうすればできるようになりますか？何に気をつければいいですか？また，読者全員ができるようになるにはどうすればいいでしょうか？それを紙に書き出しましょう．そして，書き出した紙を周りの人と見せ合って，それをまとめてグループごとに発表しましょう．

【注意】例題 2.9 のように $x^{\frac{1}{x}}$ や $x^{\sin^{-1} x}$ を考えるときは $x>0$ として考えてよい．もし $x<0$ も含めると，例えば，$x=-2$ のとき $x^{\frac{1}{x}} = (-2)^{-\frac{1}{2}} = \dfrac{1}{\sqrt{-2}}$ で，これは実数ではない．$x^{\frac{1}{x}}$ の微分は，これが実数となる範囲で考えるというのが大前提である．

▶ [三角関数の合成]
$a \sin x + b \cos x$
$= \sqrt{a^2+b^2} \sin(x+\alpha)$

$-\sin x + \cos x$
$= \sqrt{2} \sin\left(x + \dfrac{3}{4}\pi\right)$

▶ [sin と cos の関係]
$\sin x = \cos\left(\dfrac{\pi}{2} - x\right)$ および $\cos(-x) = \cos x$ より，

$\sin\left(x + \dfrac{3}{4}\pi\right)$
$= \cos\left(\dfrac{\pi}{2} - x - \dfrac{3}{4}\pi\right)$
$= \cos\left(-x - \dfrac{\pi}{4}\right)$
$= \cos\left(x + \dfrac{\pi}{4}\right)$

▶ [数学的帰納法 (mathematical induction)]
自然数 $n$ を含む命題 $P_n$ を次のように証明する方法．
(1) 最初の $n$ の値 ($n=1$ や $n=2$ など) について，命題が正しいことを示す．
(2) $n=k$ のとき成り立つと仮定して，その結果を用いて，$n=k+1$ のとき成り立つことを示す．

▶【アクティブ・ラーニング】
$f(x) = e^x \cos x$ の $n$ 次導関数は (2.8) より直ちに求められるが，一般の関数に対して $n$ 次導関数をすぐに求める方法は存在するでしょうか？ また，一般に存在しなければ，どのようなときに存在するでしょうか？ まずは，自分で考えて，その結果をお互いに話してまとめよう．

---

**例題 2.10 ($n$ 次導関数の計算)**
$f(x) = e^x \cos x$ とするとき，$f(x)$ の第 $n$ 次導関数を求めよ．

(解答)
$$f'(x) = e^x \cos x + e^x(-\sin x) = e^x(\cos x - \sin x) = \sqrt{2} e^x \cos\left(x + \dfrac{\pi}{4}\right) \quad (2.7)$$
$$f''(x) = \sqrt{2}\left\{e^x \cos\left(x + \dfrac{\pi}{4}\right) - e^x \sin\left(x + \dfrac{\pi}{4}\right)\right\} = (\sqrt{2})^2 e^x \cos\left(x + \dfrac{2}{4}\pi\right)$$
$$f'''(x) = (\sqrt{2})^3 e^x \cos\left(x + \dfrac{3}{4}\pi\right) \quad f^{(4)}(x) = (\sqrt{2})^4 e^x \cos\left(x + \dfrac{4}{4}\pi\right)$$

なので，第 $n$ 次導関数は，
$$f^{(n)}(x) = 2^{\frac{n}{2}} e^x \cos\left(x + \dfrac{n\pi}{4}\right) \quad (2.8)$$

だと予想される．そこで，数学的帰納法により第 $n$ 次導関数を求める．
$n=1$ のとき，(2.7) より，(2.8) が成り立つ．
$n=k$ のとき，(2.8) が成り立つと仮定すると，
$$f^{(k)}(x) = 2^{\frac{k}{2}} e^x \cos\left(x + \dfrac{k\pi}{4}\right)$$
なので，
$$f^{(k+1)}(x) = 2^{\frac{k}{2}}\left(e^x \cos\left(x + \dfrac{k\pi}{4}\right) - e^x \sin\left(x + \dfrac{k\pi}{4}\right)\right)$$
$$= 2^{\frac{k}{2}} e^x \left(\cos\left(x + \dfrac{k\pi}{4}\right) - \sin\left(x + \dfrac{k\pi}{4}\right)\right)$$
$$= 2^{\frac{k}{2}} e^x \sqrt{2} \cos\left(x + \dfrac{k\pi}{4} + \dfrac{\pi}{4}\right) = 2^{\frac{k+1}{2}} e^x \cos\left(x + \dfrac{(k+1)\pi}{4}\right)$$

となり，(2.8) は $n=k+1$ のときも成立する．したがって，数学的帰納法によりすべての自然数 $n$ について (2.8) が成立する．ゆえに，$f(x)$ の第 $n$ 次導関数は (2.8) である．■

[問] 2.8 次の関数の第 $n$ 次導関数を求めよ．
(1) $\cos x$　　　(2) $\cos^2 x$　　　(3) $e^{\sqrt{3}x} \sin x$

---

**定理 2.7 (ライプニッツの公式 (Leibniz formula))**
関数 $f(x)$ と $g(x)$ が $n$ 回微分可能ならば，
$$\{f(x)g(x)\}^{(n)} = \sum_{k=0}^{n} \binom{n}{k} f^{(n-k)}(x) g^{(k)}(x). \quad (2.9)$$

(証明)
$n=1$ の場合，$(fg)' = f'g + fg'$ であり，$\displaystyle\sum_{k=0}^{1} \binom{1}{k} f^{(1-k)} g^{(k)} = f'g + fg'$ なので，(2.9) が成立する．
$n$ の場合に (2.9) が成り立つとして，$n+1$ の場合を考える．
$$(fg)^{(n+1)} = ((fg)^{(n)})' = \left(\sum_{k=0}^{n} \binom{n}{k} f^{(n-k)} g^{(k)}\right)'$$
$$= \sum_{k=0}^{n} \binom{n}{k} (f^{(n-k)} g^{(k)})' = \sum_{k=0}^{n} \binom{n}{k} (f^{(n-k+1)} g^{(k)} + f^{(n-k)} g^{(k+1)})$$

$$= \sum_{k=0}^{n} \binom{n}{k} f^{(n-k+1)} g^{(k)} + \sum_{k=0}^{n} \binom{n}{k} f^{(n-k)} g^{(k+1)}$$

$$= \binom{n}{0} f^{(n+1)} g^{(0)} + \sum_{k=1}^{n} \binom{n}{k} f^{(n-k+1)} g^{(k)} + \binom{n}{n} f^{(0)} g^{(n+1)}$$

$$\quad + \sum_{k=0}^{n-1} \binom{n}{k} f^{(n-k)} g^{(k+1)}$$

$$= f^{(n+1)} g + \sum_{k=1}^{n} \binom{n}{k} f^{(n+1-k)} g^{(k)} + \sum_{k=1}^{n} \binom{n}{k-1} f^{(n+1-k)} g^{(k)} + f g^{(n+1)}$$

$$= f^{(n+1)} g + \sum_{k=1}^{n} \left( \binom{n}{k} + \binom{n}{k-1} \right) f^{(n+1-k)} g^{(k)} + f g^{(n+1)}$$

$$= \binom{n+1}{0} f^{(n+1)} g^{(0)} + \sum_{k=1}^{n} \binom{n+1}{k} f^{(n+1-k)} g^{(k)} + \binom{n+1}{n+1} f^{(0)} g^{(n+1)}$$

$$= \sum_{k=0}^{n+1} \binom{n+1}{k} f^{(n+1-k)} g^{(k)}$$

$n+1$ の場合も，(2.9) が成立したので，数学的帰納法によりすべての自然数に対し，(2.9) が成立することが分かる． ∎

ライプニッツの公式を $n=2$ および $n=3$ として書き下せば，

$$(fg)'' = f''g + 2f'g' + fg''$$
$$(fg)''' = f'''g + 3f''g' + 3f'g'' + fg'''$$

> **例題2.11**（ライプニッツの公式を用いた導関数の計算）
> $f(x) = x^3 e^{-x}$ の第 $n$ 次導関数 $f^{(n)}(x)$ をライプニッツの公式を使って求め，$f^{(7)}(0)$ を求めよ．

**(解答)**
$x^3$ を 4 回微分すると 0 になることに注意すれば，ライプニッツの公式より，次を得る．

$$f^{(n)}(x) = (x^3 e^{-x})^{(n)} = \sum_{k=0}^{n} \binom{n}{k} (e^{-x})^{(n-k)} (x^3)^{(k)}$$

$$= \binom{n}{0}(e^{-x})^{(n)} x^3 + \binom{n}{1}(e^{-x})^{n-1}(x^3)' + \binom{n}{2}(e^{-x})^{n-2}(x^3)'' + \binom{n}{3}(e^{-x})^{n-3}(x^3)'''$$

$$= \binom{n}{0}(-1)^n e^{-x} x^3 + \binom{n}{1}(-1)^{n-1} e^{-x}(3x^2) + \binom{n}{2}(-1)^{n-2} e^{-x}(6x)$$
$$\quad + \binom{n}{3}(-1)^{n-3} e^{-x} \cdot 6$$

$$= (-1)^n e^{-x} x^3 + n(-1)^{n-1} e^{-x}(3x^2) + \frac{n(n-1)}{2 \cdot 1}(-1)^{n-2} e^{-x}(6x)$$
$$\quad + \frac{n(n-1)(n-2)}{3 \cdot 2 \cdot 1}(-1)^{n-3} e^{-x} \cdot 6$$

$$= (-1)^n e^{-x} x^3 + 3n(-1)^{n-1} e^{-x} x^2 + 3n(n-1)(-1)^{n-2} e^{-x} x$$
$$\quad + n(n-1)(n-2)(-1)^{n-3} e^{-x}$$

$$= (-1)^{n-3} e^{-x} \{-x^3 + 3nx^2 - 3n(n-1)x + n(n-1)(n-2)\}$$

よって，

$$f^{(7)}(0) = (-1)^{(7-3)} \cdot 7 \cdot 6 \cdot 5 e^0 = 7 \cdot 6 \cdot 5 = 210$$

∎

▶ [二項係数の性質]
$\binom{n}{k} = \frac{n!}{(n-k)!k!}$, $n! = n(n-1)\cdots 2 \cdot 1$, $0! = 1$ とするとき，次が成り立つ．

$$\binom{n}{k} + \binom{n}{k-1} = \binom{n+1}{k}.$$

▶ [$n=2$ のとき]

$$(fg)'' = \sum_{k=0}^{2} \binom{2}{k} f^{(2-k)} g^{(k)}$$
$$= \binom{2}{0} f^{(2)} g^{(0)} + \binom{2}{1} f^{(1)} g^{(1)}$$
$$\quad + \binom{2}{2} f^{(0)} g^{(2)}$$

ここで，$\binom{2}{0} = 1, \binom{2}{2} = 1$ に注意．

【注意】
$(a+b)^2 = a^2 + 2ab + b^2$,
$(a+b)^3 = a^3 + 3a^2 b + 3ab^2 + b^3$
と同じ形．

【注意】数学的帰納法で $(e^{-x})^{(n)} = (-1)^n e^{-x}$ を示さなければならないが，ここでは分かっているものとする．

▶ [二項係数]
$\binom{n}{0} = 1,$
$\binom{n}{1} = n,$
$\binom{n}{2} = \frac{n(n-1)}{2!}$
$\binom{n}{3} = \frac{n(n-1)(n-2)}{3!},$
$2! = 2 \cdot 1 = 2,$
$3! = 3 \cdot 2 \cdot 1 = 6$

[問] 2.9 次の第 $n$ 次導関数をライプニッツの公式を用いて求めよ.

(1) $x^3 e^{2x}$　　　(2) $x^2 \log(1+x)$　　　(3) $x^3 \sin 2x$

▶【アクティブ・ラーニング】
例題 2.10, 2.11, 2.12 はすべて確実に解けるようになりましたか？解けていない問題があれば，それがどうすればできるようになりますか？何に気をつければいいですか？また，読者全員ができるようになるにはどうすればいいでしょうか？それを紙に書き出しましょう．そして，書き出した紙を周りの人と見せ合って，それをまとめてグループごとに発表しましょう．

### 例題2.12（高次導関数の漸化式と微分係数）

$f(x) = \dfrac{x}{1+x^2}$ とするとき，ライプニッツの公式を用いて

$$(1+x^2)f^{(n)}(x) + 2nxf^{(n-1)}(x) + n(n-1)f^{(n-2)}(x) = 0 \ (n \geqq 2)$$

となることを示し，$f^{(n)}(0)$ を求めよ．

（解答）
$(1+x^2)f(x) = x$ にライプニッツの公式を適用すれば，

$$\sum_{k=0}^{n} \binom{n}{k} f^{(n-k)}(x)(1+x^2)^{(k)} = 0 \Longrightarrow \binom{n}{0}(1+x^2)f^{(n)}(x) + \binom{n}{1}2xf^{(n-1)}(x)$$
$$+ \binom{n}{2}2f^{(n-2)}(x) = 0$$
$$\Longrightarrow (1+x^2)f^{(n)}(x) + 2nxf^{(n-1)}(x) + n(n-1)f^{(n-2)}(x) = 0 \Longrightarrow f^{(n)}(0)$$
$$= -n(n-1)f^{(n-2)}(0)$$

$n$ が偶数のとき，$n = 2k (k \geqq 0)$ として
$$f^{(2k)}(0) = -2k(2k-1)f^{(2k-2)}(0) = (-1)^2 2k(2k-1)(2k-2)(2k-3)f^{(2k-4)}(0)$$
$$= \cdots = (-1)^k (2k)! f(0) = 0$$

また，$n$ が奇数のとき，$n = 2k+1 (k \geqq 0)$ として
$$f^{(2k+1)}(0) = -(2k+1)(2k)f^{(2k-1)}(0) = (-1)^2(2k+1)2k(2k-1)(2k-2)f^{(2k-3)}(0)$$
$$= \cdots = (-1)^k (2k+1)! f'(0) = (-1)^k (2k+1)!$$
■

【注意】$f'(x)$
$= \dfrac{(1+x^2) - x(1+x^2)'}{(1+x^2)^2} =$
$\dfrac{1-x^2}{(1+x^2)^2}$ より $f'(0) = 1$.

[問] 2.10 次の関数 $f(x)$ に対して，ライプニッツの公式を用いて [　] 内に示した漸化式を導け．また，第 $n$ 次微分係数 $f^{(n)}(0)$ を求めよ．

(1) $f(x) = \log(1+x)$　　$[ f^{(n+1)}(x)(1+x) + rf^{(n)}(x) = 0 ]$

(2) $f(x) = \tan^{-1} x$

$[ (1+x^2)f^{(n)}(x) + 2(n-1)xf^{(n-1)}(x) + (n-1)(n-2)f^{(n-2)}(x) = 0 ]$

## 2.7 パラメータ表示された関数の導関数

$x$ と $y$ が 1 つの変数 $t$ の関数として

$$x = \varphi(t), \quad y = \psi(t) \tag{2.10}$$

と表されているとき，$t$ の値が変わると，$x$ と $y$ の値も変わり，点 $(x, y)$ はある曲線を描く．このとき，(2.10) をこの曲線の**媒介変数表示**(parametric representation) または**パラメータ表示** といい，$t$ を**媒介変数**(parameter) または**パラメータ** という．

パラメータ表示された関数のグラフを描くときは，$t$ の値を適当に決め，そのときの $x$ と $y$ を求めると座標が求まるので，これらの点を曲線になる

ように結べばよい.

例として, **サイクロイド** と呼ばれる

$$x = a(t - \sin t), \quad y = a(1 - \cos t) \quad (0 \leqq t \leqq 2\pi)$$

で表される曲線を取り上げよう. これは, 点 $A(0, a)$ を中心とする半径 $a$ の円が, $x$ 軸上を正の方向に滑ることなく 1 回転するとき, 最初に原点にあった点 $P$ の軌跡を表している.

実際, 円が最初の位置から $t$ だけ回転して, 中心 $A'$ の円に移動したとし, $H$ と $Q$ を図のようにとる.

【注意】サイクロイドのグラフを描くときは, $t$ を $\dfrac{\pi}{6}, \dfrac{\pi}{4}, \dfrac{\pi}{3}, \dfrac{\pi}{2}, \dfrac{2}{3}\pi, \dfrac{3}{4}\pi, \dfrac{5}{6}\pi$ したときの $x, y$ を求め, これらの点を滑らかにつなぎ, これを $x = a\pi$ で折り返す.

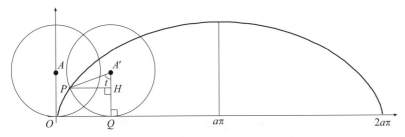

このとき, 弧 $PQ$ の長さは $at$ であり, 弧 $PQ$ と線分 $OQ$ の長さは等しいので, 次式が成り立つ.

$$x = OQ - PH = at - a\sin t = a(t - \sin t),$$
$$y = A'Q - A'H = a - a\cos t = a(1 - \cos t)$$

---

**定理 2.8 (パラメータ表示された関数の微分法)**

$x = \varphi(t), y = \psi(t)$ は区間 $I$ で微分可能とし, $x = \varphi(t)$ は狭義単調関数で $\varphi'(t) \neq 0$ とする. このとき, $y$ は $x$ の関数として微分可能で

$$\frac{dy}{dx} = \frac{\dfrac{dy}{dt}}{\dfrac{dx}{dt}} \tag{2.11}$$

---

(証明)
定理 2.6 より, 微分可能な関数 $t = \varphi^{-1}(x)$ が存在する. $F(x) = \psi(\varphi^{-1}(x))$ と定義すると
$$y = \psi(t) = \psi(\varphi^{-1}(x)) = F(x) = F(\varphi(t))$$
なので, 定理 2.5 より,
$$\frac{dy}{dt} = F'(\varphi(t))\varphi'(t) = \frac{dy}{dx}\frac{dx}{dt}$$
である. よって, $\dfrac{dx}{dt} \neq 0$ に注意すると $\dfrac{dy}{dx} = \dfrac{\frac{dy}{dt}}{\frac{dx}{dt}}$ を得る. ∎

【注意】$\dfrac{dx}{dt} = \varphi'(t) = 0$ のとき, (2.11) の分母が 0 になるので, (2.11) は使えない.

---

**例題 2.13 (パラメータ表示された関数の導関数)**

$x = \cos^3 t, y = \sin^3 t$ とするとき, $\dfrac{dy}{dx}, \dfrac{d^2y}{dx^2}$ を求めよ. ただし, 結果は $t$ の関数のままでよい.

【注意】$\dfrac{dy}{dx}$ は $x$ に関する導関数なので，本来は結果を $x$ の関数として表示すべきだが，パラメータ表示された関数の導関数については，パラメータの関数（例題 2.13 の場合，$t$ の関数）として表すことが多い．

▶【アクティブ・ラーニング】
例題 2.13 は確実に解けるようになりましたか？解けていない問題があれば，それがどうすればできるようになりますか？何に気をつければいいですか？また，読者全員ができるようになるにはどうすればいいでしょうか？それを紙に書き出しましょう．そして，書き出した紙を周りの人と見せ合って，それをまとめてグループごとに発表しましょう．

▶【アクティブ・ラーニング】
まとめに記載されている項目について，例を交えながら他の人に説明しよう．また，あなたならどのように本章をまとめますか？あなたの考えで本章をまとめ，それを他の人とも共有し，自分たちオリジナルのまとめを作成しよう．

▶【アクティブ・ラーニング】
本章で登場した例題および問において，重要な問題を 5 つ選び，その理由を述べてください．その際，選定するための基準は，自分たちで考えてください．

(解答) $\dfrac{dx}{dt} = -3\cos^2 t \sin t$, $\dfrac{dy}{dt} = 3\sin^2 t \cos t$ なので，$\dfrac{dx}{dt} = 0$ となる点を除いて，

$$\dfrac{dy}{dx} = \dfrac{\frac{dy}{dt}}{\frac{dx}{dt}} = -\dfrac{3\sin^2 t \cos t}{3\cos^2 t \sin t} = -\dfrac{\sin t}{\cos t} = -\tan t$$

$$\dfrac{d^2 y}{dx^2} = \dfrac{\frac{d}{dt}\left(\frac{dy}{dx}\right)}{\frac{dx}{dt}} = \dfrac{-\frac{1}{\cos^2 t}}{-3\cos^2 t \sin t} = \dfrac{1}{3\sin t \cos^4 t} = \dfrac{1}{3}\operatorname{cosec} t \sec^4 t.$$ ∎

[問] 2.11 次のパラメータ表示に対して，$\dfrac{dy}{dx}, \dfrac{d^2 y}{dx^2}$ を求めよ．

(1) $x = 7t^2 + 2$, $y = t^3 - 12t$ 　　　　(2) $x = t - \sin t$, $y = 1 - \cos t$

## 第 2 章のまとめ

- 微分係数 $f'(a) = \lim\limits_{h \to 0} \dfrac{f(a+h) - f(a)}{h}$ は $x = a$ における変化率．

- $f(x)$ の導関数の定義は，$f'(x) = \lim\limits_{h \to 0} \dfrac{f(x+h) - f(x)}{h}$ であり，$f(x)$ の導関数を求めることを微分するという．

- $f(x)$ は $x = a$ で微分可能であるための必要十分条件は右微分係数 $f'_+(a)$ と左微分係数 $f'_-(a)$ が一致すること．ただし，$f'_+(a) = \lim\limits_{h \to +0} \dfrac{f(a+h) - f(a)}{h}$, $f'_-(a) = \lim\limits_{h \to -0} \dfrac{f(a+h) - f(a)}{h}$．

- $f(x)$ が $x = a$ で微分可能ならば，$f(x)$ は $x = a$ で連続である．逆は必ずしも成り立たない．

- $\{f(x) \pm g(x)\}' = f'(x) \pm g'(x)$, $\{kf(x)\}' = kf'(x)$, $\{f(x)g(x)\}' = f'(x)g(x) + f(x)g'(x)$, $\left\{\dfrac{f(x)}{g(x)}\right\}' = \dfrac{f'(x)g(x) - f(x)g'(x)}{\{g(x)\}^2}$

- $(\sin x)' = \cos x$　　$(\cos x)' = -\sin x$　　$(\tan x)' = \dfrac{1}{\cos^2 x}$
  $(e^x)' = e^x$　　$(x^\alpha)' = \alpha x^{\alpha - 1}$　　$(a^x)' = a^x \log a$
  $(\log|x|)' = \dfrac{1}{x}$　　$(\log|f(x)|)' = \dfrac{f'(x)}{f(x)}$　　$(\sin^{-1} x)' = \dfrac{1}{\sqrt{1-x^2}}$
  $(\cos^{-1} x)' = -\dfrac{1}{\sqrt{1-x^2}}$　　$(\tan^{-1} x)' = \dfrac{1}{1+x^2}$

- 合成関数 $g(f(x))$ が微分可能なら，$\{g(f(x))\}' = g'(f(x))f'(x)$

- $y = f(x)$ の逆関数 $x = f^{-1}(y)$ が微分可能なら，$\dfrac{dy}{dx} = \dfrac{1}{\frac{dx}{dy}}$

- $y = f(x)$ の導関数 $y'$ を求める際，$\log|y| = \log|f(x)|$ の両辺を微分したらよい場合がある．これを対数微分法と呼ぶ．

- $f^{(n)}(x)$ や $f^{(n)}(0)$ を求める際には，ライプニッツの公式 $\{f(x)g(x)\}^{(n)} = \sum\limits_{k=0}^{n} \binom{n}{k} f^{(n-k)}(x) g^{(k)}(x)$ を使う．

- $x = \varphi(t), y = \psi(t)$ のとき，$\dfrac{dy}{dx} = \dfrac{\frac{dy}{dt}}{\frac{dx}{dt}}$

## 第 2 章　演習問題

[A. 基本問題]

**演習 2.1** $f(x) = |x^3(x-1)|$ の $x=1$ における微分可能性を調べよ．

**演習 2.2** $f(x) = \dfrac{1}{1+2|x|}$ の $x=0$ における微分可能性を調べよ．

**演習 2.3** 導関数の定義 $f'(x) = \lim\limits_{h \to 0} \dfrac{f(x+h)-f(x)}{h}$ に基づき，次の導関数を求めよ．

(1) $\sin 2x$　　(2) $3x^2+2x$　　(3) $\sqrt{5x+1}$　　(4) $\dfrac{1}{2x+3}$

**演習 2.4** 次の関数を微分せよ．ただし，$a, b$ は定数とする．

(1) $\dfrac{4x-7}{3-x^2}$　　(2) $\sqrt{\dfrac{1}{1-x^2}}$　　(3) $e^{ax}(a\sin bx - b\cos bx)$　　(4) $\cos^4(3x+1)^2$

(5) $x3^{\sin 2x}$　　(6) $x \operatorname{cosec} x$　　(7) $\log\left(\dfrac{1+\cos 2x}{\sin 2x}\right)$　　(8) $\dfrac{2-e^{x^2}}{2+e^{x^2}}$

(9) $\sqrt[3]{2-x^2}$　　(10) $\dfrac{x}{\sqrt{x^2+x+1}}$　　(11) $x2^{1-x}$　　(12) $x^2 \operatorname{cosec} x$

(13) $\log\left(\dfrac{1+\sin x}{\cos x}\right)$　　(14) $\dfrac{x^3-4x+1}{x-2}$　　(15) $\sin^5 x \cos 5x$　　(16) $\dfrac{x}{\sqrt{x^2+1}}$

(17) $\dfrac{\cos 2x}{1+\sin 2x}$　　(18) $e^{-2x}\cos 2x$　　(19) $\sin\sqrt{x^2+x+1}$　　(20) $\sqrt{x}\sin\dfrac{1}{x}$

(21) $\sqrt{x^3}\sec 2x$　　(22) $\log(3^{4x})$　　(23) $\dfrac{1-\sin x}{1+\cos x}$　　(24) $x^2 \sin x$

(25) $\sec x \tan x$　　(26) $\log_a |x|\ (x \neq 0, a > 0, a \neq 1)$

**演習 2.5** 次の関数を微分せよ．

(1) $\cos^{-1}\dfrac{x^2-1}{x^2+1}$　　(2) $e^{2x}\cos^{-1}\dfrac{2}{3}x$　　(3) $x^{e^x}\ (x>0)$　　(4) $x^{\tan^{-1} 2x}$

(5) $\dfrac{1}{2}x^2 \sin^{-1} 2x$　　(6) $(\log x)^{\log x}\ (x>1)$　　(7) $x^{\cos^{-1} x}$　　(8) $\tan^{-1}\left(\dfrac{1-2x}{1+2x}\right)$

(9) $(\tan x)^{\sin x}\left(0 < x < \dfrac{\pi}{2}\right)$　　(10) $\tan^{-1}\dfrac{1+x}{1-x}$　　(11) $x^{\cos^{-1}\frac{x}{2}}$

**演習 2.6** $x = y^2 - 2y$ とするとき，$\dfrac{dy}{dx}$ を求めよ．

**演習 2.7** 次の関数の第 $n$ 次導関数を求めよ．

(1) $\dfrac{1}{1-x}$　　(2) $e^{2x}\sin 2x$

**演習 2.8** $f(x) = \log(2+3x)$ のとき，ライプニッツの公式を用いて $f^{(n)}(0)$ を求めよ．

**演習 2.9** 次のパラメータ表示に対して，$\dfrac{dy}{dx}, \dfrac{d^2 y}{dx^2}$ を求めよ．

(1) $x = \sin t + 1,\ y = \cos 2t$　　(2) $x = \dfrac{1}{t+1},\ y = \dfrac{1}{t-1}$

(3) $x = \sqrt{t+2},\ y = t^2+2$　　(4) $x = \sin t,\ y = -2\cos 2t$

(5) $x = \sin 3t+3,\ y = \cos^2 3t - 3$　　(6) $x = t^3+t,\ y = t^7+t+1$

[B. 応用問題]

**演習 2.10** $f(x) = \sin^{-1} x\ (-1 < x < 1)$ とするとき，次の問に答えよ．

(1) $(1-x^2)f''(x) - xf'(x) = 0$ が成り立つことを示せ．

(2) $(1-x^2)f^{(n+2)}(x) - (2n+1)xf^{(n+1)}(x) - n^2 f^{(n)}(x) = 0$ が成り立つことを示せ．

(3) $f^{(n)}(0)$ を求めよ．

演習 2.11 $f(x) = \log(1+x^2)$ とするとき，次の問に答えよ．

(1) $2xf'(x) + (1+x^2)f''(x) = 2$ が成り立つことを示せ．

(2) $(1+x^2)f^{(n+2)}(x) + 2x(1+n)f^{(n+1)}(x) + n(n+1)f^{(n)}(x) = 0$ が成り立つことを示せ．

(3) $f^{(n)}(0)$ を求めよ．

## 第 2 章 略解とヒント

[問]

**問 2.1** (1) $\displaystyle\lim_{h\to 0} \frac{\sqrt{x+h}-\sqrt{x}}{h}$ において分子の有理化． (2) $\sin\alpha - \sin\beta = 2\cos\dfrac{\alpha+\beta}{2}\sin\dfrac{\alpha-\beta}{2}$ を使う．

(3) $\dfrac{\log(x+h)-\log x}{h} = \dfrac{1}{h}\log\left(\dfrac{x+h}{x}\right) = \dfrac{1}{x}\log\left(1+\dfrac{h}{x}\right)^{\frac{x}{h}}$ を使う．

**問 2.2** $\displaystyle\lim_{h\to 0}(f(-2+h)-f(-2)) = 0 = f(-2)$ より連続，$f'_+(-2) = 2 \neq -2 = f'_-(-2)$ より微分不可能．

**問 2.3** (1) $\tan x \sec x$ (2) $-\cot x \operatorname{cosec} x$ (3) $-\operatorname{cosec}^2 x$

**問 2.4** (1) $\sinh x$ (2) $\cosh x$ (3) $\lambda \cosh \lambda x$ (4) $\lambda \sinh \lambda x$

**問 2.5** (1) $20x^3 + \dfrac{4}{x^3}$ (2) $\dfrac{2x^2-2x-3}{(2x-1)^2}$ (3) $e^x\left(\log x + \dfrac{1}{x}\right)$ (4) $e^{2x}(2\cos 3x - 3\sin 3x)$

(5) $\dfrac{1}{4x^{\frac{3}{4}}(1-3x)^{\frac{5}{4}}}$ (6) $\dfrac{2x^2+a^2}{\sqrt{x^2+a^2}}$ (7) $\dfrac{1}{x\sqrt{1+2\log x}}$ (8) $\dfrac{4x}{3^3\sqrt{(x^2+1)}}$

(9) $x\sec x(2 + x\tan x)$ (10) $-12\sin 4x (\cos 4x)^2$ (11) $\dfrac{x(3x^2+8)}{\sqrt{x^2+4}}$ (12) $xe^{\sin 3x}(2 + 3x\cos 3x)$ (13) $\dfrac{a^2\cos x}{\sqrt{(a^2\cos^2 x + b^2\sin^2 x)^3}}$ (14) $\dfrac{e^{3x}(1+18x+6x\log(2x))}{2x\sqrt{\log(2x)+3}}$

**問 2.6** (1) $\dfrac{1}{2\sqrt{(x-1)(2-x)}}$ (2) $\sec x$ (3) $-1$ (4) $\dfrac{6(\tan^{-1} 2x)^2}{1+4x^2}$ (5) $\dfrac{1}{|x|\sqrt{x^2-1}}$

(6) $\dfrac{-1}{|x|\sqrt{x^2-1}}$ (7) $\dfrac{1}{\sqrt{2}\left(1+\cos^2\frac{x}{2}\right)}$ (8) $\dfrac{2}{\sqrt{1-4x^2}}$ (9) $\dfrac{x}{|x|\sqrt{1-x^2}}$

**問 2.7** (1) $(x+1)^{2x}\left(2\log(x+1) + \dfrac{2x}{x+1}\right)$ (2) $x^x(\log x + 1)$ (3) $\dfrac{2x}{x^4-1}\sqrt{\dfrac{1-x^2}{1+x^2}}$

(4) $e^{x^x} x^x (\log x + 1)$ (5) $\dfrac{1}{1-x^2}$ (6) $\dfrac{2xe^{\tan^{-1} x}}{\sqrt{(1+x^2)^3}}$ (7) $x^{\cos x}\left(\dfrac{\cos x}{x} - \sin x \log x\right)$

(8) $(\sin x)^x (\log(\sin x) + x\cot x)$

**問 2.8** (1) $\cos\left(x + \dfrac{n\pi}{2}\right)$ (2) $-2^{n-1}\sin\left(2x + \dfrac{n-1}{2}\pi\right)$ （ヒント）$\cos^2 x = \dfrac{1}{2}(1+\cos 2x)$ および $\cos x = \sin\left(x + \dfrac{\pi}{2}\right)$ に注意． (3) $2^n e^{\sqrt{3}x}\sin\left(x + \dfrac{n\pi}{6}\right)$

**問 2.9** (1) $2^{n-3}e^{2x}\{8x^3 + 12nx^2 + 6n(n-1)x + n(n-1)(n-2)\}$ （ヒント）$(e^{2x})^{(n)} = 2^n e^{2x}$

(2) $\dfrac{(-1)^{n-1}(n-3)!}{(1+x)^n}\left(2x^2+2nx+n(n-1)\right)$　（ヒント）$(\log(1+x))^{(n)}=\dfrac{(-1)^{n-1}(n-1)!}{(1+x)^n}$

(3) $2^{n-3}\Big\{8x^3\sin\left(2x+\dfrac{n}{2}\pi\right)+12nx^2\sin\left(2x+\dfrac{n-1}{2}\pi\right)+6xn(n-1)\sin\left(2x+\dfrac{n-2}{2}\pi\right)+n(n-1)(n-2)\sin\left(2x+\dfrac{n-3}{2}\pi\right)\Big\}$　（ヒント）$(\sin 2x)^{(n)}=2^n\sin\left(2x+\dfrac{n}{2}\pi\right)$

**問 2.10** (1) $f^{(n)}(0)=(-1)^{n-1}(n-1)!$　（ヒント）$(1+x)f'(x)=1$ にライプニッツの公式を適用.

(2) $k\geqq 1$ として, $f^{(2k)}(0)=0, f^{(2k+1)}(0)=(-1)^k(2k)!$　（ヒント）$(1+x^2)f'(x)=1$ にライプニッツの公式を適用.

**問 2.11** (1) $t=0$ となる点を除いて, $\dfrac{dy}{dx}=\dfrac{3t^2-12}{14t},\ \dfrac{d^2y}{dx^2}=\dfrac{3(t^2+4)}{196t^3}$　(2) $1-\cos t=0$ となる点 $t$ を除いて $\dfrac{dy}{dx}=\dfrac{\sin t}{1-\cos t},\ \dfrac{d^2y}{dx^2}=\dfrac{-1}{(1-\cos t)^2}$

[演習]

**演習 2.1** $f'_+(1)=1\neq -1=f'_-(1)$ なので，微分不可能.

**演習 2.2** $f'_-(0)=2\neq -2=f'_+(0)$ なので微分不可能

**演習 2.3** (1) $\sin\alpha-\sin\beta=2\cos\dfrac{\alpha+\beta}{2}\sin\dfrac{\alpha-\beta}{2}$ より, $\dfrac{\sin(2(x+h))-\sin 2x}{h}=2\cos(2x+h)\dfrac{\sin h}{h}\to 2\cos 2x$　$(h\to 0)$　(2) $\displaystyle\lim_{h\to 0}\dfrac{3(x+h)^2+2(x+h)-3x^2-2x}{h}=\lim_{h\to 0}(6x+3h+2)=6x+2$

(3) $\displaystyle\lim_{h\to 0}\dfrac{1}{h}\left(\sqrt{5(x+h)+1}-\sqrt{5x+1}\right)=\lim_{h\to 0}\dfrac{1}{h}\left(\dfrac{5h}{\sqrt{5(x+h)+1}+\sqrt{5x+1}}\right)=\dfrac{5}{2\sqrt{5x+1}}$

(4) $\displaystyle\lim_{h\to 0}\dfrac{1}{h}\left(\dfrac{1}{2(x+h)+3}-\dfrac{1}{2x+3}\right)=\lim_{h\to 0}\left(-\dfrac{2}{(2x+2h+3)(2x+3)}\right)=-\dfrac{2}{(2x+3)^2}$

**演習 2.4** (1) $\dfrac{2(2x-3)(x-2)}{(3-x^2)^2}$　(2) $\dfrac{x}{(1-x^2)\sqrt{1-x^2}}$　(3) $(a^2+b^2)e^{ax}\sin bx$　(4) $-24(3x+1)\cos^3(3x+1)^2\sin(3x+1)^2$　(5) $3^{\sin 2x}(1+2x\log 3\cos 2x)$　(6) $\operatorname{cosec} x(1-x\cot x)$　(7) $-\dfrac{2}{\sin 2x}$

(8) $-8xe^{x^2}\dfrac{1}{(2+e^{x^2})^2}$　(9) $-\dfrac{2x}{3\sqrt[3]{(2-x^2)^2}}$　(10) $\dfrac{x+2}{2(x^2+x+1)\sqrt{x^2+x+1}}$

(11) $2^{1-x}(1-x\log 2)$　(12) $x\operatorname{cosec}x(2-x\cot x)$　(13) $\sec x$　(14) $\dfrac{2x^3-6x^2+7}{(x-2)^2}$

(15) $5\sin^4 x\cos 6x$　(16) $\dfrac{1}{(x^2+1)\sqrt{x^2+1}}$　(17) $-\dfrac{2}{1+\sin 2x}$　(18) $-2e^{-2x}(\cos 2x+\sin 2x)$

(19) $\dfrac{(2x+1)\cos\sqrt{x^2+x+1}}{2\sqrt{x^2+x+1}}$　(20) $\dfrac{1}{2x\sqrt{x}}\left(x\sin\dfrac{1}{x}-2\cos\dfrac{1}{x}\right)$　(21) $\dfrac{\sqrt{x}}{2}\sec 2x(3+4x\tan 2x)$

(22) $4\log 3$　(23) $\dfrac{\sin x-\cos x-1}{(1+\cos x)^2}$　(24) $x(2\sin x+x\cos x)$　(25) $\sec^3 x(1+\sin^2 x)$

(26) $\dfrac{1}{x\log a}$　（ヒント）$\log_a M=\dfrac{\log M}{\log a}$　$(M>0)$

**演習 2.5** (1) $-\dfrac{2}{x^2+1}$　(2) $2e^{2x}\left(\cos^{-1}\dfrac{2}{3}x-\dfrac{1}{\sqrt{9-4x^2}}\right)$　(3) $x^{e^x}e^x\left(\log x+\dfrac{1}{x}\right)$

(4) $x^{\tan^{-1}2x}\left(\dfrac{2\log x}{1+4x^2}+\dfrac{\tan^{-1}2x}{x}\right)$　(5) $x\left(\sin^{-1}(2x)+\dfrac{x}{\sqrt{1-4x^2}}\right)$

(6) $\dfrac{1+\log(\log x)}{x}(\log x)^{\log x}$　(7) $x^{\cos^{-1}x}\left(\dfrac{\cos^{-1}x}{x}-\dfrac{\log x}{\sqrt{1-x^2}}\right)$　(8) $-\dfrac{2}{1+4x^2}$

(9) $(\tan x)^{\sin x}\{(\cos x)\log(\tan x)+\sec x\}$　(10) $\dfrac{1}{1+x^2}$　(11) $x^{\cos^{-1}\frac{x}{2}-1}\left(\cos^{-1}\dfrac{x}{2}-\dfrac{x\log x}{\sqrt{4-x^2}}\right)$

演習 2.6  $\pm\dfrac{1}{2\sqrt{1+x}}$. $\dfrac{dy}{dx}=\dfrac{1}{\frac{dx}{dy}}=\dfrac{1}{2y-2}$ に $y=1\pm\sqrt{1+x}$ を代入すればよい.

演習 2.7  (1) $\dfrac{n!}{(1-x)^{n+1}}$　　(2) $(2\sqrt{2})^n e^{2x}\sin\left(2x+\dfrac{n\pi}{4}\right)$

演習 2.8  $(-1)^{n-1}\left(\dfrac{3}{2}\right)^n (n-1)!$.  $f^{(n)}(x)(2+3x)+3rf^{(n-1)}(x)=0$ を導いて $x=0$ とおく.

演習 2.9  (1) $\dfrac{dy}{dx}=-4\sin t,\ \dfrac{d^2y}{dx^2}=-4$　　(2) $\dfrac{dy}{dx}=\left(\dfrac{t+1}{t-1}\right)^2,\ \dfrac{d^2y}{dx^2}=4\left(\dfrac{t+1}{t-1}\right)^3$　　(3) $\dfrac{dy}{dx}=4t\sqrt{t+2},\ \dfrac{d^2y}{dx^2}=4(3t+4)$　　(4) $\dfrac{dy}{dx}=8\sin t,\ \dfrac{d^2y}{dx^2}=8$　　(5) $\dfrac{dy}{dx}=-2\sin 3t,\ \dfrac{d^2y}{dx^2}=-2$　　(6) $\dfrac{dy}{dx}=\dfrac{7t^6+1}{3t^2+1},\ \dfrac{d^2y}{dx^2}=\dfrac{6t(14t^6+7t^4-1)}{(3t^2+1)^3}$

演習 2.10  (1) $f(x)=\sin^{-1}x$ の両辺を微分して整理する.　　(2) (1) の結果にライプニッツの公式を適用する.　　(3) $n$ が偶数のとき $f^{(n)}(0)=0$. $n$ が奇数のとき $n=2m+1$ として, $f^{(2m+1)}(0)=(2m-1)^2(2m-3)^2\cdots 3^2\cdot 1^2$. ただし, $m$ は自然数.

演習 2.11  (1) $f(x)=\log(1+x^2)$ の両辺を 2 回微分して整理する.　　(2) (1) の結果にライプニッツの公式を適用する.　　(3) $n$ が奇数のとき $f^{(n)}(0)=0$, $n$ が偶数のとき $n=2m$ として $f^{(2m)}(0)=2(-1)^{m-1}\cdot(2m-1)!$. ただし, $m$ は自然数.

# 第3章 微分法の応用

## [ねらい]

定義 2.1 から分かるように，関数の微分係数は，その関数の局所的な振舞いを表している．ここでは，この局所的な情報をもとに，大域的な情報を得ることを考えよう．より具体的には，局所的な情報を使って，区間における関数の振舞いや関数のグラフの概形を把握したり，関数を級数に展開する方法等について学ぶ．

## [この章の項目]

ロルの定理，平均値の定理，コーシーの平均値の定理，ロピタルの定理，テイラーの定理，マクローリンの定理，テイラー展開，マクローリン展開，導関数と関数の増加・減少，極大値・極小値，第2次導関数と関数のグラフの凹凸

## 3.1 平均値の定理とその応用

微分法を応用する際に重要な役割を果たすのが平均値の定理である．そして，この平均値の定理の証明に必要なのがロルの定理である．

> **定理 3.1（ロルの定理 (Rolle's theorem)）**
> $f(x)$ は閉区間 $[a,b]$ で連続で，開区間 $(a,b)$ で微分可能だとする．このとき，$f(a) = f(b)$ ならば
> $$f'(c) = 0$$
> を満たす $c \in (a,b)$ が（少なくとも1つ）存在する．

【注意】定理の仮定は，できるだけ定理が広く適用できるように書いているだけで，$(a,b)$ で微分可能という仮定は，点 $a, b$ において微分可能性がなくなるような関数を考えろ，といっている訳ではない．$[a,b]$ を含むような開区間で微分可能な関数に対しては，$[a,b]$ においてロルの定理を適用できる．

▶【アクティブ・ラーニング】
ロルの定理は，平均値の定理の証明以外ではどのようなときに使われるでしょうか？みんなで調べたり，考えてたりしてみよう．

（証明）
まず，$f(x)$ が $[a,b]$ で定数ならば，任意の $c \in (a,b)$ に対して $f'(c) = 0$ なので，定理の主張がいえる．次に，$f(x)$ は定数でないとし，$f(a) = f(b)$ より大きくなるところがあると仮定する．このとき，$f(x)$ は $[a,b]$ において連続なので，$[a,b]$ で最大値をとるはずだから，この最大値をとる点を $c$ とすると，$a < c < b$ である．このとき，$c + h \in [a,b]$ を満たすどんな $h$ に対しても $f(c+h) \leqq f(c)$ なので，
$$h > 0 \implies \frac{f(c+h) - f(c)}{h} \leqq 0$$
である．ここで，$h \to +0$ とすると $f'(c) = f'_+(c) \leqq 0$ となる．

【注意】今，$f(a) = f(b)$ より大きくなるところがあると仮定しているので，$x = a$ および $x = b$ では最大値をとらない．

▶ [平均値の定理の意味]

平均値の定理は，2 点 $(a, f(a))$，$(b, f(b))$ を通る直線と平行な接線が少なくとも 1 つ存在する，ことを主張している．

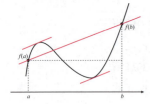

また，関数の区間におけるおおよその振舞い $\dfrac{f(b)-f(a)}{b-a}$ が 1 点の微分係数 $f'(c)$ によって把握できることを意味する．

【注意】定理 3.2 を**ラグランジュの平均値の定理 (Lagrange's mean value theorem)** と呼ぶことがある．

【注意】平均値の定理は，$a < b$ であることを仮定している．しかし，(3.1) は $b < a$ のときも $b < c < a$ を満たすある $c$ に対して成り立つ．したがって，関数 $f(x)$ が区間 $I$ 上で微分可能のとき，$x, a \in I$ に対して，$a$ と $x$ との間に次式を満たす $\xi$ がある．

$$f(x) = f(a) + f'(\xi)(x-a)$$

▶ [平均値の定理の別表現]

「$a$ と $b$ との間に $c$ が存在する」というのは「$c - a = \theta(b-a)$ となる $\theta \, (0 < \theta < 1)$ が存在する」ことと同じことである．

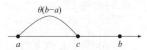

したがって，(3.1) は

$$f(b) = f(a) + f'(a+\theta(b-a))(b-a)$$

と表せる．

▶【アクティブ・ラーニング】

定理 3.2 は，なぜ「平均値の定理」と呼ばれるのでしょうか？みんなで調べたり，考えたりしてみよう．

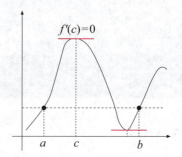

同様に，

$$h < 0 \Longrightarrow \frac{f(c+h)-f(c)}{h} \geqq 0$$

なので，$h \to -0$ とすると，$f'(c) = f'_-(c) \geqq 0$ となる．よって，$f'(c) = 0$ である．
もし，$f(x)$ が，常に $f(a) = f(b)$ より小さくなる場合には，最小値をとる点を $c$ として，同様に考えればよい． ■

---

**定理 3.2（平均値の定理 (mean value theorem)）**

$f(x)$ は閉区間 $[a,b]$ 上で連続で，開区間 $(a,b)$ 上で微分可能ならば，

$$\frac{f(b)-f(a)}{b-a} = f'(c) \quad \text{または} \quad \frac{f(a)-f(b)}{a-b} = f'(c) \quad (3.1)$$

を満たす $c \in (a,b)$ が（少なくとも 1 つ）存在する．

---

（証明）
$g(x) = f(x) - \dfrac{f(b)-f(a)}{b-a}(x-a)$ とおくと，$g(a) = g(b) = f(a)$ なので，$g(x)$ はロルの定理の仮定を満たしている．したがって，ロルの定理より，ある $c \in (a,b)$ が存在して $g'(c) = 0$ となる．つまり，

$$g'(c) = f'(c) - \frac{f(b)-f(a)}{b-a} = 0$$

となるので，(3.1) の前半が得られる．後半については，$g(x) = f(x) - \dfrac{f(a)-f(b)}{a-b}(x-a)$ とすれば同様に証明できる．

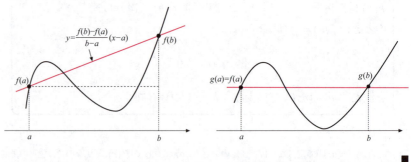

平均値の定理は，等式や不等式の証明，極限値の計算などに利用できる．

---

**例題 3.1（平均値の定理による不等式の証明）**

次の不等式が成り立つことを平均値の定理を用いて証明せよ．

$$|\sin a - \sin b| \leqq |a - b|, \qquad a, b \in \mathbb{R}, a \neq b.$$

（解答）
$f(x) = \sin x$ とし，$a < b$ とすると，平均値の定理よりある適当な点 $c_1 \in (a,b)$ が存在して，$f(b) - f(a) = f'(c_1)(b-a)$，つまり，$\sin b - \sin a = f'(c_1)(b-a)$ を満たすことが分かる．$a > b$ のときは同様に，$\sin a - \sin b = f'(c_2)(a-b)$ となる $c_2 \in (b,a)$ が存在する．
よって，$|f'(c_1)| = |\cos c_1| \leqq 1$ および $|f'(c_2)| = |\cos c_2| \leqq 1$ に注意すれば，$|\sin a - \sin b| \leqq |a-b|$ を得る． ∎

---

**例題 3.2（平均値の定理による等式の証明）**

区間 $[0, a]$ $(0 < a < 1)$ において，$f(x) = \sin^{-1} x + \cos^{-1} x$ へ平均値の定理を適用し，$f(a) = \dfrac{\pi}{2}$ が成り立つことを示せ．

---

（解答）
$f'(x) = \dfrac{1}{\sqrt{1-x^2}} - \dfrac{1}{\sqrt{1-x^2}} = 0$ であり，区間 $[0, a]$ において平均値の定理を適用すると，
$$f(a) - f(0) = f'(c)(a-0)$$
を満たす $c \in (0, a)$ が存在する．
ここで，$f(0) = \sin^{-1} 0 + \cos^{-1} 0 = 0 + \dfrac{\pi}{2} = \dfrac{\pi}{2}$ および $f'(c) = 0$ に注意すれば，$f(a) = \dfrac{\pi}{2}$ を得る． ∎

---

**例題 3.3（平均値の定理による極限値の計算）**

平均値の定理を用いて，$\displaystyle\lim_{x\to 0} \dfrac{\sin 3x - \sin(3\sin x)}{\sin x - x}$ の値を求めよ．

---

（解答）
$f(x) = \sin 3x$ とすれば，$f'(x) = 3\cos 3x$ なので，平均値の定理より
$$\dfrac{f(\sin x) - f(x)}{\sin x - x} = f'(c) = 3\cos 3c \qquad \sin x < c < x \ \text{または}\ x < c < \sin x$$
を満たす $c$ が存在する．$x \to 0$ のとき $\sin x \to 0$ なので，$\displaystyle\lim_{x\to 0} c = 0$ である．よって，
$$\lim_{x\to 0} \dfrac{\sin 3x - \sin(3\sin x)}{\sin x - x} = -\lim_{x\to 0} \dfrac{f(\sin x) - f(x)}{\sin x - x} = -\lim_{x\to 0} 3\cos 3c = -3.$$
∎

[問] 3.1 次の問に答えよ．

(1) $a > 0$ のとき，$\dfrac{1}{a+1} < \dfrac{\log(a+1)}{a} < 1$ となることを平均値の定理を用いて示せ．

(2) $\tan^{-1} x + \tan^{-1} \dfrac{1}{x} = \begin{cases} \dfrac{\pi}{2} & (x > 0 \text{ のとき}) \\ -\dfrac{\pi}{2} & (x < 0 \text{ のとき}) \end{cases}$ を平均値の定理を用いて示せ．

(3) 平均値の定理を用いて，$\displaystyle\lim_{x\to 0} \dfrac{\tan 2x - \tan(2\sin x)}{x - \sin x}$ の値を求めよ．

## 3.2 コーシーの平均値の定理とロピタルの定理

平均値の定理（定理 3.2）から，次の定理が得られる．

---

▶【アクティブ・ラーニング】
　例題 3.1～3.3 はすべて確実に解けるようになりましたか？ 解けていない問題があれば，それがどうすればできるようになりますか？ 何に気をつければいいですか？ また，読者全員ができるようになるにはどうすればいいでしょうか？ それを紙に書き出しましょう．そして，書き出した紙を周りの人と見せ合って，それをまとめてグループごとに発表しましょう．

## 第3章 微分法の応用

【注意】コーシーの平均値の定理（定理3.3）において，$g(x) = x$ とすれば平均値の定理（定理3.2）となる．したがって，コーシーの平均値の定理は，平均値の定理を一般化したものといえる．

**定理 3.3**（コーシーの平均値の定理 (Cauchy's mean value theorem)）
$f(x), g(x)$ がともに閉区間 $[a, b]$ で連続かつ開区間 $(a, b)$ で微分可能であり，$(a, b)$ において $g'(x) \neq 0$ ならば

$$\frac{f'(c)}{g'(c)} = \frac{f(b) - f(a)}{g(b) - g(a)} \quad \text{または} \quad \frac{f'(c)}{g'(c)} = \frac{f(a) - f(b)}{g(a) - g(b)} \quad (3.2)$$

を満たす点 $c \in (a, b)$ が存在する．

（証明）
$F(x) = f(x) - f(a) - \dfrac{f(b) - f(a)}{g(b) - g(a)}(g(x) - g(a))$ とおくと，$F(x)$ は $F(a) = F(b) = 0$ を満たし，ロルの定理の条件を満たす．
したがって，$F'(c) = 0$ となる $c \in (a, b)$ が存在する．

$$F'(x) = f'(x) - \frac{f(b) - f(a)}{g(b) - g(a)} g'(x)$$

なので，

$$f'(c) - \frac{f(b) - f(a)}{g(b) - g(a)} g'(c) = 0$$

である．これは，(3.2) の前半が成り立つことを意味する．後半については，
$F(x) = f(x) - f(a) - \dfrac{f(a) - f(b)}{g(a) - g(b)}(g(x) - g(a))$ とおいて同様に示せばよい．■

▶【アクティブ・ラーニング】
不定形の例を少なくともタイプごとに1つ，合計7つ以上作り，他の人に説明しよう．お互いに例を共有し，最も面白いと思う例を選ぼう．また，選んだ理由も明確にしよう．

**定義 3.1**（不定形）
$\displaystyle\lim_{x \to a} \frac{f(x)}{g(x)} = \frac{0}{0}$，$\displaystyle\lim_{x \to a} \frac{f(x)}{g(x)} = \frac{\infty}{\infty}$ のような形の極限を**不定形**(indeterminate form) という．不定形には次のようなものがある．

$$\frac{0}{0}, \quad \frac{\infty}{\infty}, \quad \infty - \infty, \quad 0 \cdot \infty, \quad \infty^0, \quad 0^0, \quad 1^\infty$$

▶ [$1^\infty \neq 1$]
$1^\infty$ が不定形であることに注意せよ．一般には $1^\infty \neq 1$ である．例えば，$\displaystyle\lim_{x \to +0}(1+x)^{\frac{1}{x}}$ は $1^\infty$ の形をしているが，例1.12 によれば，$\displaystyle\lim_{x \to +0}(1+x)^{\frac{1}{x}} = e$ である．また，$\displaystyle\lim_{x \to \infty} 1^x$ も $1^\infty$ の形をしているが，$\displaystyle\lim_{x \to \infty} 1^x = 1$ である．つまり，$1^\infty$ の値は 1 つには定まらない．つまり，$1^\infty$ の形をした極限値は存在しない．

上記の不定形のうち，$\infty - \infty$ は，形式的に

$$\infty - \infty = \frac{1}{\frac{1}{\infty}} - \frac{1}{\frac{1}{\infty}} = \frac{1}{0} - \frac{1}{0} = \frac{1 \cdot 0 - 1 \cdot 0}{0 \cdot 0} = \frac{0}{0}$$

と変形できるので，$\dfrac{0}{0}$ と見なせる．また，$0 \cdot \infty$ は，形式的に

$$0 \cdot \infty = \frac{0}{\frac{1}{\infty}} = \frac{0}{0} \quad \text{または} \quad 0 \cdot \infty = \frac{\infty}{\frac{1}{0}} = \frac{\infty}{\infty}$$

と変形できるので，$\dfrac{0}{0}$ あるいは $\dfrac{\infty}{\infty}$ と見なせる．残りの $\infty^0$, $0^0$, $1^\infty$ については，それぞれの対数を形式的に考えると，

$$\log 0^0 = 0 \log 0 = 0 \cdot (-\infty), \quad \log 1^\infty = \infty \log 1 = \infty \cdot 0$$

$$\log \infty^0 = 0 \log \infty = 0 \cdot \infty$$

【注意】$\infty$ という数は存在しないので，計算をする際，本当は極限操作をしなければならないが，ここではあくまでも形式的に $\infty$ を数のように扱って計算している．

と変形できるので，これらはすべて $0 \cdot \infty$ と見なせる．したがって，不定形を考える際には，$\dfrac{0}{0}$ と $\dfrac{\infty}{\infty}$ だけを対象とすればよい．この2つの場合の極限値を求める際に有用なのが**ロピタルの定理 (l'Hôpital's theorem)** である．

> **定理 3.4（ロピタルの定理（0/0 形））**
> $f(x)$ と $g(x)$ は $x = a$ の近くで連続，かつ $x \neq a$ において微分可能で $g'(x) \neq 0$ とする．また，$f(a) = g(a) = 0$ で，$A = \lim\limits_{x \to a} \dfrac{f'(x)}{g'(x)}$ とする．このとき，
> $$A = \lim_{x \to a} \frac{f(x)}{g(x)} \tag{3.3}$$
> が成り立つ．なお，極限は右極限でも左極限でもよく，$A$ は実数または $\pm\infty$ である．

▶ [各定理の関係]

これまで登場した定理をまとめると次のようになる．
ロルの定理
⇓ 仮定 $f(a) = f(b)$ を外す
平均値の定理
⇓ 2つの関数へ一般化
コーシーの平均値の定理
⇓ 不定形の極限へ適用
ロピタルの定理

（証明）
$a < x$ を満たす $x$ を $a$ の近くにとれば，コーシーの平均値の定理より
$$\frac{f(x)}{g(x)} = \frac{f(x) - f(a)}{g(x) - g(a)} = \frac{f'(c)}{g'(c)} \tag{3.4}$$
を満たす $c \in (a, x)$ が存在する．ここで，$x \to a+0$ とすると $c \to a+0$ となり，(3.4) より
$$\lim_{x \to a+0} \frac{f(x)}{g(x)} = \lim_{c \to a+0} \frac{f'(c)}{g'(c)} \tag{3.5}$$
が成り立つ．また，$a > x$ となるように $x$ を選べば，同様に，
$$\lim_{x \to a-0} \frac{f(x)}{g(x)} = \lim_{c \to a-0} \frac{f'(c)}{g'(c)} \tag{3.6}$$
となるので，(3.5) と (3.6) より
$$\lim_{x \to a} \frac{f(x)}{g(x)} = \lim_{x \to a} \frac{f'(x)}{g'(x)}$$
を得る． ∎

> **系 3.1（ロピタルの定理（0/0 形））**
> $f(x)$ と $g(x)$ は十分大きな $x$ について微分可能で $g'(x) \neq 0$ とする．このとき，$\lim\limits_{x \to \infty} f(x) = \lim\limits_{x \to \infty} g(x) = 0$ で，$A = \lim\limits_{x \to \infty} \dfrac{f'(x)}{g'(x)}$ ならば，
> $$A = \lim_{x \to \infty} \frac{f(x)}{g(x)} \tag{3.7}$$
> が成り立つ．なお，$x \to \infty$ を $x \to -\infty$ としてもよく，$A$ は実数または $\pm\infty$ である．

▶【アクティブ・ラーニング】

「ロルの定理」，「平均値の定理」，「コーシーの平均値の定理」，「ロピタルの定理」について，それぞれの内容と各定理の関係を他の人に説明しよう．

（証明）
$a = +\infty$ とする．このとき，仮定より
$$\lim_{x \to +\infty} f(x) = \lim_{x \to +\infty} g(x) = 0$$

なので、$\theta = \tan^{-1} x$ とすると

$$\lim_{\theta \to \frac{\pi}{2}-0} f(\tan\theta) = \lim_{\theta \to \frac{\pi}{2}-0} g(\tan\theta) = 0$$

である．これより，定理 3.4 の仮定を満たしていることが分かるので，これを適用すれば

$$\lim_{x \to +\infty} \frac{f(x)}{g(x)} = \lim_{\theta \to \frac{\pi}{2}-0} \frac{f(\tan\theta)}{g(\tan\theta)} = \lim_{\theta \to \frac{\pi}{2}-0} \frac{f'(\tan\theta)\sec^2\theta}{g'(\tan\theta)\sec^2\theta}$$

$$= \lim_{\theta \to \frac{\pi}{2}-0} \frac{f'(\tan\theta)}{g'(\tan\theta)} = \lim_{x \to +\infty} \frac{f'(x)}{g'(x)}$$

となる．$a = -\infty$ の場合は，$\theta = -\tan^{-1} x$ とおいて，同じ議論をすればよい．∎

【注意】$\theta = \tan^{-1} x$ の代わりに $x = \dfrac{1}{y}$ としても同様の結果が得られる．実際,

$$\lim_{x \to +\infty} \frac{f(x)}{g(x)} = \lim_{y \to +0} \frac{f\left(\frac{1}{y}\right)}{g\left(\frac{1}{y}\right)}$$

$$= \lim_{y \to +0} \frac{f'\left(\frac{1}{y}\right) \cdot \left(-\frac{1}{y^2}\right)}{g'\left(\frac{1}{y}\right) \cdot \left(-\frac{1}{y^2}\right)}$$

$$= \lim_{y \to +0} \frac{f'\left(\frac{1}{y}\right)}{g'\left(\frac{1}{y}\right)}$$

$$= \lim_{x \to +\infty} \frac{f'(x)}{g'(x)}$$

また，0/0 形だけでなく，$\infty/\infty$ 形でもロピタルの定理が成り立つ．

> **定理 3.5（ロピタルの定理（$\infty/\infty$ 形））**
> $f(x)$ と $g(x)$ は $x = a$ の近くで連続，かつ $x \neq a$ において微分可能で $g'(x) \neq 0$ とする．また，$\lim_{x \to a} f(x) = \infty$, $\lim_{x \to a} g(x) = \infty$ で，$A = \lim_{x \to a} \dfrac{f'(x)}{g'(x)}$ とする．このとき，
>
> $$A = \lim_{x \to a} \frac{f(x)}{g(x)} \tag{3.8}$$
>
> が成り立つ．なお，極限は右極限でも左極限でもよく，$A$ は実数または $\pm\infty$ である．

【注意】$\dfrac{\infty}{\infty}$ 型というのは $\dfrac{-\infty}{\infty}$ と $\dfrac{\infty}{-\infty}$ の両方を含んでいる．正負の符号は，収束の速さには何の影響も与えないことに注意せよ．

（証明）
右極限の場合のみを示す．$a < x < x_0$ とすれば，コーシーの平均値の定理より

$$\frac{f(x) - f(x_0)}{g(x) - g(x_0)} = \frac{f'(x_1)}{g'(x_1)}, \quad x < x_1 < x_0$$

となる $x_1$ が存在する．これより，

$$\frac{\frac{1}{g(x)}(f(x) - f(x_0))}{1 - \frac{g(x_0)}{g(x)}} = \frac{f'(x_1)}{g'(x_1)} \Longrightarrow \frac{f(x)}{g(x)} = \frac{f'(x_1)}{g'(x_1)}\left(1 - \frac{g(x_0)}{g(x)}\right) + \frac{f(x_0)}{g(x)} \tag{3.9}$$

である．また，$x_0$ を固定すれば，$\lim_{x \to a} g(x) = \infty$ より，$\lim_{x \to a+0} \dfrac{g(x_0)}{g(x)} = 0$, $\lim_{x \to a+0} \dfrac{f(x_0)}{g(x)} = 0$ である．ここで，$x_1 \to a+0$ のとき $x \to a+0$ に注意すれば，(3.9) より

$$\lim_{x \to a+0} \frac{f(x)}{g(x)} = \lim_{x \to a+0} \frac{f'(x)}{g'(x)}$$

∎

> **系 3.2（ロピタルの定理（$\infty/\infty$ 形））**
> $f(x)$ と $g(x)$ は十分大きな $x$ について微分可能で $g'(x) \neq 0$ とする．このとき，$\lim_{x \to \infty} f(x) = \infty$, $\lim_{x \to \infty} g(x) = \infty$ で，$A = \lim_{x \to \infty} \dfrac{f'(x)}{g'(x)}$ とする．このとき，

$$A = \lim_{x \to \infty} \frac{f(x)}{g(x)} \tag{3.10}$$

が成り立つ．なお，$x \to \infty$ を $x \to -\infty$ としてもよく，$A$ は実数または $\pm\infty$ である．

(証明) $x \to \infty$ のときのみを示す．$x_0$ を十分大きな数とし，$x_0 < x$ とすれば，コーシーの平均値の定理より

$$\frac{f(x) - f(x_0)}{g(x) - g(x_0)} = \frac{f'(x_1)}{g'(x_1)}, \qquad x_0 < x_1 < x$$

となる $x_1$ が存在する．これより，(3.9) と同じ式が得られる．$x_0$ を固定し，$x \to \infty$ とすれば，$g(x) \to \infty$ なので，$\frac{g(x_0)}{g(x)} \to 0$, $\frac{f(x_0)}{g(x)} \to 0$ である．また，$x_1 \to \infty$ のとき $x \to \infty$ であることに注意すれば，(3.9) の両辺で，$x_1 \to \infty$ を考えれば (3.10) を得る． ■

**例題 3.4（ロピタルの定理を用いた極限値の計算）**
次の極限値を求めよ．
(1) $\displaystyle \lim_{x \to 0} \frac{e^{2x} - 1 - 2x}{1 - \cos x}$
(2) $\displaystyle \lim_{x \to \infty} \frac{\log x}{x^\alpha}$ $(\alpha > 0)$
(3) $\displaystyle \lim_{x \to \infty} (1 + x)^{\frac{1}{x}}$

(解答)
(1) $f(x) = e^{2x} - 1 - 2x$, $g(x) = 1 - \cos x$ とおくと $\displaystyle \lim_{x \to 0} f(x) = \lim_{x \to 0} g(x) = 0$ で，$f'(x) = 2e^{2x} - 2$, $g'(x) = \sin x$ より $\displaystyle \lim_{x \to 0} f'(x) = \lim_{x \to 0} g'(x) = 0$ である．よって，$\frac{0}{0}$ 形に対するロピタルの定理より

$$\lim_{x \to 0} \frac{f(x)}{g(x)} = \lim_{x \to 0} \frac{f'(x)}{g'(x)} = \lim_{x \to 0} \frac{f''(x)}{g''(x)} = \lim_{x \to 0} \frac{4e^{2x}}{\cos x} = \frac{4}{1} = 4$$

を得る．

(2) $\displaystyle \lim_{x \to \infty} \log x = \infty$, $\displaystyle \lim_{x \to \infty} x^\alpha = \infty$ なので，$\frac{\infty}{\infty}$ 形に対するロピタルの定理より

$$\lim_{x \to \infty} \frac{\log x}{x^\alpha} = \lim_{x \to \infty} \frac{\frac{1}{x}}{\alpha x^{\alpha - 1}} = \lim_{x \to \infty} \frac{1}{\alpha x^\alpha} = 0$$

である．

(3) $y = (1 + x)^{\frac{1}{x}}$ とすると，$\log y = \frac{1}{x} \log(1 + x) = \frac{\log(1 + x)}{x}$ であり，$\displaystyle \lim_{x \to \infty} \log(1 + x) = \lim_{x \to \infty} \log x = \infty$ なので，$\frac{\infty}{\infty}$ 形に対するロピタルの定理より

$$\lim_{x \to \infty} \log y = \lim_{x \to \infty} \frac{\log(1 + x)}{x} = \lim_{x \to \infty} \frac{(\log(1 + x))'}{x'} = \lim_{x \to \infty} \frac{\frac{1}{1+x}}{1} = 0$$

である．よって，

$$\lim_{x \to \infty} y = \lim_{x \to \infty} e^{\log y} = e^0 = 1$$

を得る． ■

▶【アクティブ・ラーニング】
例題 3.4 はすべて確実に解けるようになりましたか？解けていない問題があれば，それがどうすればできるようになりますか？何に気をつければいいですか？また，読者全員ができるようになるにはどうすればいいでしょうか？それを紙に書き出しましょう．そして，書き出した紙を周りの人と見せ合って，それをまとめてグループごとに発表しましょう．

▶[コンピュータで計算する際の注意]
例題 3.4(2) より，$x \to \infty$ のとき，$\log x$ よりも $x^\alpha$ のほうが速く $\infty$ になることが分かる．このことは，コンピュータを使って同じ計算をする場合，$n$ が大きいときは演算回数が $n^\alpha$ である方法よりも $\log n$ である方法を選択すべきであることを意味している．

▶[ロピタルの定理の利用が認められない計算]
例題 1.6 の $\displaystyle \lim_{x \to 0} \frac{e^x - 1}{x} = 1$ や例題 1.7 で $\theta$ を $x$ とした $\displaystyle \lim_{x \to 0} \frac{\sin x}{x} = 1$ は，ロピタルの定理を使うとすぐに求められる．しかし，一般にはこのような計算は違反とされる．なぜなら，例題 2.1 や問 2.1 でやったように，$e^x$ と $\sin x$ の導関数を求める際にそれぞれ，$\displaystyle \lim_{x \to 0} \frac{e^x - 1}{x} = 1$, $\displaystyle \lim_{x \to 0} \frac{\sin x}{x} = 1$ を使っているからである．

[問] 3.2 ロピタルの定理を用いて，次の極限値を求めよ．

(1) $\displaystyle\lim_{x\to 0}(1+\sin 2x)^{\frac{1}{x}}$ 
(2) $\displaystyle\lim_{x\to\infty} x\sin^{-1}\frac{2}{x}$ 
(3) $\displaystyle\lim_{x\to\infty}\frac{2e^x+x^2}{e^{x+1}+x^3}$

(4) $\displaystyle\lim_{x\to +0}(e^{2x}+3x)^{\frac{2}{x}}$ 
(5) $\displaystyle\lim_{x\to 0}\frac{e^{3x}-1-3x}{1-\cos x}$ 
(6) $\displaystyle\lim_{x\to\infty}\frac{2^x}{x^2}$

(7) $\displaystyle\lim_{x\to +0}\frac{\cos^{-1}(1-x)}{\sqrt{x}}$ 
(8) $\displaystyle\lim_{x\to\pi}\frac{(x-\pi)^2}{1+\cos x}$ 
(9) $\displaystyle\lim_{x\to 1} x^{\frac{1}{1-x}}$

## 3.3 テイラーの定理とその応用

平均値の定理によれば，$x$ と $a$ の間の点 $\xi$ に対して

$$f(x)=f(a)+f'(\xi)(x-a)$$

が成り立つ．この式は，$f(x)$ の近似を $f(a)$ としたとき，その際の誤差は $f'(\xi)(x-a)$ と見なすこともできる．つまり，平均値の定理は近似と誤差の関係を表している．一方，1 次近似 (2.3) より，

$$f(x)\approx f(a)+f'(a)(x-a)$$

である．この式は，$f(x)$ は $x=a$ の近傍において直線 $y=f(a)+f'(a)(x-a)$ で近似できることを意味する．$f(x)$ を直線で近似するのではなく，2 次関数や 3 次関数などを使って近似したほうが誤差は少なくなるであろう．そこで $f(x)$ を高次の多項式で近似し，かつ，その誤差も把握できるようにするため，平均値の定理を次の定理のように一般化する．これを**テイラーの定理 (Taylor's theorem)** という．

---

**定理 3.6（テイラーの定理）**

$f(x)$ がある区間において $n$ 回微分可能ならば，この区間内の 2 点 $a,b\,(a\neq b)$ に対して

$$\begin{aligned}f(b)&=f(a)+\frac{f'(a)}{1!}(b-a)+\frac{f''(a)}{2!}(b-a)^2+\cdots\\&\quad+\frac{f^{(n-1)}(a)}{(n-1)!}(b-a)^{n-1}+\frac{f^{(n)}(c)}{n!}(b-a)^n\\&=\sum_{r=0}^{n-1}\frac{f^{(r)}(a)}{r!}(b-a)^r+R_n\end{aligned}\qquad(3.11)$$

を満たす $c\,(a<c<b$ または $b<c<a)$ が存在する．ただし，$R_n=\dfrac{f^{(n)}(c)}{n!}(b-a)^n$ であり，$R_n$ を**ラグランジュの剰余項 (Lagrange remainder)** あるいは単に**剰余項 (remainder)** という．

---

▶ [テイラーの定理と平均値の定理の関係]
テイラーの定理において $n=1$ とすれば，

$$f(b)=f(a)+f'(c)(b-a)$$

となり，これは平均値の定理と同じである．つまり，平均値の定理は，テイラーの定理において $n=1$ としたもの，といえる．

(証明)
$a<b$ とし，

$$f(b)-\underbrace{\left(f(a)+\sum_{r=1}^{n-1}\frac{f^{(r)}(a)}{r!}(b-a)^r\right)}_{f(b) \text{ の近似}}=\underbrace{K\frac{(b-a)^n}{n!}}_{\text{誤差}}\qquad(3.12)$$

となるような定数 $K$ を定める．
そのために，関数 $F(x)$ を

$$F(x) = f(b) - f(x) - \sum_{r=1}^{n-1} \frac{f^{(r)}(x)}{r!}(b-x)^r - K\frac{(b-x)^n}{n!}$$

と定めると，$F(b) = 0$ であり，(3.12) より $F(a) = 0$ である．
$F(x)$ は区間 $I \supset [a,b]$ で 1 回微分可能なので，区間 $[a,b]$ に対してロルの定理を適用すると，ある $c \in (a,b)$ が存在して $F'(c) = 0$ となる．また，

$$\begin{aligned} F'(x) &= -f'(x) - \sum_{r=1}^{n-1} \frac{f^{(r+1)}(x)}{r!}(b-x)^r + \sum_{r=1}^{n-1} \frac{f^{(r)}(x)}{(r-1)!}(b-x)^{r-1} + K\frac{(b-x)^{n-1}}{(n-1)!} \\ &= \frac{(b-x)^{n-1}}{(n-1)!}(-f^{(n)}(x) + K) \end{aligned}$$

である．ここで，$F'(c) = 0$ および $b \neq c$ より，$K = f^{(n)}(c)$ と選べば，(3.11) が成立する．$b < a$ の場合も同様に証明できる．∎

なお，$b = a + h$ とおけば，適当な $\theta (0 < \theta < 1)$ を用いて $c = a + \theta h$ と書けるので，(3.11) は

$$f(a+h) = \sum_{r=0}^{n-1} \frac{f^{(r)}(a)}{r!}h^r + \frac{f^{(n)}(a+\theta h)}{n!}h^n \quad (0 < \theta < 1) \quad (3.13)$$

とも書ける．

また，(3.13) において，$x = a+h, a = 0$ とすれば，次の**マクローリンの定理 (Maclaurin's theorem)** が得られる．

▶[マクローリンの定理の意味]
マクローリンの定理は，関数 $f(x)$ は多項式 $\sum_{r=0}^{n-1} \frac{f^{(r)}(0)}{r!}x^r$ で近似でき，そのときの誤差は $R_n$ だと主張している．別の言い方をすれば，「（局所的な）微分係数 $f^{(r)}(0)$ を用いて，関数 $f(x)$ の大域的な情報を把握できる」と主張している．

---

**定理 3.7（マクローリンの定理）**
$f(x)$ が 0 を含む区間 $I$ で $n$ 回微分可能ならば，任意の $x \in I$ に対して次式を満たす $\theta$ が存在する．

$$\begin{aligned} f(x) &= f(0) + \frac{f'(0)}{1!}x + \frac{f''(0)}{2!}x^2 + \cdots + \frac{f^{(n-1)}(0)}{(n-1)!}x^{n-1} + R_n \\ &= \sum_{r=0}^{n-1} \frac{f^{(r)}(0)}{r!}x^r + R_n \end{aligned} \quad (3.14)$$

ただし，$R_n = \frac{f^{(n)}(\theta x)}{n!}x^n (0 < \theta < 1)$ である．

---

**例題 3.5（マクローリンの定理）**
$f(x) = \sin x$ にマクローリンの定理を適用せよ．

（解答）
$(\sin x)^{(n)} = \sin\left(x + \frac{n\pi}{2}\right)$ より，$(\sin 0)^{(2m)} = \sin(m\pi) = 0$，
$(\sin 0)^{(2m-1)} = \sin\left(\left(m - \frac{1}{2}\right)\pi\right) = (-1)^{m-1}$ なので，これらを (3.14) に代入して，

$$\sin x = 0 + \frac{1}{1!}x + \frac{0}{2!}x^2 + \frac{-1}{3!}x^3 + \cdots + \frac{(-1)^{m-1}}{(2m-1)!}x^{2m-1} + \frac{0}{(2m)!}x^{2m}$$

▶【アクティブ・ラーニング】
例題 3.5 はすべて確実に解けるようになりましたか？解けていない問題があれば，それがどうすればできるようになりますか？何に気をつければいいですか？また，読者全員ができるようになるにはどうすればいいでしょうか？それを紙に書き出しましょう．そして，書き出した紙を周りの人と見せ合って，それをまとめてグループごとに発表しましょう．

$$+ \frac{\sin(\theta x + \frac{(2m+1)}{2}\pi)}{(2m+1)!}x^{2m+1}$$

$$= x - \frac{1}{3!}x^3 + \cdots + \frac{(-1)^{m+1}}{(2m-1)!}x^{2m-1} + \frac{(-1)^m \cos(\theta x)}{(2m+1)!}x^{2m+1}, \quad 0 < \theta < 1.$$

である．ここで，

$$\sin\left(\theta x + m\pi + \frac{\pi}{2}\right) = (-1)^m \sin\left(\theta x + \frac{\pi}{2}\right) = (-1)^m \cos(\theta x)$$

を利用した．また，剰余項は次式で見積もれる．

$$|R_n| = \left| \frac{(-1)^m \cos(\theta x)}{(2m+1)!}x^{2m+1} \right| \leq \frac{|x|^{2m+1}}{(2m+1)!} \qquad \blacksquare$$

▶ [マクローリンの定理の有用性]
　マクローリンの定理を使えば，四則演算だけで関数 $f(x)$ の値を求めることができ，そのときの誤差は $R_n$ で見積もれる．コンピュータは四則演算しかできないので，コンピュータで三角関数 $\sin x$, $\cos x$ や指数関数 $e^x$ のといった初等関数の値を求める際には，マクローリンの定理が欠かせない．

▶ [初等関数]
　有理関数，無理関数，三角関数，逆三角関数，指数関数，対数関数から四則演算，合成関数を作る操作を有限回行って得られる関数を<ruby>初等関数<rt>しょとうかんすう</rt></ruby>(elementary function) という．

例題 3.5 も含め，主な関数の近似式をあげておく．ただし，(4) と (5) において $x > -1$ であり，$\alpha$ は実数である．

――― 主な関数の近似式 ―――

(1) $e^x = 1 + x + \frac{1}{2!}x^2 + \cdots + \frac{1}{n!}x^n + \frac{e^{\theta x}}{(n+1)!}x^{n+1}$

(2) $\sin x = x - \frac{1}{3!}x^3 + \frac{1}{5!}x^5 - \cdots + \frac{(-1)^{m-1}}{(2m-1)!}x^{2m-1} + \frac{(-1)^m \cos\theta x}{(2m+1)!}x^{2m+1}$

(3) $\cos x = 1 - \frac{1}{2!}x^2 + \frac{1}{4!}x^4 - \cdots + \frac{(-1)^m}{(2m)!}x^{2m} + \frac{(-1)^{m+1}\cos\theta x}{(2m+2)!}x^{2m+2}$

(4) $\log(1+x) = x - \frac{1}{2}x^2 + \frac{1}{3}x^3 - \cdots + \frac{(-1)^{n-1}}{n}x^n + \frac{(-1)^n}{(n+1)(1+\theta x)^{n+1}}x^{n+1}$

(5) $(1+x)^\alpha = 1 + \alpha x + \frac{\alpha(\alpha-1)}{2!}x^2 + \cdots + \frac{\alpha(\alpha-1)\cdots(\alpha-n+1)}{n!}x^n$
$\qquad + \frac{\alpha(\alpha-1)\cdots(\alpha-n)}{(n+1)!}(1+\theta x)^{\alpha-n-1}x^{n+1}$

[問] 3.3　次の関数にマクローリンの定理を適用せよ．ただし，(3) と (4) において $x > -1$ であり，$\alpha$ は実数である．

(1) $e^x$　　　(2) $\cos x$　　　(3) $\log(1+x)$　　　(4) $(1+x)^\alpha$

[問] 3.4　テイラーの定理（定理 3.6）の剰余項 $R_n$ は

$$R_n = \frac{f^{(n)}(c)}{(n-1)!}(b-c)^{n-1}(b-a) \tag{3.15}$$

と表せることを示せ．この形をした剰余項をコーシーの剰余項 という．

　剰余項のおおよその大きさを表すときランダウの記号 (Landau's symbol) がよく使われる．

> **定義 3.2（ランダウの記号）**
> 関数 $f(x), g(x)$ が $\displaystyle\lim_{x \to a} \frac{f(x)}{g(x)} = 0$ を満たすとき，次のように表し，記号 $o$ を **ランダウの記号** という．
> $$f(x) = o(g(x)) \quad (x \to a)$$

【注意】$o$ は小文字のオーで，英語の order に由来する．

【注意】ランダウの記号を用いた等式は，左辺を右辺で評価する式である．そのため，$x \to 0$ のとき，$o(x^2) = o(x)$ は成り立つが，$o(x) = o(x^2)$ は成り立たない．なぜなら，$f(x)$ が $\displaystyle\lim_{x \to 0} \frac{f(x)}{x^2} = 0$ を満たすなら，$\displaystyle\lim_{x \to 0}\frac{f(x)}{x} = 0$ も成り立つが，$g(x)$ が $\displaystyle\lim_{x \to 0}\frac{g(x)}{x} = 0$ を満たしても $\displaystyle\lim_{x \to 0}\frac{g(x)}{x^2} = 0$ となるとは限らないからである．分かりづらい場合は，例えば，$f(x) = x^3, g(x) = x^2$ として考えてもらいたい．

ランダウ記号を用いると，(3.14) は次のように書ける．

$$f(x) = f(0) + \frac{f'(0)}{1!}x + \frac{f''(0)}{2!}x^2 + \cdots + \frac{f^{(n-1)}(0)}{(n-1)!}x^{n-1} + o(x^{n-1}) \quad (x \to 0)$$

ここで，$\displaystyle\lim_{x \to 0}\frac{R_n}{x^{n-1}} = \lim_{x \to 0}\frac{f^{(n)}(\theta x)}{n!} \cdot \frac{x^n}{x^{n-1}} = 0$ に注意しよう．

なお，$x \to 0$ のとき，$x^m o(x^n) = o(x^{m+n})$, $o(x^m)o(x^n) = o(x^{m+n})$, $o(x^n) \pm o(x^n) = o(x^n)$, $m \leqq n$ に対して $o(x^m) \pm o(x^n) = o(x^m)$ である．

【注意】$o(x^n) - o(x^n) = 0$ ではない！

## 3.4 テイラー展開とマクローリン展開

テイラーの定理における剰余項 $R_n$ が $\displaystyle\lim_{n \to \infty} R_n = 0$ となるなら，(3.11) は無限級数になる．

> **定理 3.8（テイラー展開）**
> $f(x)$ は $\alpha$ を含むある区間 $I$ で無限回微分可能とする．このとき，任意の点 $\alpha \in I$ におけるテイラーの定理
> $$f(x) = \sum_{r=0}^{n-1}\frac{f^{(r)}(\alpha)}{r!}(x-\alpha)^r + R_n,$$
> $$R_n = f^{(n)}(\alpha + \theta(x - \alpha))\frac{(x-\alpha)^n}{n!}$$
> において，$\displaystyle\lim_{n \to \infty} R_n = 0$ ならば
> $$f(x) = \sum_{r=0}^{\infty}\frac{f^{(r)}(\alpha)}{r!}(x-\alpha)^r \tag{3.16}$$
> が成り立つ．(3.16) を $f(x)$ の $\alpha$ における **テイラー展開 (Taylor expansion)**，右辺を **テイラー級数 (Taylor series)** という．

【注意】ここでのテイラーの定理の形は，(3.13) において $x = a + h, a = \alpha$ とおいた形になっている．

【注意】定理 3.8 の仮定に「$\displaystyle\lim_{n \to \infty} R_n = 0$」があることに注意すること．つまり，この仮定が成り立つ範囲内で，関数が級数によって表示できるのである．

**（証明）**
$f_n(x) = \displaystyle\sum_{r=0}^{n-1}\frac{f^{(r)}(\alpha)}{r!}(x-\alpha)^r$ とおくと，$R_n = f(x) - f_n(x)$ である．仮定より，$\displaystyle\lim_{n \to \infty} R_n = 0$ なので，$\displaystyle\lim_{n \to \infty}|f(x) - f_n(x)| = 0$ である．
これは，(3.16) が成り立つことを意味する． ∎

$x = 0$ の周りでテイラー展開したものを，マクローリン展開と呼ぶ．

> **定義 3.3（マクローリン展開）**
> (3.16) において $\alpha = 0$ とした式
> $$f(x) = \sum_{r=0}^{\infty} \frac{f^{(r)}(0)}{r!} x^r \tag{3.17}$$
> を $f(x)$ の**マクローリン展開 (Maclaurin expansion)**，右辺を**マクローリン級数 (Maclaurin series)** という．

> **例題 3.6（剰余項を扱う準備）**
> 実数 $x$ に対して，$\displaystyle\lim_{n\to\infty} \frac{|x|^n}{n!} = 0$ を示せ．

（解答）
$|x| \leqq 1$ のときは $0 \leqq \displaystyle\lim_{n\to\infty} \frac{|x|^n}{n!} \leqq \lim_{n\to\infty} \frac{1}{n} = 0$ より $\displaystyle\lim_{n\to\infty} \frac{|x|^n}{n!} = 0$ が成り立つ．
次に，$|x| > 1$ となる実数 $x$ に対して，$m \leqq |x| < m+1$ を満たす自然数 $m$ をとり，$r = \dfrac{|x|}{m+1}, M = \dfrac{|x|^m}{m!}$ とおけば，$r < 1$ かつ $M$ は有界である．したがって，$n \geqq m+1$ となる $n$ に対して，

$$\begin{aligned}
0 \leqq \lim_{n\to\infty} \frac{|x|^n}{n!} &= \lim_{n\to\infty} \frac{|x \cdot x \cdots x \cdot x \cdot x|}{n(n-1)\cdots 3 \cdot 2 \cdot 1} \\
&\leqq \lim_{n\to\infty} \left|\frac{x}{m+1}\right| \cdots \left|\frac{x}{m+1}\right| \frac{|x \cdots x \cdot x|}{m \cdots 2 \cdot 1} \\
&\leqq \frac{|x|^m}{m!} \lim_{n\to\infty} \left|\frac{x}{m+1}\right|^{n-m} = M \lim_{n\to\infty} r^{n-m} = 0
\end{aligned}$$

となるので，$\displaystyle\lim_{n\to\infty} \frac{|x|^n}{n!} = 0$ が成り立つ．∎

▶ [$e$ の近似値]
例題 3.7 より

$$e = 1 + 1 + \frac{1}{2!} + \frac{1}{3!} + \cdots$$

なので，例えば，$e$ の近似値として

$$\begin{aligned} e &= 1 + 1 + \frac{1}{2!} + \cdots + \frac{1}{9!} \\ &\approx 2.71828152557319 \end{aligned}$$

と求めることができる．また，このときの誤差は，

$$\begin{aligned} |R_{10}| &\leqq \frac{e^\theta}{10!} < \frac{e}{10!} < \frac{2.8}{10!} \\ &< 7.72 \times 10^{-7} \\ &= 0.000000772 \end{aligned}$$

と見積もれる．

> **例題 3.7（三角関数・指数関数のマクローリン展開）**
> $e^x, \sin x, \cos x$ はすべての実数 $x$ において次のようにマクローリン展開できることを示せ．
> $$\begin{aligned}
> e^x &= 1 + \frac{x}{1!} + \frac{x^2}{2!} + \cdots + \frac{x^n}{n!} + \cdots \\
> \sin x &= \frac{x}{1!} - \frac{x^3}{3!} + \frac{x^5}{5!} - \cdots + (-1)^{n-1} \frac{x^{2n-1}}{(2n-1)!} + \cdots \\
> \cos x &= 1 - \frac{x^2}{2!} + \frac{x^4}{4!} - \cdots + (-1)^n \frac{x^{2n}}{(2n)!} + \cdots
> \end{aligned}$$

（解答）
p.60 の主な関数の近似式より，剰余項が $n \to \infty$ のとき 0 に収束することを示せば十分である．正数 $M$ に対して，$|x| < M$ とする．$e^x, \sin x, \cos x$ の剰余項をそれぞれ $R_n^e, R_n^s, R_n^c$ とすれば，例題 3.6 より

$$|R_n^e| = \left|\frac{e^{\theta x}}{n!}x^n\right| \leq \frac{M^n}{n!}e^M \to 0 \quad (n \to \infty)$$

となる．ここで，$M$ は任意なので，すべての $x$ に対してマクローリン展開可能である．
$\sin x$ と $\cos x$ についても同様に

$$R_{2m+1}^s = \left|\frac{(-1)^m \cos\theta x}{(2m+1)!}x^{2m+1}\right| \leq \frac{|x^{2m+1}|}{(2m+1)!} \leq \frac{M^{2m+1}}{(2m+1)!} \to 0 \quad (m \to \infty)$$

$$R_{2m+2}^c = \left|\frac{(-1)^{m+1}\cos\theta x}{(2m+2)!}x^{2m+2}\right| \leq \frac{|x^{2m+2}|}{(2m+2)!} \leq \frac{M^{2m+2}}{(2m+2)!} \to 0 \quad (m \to \infty)$$

が得られるので，すべての $x$ に対してマクローリン展開可能である． ∎

p.60 の主な関数の近似式における $\log(1+x)$ と $(1+x)^\alpha$ がマクローリン展開可能であることを示すには，コーシーの剰余項を使う必要がある．

【注意】とにかくマクローリン展開ができればよい，という人は例題 3.8 や演習 3.14 は飛ばしてもよい．

---

**例題 3.8（対数関数のマクローリン展開）**

$-1 < x \leq 1$ において次のようにマクローリン展開できることを示せ．

$$\log(1+x) = x - \frac{1}{2}x^2 + \frac{1}{3}x^3 - \cdots + \frac{(-1)^{n-1}}{n}x^n + \cdots$$

---

（解答）
例題 3.7 と同様，剰余項が $n \to \infty$ のとき 0 に収束することを示せば十分である．
まず，$f(x) = \log(1+x)$ としたとき，$f^{(n)}(x) = \dfrac{(-1)^{n-1}(n-1)!}{(1+x)^n}$ となることに注意する．
$x = 1$ のときは，ラグランジュの剰余項 $R_n$ を使うと，次のようになる．

$$|R_n| = \left|\frac{f^{(n)}(\theta x)}{n!}x^n\right| = \left|\frac{(-1)^{n-1}}{n(1+\theta x)^n}x^n\right| = \left|\frac{1}{n(1+\theta)^n}\right| \to 0 \quad (n \to \infty)$$

ただし，$0 < \theta < 1$ である．
次に，$|x| < 1$ のとき，$0 < 1 - \theta < 1 + \theta x$ および $0 < 1 - |x| < 1$ に注意して，コーシーの剰余項 $R_n^c$ を使うと，次式を得る．

$$|R_n^c| = \left|\frac{f^{(n)}(\theta x)}{(n-1)!}(x-\theta x)^{n-1}x\right| = \frac{1}{(n-1)!}\left|\frac{(-1)^{n-1}(n-1)!}{(1+\theta x)^n}(1-\theta)^{n-1}x^n\right|$$

$$\leq \left|(1-\theta)^{n-1}\frac{x^n}{(1+\theta x)^n}\right| < \left|(1+\theta x)^{n-1}\frac{x^n}{(1+\theta x)^n}\right| = \frac{|x|^n}{1+\theta x}$$

$$< \frac{|x|^n}{1-|x|} \to 0 \quad (n \to \infty)$$

∎

本来，テイラー展開やマクローリン展開する際には，$\displaystyle\lim_{n\to\infty} R_n = 0$ となる $x$ の範囲を気にしなくてはならないが，まずは計算に慣れるため，形式的にテイラー展開やマクローリン展開を求める練習をしよう．

---

**例題 3.9（テイラー展開・マクローリン展開）**

次の展開を 4 次まで求めよ．

(1) $\log(2x+1)$ の点 $x = 2$ におけるテイラー展開．

(2) $\log(1+\sin x)$ のマクローリン展開．

(3) $e^x(x+1)$ のマクローリン展開．

---

▶【アクティブ・ラーニング】
例題 3.6〜3.9 はすべて確実に解けるようになりましたか？解けていない問題があれば，それがどうすればできるようになりますか？何に気をつければいいですか？また，読者全員ができるようになるにはどうすればいいでしょうか？それを紙に書き出しましょう．そして，書き出した紙を周りの人と見せ合って，それをまとめてグループごとに発表しましょう．

（解答）
「4 次まで」と指定されているので，第 4 次導関数まで事前に求めておく．
(1) $f(x) = \log(2x+1)$ とすれば，

$$f'(x) = \frac{2}{1+2x}, \quad f''(x) = -\frac{4}{(1+2x)^2}, \quad f'''(x) = \frac{16}{(1+2x)^3},$$
$$f^{(4)}(x) = -\frac{96}{(1+2x)^4}$$

なので，

$$\begin{aligned}
\log(2x+1) &= f(2) + f'(2)(x-2) + \frac{1}{2!}f''(2)(x-2)^2 + \frac{1}{3!}f'''(2)(x-2)^3 \\
&\quad + \frac{1}{4!}f^{(4)}(2)(x-2)^4 + \cdots \\
&= \log 5 + \frac{2}{5}(x-2) + \frac{1}{2}\cdot\left(-\frac{4}{25}\right)(x-2)^2 + \frac{1}{6}\cdot\frac{16}{125}(x-2)^3 \\
&\quad + \frac{1}{24}\cdot\left(-\frac{96}{625}\right)(x-2)^4 + \cdots \\
&= \log 5 + \frac{2}{5}(x-2) - \frac{2}{25}(x-2)^2 + \frac{8}{375}(x-2)^3 - \frac{4}{625}(x-2)^4 + \cdots
\end{aligned}$$

ちなみに，この式は次のように表せる．

$$\log(2x+1) = \log 5 + \sum_{n=1}^{\infty} \frac{2(-2)^{n-1}}{5^n n}(x-2)^n.$$

(2) $f(x) = \log(1+\sin x)$ とすれば，

$$\begin{aligned}
f'(x) &= \frac{(1+\sin x)'}{1+\sin x} = \frac{\cos x}{1+\sin x} \\
f''(x) &= \frac{-\sin x(1+\sin x) - \cos x \cos x}{(1+\sin x)^2} = -\frac{1+\sin x}{(1+\sin x)^2} = -\frac{1}{1+\sin x} \\
f'''(x) &= \frac{(1+\sin x)'}{(1+\sin x)^2} = \frac{\cos x}{(1+\sin x)^2} \\
f^{(4)}(x) &= \frac{-\sin x(1+\sin x)^2 - 2\cos x(1+\sin x)\cos x}{(1+\sin x)^4} = -\frac{\sin x(1+\sin x) + 2\cos^2 x}{(1+\sin x)^3}
\end{aligned}$$

より，

$$f(0) = 0, \quad f'(0) = 1, \quad f''(0) = -1, \quad f'''(0) = 1, \quad f^{(4)}(0) = -2$$

である．よって，

$$\begin{aligned}
f(x) &= f(0) + f'(0)x + \frac{1}{2}f''(0)x^2 + \frac{1}{3!}f'''(0)x^3 + \frac{1}{4!}f^{(4)}(0)x^4 + \cdots \\
&= 0 + x - \frac{1}{2}x^2 + \frac{1}{6}x^3 + \frac{-2}{24}x^4 + \cdots \\
&= x - \frac{1}{2}x^2 + \frac{1}{6}x^3 - \frac{1}{12}x^4 + \cdots
\end{aligned}$$

(3) (1) や (2) のように導関数を求めてもよいが，例題 3.7 の結果を使うと，

$$\begin{aligned}
e^x(x+1) &= \left(1 + x + \frac{x^2}{2!} + \frac{x^3}{3!} + \frac{x^4}{4!} + \cdots\right)(x+1) \\
&= \left(x + x^2 + \frac{x^3}{2} + \frac{x^4}{6} + \cdots\right) + \left(1 + x + \frac{x^2}{2} + \frac{x^3}{6} + \frac{x^4}{24} + \cdots\right) \\
&= 1 + 2x + \frac{3}{2}x^2 + \frac{2}{3}x^3 + \frac{5}{24}x^4 + \cdots
\end{aligned}$$

と求められる．∎

[問] 3.5 $f(x) = \dfrac{1}{x+2}$ とするとき，次の問に答えよ．

(1) $f(x)$ の $n$ 次導関数が $f^{(n)}(x) = \dfrac{(-1)^n n!}{(x+2)^{n+1}}$ となることを数学的帰納法で示せ．

(2) $f(x)$ のマクローリン展開を 3 次まで求めよ．

(3) $f(x)$ の $x = -1$ におけるテイラー展開を 3 次まで求めよ．

[問] 3.6 $|x| < 1$ のとき，

$$\log \frac{1+x}{1-x} = 2\left(x + \frac{x^3}{3} + \frac{x^5}{5} + \frac{x^7}{7} + \cdots + \frac{x^{2n-1}}{2n-1} + \cdots\right)$$

を示し，$n = 5$ として $\log 5$ の近似値を求めよ．


## 3.5 導関数と関数の増加・減少

関数の導関数を調べると，単調増加・単調減少が分かる．

**定理 3.9（関数の単調性と導関数の性質）**
$f(x)$ は閉区間 $[a,b]$ 上で連続で，開区間 $(a,b)$ 上で微分可能とする．このとき，次が成り立つ．

(1) $(a,b)$ 上で $f'(x) = 0 \iff f(x)$ は $[a,b]$ で定数

(2) $(a,b)$ 上で $f'(x) \geqq 0 \iff f(x)$ は $[a,b]$ で単調増加

(3) $(a,b)$ 上で $f'(x) > 0 \implies (\not\Longleftarrow) f(x)$ は $[a,b]$ で狭義単調増加

【注意】この定理の証明に，平均値の定理が使われていることに注意せよ．平均値の定理は，様々な定理を証明するのに重要な役割を果たす．

【注意】定理 3.9 は $[a,\infty)$，$(-\infty,b]$，$(-\infty,\infty)$ においても成り立つ．例えば，$(-\infty,\infty)$ については $a < b$ となる任意の実数 $a,b$ に対して定理 3.9 を適用すればよい．

（証明）
(1)
($\Longrightarrow$) $f(x) = K$（$K$ は定数）とすると，$f'(x) = 0$ である．
($\Longleftarrow$) $a \leqq x_1 < x_2 \leqq b$ となる任意の実数 $x_1, x_2$ に対して，平均値の定理より

$$f(x_2) - f(x_1) = f'(c)(x_2 - x_1) \tag{3.18}$$

となる $c \in (x_1, x_2)$ が存在する．仮定より，$f'(c) = 0$ なので，$f(x_1) = f(x_2)$，つまり，$f(x)$ は $[a,b]$ において定数である．

(2) ($\Longrightarrow$) (3.18) より，$a \leqq x_1 < x_2 \leqq b$ となる任意の実数 $x_1, x_2$ に対して

$$f(x_2) - f(x_1) \geqq 0$$

となるので，$f(x)$ は $[a,b]$ で単調増加である．
($\Longleftarrow$) 任意の $x_1 \in (a,b)$ に対して，$h > 0$ のとき $\dfrac{f(x_1+h) - f(x_1)}{h} \geqq 0$ であり，$h < 0$ のとき $\dfrac{f(x_1+h) - f(x_1)}{h} \geqq 0$ なので，$f'(x_1) = \lim_{h \to 0} \dfrac{f(x_1+h) - f(x_1)}{h} \geqq 0$ である．

(3) ($\Longrightarrow$) (3.18) より，$a \leqq x_1 < x_2 \leqq b$ となる任意の実数 $x_1, x_2$ に対して

$$f(x_2) - f(x_1) > 0$$

となるので，$f(x)$ は $[a,b]$ で狭義単調増加である．
($\not\Longleftarrow$) 例えば，$f(x) = x^3$ は $[-1,1]$ で狭義単調増加だが，$f'(0) = 0$ となる．したがって，逆は成り立たない．■

単調減少についても，定理 3.9 と同様の定理が成り立つ．

> **系 3.3（関数の単調減少性と導関数の性質）**
> 定理 3.9 と同じ仮定の下で，次が成り立つ．
>
> (1) $(a,b)$ 上で $f'(x) \leqq 0 \iff f(x)$ は $[a,b]$ で単調減少
>
> (2) $(a,b)$ 上で $f'(x) < 0 \implies (\not\Longleftarrow) \ f(x)$ は $[a,b]$ で狭義単調減少

定理 3.9 は，不等式の証明に有効である．

▶ [不等式の証明]
$f(x) < g(x)$ を示すには，$F(x) = g(x) - f(x)$ とおいて $F(x) > 0$ を示せばよい．そのためには，$F(x)$ の最小値が $0$ より大きいことを示せばよい．

> **例題 3.10（不等式の証明）**
> $x > 0$ のとき，次の不等式が成り立つことを示せ．
> $$\frac{x}{1+x^2} < \tan^{-1} x < x$$

▶【アクティブ・ラーニング】
例題 3.10 は確実に解けるようになりましたか？解けていない問題があれば，それがどうすればできるようになりますか？何に気をつければいいですか？また，読者全員ができるようになるにはどうすればいいでしょうか？それを紙に書き出しましょう．そして，書き出した紙を周りの人と見せ合って，それをまとめてグループごとに発表しましょう．

（解答）
$f(x) = x - \tan^{-1} x$ とすると，
$$f'(x) = 1 - \frac{1}{1+x^2} = \frac{x^2}{1+x^2} > 0 \quad (x > 0)$$
となる．よって，$f(x)$ は $x > 0$ で狭義単調増加であり，$f(0) = 0$ なので，$f(x) > f(0) = 0$ となる．ゆえに，$\tan^{-1} x < x$ である．

次に，$g(x) = \tan^{-1} x - \dfrac{x}{1+x^2}$ とおくと，
$$g'(x) = \frac{1}{1+x^2} - \frac{1+x^2 - 2x^2}{(1+x^2)^2} = \frac{2x^2}{(1+x^2)^2} > 0 \quad (x > 0)$$
となる．よって，$g(x)$ は $x > 0$ で狭義単調増加であり，$g(0) = 0$ なので，$g(x) > g(0) = 0$ となる．ゆえに，$\dfrac{x}{1+x^2} < \tan^{-1} x$ が成り立つ． ■

[問] 3.7 次の不等式を証明せよ．ただし，$x > 0$ とする．

(1) $\sin x < x$ \qquad (2) $1 - \dfrac{x^2}{2} < \cos x$ \qquad (3) $\dfrac{x}{1+x} < \log(1+x)$

## 3.6 関数の極大と極小

第 3.5 節で，関数の導関数を調べると，関数の増加・減少が把握できることを学んだ．これに加えて，極値を調べると関数のグラフの概形が分かる．

> **定義 3.4（極大値と極小値）**
> $f(x)$ は $x = c$ を含む開区間 $I$ 上で定義された連続関数だとする．このとき，十分小さな任意の正数 $h$ に対して
> $$f(c-h) \leqq f(c) \quad \text{かつ} \quad f(c) \geqq f(c+h) \tag{3.19}$$
> を満たすならば，$f(x)$ は $x = c$ で**極大** (local maximum) であるといい，$f(c)$ を**極大値**(local maximum value) という．また，

▶ [狭義の極値]
(3.19) と (3.20) において，等号を認めない場合，つまり，$f(x-h) < f(c)$ かつ $f(c) > f(c+h)$ となる $f(c)$ を**狭義の極大値** (strict local maximum value)，$f(x-h) > f(c)$ かつ $f(c) < f(c+h)$ となる $f(c)$ を**狭義の極小値** (strict local minimum value) という．ただし，本によっては，(3.19) と (3.20) を満たすものを**広義の極値**といい，等号を認めないものを単に極値という場合もあるので注意しよう．

$$f(c-h) \geqq f(c) \quad かつ \quad f(c) \leqq f(c+h) \tag{3.20}$$

が満たされているとき，$f(x)$ は $x = c$ で**極小** (local minimum) であるといい，$f(c)$ を**極小値**(local minimum value) という．なお，極大値と極小値を合わせて**極値**(extreme value) といい，そのときの $c$ を**極値点**(extremal point) という．

最大値はつねに極大値だが，極大値は必ずしも最大値とは限らない．極小値の場合も同様である．極値は局所的な最大値もしくは最小値である．

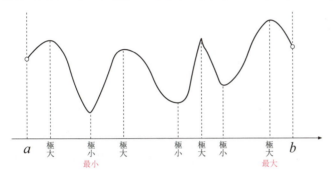

▶【アクティブ・ラーニング】
極大値，極小値，最大値，最小値について他の人へ説明してみよう．

### 定理 3.10（極値の必要条件）
閉区間 $[a,b]$ で定義された連続関数 $f(x)$ が $x = c(a < c < b)$ で微分可能とする．このとき，$f(c)$ が極値ならば，$f'(c) = 0$ である．

（証明）
$f(c)$ が $f(x)$ の極大値とすると，

$$f'_-(c) = \lim_{h \to +0} \frac{f(c-h) - f(c)}{-h} \geqq 0, \quad f'_+(c) = \lim_{h \to +0} \frac{f(c+h) - f(c)}{h} \leqq 0$$

であり，$f(x)$ は微分可能なので，定理 2.2 より $f'(c) = f'_+(c) = f'_-(c) = 0$ である．極小の場合も同様． ∎

【注意】定理 3.10 の逆は成り立たない．例えば，$f(x) = x^3$ は $f'(0) = 0$ だが，任意の $h > 0$ に対して $f(h) > 0$ かつ $f(-h) < 0$ となるので，$f(0) = 0$ は $f(x)$ の極大値でも極小値でもない．したがって，$f'(c) = 0$ を満たす点 $x = c$ は極値点の候補に過ぎない．

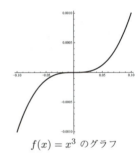

$f(x) = x^3$ のグラフ

また，定理 3.10 は，$f(x)$ が微分可能という条件の下で成立しているが，微分不可能な点でも極値をとり得る．例えば，$f(x) = |x|$ は $x = 0$ で微分不可能だが，$x = 0$ で極小値をとる．したがって，極値を求める際には，定理 3.10 を満たす点に加えて微分可能でない点も調べなければならない．

定理 3.10 より極値点の候補が分かるので，それが極値点かどうかを判定するためには，その候補の近くにおける関数の増減（増加と減少）を調べればよい．そのためには，定理 3.9，系 3.3 より $f'(x)$ の符号を調べればよいことが分かる．実際，次の定理が成り立つ．

### 定理 3.11（導関数の符号と関数の増減）
閉区間 $[a,b]$ で定義された連続関数 $f(x)$ および $x = c(a < c < b)$ に対して，$f(x)$ が開区間 $(a,c)$ および開区間 $(c,b)$ で微分可能ならば，次が成り立つ．

(1) 開区間 $(a,c)$ 上で $f'(x) > 0$ かつ開区間 $(c,b)$ 上で $f'(x) < 0$ ならば，$f(c)$ は（狭義の）極大値である．

> (2) 開区間 $(a,c)$ 上で $f'(x) < 0$ かつ開区間 $(c,b)$ 上で $f'(x) > 0$ ならば，$f(c)$ は（狭義の）極小値である．
>
> (3) 点 $c$ の両側で $f'(x)$ が同符号ならば，$f(c)$ は極値ではない．

(証明)
(1) のみを証明する．(2),(3) も同様に証明できる．
$(a,c)$ 上で $f'(x) > 0$ とすると，$f(x)$ は $[a,c]$ で狭義単調増加である．また，$(c,b)$ 上で $f'(x) < 0$ ならば $f(x)$ は $[c,b]$ で狭義単調減少である．つまり，$x = c$ を除く任意の $x \in (a,b)$ に対して $f(x) < f(c)$ が成り立つ．よって，$f(c)$ は狭義の極大値である． ∎

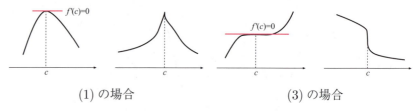

(1) の場合　　　　　　　　　　(3) の場合

　定理 3.11 において，$x = c$ 上での微分可能性を仮定していないことに注意せよ．なお，定理 3.11 を表にして，関数の増減を分かりやすいようにまとめたものを **増減表** という．

> **例題 3.11（極値の計算）**
> 開区間 $(-\pi, \pi)$ において，$f(x) = \sqrt[3]{\cos^2 x}$ の極値を求めよ．

(解答)
$$f'(x) = \frac{2}{3}(\cos x)^{-\frac{1}{3}} \cdot (-\sin x) = -\frac{2\sin x}{3(\cos x)^{\frac{1}{3}}} \quad \left(x \neq -\frac{\pi}{2}, \frac{\pi}{2}\right)$$

$f'\left(-\frac{\pi}{2}\right), f'\left(\frac{\pi}{2}\right)$ は存在せず，また，$f'(0) = 0$ である．そこで，増減表を書くと，

| $x$ | $-\pi$ | $\cdots$ | $-\frac{\pi}{2}$ | $\cdots$ | $0$ | $\cdots$ | $\frac{\pi}{2}$ | $\cdots$ | $\pi$ |
|---|---|---|---|---|---|---|---|---|---|
| $f'(x)$ |  | $-$ | 非存在 | $+$ | $0$ | $-$ | 非存在 | $+$ |  |
| $f(x)$ | $1$ | ↘ | $0$ | ↗ | $1$ | ↘ | $0$ | ↗ | $1$ |

【注意】通常，「極値を求めよ」と問われたら，極値点と極値を求め，それが極大値か極小値かも答えなければならない．したがって，例えば，「$x = c$ で極値をとる」という解答をしてはいけない．「$x = c$ で極大値をとる」あるいは「$x = c$ で極小値をとる」と明記しなければならない．興味があるのは，$x = c$ で極大なのか極小なのかという情報である．

【注意】$x = -\frac{\pi}{2}, 0, \frac{\pi}{2}$ における局所的な情報（点における微分係数）をもとに増減表を作成することで，$(-\pi, \pi)$ における大域的な情報（区間における関数の振舞い）を得ていることに注意しよう．

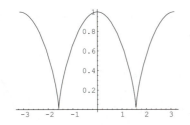

図 3.1　$f(x) = (\cos x)^{\frac{2}{3}}$ のグラフ

[問] 3.8　開区間 $\left(-\dfrac{\pi}{6}, \dfrac{2}{3}\pi\right)$ において，$f(x) = \sqrt[3]{\sin^2 x}$ の極値を求めよ．

[問] 3.9　$f(x) = (x+1)^3(x-3)^2$ の極値を求めよ．

## 3.7　第 2 次導関数と関数のグラフの凹凸

極値を調べるには増減表を書くのが確実だが，定理 3.12 のように第 2 次導関数を用いて極値を調べることができる．また，第 2 次導関数を調べると，関数のグラフの凹凸を調べることができる．

> **定義 3.5（関数のグラフの凹凸）**
> $y = f(x)$ は，区間 $I$ 上で定義された 2 回微分可能な関数とする．このとき，$y = f(x)$ が点 $x = a$ において $f''(a) > 0$ ならば，$f(x)$ のグラフは $x = a$ において（下に狭義）**凸(convex)** であるという．反対に，$f''(a) < 0$ のとき $f(x)$ のグラフは $x = a$ において（下に狭義）**凹(concave)** あるいは上に狭義凸であるという．

▶【アクティブ・ラーニング】
　例題 3.11 は確実に解けるようになりましたか？解けていない問題があれば，それがどうすればできるようになりますか？何に気をつければいいですか？また，読者全員ができるようになるにはどうすればいいでしょうか？それを紙に書き出しましょう．そして，書き出した紙を周りの人と見せ合って，それをまとめてグループごとに発表しましょう．

$f''(a) > 0$ のとき，
$$\lim_{x \to a} \frac{f'(x) - f'(a)}{x - a} = f''(a) > 0$$

なので，
$$\begin{aligned} f'(x) > f'(a) \quad (x > a) \\ f'(x) < f'(a) \quad (x < a) \end{aligned} \tag{3.21}$$

となる．一方，平均値の定理より，$h > 0$ に対し，
$$\begin{aligned} f(a+h) = f(a) + f'(a + \theta_1 h)h, \quad 0 < \theta_1 < 1 \\ f(a) = f(a-h) + f'(a - \theta_2 h)h, \quad 0 < \theta_2 < 1 \end{aligned} \tag{3.22}$$

が成り立つ．したがって，(3.21), (3.22) より
$$\begin{aligned} f(a+h) = f(a) + f'(a + \theta_1 h)h > f(a) + f'(a)h \\ f(a-h) = f(a) - f'(a - \theta_2 h)h > f(a) - f'(a)h \end{aligned} \tag{3.23}$$

である．これより，$f(x)$ のグラフは $x = a$ における $f(x)$ の接線 $L$ の上側にあることが分かる．

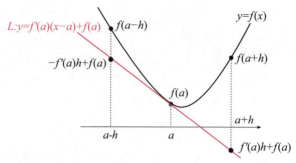

図 **3.2** 下に凸のグラフ

---

**定義 3.6（変曲点）**

連続関数 $f(x)$ のグラフが $x = a$ を境目にして，その凹凸が変化するとき，つまり，$f''(a)$ の符号が変わるとき，点 $(a, f(a))$ を $f(x)$ の**変曲点**(inflection point) という．

---

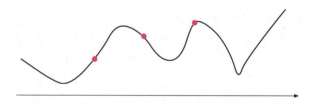

図 **3.3** 変曲点

---

**定理 3.12（極大・極小であるための十分条件）**

$f(x)$ は $x = a$ を含む開区間で $C^2$ 級で，

$$f'(a) = 0, \quad f''(a) \neq 0$$

とする．このとき，次が成り立つ．

(1) $f''(a) > 0$ ならば，$f(x)$ は $x = a$ で（狭義の）極小である．

(2) $f''(a) < 0$ ならば，$f(x)$ は $x = a$ で（狭義の）極大である．

---

（証明）

$f''(a) > 0$ のとき，(3.23) が成り立つので，仮定より

$$f(a+h) > f(a) + f'(a)h = f(a)$$
$$f(a-h) > f(a) - f'(a)h = f(a)$$

である．これは $f(x)$ が $x = a$ で極小であることを意味する．
なお，$f''(a) < 0$ の場合も同様である． ∎

## 例題 3.12（第 2 次導関数による極値と変曲点の導出）
$f(x) = \dfrac{\log x}{x}$ とするとき，$f''(x)$ を用いて極値と変曲点を求めよ．

（解答）
$$f'(x) = \frac{\frac{1}{x} \cdot x - \log x}{x^2} = \frac{1 - \log x}{x^2},$$
$$f''(x) = \frac{-\frac{1}{x} \cdot x^2 - (1 - \log x) \cdot 2x}{x^4} = \frac{2 \log x - 3}{x^3}$$

であり，$f'(x) = 0$ より，$\log x = 1$，つまり，$x = e$ を得る．ここで，$f''(e) = \dfrac{2-3}{e^3} = -\dfrac{1}{e^3} < 0$ なので，定理 3.12(2) より $x = e$ で極大となり，極大値は $f(e) = \dfrac{1}{e}$ である．

また，$f''(x) = 0$ より，$2 \log x = 3$，つまり，$x = e^{\frac{3}{2}}$ を得る．この値を境目にして，$f''(x)$ の符号が変わるので，$f(e^{\frac{3}{2}}) = \dfrac{3}{2} e^{-\frac{3}{2}}$ より変曲点は $\left(e^{\frac{3}{2}}, \dfrac{3}{2} e^{-\frac{3}{2}}\right)$ である．■

▶【アクティブ・ラーニング】
例題 3.12 は確実に解けるようになりましたか？解けていない問題があれば，それがどうすればできるようになりますか？何に気をつければいいですか？また，読者全員ができるようになるにはどうすればいいでしょうか？それを紙に書き出しましょう．そして，書き出した紙を周りの人と見せ合って，それをまとめてグループごとに発表しましょう．

[問] 3.10 $f''(x)$ を用いて，次の関数の極値と変曲点を求めよ．
(1) $f(x) = \dfrac{3x}{x^2+1}$
(2) $f(x) = e^x \sin x \ (0 \leqq x \leqq 2\pi)$

定義 3.5 では，2 回微分可能な関数 $y = f(x)$ に対して関数のグラフの凹凸を定義したが，実は連続関数に対しても関数の凹凸を定義できる．

## 定義 3.7（関数のグラフの凹凸の一般的な定義）
$y = f(x)$ は区間 $I$ で定義された連続関数とする．このとき，区間 $I$ の任意の 2 点 $x_1, x_2 \ (x_1 < x_2)$ に対して，つねに
$$f((1-\lambda)x_1 + \lambda x_2) \leqq (1-\lambda)f(x_1) + \lambda f(x_2) \quad (0 < \lambda < 1) \quad (3.24)$$
を満たすとき，$f(x)$ は $I$ で（下に）凸であるという．また，つねに
$$f((1-\lambda)x_1 + \lambda x_2) \geqq (1-\lambda)f(x_1) + \lambda f(x_2)$$
を満たすとき，$f(x)$ は $I$ で（下に）凹であるという．

▶【アクティブ・ラーニング】
凸関数および凹関数の例を自分で作り，それを他の人に紹介しましょう．そして，みんなで例を共有し，一番おもしろいと思う例を選びましょう．

定義より，
$$f(x) \text{ が凸関数} \iff -f(x) \text{ が凹関数}$$
が成り立つ．

## 定理 3.13（凸関数）
(3.24) は
$$\frac{f(x) - f(x_1)}{x - x_1} \leq \frac{f(x_2) - f(x)}{x_2 - x} \quad (3.25)$$
と同値である．

(証明)
$x = (1-\lambda)x_1 + \lambda x_2$ とすると，$\lambda = \dfrac{x-x_1}{x_2-x_1}$ である．これを (3.24) に代入して，

$$f(x) \leqq \left(1 - \frac{x-x_1}{x_2-x_1}\right) f(x_1) + \frac{x-x_1}{x_2-x_1} f(x_2)$$

$$\iff f(x) - f(x_1) \leqq \frac{f(x_2) - f(x_1)}{x_2 - x_1}(x - x_1)$$

となるので，整理すると

$$\frac{f(x) - f(x_1)}{x - x_1} \leqq \frac{f(x_2) - f(x_1)}{x_2 - x_1} \tag{3.26}$$

を得る．また，$1 - \dfrac{x-x_1}{x_2-x_1} = \dfrac{x_2-x}{x_2-x_1}, \dfrac{x-x_1}{x_2-x_1} = 1 - \dfrac{x_2-x}{x_2-x_1}$ なので，

$$f(x) \leqq \frac{x_2-x}{x_2-x_1} f(x_1) + \left(1 - \frac{x_2-x}{x_2-x_1}\right) f(x_2)$$

であり，これを整理すると

$$\frac{f(x_2) - f(x_1)}{x_2 - x_1} \leqq \frac{f(x_2) - f(x)}{x_2 - x} \tag{3.27}$$

である．よって，(3.26) と (3.27) より (3.25) を得る．■

結局，(3.24) と (3.25) は同値であることが分かるので，(3.25) を凸関数の定義としてもよい．

> **定理 3.14（導関数の増減とグラフの凹凸）**
> $f(x)$ は区間 $I$ で微分可能とする．このとき，次が成り立つ．
>
> $f'(x)$ が単調増加（単調減少）$\iff f(x)$ は $I$ で凸（凹）

(証明)
凸関数の場合のみ示す．凹の場合は，この結果を $-f(x)$ として適用すればよい．
($\Longrightarrow$) $x_1 < x_2 (x_1, x_2 \in I)$ とすると，$x_1 < x < x_2$ となる任意の $x$ に対して平均値の定理より

$$f(x) - f(x_1) = f'(c_1)(x - x_1), \quad c_1 \in (x_1, x)$$
$$f(x_2) - f(x) = f'(c_2)(x_2 - x), \quad c_2 \in (x, x_2)$$

となる $c_1, c_2$ が存在する．
ここで，仮定より $f'(c_1) \leqq f'(c_2)$ なので

$$\frac{f(x) - f(x_1)}{x - x_1} \leqq \frac{f(x_2) - f(x)}{x_2 - x}$$

となる．(3.25) より，これは $f(x)$ が凸関数であることを意味する．
($\Longleftarrow$) $x_1 < x_2 (x_1, x_2 \in I)$ とする．$f(x)$ は凸関数なので，$x_1 < x < x_2$ を満たす任意の $x$ に対して (3.26) と (3.27) が成り立つ．よって，

$$f'(x_1) = \lim_{x \to x_1+0} \frac{f(x) - f(x_1)}{x - x_1} \leqq \lim_{x \to x_1+0} \frac{f(x_2) - f(x_1)}{x_2 - x_1} = \frac{f(x_2) - f(x_1)}{x_2 - x_1}$$
$$= \lim_{x \to x_2-0} \frac{f(x_2) - f(x_1)}{x_2 - x_1} \leqq \lim_{x \to x_2-0} \frac{f(x_2) - f(x)}{x_2 - x} = f'(x_2)$$

なので，$f'(x_1) \leqq f'(x_2)$ が成り立つ．■

定義 3.5 より明らかではあるが，第 2 次導関数とグラフの凹凸についても定理として与えておこう．

## 3.7 第 2 次導関数と関数のグラフの凹凸

**定理 3.15（2 次導関数とグラフの凹凸）**

$f(x)$ は区間 $I$ 上で $C^2$ 級とする．このとき，次が成り立つ．

(1) $f''(x) \geqq 0 \iff f(x)$ は凸関数

(2) $f''(x) \leqq 0 \iff f(x)$ は凹関数

（証明）
(1) のみ証明する．
（$\Longrightarrow$）$f''(x) \geqq 0$ のとき，定理 3.9 より $f'(x)$ は $I$ で単調増加なので，定理 3.14 より $f(x)$ は凸関数である．
（$\Longleftarrow$）$f(x)$ は凸関数なので，定理 3.14 より $f'(x)$ は $I$ で単調増加である．よって，定理 3.9 より $f''(x) \geqq 0$ である． ■

**系 3.4（2 次導関数と変曲点）**

$f(x)$ は区間 $I$ 上で $C^3$ 級とする．このとき，次が成り立つ．

(1) $x = a$ の左右で $f''(x)$ の符号が変われば，$f(x)$ は $x = a$ で変曲点をもつ．

(2) $f''(a) = 0$ で $f'''(a) \neq 0$ ならば，$f(x)$ は $x = a$ で変曲点をもつ．

【注意】系 3.4(1) において，$f(x)$ は $C^2$ 級でよい．

（証明）
(1) 定理 3.15 および変曲点の定義より明らか．
(2) $f''(a) = 0$ かつ $f'''(a) > 0$ と仮定すると

$$f'''(a) = \lim_{x \to a} \frac{f''(x) - f''(a)}{x - a} > 0$$

なので，$a$ に十分近い $x$ に対して，つねに

$$\frac{f''(x) - f''(a)}{x - a} > 0$$

が成り立つ．したがって，

$$x > a \Longrightarrow f''(x) > f''(a) = 0, \quad x < a \Longrightarrow f''(x) < f''(a) = 0$$

となり，(1) より $(a, f(a))$ は $y = f(x)$ の変曲点であることがわかる．なお，$f'''(a) < 0$ の場合も同様である． ■

**例題 3.13（関数のグラフ）**

関数
$$f(x) = e^{-x} \cos x \qquad \left( -\frac{\pi}{2} \leqq x \leqq \frac{3}{2}\pi \right)$$
の増減，極値，凹凸を調べ，曲線 $y = f(x)$ の概形を描け．

▶[グラフを描く手順]
(1) 定義域を確認する．
(2) $f'(x) = 0$ を解いて，極値点の候補を求める．
(3) 微分不可能な点がないかを確認し，あれば極値点の候補に入れる．
(4) $f''(x) = 0$ となる $x$ を求め，$f''(x)$ の符号の変化から変曲点とグラフの凹凸を調べる．
(5) 必要に応じて，漸近線（asymptote, asymptotic line）を求める．なお，グラフが限りなく近づく直線をそのグラフの漸近線という．関数 $y = f(x)$ のグラフにおいて，$\lim_{x \to c+0} f(x)$，$\lim_{x \to c-0} f(x)$ のうち，少なくとも一方が $\infty$ または $-\infty$ のとき，直線 $x = c$ は漸近線である．また，$\lim_{x \to \infty}\{f(x) - (ax+b)\} = 0$ または $\lim_{x \to -\infty}\{f(x) - (ax+b)\} = 0$ ならば，直線 $y = ax+b$ は漸近線である．
(6) 増減表を描く．
(7) グラフを描きやすくするため，座標軸との交点を調べる．
(8) グラフを描く．

（解答）
$f'(x) = -e^{-x}\cos x - e^{-x}\sin x = -e^{-x}(\sin x + \cos x) = -\sqrt{2}e^{-x}\sin\left(x + \frac{\pi}{4}\right)$.

$f''(x) = -\sqrt{2}\left\{-e^{-x}\sin\left(x+\frac{\pi}{4}\right) + e^{-x}\cos\left(x+\frac{\pi}{4}\right)\right\}$

$$= \sqrt{2}e^{-x}\left\{\sin\left(x+\frac{\pi}{4}\right) - \cos\left(x+\frac{\pi}{4}\right)\right\} = 2e^{-x}\sin x$$

であり，$f'(x) = 0$ より $x = -\frac{\pi}{4}, \frac{3}{4}\pi$ であり，$f''(x) = 0$ より $x = 0, \pi$ となる．よって，これをもとに増減とグラフの凹凸を表にすると次のようになる．

| $x$ | $-\frac{\pi}{2}$ | $\cdots$ | $-\frac{\pi}{4}$ | $\cdots$ | $0$ | $\cdots$ | $\frac{3}{4}\pi$ | $\cdots$ | $\pi$ | $\cdots$ | $\frac{3}{2}\pi$ |
|---|---|---|---|---|---|---|---|---|---|---|---|
| $f'(x)$ | + | + | 0 | − | − | − | 0 | + | + | + | + |
| $f''(x)$ | − | − | − | − | 0 | + | + | + | 0 | − | − |
| $f(x)$ | 0 | ↗ | $\frac{1}{\sqrt{2}}e^{\frac{\pi}{4}}$ | ↘ | 1 | ↘ | $-\frac{1}{\sqrt{2}}e^{-\frac{3}{4}\pi}$ | ↗ | $-e^{-\pi}$ | ↗ | 0 |

ゆえに，$f(x)$ は $x = \frac{3}{4}\pi$ で極小値 $f\left(\frac{3}{4}\pi\right) = -\frac{1}{\sqrt{2}}e^{-\frac{3}{4}\pi}$ をとり，$x = -\frac{\pi}{4}$ で極大値 $f\left(-\frac{\pi}{4}\right) = \frac{1}{\sqrt{2}}e^{\frac{\pi}{4}}$ をとる．また，変曲点は $(0, 1), (\pi, -e^{-\pi})$ であり $y = f(x)$ のグラフの概形は次のようになる．

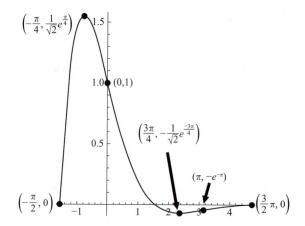

▶【アクティブ・ラーニング】
例題 3.13 はすべて確実に解けるようになりましたか？解けていない問題があれば，それがどうすればできるようになりますか？何に気をつければいいですか？また，読者全員ができるようになるにはどうすればいいでしょうか？それを紙に書き出しましょう．そして，書き出した紙を周りの人と見せ合って，それをまとめてグループごとに発表しましょう．

【注意】例題 3.13 では，範囲が $\left[-\frac{\pi}{2}, \frac{3}{2}\pi\right]$ と与えられているが，範囲が与えられていない場合は，$\lim_{x\to\pm\infty} f(x)$ も考慮しなければならない．

▶【アクティブ・ラーニング】
まとめに記載されている項目について，例を交えながら他の人に説明しよう．また，あなたならどのように本章をまとめますか？あなたの考えで本章をまとめ，それを他の人とも共有し，自分たちオリジナルのまとめを作成しよう．

▶【アクティブ・ラーニング】
本章で登場した例題および問において，重要な問題を 5 つ選び，その理由を述べてください．その際，選定するための基準は，自分たちで考えてください．

[問] 3.11 次の関数の増減，極値，凹凸を調べ，曲線 $y = f(x)$ の概形を描け．

(1) $f(x) = \dfrac{x}{x^2+1}$   (2) $f(x) = \dfrac{\log x}{x}$  $(x > 0)$

## 第3章のまとめ

- 平均値の定理，テイラーの定理・展開，マクローリンの定理・展開などを使うと $f'(a), f''(a), \ldots, f^{(n)}(a)$ といった局所的な情報から，$f(x)$ の大域的な情報が得られる．

平均値の定理：$f(b) - f(a) = f'(c)(b-a)$, $c$ は $a$ と $b$ の間の点

コーシーの平均値の定理：$\dfrac{f(b)-f(a)}{g(b)-g(a)} = \dfrac{f'(c)}{g'(c)}$

テイラーの定理：  $0 < \theta < 1$
$$f(x) = \sum_{r=0}^{n-1} \frac{f^{(r)}(\alpha)}{r!}(x-\alpha)^r + f^{(n)}(\alpha + \theta(x-\alpha))\frac{(x-\alpha)^n}{n!}$$

テイラー展開：$f(x) = \displaystyle\sum_{r=0}^{\infty} \frac{f^{(r)}(\alpha)}{r!}(x-\alpha)^r$

マクローリン展開：$f(x) = \displaystyle\sum_{r=0}^{\infty} \frac{f^{(r)}(0)}{r!} x^r$

- 平均値の定理は，様々な定理を証明するのに利用される．
- ロピタルの定理を使うと，不定形の極限値を求められる．
  $\dfrac{0}{0}$ 形または $\dfrac{\infty}{\infty}$ 形のとき，$\displaystyle\lim_{x \to a} \frac{f(x)}{g(x)} = \lim_{x \to a} \frac{f'(x)}{g'(x)}$
- 極値や最大・最小の情報を使うと，不等式の証明ができる．
- 関数の導関数を調べると，関数の単調増加・単調減少が分かる．
- 関数の第2次導関数を調べると，グラフの凹凸を調べたり，極値の判定ができる．
- $f(x)$ のグラフを描く際には，極値点や変曲点などの情報をもとに増減表を書く．

## 第3章　演習問題

**[A. 基本問題]**

**演習 3.1** 平均値の定理を用いて，次の不等式を示せ．

(1) $-\dfrac{\pi}{2} < \alpha < \beta < 0$ のとき，$\cos\beta - \cos\alpha < \beta - \alpha$.

(2) $\dfrac{1}{e^2} < a < b < 1$ のとき，$a - b < b\log b - a\log a < b - a$.

(3) $e \leq p < q$ のとき，$\log(\log q) - \log(\log p) < \dfrac{q-p}{e}$.

(4) $0 \leq q < p,\ n \geq 2$ とするとき，$p^n - q^n < np^{n-1}(p-q)$.

(5) $x > 15$ のとき，$\sqrt{1+x} - 4 < \dfrac{1}{8}(x-15)$.

**演習 3.2** $f(x)$ は微分可能な関数とする．このとき，$\displaystyle\lim_{x\to\infty} f'(x) = a$ ならば $\displaystyle\lim_{x\to\infty}\{f(x+1)-f(x)\} = a$ となることを平均値の定理を使って示せ．

**演習 3.3** ロピタルの定理を用いて，次の極限値を求めよ．

(1) $\displaystyle\lim_{x\to 0}\dfrac{e^{4x}-4x-1}{1-\cos 2x}$　　(2) $\displaystyle\lim_{x\to\infty}(1+3x)^{\frac{1}{x}}$　　(3) $\displaystyle\lim_{x\to +0}\dfrac{\frac{\pi}{2}-\sin^{-1}(1-2x)}{\sqrt{x}}$

(4) $\displaystyle\lim_{x\to\infty}\left(\dfrac{\pi}{2}-\tan^{-1}x\right)^{\frac{1}{x}}$　　(5) $\displaystyle\lim_{x\to +0}\dfrac{\cos^{-1}(1-3x)}{\sqrt{x}}$　　(6) $\displaystyle\lim_{x\to 0}\dfrac{1-\cos 3x}{x^2}$

(7) $\displaystyle\lim_{x\to\infty}\left(1+\dfrac{4}{x}\right)^{2x}$　　(8) $\displaystyle\lim_{x\to 0}\{1+\sin^{-1}(2x)\}^{\frac{1}{x}}$　　(9) $\displaystyle\lim_{x\to\infty}x(2^{\frac{1}{x}}-1)$

(10) $\displaystyle\lim_{x\to 0}(1+\sin x)^{\frac{1}{x}}$　　(11) $\displaystyle\lim_{x\to +0}\sqrt{x}\log x$　　(12) $\displaystyle\lim_{x\to\infty}\dfrac{x^3-5x+2}{e^{2x-1}}$

**演習 3.4** A 君は，ロピタルの定理を使って $\displaystyle\lim_{x\to\infty}\dfrac{3x+\cos x}{2x+\cos x} = \lim_{x\to\infty}\dfrac{3-\sin x}{2-\sin x} = \lim_{x\to\infty}\dfrac{-\cos x}{-\cos x} = 1$ と極限値を求めたが，0 点になってしまった．正しい答えを作成せよ．

**演習 3.5** 次の関数をマクローリン展開せよ．ただし，0 でない最初の 4 項を必ず明記すること．

(1) $\dfrac{1}{2x+3}$　　(2) $\dfrac{1}{\sqrt{1+2x}}$　　(3) $\log(2x+3)$

**演習 3.6** カッコ内の点におけるテイラー展開を 3 次まで求めよ．

(1) $\dfrac{3}{2x-1}\ (x=2)$　　(2) $\log(2x+1)\ (x=1)$　　(3) $xe^x\ (x=-2)$

**演習 3.7** $x > 0$ のとき，次の不等式を証明せよ．

(1) $2x > \log(1+x)^2 > 2x - x^2$　　(2) $\sin x > x - \dfrac{x^2}{2}$　　(3) $1 + \dfrac{1}{2}x - \dfrac{1}{8}x^2 < \sqrt{1+x}$

**演習 3.8** $f(x) = (x+3)\sqrt[3]{(x-2)^2}$ の極値を求めよ．

**演習 3.9** 次の関数の増減，極値，凹凸を調べ，曲線 $y = f(x)$ の概形を描け．

(1) $f(x) = \log(x^2+1)$　　(2) $f(x) = e^{-x^2}$

**[B. 応用問題]**

**演習 3.10** $f(x)$ が点 $a$ を含む区間で 2 回微分可能で，$f''(x)$ が連続のとき，

$$\lim_{h\to 0}\dfrac{f(a+h)+f(a-h)-2f(a)}{h^2} = f''(a)$$

が成り立つことを示せ.

**演習 3.11** $f(x)$ が点 $a$ を含む区間で $C^3$ 級で, $f'''(x)$ が有限値ならば,

$$\lim_{h \to 0} \frac{f(a+h) - f(a-h)}{2h} = f'(a)$$

が成り立つことを示せ.

**演習 3.12** 点 $a$ を含む開区間で $f''(x)$ が連続であって, $f''(a) \neq 0$ ならば,

$$f(a+h) = f(a) + hf'(a+\theta h) \qquad (0 < \theta < 1)$$

において, $\lim_{h \to 0} \theta = \frac{1}{2}$ であることを示せ.

**演習 3.13** $f'''(x)$ が連続で, $f'''(a) \neq 0$ ならば, 次式において $\lim_{h \to 0} \theta = \frac{1}{3}$ が成り立つことを示せ.

$$f(a+h) = f(a) + hf'(a) + \frac{h^2}{2!}f''(a+\theta h) \qquad (0 < \theta < 1)$$

**演習 3.14** $-1 < x < 1$ において, 次のようにマクローリン展開できることを示せ.

$$(1+x)^\alpha = 1 + \alpha x + \frac{\alpha(\alpha-1)}{2!}x^2 + \cdots + \frac{\alpha(\alpha-1)\cdots(\alpha-n+1)}{n!}x^n + \cdots$$

**演習 3.15** 任意の $a, b \geq 0$ に対して

$$ab \leq \frac{a^p}{p} + \frac{b^q}{q}$$

が成り立つことを示せ. ただし, $p > 1$, $\frac{1}{p} + \frac{1}{q} = 1$ とする.

## 第3章 略解とヒント

[問]

**問 3.1** (1) $f(x) = \log x$ とし, 区間 $[1, a+1]$ において平均値の定理を適用する.　　(2) $f(x) = \tan^{-1} x + \tan^{-1} \frac{1}{x}$ として, 閉区間 $[x_1, x_2]$ に平均値の定理を適用する. また, $f(1) = \frac{\pi}{2}$, $f(-1) = -\frac{\pi}{2}$ に注意する.

(3) 2.　　$f(x) = \tan 2x$ おいて $\sin x$ と $x$ の間で平均値の定理を適用する.

**問 3.2** (1) $e^2$　　(2) 2 (ヒント) $x \sin^{-1} \frac{2}{x} = \frac{\sin^{-1} \frac{2}{x}}{1/x}$ と考える.　　(3) $\frac{2}{e}$　　(4) $e^{10}$　　(5) 9

(6) $\infty$　　(7) $\sqrt{2}$ (ヒント) $\left(\cos^{-1}(1-x)\right)' = \frac{1}{\sqrt{x}\sqrt{2-x}}$　　(8) 2　　(9) $\frac{1}{e}$

**問 3.3** p.60 の主な関数の近似式を参照.

**問 3.4** テイラーの定理 (定理 3.6) の証明において, 誤差を $K \frac{(b-a)^n}{n!}$ の代わりに $K \frac{(b-a)}{n!}$ とおく.

**問 3.5** (1) 省略.　　(2) $\frac{1}{2} - \frac{1}{4}x + \frac{1}{8}x^2 - \frac{1}{16}x^3 + \cdots +$　　(3) $1 - (x+1) + (x+1)^2 - (x+1)^3 + \cdots$

**問 3.6** $\log \frac{1+x}{1-x} = \log(1+x) - \log(1-x)$ に注意して, 例題 3.8 を使う. また, $\frac{1+x}{1-x} = 5$ より, $x = \frac{2}{3}$ なので, これを代入すると $\log 5 \approx 1.6060417942$.

**問 3.7** (1) $f(x) = x - \sin x$ とおき, $0 < x < 2\pi$ と $x \geq 2\pi$ の場合において $f'(x) > 0$ を示す.

(2) $f(x) = \cos x - \left(1 - \dfrac{x^2}{2}\right)$ とし，(1) の結果を利用して $f'(x) > 0$ を示す．

(3) $f(x) = \log(1+x) - \dfrac{x}{1+x}$ とおき，$f'(x) > 0$ を示す．

**問 3.8** $x = 0$ において極小値 $f(0) = 0$，$x = \dfrac{\pi}{2}$ において極大値 $f\left(\dfrac{\pi}{2}\right) = 1$．

**問 3.9** $f'(x) = (x+1)^2(x-3)(5x-7)$．$x = -1$ では極値はとらない．$x = \dfrac{7}{5}$ で極大値 $f\left(\dfrac{7}{5}\right) = \dfrac{110592}{3125}$．$x = 3$ で極小値 $f(3) = 0$．

**問 3.10** (1) $f'(x) = -\dfrac{3(x^2-1)}{(x^2+1)^2}$，$f''(x) = \dfrac{6(x^3-3x)}{(x^2+1)^3}$，極大値 $f(1) = \dfrac{3}{2}$．極小値 $f(-1) = -\dfrac{3}{2}$．変曲点は $(0,0)$，$\left(\sqrt{3}, \dfrac{3\sqrt{3}}{4}\right)$，$\left(-\sqrt{3}, -\dfrac{3\sqrt{3}}{4}\right)$　　(2) $f'(x) = \sqrt{2}e^x \sin\left(x + \dfrac{\pi}{4}\right)$，$f''(x) = 2e^x \cos x$，極大値 $f\left(\dfrac{3}{4}\pi\right) = \dfrac{\sqrt{2}}{2} e^{\frac{3}{4}\pi}$．極小値 $f\left(\dfrac{7}{4}\pi\right) = -\dfrac{\sqrt{2}}{2} e^{\frac{7}{4}\pi}$．変曲点は $\left(\dfrac{\pi}{2}, e^{\frac{\pi}{2}}\right)$，$\left(\dfrac{3}{2}\pi, -e^{\frac{3}{2}\pi}\right)$．

**問 3.11** (1) 答えは次のとおり．グラフを描く際には $\lim\limits_{x \to \pm\infty} f(x) = 0$ に注意．

| $x$ | $\cdots$ | $-\sqrt{3}$ | $\cdots$ | $-1$ | $\cdots$ | $0$ | $\cdots$ | $1$ | $\cdots$ | $\sqrt{3}$ | $\cdots$ |
|---|---|---|---|---|---|---|---|---|---|---|---|
| $f'(x)$ | $-$ | | $-$ | $0$ | $+$ | | $+$ | $0$ | $-$ | | $-$ |
| $f''(x)$ | $-$ | $0$ | $+$ | | $+$ | $0$ | $-$ | | $-$ | $0$ | $+$ |
| $f(x)$ | ↘ | $-\dfrac{\sqrt{3}}{4}$ | ↘ | $-\dfrac{1}{2}$ | ↗ | $0$ | ↗ | $\dfrac{1}{2}$ | ↘ | $\dfrac{\sqrt{3}}{4}$ | ↘ |

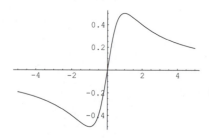

(2) 答えは次のとおり．

| $x$ | $0$ | $\cdots$ | $e$ | $\cdots$ | $e^{\frac{3}{2}}$ | $\cdots$ | $\infty$ |
|---|---|---|---|---|---|---|---|
| $f'$ | $+$ | $+$ | $0$ | $-$ | $-$ | $-$ | $-$ |
| $f''$ | $-$ | $-$ | $-$ | $-$ | $0$ | $+$ | $+$ |
| $f$ | $-\infty$ | ↗ | $\dfrac{1}{e}$ | ↘ | $\dfrac{3}{2}e^{-\frac{3}{2}}$ | ↘ | $0$ |

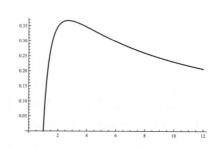

## [演習]

**演習 3.1** (1) $f(x) = \cos x$ とし，区間 $[\alpha, \beta]$ で平均値の定理を使う．　　(2) $f(x) = x \log x$ とし，区間 $[a, b]$ で平均値の定理を使う．　　(3) $f(x) = \log(\log x)$ とし，区間 $[p, q]$ で平均値の定理を使う．　　(4) $f(x) = x^n$ とし，区間 $[q, p]$ で平均値の定理を使う．　　(5) $f(x) = \sqrt{1+x}$ とし，区間 $[15, x]$ で平均値の定理を使う．

**演習 3.2** 区間 $[x, x+1]$ において平均値の定理を利用する．

**演習 3.3** (1) $4$　　(2) $1$　　(3) $2$　　(4) $1$ (ヒント) $\lim\limits_{x \to \infty} \log\left(\dfrac{\pi}{2} - \tan^{-1} x\right) = -\infty$，$\lim\limits_{x \to \infty} x = \infty$ より $\infty/\infty$ 形のロピタルの定理を使い，$\lim\limits_{x \to \infty} \dfrac{1}{1+x^2} = \lim\limits_{x \to \infty}\left(\dfrac{\pi}{2} - \tan^{-1} x\right) = 0$ より，$0/0$ 形のロピタルの定理を使う．　　(5) $\sqrt{6}$　　(6) $\dfrac{9}{2}$　　(7) $e^8$　　(8) $e^2$　　(9) $\log 2$　　(10) $e$　　(11) $0$　　(12) $0$

第 3 章　略解とヒント　79

**演習 3.4** $\displaystyle\lim_{x\to\infty}\frac{3x+\cos x}{2x+\cos x}=\lim_{x\to\infty}\frac{3+\frac{\cos x}{x}}{2+\frac{\cos x}{x}}=\frac{3}{2}$

**演習 3.5** (1) $\dfrac{1}{3}-\dfrac{2}{9}x+\dfrac{4}{27}x^2-\dfrac{8}{81}x^3+\cdots$ 　　(2) $1-x+\dfrac{3}{2}x^2-\dfrac{5}{2}x^3+\cdots$ 　　(3) $\log 3+\dfrac{2}{3}x-\dfrac{2}{9}x^2+\dfrac{8}{81}x^3+\cdots$

**演習 3.6** (1) $1-\dfrac{2}{3}(x-2)+\dfrac{4}{9}(x-2)^2-\dfrac{8}{27}(x-2)^3\cdots$ 　　(2) $\log 3+\dfrac{2}{3}(x-1)-\dfrac{2}{9}(x-1)^2+\dfrac{8}{81}(x-1)^3+\cdots$

(3) $-\dfrac{2}{e^2}-\dfrac{1}{e^2}(x+2)+\dfrac{1}{6e^2}(x+2)^3+\cdots$

**演習 3.7** (1) $f(x)=\log(1+x)^2-(2x-x^2),\ g(x)=2x-\log(1+x)^2$ とおき，$f'(x)>0,\ g'(x)>0$ を示す．

(2) $f(x)=\sin x-\left(x-\dfrac{x^2}{2}\right)$ とおき，$f''(x)\geqq 0$ を示す．次にこの結果を使って，$f'(x)>0$ を示す．

(3) $f(x)=\sqrt{1+x}-\left(1+\dfrac{1}{2}x-\dfrac{1}{8}x^2\right)$ とおき，$f''(x)>0$ を示す．次にこの結果を使って，$f'(x)>0$ を示す．

**演習 3.8** $x=0$ で極大値 $f(0)=3\sqrt[3]{4}.\ x=2$ で極小値 $f(2)=0$.

| $x$ | $\cdots$ | $0$ | $\cdots$ | $2$ | $\cdots$ |
|---|---|---|---|---|---|
| $f'(x)$ | $+$ | $0$ | $-$ |  | $+$ |
| $f(x)$ | $\nearrow$ | $3\sqrt[3]{4}$ | $\searrow$ | $0$ | $\nearrow$ |

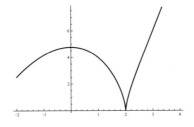

**演習 3.9** (1) 答えは次のとおり．グラフを描く際には $\displaystyle\lim_{x\to\pm\infty}f(x)=\infty$ に注意．

| $x$ | $\cdots$ | $-1$ | $\cdots$ | $0$ | $\cdots$ | $1$ | $\cdots$ |
|---|---|---|---|---|---|---|---|
| $f'(x)$ | $-$ | $-$ | $-$ | $0$ | $+$ | $+$ | $+$ |
| $f''(x)$ | $-$ | $0$ | $+$ | $+$ | $+$ | $0$ | $-$ |
| $f(x)$ | $\searrow$ | $\log 2$ | $\searrow$ | $0$ | $\nearrow$ | $\log 2$ | $\nearrow$ |

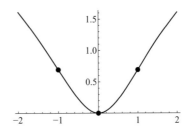

(2) 答えは次のとおり．グラフを描く際には $\displaystyle\lim_{x\to\pm\infty}f(x)=0$ に注意．

| $x$ | $\cdots$ | $-\dfrac{1}{\sqrt{2}}$ | $\cdots$ | $0$ | $\cdots$ | $\dfrac{1}{\sqrt{2}}$ | $\cdots$ |
|---|---|---|---|---|---|---|---|
| $f'(x)$ | $+$ | $+$ | $+$ | $0$ | $-$ | $-$ | $-$ |
| $f''(x)$ | $+$ | $0$ | $-$ | $-$ | $-$ | $0$ | $+$ |
| $f(x)$ | $\nearrow$ | $\dfrac{1}{\sqrt{e}}$ | $\nearrow$ | $1$ | $\searrow$ | $\dfrac{1}{\sqrt{e}}$ | $\searrow$ |

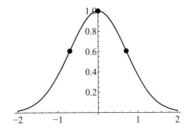

**演習 3.10** $n=2$ として，$f(a+h)$ と $f(a-h)$ にテイラーの定理を適用する．

**演習 3.11** $n=3$ として，$f(a+h)$ と $f(a-h)$ にテイラーの定理を適用する．

**演習 3.12** まず，区間 $[a,a+\theta h]$ において $f'(x)$ に平均値の定理を適用し，$f'(a+\theta h)=f'(a)+\theta g_1(h)$ の形で表す．次に，$n=2$ として $f(x)$ にテイラーの定理を適用し，$f(a+h)=f(a)+g_2(h)$ の形で表す．最後に，これらの操作で得られた $f'(a+\theta h)$ と $f(a+h)$ を与式に代入し，$\theta=g_3(h)$ の形の式を導いて極限

操作を行う．

**演習 3.13** $f''(x)$ に平均値の定理を区間 $[a, a+\theta h]$ で適用し，$f(x)$ に $n=3$ としてテイラーの定理を適用する．

**演習 3.14** $f(x) = (1+x)^\alpha$ のとき，コーシーの剰余項は，$R_n = \alpha \cdot \dfrac{\alpha-1}{1} \cdot \dfrac{\alpha-2}{2} \cdots \dfrac{\alpha-(n-1)}{n-1}(1+\theta x)^{\alpha-1} \left(\dfrac{1-\theta}{1+\theta x}\right)^{n-1} x^n$．ここで，$g(x) = (1+|x|)^{\alpha-1} + (1-|x|)^{\alpha-1}$ とおけば，常に，$(1+\theta x)^{\alpha-1} < g(x)$ が成り立ち，かつ $g(x)$ は有界である．そして，$|x| < 1$ となる実数 $x$ に対して，$\left|\left(1 + \dfrac{|\alpha|}{m}\right)x\right| < 1$ となる自然数 $m$ をとると，$|R_n| \to 0 \quad (n \to \infty)$．

**演習 3.15** $f(x) = \dfrac{x^p}{p} + \dfrac{b^q}{q} - bx$ とおいて増減表を書く．

# 第 4 章　積分法

### [ねらい]

　これまで学んだように，微分は瞬間的な変化率で，いわば局所的な概念である．第 3 章では微分という局所的な概念をもとに，関数の大域的な情報を得る方法について学んだ．一方，積分は距離や面積など全体的な量を把握するためのもので，いわば大域的な概念である．この微分と積分という 2 つの概念が「微分積分学の基本定理」を介して結びつくことにより，局所的な情報から大域的な情報が得られる．

　微分の計算に比べると積分計算は難しく，目先の計算で精一杯かもしれないが，微分積分学の大きな目標が「局所的なものと大域的なものを結びつける」であることを意識しながら積分を学ぼう．

### [この章の項目]

　定積分，不定積分，微分積分学の基本定理，置換積分，部分積分，有理関数の積分，三角関数の積分，無理関数の積分，指数関数の積分

## 4.1　定積分

　関数 $y = f(x)$ が有界閉区間 $[a, b]$ で定義されているとする．このとき，区間 $[a, b]$ を

$$\Delta : a = x_0 < x_1 < x_2 < \cdots < x_{n-1} < x_n = b$$

となる $n+1$ 個の点 $x_0, x_1, \ldots, x_{n-1}, x_n$ をとって小区間 $[x_{i-1}, x_i]$ ($i = 1, 2, \ldots, n$) に分割する．そして，この分割を $\Delta$ と表し，$|\Delta| = \max\limits_{1 \leqq i \leqq n}(x_i - x_{i-1})$ とする．なお，各区間の長さは異なっていてもよいとする．

> **定義 4.1（リーマン和）**
> 小区間 $[x_{i-1}, x_i]$ から1つずつ点 $\xi_i$ を任意に選び,
> $$S(\Delta) = \sum_{i=1}^{n} f(\xi_i)(x_i - x_{i-1}) \tag{4.1}$$
> とする. $S(\Delta)$ を $f(x)$ の分割 $\Delta$ に関する リーマン和 (Riemann sum) という. ただし, $\Delta : a = x_0 < x_1 < \cdots < x_{n-1} < x_n = b$ である.

【注意】$\max_{1 \leqq i \leqq n}(x_i - x_{i-1})$ は, 小区間の長さ $x_1 - x_0, x_2 - x_1, \ldots, x_n - x_{n-1}$ のうちの最大を表す.

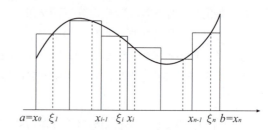

図 4.1　リーマン和

> **定義 4.2（リーマン積分可能）**
> $|\Delta| = \max_{1 \leqq i \leqq n}(x_i - x_{i-1})$ に対し, $|\Delta| \to 0$ となるように区間 $[a,b]$ の分割を細かくしていくとき, 分割の仕方および $\xi_i$ の選び方によらずリーマン和 (4.1) が一定値 $A$ に収束するならば, $f(x)$ は区間 $[a,b]$ で **積分可能 (integrable)** という.

▶【アクティブ・ラーニング】
積分不可能な関数としてはどのようなものがあるでしょうか？積分不可能な例を作り, 他の人に説明しよう. お互いに例を共有し, 最も面白いと思う例を選ぼう. また, 選んだ理由も明確にしよう.

小区間 $[x_{i-1}, x_i]$ における $f(x)$ の最大値を $M_i$, 最小値を $L_i$ とし,
$$S_{\Delta,\min} = \sum_{i=1}^{n} L_i(x_i - x_{i-1}), \quad S_{\Delta,\max} = \sum_{i=1}^{n} M_i(x_i - x_{i-1})$$
とすると
$$S_{\Delta,\min} \leqq S(\Delta) \leqq S_{\Delta,\max}$$
である. よって, $\lim_{|\Delta| \to 0} S_{\Delta,\min} = A$ かつ $\lim_{|\Delta| \to 0} S_{\Delta,\max} = A$ となれば $\lim_{|\Delta| \to 0} S(\Delta) = A$ となる. したがって, $\lim_{|\Delta| \to 0} S_{\Delta,\min} = \lim_{|\Delta| \to 0} S_{\Delta,\max}$ が成り立つとき, $f(x)$ は積分可能である.

**定義 4.3（定積分）**
極限値 $A$ を $y = f(x)$ の区間 $[a,b]$ における**定積分(definite integral)**，または **$a$ から $b$ までの積分 (definite integral of $f(x)$ from $a$ to $b$)** といい，次のように表す．

$$\int_a^b f(x)dx \tag{4.2}$$

また，$f(x)$ を**被積分関数(integrand)** と呼び，$b \leqq a$ のときは次のように定義する．

$$\int_a^b f(x)dx = \begin{cases} -\int_b^a f(x)dx & (b < a) \\ 0 & (a = b) \end{cases} \tag{4.3}$$

▶【注意】 定義から分かるように，定積分 $\int_a^b f(x)dx$ は $a$ と $b$ で定まる 1 つの数値であり，この値はそこに現れる文字 $x$ には依存しない．よって，次のように $x$ を他の文字に置き換えてもよい．

$$\int_a^b f(x)dx = \int_a^b f(t)dt$$
$$= \int_a^b f(u)du$$

▶[定積分の由来]
$\int_a^b f(x)dx$ は，積分する区間が $[a,b]$ と明確に定まっているので，「定」積分という．

▶[積分区間の上端・下端]
定積分を行う区間 $[a,b]$ を**積分区間(interval of integration)** といい，$a$ を**下端(lower end point)**，$b$ を**上端(upper end point)** という．

**例題 4.1（定義に基づく定積分の計算）**
定数 $k$ に対して，$\int_a^b k\,dx = k(b-a)$ を示せ．

（解答）
$a < b$ のみを示せば十分である．$[a,b]$ の任意の分割 $\Delta : a = x_0 < x_1 < x_2 < \cdots < x_n = b$ に対して，$S(\Delta) = \sum_{n=1}^{n} k(x_i - x_{i-1}) = k(b-a)$ なので，次を得る．

$$\int_a^b k\,dx = \lim_{|\Delta| \to 0} S(\Delta) = \lim_{|\Delta| \to 0} k(b-a) = k(b-a)$$

∎

図 4.1 は連続関数に対するリーマン和の様子を表している．直観的には $y = f(x)$ が連続ならば，分割を細かくしたとき，リーマン和が一定値に近づくと予想される．実際，次の定理が成り立つが，その証明には「一様連続」という概念が必要となるので，ここでは証明を省略する．

**定理 4.1（定積分可能であるための十分条件）**
有界閉区間 $I$ で連続な関数 $f(x)$ は $I$ において積分可能である．

なお，$f(x)$ は有界閉区間すべてで連続ではなくても，

(1) 閉区間 $[a,b]$ で有界で
(2) $f(x)$ の $[a,b]$ における不連続点が有限個

ならば積分可能である．

実際，$[a,b]$ 内に $f(x)$ が不連続な点 $x = c$ があるとすれば，分割 $\Delta$ に対

▶[積分可能な関数は連続関数とは限らない]
例えば，

$$f(x) = \begin{cases} 1 & (x \geq 0) \\ -1 & (x < 0) \end{cases}$$

は，$x = 0$ で不連続だが，例 4.1 を使って

$$\int_{-2}^{3} f(x)dx$$
$$= \int_{-2}^{0}(-1)dx + \int_{0}^{3} 1\,dx$$
$$= -(0-(-2)) + (3-0)$$
$$= -2 + 3 = -1$$

と計算できる．

【注意】定理 4.1 の主張「有界閉区間で連続な関数は積分可能である」というのは，定積分を具体的に求められる，ということを意味しない．定理 4.1 は，具体的な計算方法は示していない．一般に，定義に基づいて定積分を求めるのは難しく，求められない場合もある．

【注意】定積分の性質などを考えるときは，面積をイメージすると理解しやすい．

して，それを含む小区間 $[x_{i-1}, x_i]$ がただ 1 つ存在する．このとき，$f(x)$ の有界性より区間内の最大値 $M_i$ と最小値 $L_i$ が存在し，$[x_{i-1}, x_i]$ におけるリーマン和を $S(\Delta_i)$ とすれば，

$$L(x_i - x_{i-1}) \leqq S(\Delta_i) \leqq M(x_i - x_{i-1})$$

である．ここで，$|\Delta| \to 0$ とすれば $x_i - x_{i-1} \to 0$ なので，$S(\Delta_i) \to 0$ となり，結果として不連続点はリーマン和の極限の値には影響しない．不連続点が有限個であれば，同様に議論ができる．

さて，リーマン和から推測できるかもしれないが，もともと定積分は面積を求めるために考えられた．実際，関数 $f(x)$ を閉区間 $[a,b]$ において連続かつ $f(x) \geqq 0$ とし，$y = f(x)$ と $x = a, x = b$ および $x$ 軸で囲まれる図形の面積(area) を $S$ としよう．このとき，リーマン和

$$S(\Delta) = \sum_{i=1}^{n} f(\xi_i)(x_i - x_{i-1})$$

は面積 $S$ の近似値であり，$|\Delta| \to 0$ とすると $|S(\Delta) - S| \to 0$ となる．そこで，面積 $S$ を次のように定義しよう．

---

**定義 4.4（定積分と面積）**

関数 $f(x)$ が閉区間 $[a,b]$ において連続で，$f(x) \geqq 0$ であるとする．このとき，$y = f(x)$ と $x = a, x = b$ および $x$ 軸で囲まれる図形の面積 $S$ を次式で定義する．

$$S = \int_a^b f(x)dx$$

---

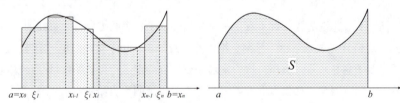

リーマン和 $S(\Delta) = \sum_{i=1}^{n} f(\xi_i)(x_i - x_{i-1})$     面積 $S = \int_a^b f(x)dx$

---

**定理 4.2（定積分の基本性質）**

関数 $f(x)$ が閉区間 $[a,b]$ で連続だとすると，次が成り立つ．

(1) $\displaystyle\int_a^b \{f(x) \pm g(x)\}dx = \int_a^b f(x)dx \pm \int_a^b g(x)dx$

(2) $\displaystyle\int_a^b kf(x)dx = k\int_a^b f(x)dx$　（$k$ は定数）

(3) $\displaystyle\int_a^b f(x)dx = \int_a^c f(x)dx + \int_c^b f(x)dx$

(4) 閉区間 $[a,b]$ で $f(x) \geqq g(x)$ ならば, $\displaystyle\int_a^b f(x)dx \geqq \int_a^b g(x)dx$

(5) $\left|\displaystyle\int_a^b f(x)dx\right| \leqq \int_a^b |f(x)|dx \quad (a<b)$

(証明)
和 ($\sum$) と極限 (lim) の性質より, (1)〜(3) が成り立つことは容易に分かるので, (1) を示せば, (2) と (3) の証明は不要であろう. そこで, (2) と (3) 以外を証明しよう.
(1) $[a,b]$ の任意の分割を $\Delta : a = x_0 < x_1 < x_2 < \ldots < x_n = b$ とし, 任意に $\xi_i \in [x_{i-1}, x_i]$ をとると分割 $\Delta$ に関する $f(x)+g(x)$ のリーマン和 $S(\Delta)$ は

$$S(\Delta) = \sum_{i=1}^n (f(\xi_i)+g(\xi_i))(x_i-x_{i-1}) = \sum_{i=1}^n f(\xi_i)(x_i-x_{i-1}) + \sum_{i=1}^n g(\xi_i)(x_i-x_{i-1})$$

となる. これより $|\Delta| = \max_{1 \leqq i \leqq n}(x_i - x_{i-1})$ とすると

$$\lim_{|\Delta|\to 0}\sum_{i=1}^n (f(\xi_i)+g(\xi_i))(x_i-x_{i-1}) = \lim_{|\Delta|\to 0}\sum_{i=1}^n f(\xi_i)(x_i-x_{i-1}) + \lim_{|\Delta|\to 0}\sum_{i=1}^n g(\xi_i)(x_i-x_{i-1})$$

が成立するが, これはリーマン積分の定義より

$$\int_a^b \{f(x)+g(x)\}dx = \int_a^b f(x)dx + \int_a^b g(x)dx$$

を意味する.
(4) $f(x) \geqq 0$ のとき, $\displaystyle\int_a^b f(x)dx \geqq 0$ が成り立つことを示せば十分である. 実際, これを示せば,

$$f(x)-g(x) \geqq 0 \quad \text{のとき} \quad \int_a^b (f(x)-g(x))dx \geqq 0$$

がいえるので, (1) より, (4) の証明できたことになる.
$[a,b]$ の任意の分割を $\Delta : a = x_0 < x_1 < \cdots < x_n = b$ とし, 任意に $\xi_i \in [x_{i-1}, x_i]$ をとると $\displaystyle\sum_{i=1}^n f(\xi_i)(x_i - x_{i-1}) \geqq 0$ である. ゆえに, この両辺の極限をとれば,

$$\int_a^b f(x)dx = \lim_{|\Delta|\to 0}\sum_{i=1}^n f(\xi_i)(x_i - x_{i-1}) \geqq 0$$

がいえる.
(5) $-|f(x)| \leqq f(x) \leqq |f(x)|$ を積分すると

$$-\int_a^b |f(x)|dx \leqq \int_a^b f(x)dx \leqq \int_a^b |f(x)|dx$$

なので $\left|\displaystyle\int_a^b f(x)dx\right| \leqq \int_a^b |f(x)|dx$ を得る. ∎

**定理 4.3 (積分の平均値の定理)**
$f(x), g(x)$ が閉区間 $[a,b]$ で連続, $g(x) \geqq 0$ ならば,

$$\int_a^b f(x)g(x)dx = f(c)\int_a^b g(x)dx \quad (a<c<b) \tag{4.4}$$

▶ [式 (4.5) の意味]

$y = f(x)$ が $[a,b]$ において連続で $f(x) \geqq 0$ とすれば，定積分 $\int_a^b f(x)dx$ は $y = 0$, $y = f(x)$, $x = a$, $x = b$ で囲まれた部分の面積を表す．(4.5) は，その面積が適当な $c \in (a,b)$ をとれば底辺が $b - a$, 高さ $f(c)$ の長方形の面積に等しいことを意味する．

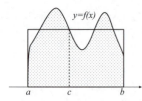

【注意】$\max_{x \in [a,b]} |f(a)|$ と $\min_{x \in [a,b]} |f(x)|$ は，それぞれ $a \leqq x \leqq b$ における $|f(x)|$ の最大値と最小値を表す．

▶【アクティブ・ラーニング】
定理 4.3 がなぜ積分の「平均値の定理」と呼ばれるのか，みんなで調べたり，考えたりしてみよう．

【注意】例題 4.2 の解答では，高校数学 II, III で学ぶ微分積分学の基本定理 (定理 4.8) を使って $\int_a^b (b-x)^{n-1} dx$
$= -\dfrac{1}{n}[(b-x)^n]_a^b$
$= -\dfrac{1}{n}\{(b-b)^n - (b-a)^n\}$
$= \dfrac{1}{n}(b-a)^n$ と計算している．分からない人は，いったん読み飛ばし，4.3 節を読んでから見直してください．

▶ [テイラーの定理の剰余項の積分表示]
例題 4.2 は，テイラーの定理 (定理 3.6) の剰余項 $R_n$ が
$\dfrac{1}{(n-1)!} \int_a^b (b-x)^{n-1} f^{(n)}(x) dx$
と表せることを示している．

となる $c$ が存在する．特に，$g(x) = 1$ のときは，
$$\int_a^b f(x)dx = f(c)(b-a) \tag{4.5}$$

(証明) $g(x) = 0$ のとき，(4.4) は明らかに成り立つ．そこで，$g(x) > 0$ として証明する．$M = \max_{x \in [a,b]} |f(x)|$, $L = \min_{x \in [a,b]} |f(x)|$ とすると，
$$L \leqq f(x) \leqq M \tag{4.6}$$
である．これに $g(x)$ を掛けて積分すれば，
$$L \int_a^b g(x)dx \leqq \int_a^b f(x)g(x)dx \leqq M \int_a^b g(x)dx$$
である．ここで，仮定より $\int_a^b g(x)dx > 0$ なので
$$L \leqq \frac{\int_a^b f(x)g(x)dx}{\int_a^b g(x)dx} \leqq M \tag{4.7}$$
である．もし，どちらかの等号が成り立てば，(4.6) より $f(x) = L$ または $f(x) = M$ となるので，このとき $f(x)$ は定数となる．よって，このとき (4.4) は任意の $c \in [a,b]$ に対して成り立つ．
一方，(4.7) において，いずれの等号も成り立たない場合は $L \neq M$ なので，$f(x)$ に関する中間値の定理より，
$$f(c) = \frac{\int_a^b f(x)g(x)dx}{\int_a^b g(x)dx}$$
を満たす $c \in (a,b)$ が存在する． ∎

**例題 4.2**（積分の平均値の定理の例）
$f(x)$ は $a, b\,(a \neq b)$ を含むある区間 $I$ で $n$ 回微分可能とするとき，
$$\frac{1}{(n-1)!} \int_a^b (b-x)^{n-1} f^{(n)}(x)dx = \frac{f^{(n)}(c)}{n!}(b-a)^n \quad (a < x < b)$$
を満たす $c \in (a,b)$ が存在することを示せ．

(解答) $(b-x)^{n-1} > 0$ に注意すれば，積分の平均値の定理より
$$\int_a^b (b-x)^{n-1} f^{(n)}(x)dx = f^{(n)}(c) \int_a^b (b-x)^{n-1} dx = f^{(n)}(c) \frac{-1}{n}\left[(b-x)^n\right]_a^b$$
$$= \frac{1}{n} f^{(n)}(c)(b-a)^n$$
を満たす $c \in (a,b)$ が存在する．よって，
$$\frac{1}{(n-1)!} \int_a^b (b-x)^{n-1} f^{(n)}(x)dx = \frac{1}{n!} f^{(n)}(c)(b-a)^n.$$
∎

[問] 4.1 $f(x)$, $\phi(x)$ は $[a,b]$ で連続かつ $\phi(x) > 0$ とする．このとき，$\int_a^b f(x)\phi(x)dx = 0$ が成り立つならば，$(a,b)$ において，$f(c) = 0$ となる点 $c \in (a,b)$

が存在することを示せ.

## 4.2 定積分と不定積分

実際にやってみれば分かるが，定積分を定義に基づいて求めるのは大変である．しかし，不定積分と呼ばれるものが分かっている場合には，簡単に定積分の値を求められる．それを保証するのが微分積分学の基本定理(fundamental theorem of calculus) であるが，それを説明する前に，不定積分を定義しよう．

> **定義 4.5（不定積分）**
> $f(x)$ をある区間 $I$ で定義された積分可能な関数とする．区間内の 1 点 $a \in I$ を積分の下端として固定し，上端 $x$ を変数として
> $$F(x) = \int_a^x f(t)dt, \qquad x \in I \tag{4.8}$$
> とおけば，$F(x)$ は $I$ で定義された関数になる．この $F(x)$ を $f(x)$ の不定積分(indefinite integral) という．

▶ [不定積分の由来]
$\int_a^x f(t)dt$ の上端が変数 $x$ になっており，積分区間が定まっていないので，「不定」積分と呼ばれる．

また，微分の逆演算に相当するものとして，原始関数を導入しておこう．

> **定義 4.6（原始関数）**
> 与えられた関数 $f(x)$ に対して，微分すると $f(x)$ になるような関数，つまり，
> $$F'(x) = f(x) \tag{4.9}$$
> を満たす $F(x)$ を $f(x)$ の原始関数(antiderivative または primitive function) という．

例えば，$(\sin x)' = \cos x$ なので，$F(x) = \sin x$ は $f(x) = \cos x$ の原始関数である．また，$C$ を任意の定数とすると $(\sin x + C)' = \cos x$ なので，$G(x) = \sin x + C$ も $f(x) = \cos x$ の原始関数である．このように，1 つの原始関数 $F(x)$ が求まると，他の原始関数はすべて

$$G(x) = F(x) + C \qquad (C \text{ は任意定数}) \tag{4.10}$$

で与えられる．実際，$G'(x) = F'(x) = f(x)$ であることに注意しよう．

以上を踏まえて，微分積分学の基本定理を示そう．

▶ [不定積分 ≠ 原始関数の例]
例えば，
$$f(x) = \begin{cases} 1 & (x \geq 0) \\ -1 & (x < 0) \end{cases}$$
のとき，例題 4.1 を使って計算すれば，
$$F(x) = \int_0^x f(t)dt$$
$$= \begin{cases} \int_0^x 1 dt & (t \geq 0) \\ \int_0^x (-1)dt & (t < 0) \end{cases}$$
$$= \begin{cases} x & (x \geq 0) \\ -x & (x < 0) \end{cases} = |x|$$
となるが，$F(x) = |x|$ は $x = 0$ で微分可能でないので，不定積分 $F(x)$ は $f(x)$ の原始関数ではない．このように関数が不連続な場合は，不定積分と原始関数は一致しない．

【注意】微分積分学の基本定理の証明において積分の平均値の定理が重要な役割を果たしている．

> **定理 4.4（第 1 微分積分学の基本定理(first fundamental theorem of calculus)）**
> 関数 $f(x)$ は区間 $I$ で連続で，$F(x) = \int_a^x f(t)dt \ (x \in I)$ とする．

▶ [第1微分積分学の基本定理の意味]
原始関数を求めることが微分の逆演算である，といえるが，第1微分積分学の基本定理は「不定積分が微分の逆演算を与えている」と主張している．

このとき，$F(x)$ は閉区間 $[a,b]$ で微分可能で，$F'(x) = f(x)$ となる．つまり，不定積分 $F(x)$ は，$f(x)$ の原始関数である．

(証明)
$x, x+h \in I (h \neq 0)$ に対して，定理 4.2 より，

$$\frac{1}{h}(F(x+h) - F(x)) = \frac{1}{h}\left(\int_a^{x+h} f(t)dt - \int_a^x f(t)dt\right) = \frac{1}{h}\int_x^{x+h} f(t)dt$$

である．ここで，積分の平均値の定理より

$$\int_x^{x+h} f(t)dt = f(c)(x+h-x) = hf(c)$$

を満たす $c$ が存在する．ここで，$c = x + \theta h \ (0 < \theta < 1)$ と表すと，

$$\frac{1}{h}(F(x+h) - F(x)) = \frac{1}{h}\int_x^{x+h} f(t)dt = \frac{1}{h}hf(x+\theta h) = f(x+\theta h)$$

なので，

$$\lim_{h \to 0} \frac{F(x+h) - F(x)}{h} = \lim_{h \to 0} f(x + \theta h) = f(x)$$

である．ここで，$F'(x) = \lim_{h \to 0} \frac{F(x+h) - F(x)}{h}$ に注意すれば，$F(x)$ は $x$ で微分可能で $F'(x) = f(x)$ となることが分かる．

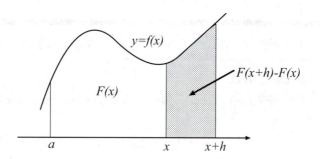

■

定理 4.4 は，$f(x)$ が連続関数ならば，不定積分 $F(x)$ は $f(x)$ の原始関数であることを示しており，これと (4.10) より次の定理が成り立つ．

**定理 4.5 (原始関数と不定積分の関係)**
$f(x)$ を区間 $I$ で連続な関数とし，$a \in I$ とするとき，$f(x)$ の任意の原始関数 $F(x)$ は次のように表せる．

$$F(x) = \int_a^x f(x)dx + C, \quad C は任意の定数 \tag{4.11}$$

▶【アクティブ・ラーニング】
定積分，不定積分，原始関数についてお互いに説明してみよう．共通点や相違点は何ですか？

また，定理 4.4 より，次が成り立つことも分かる．

## 定理 4.6（積分表示された関数の微分）

微分可能な関数 $\varphi(x), \psi(x)$ は，その値域が $[a,b]$ に含まれるとする．このとき，$[a,b]$ 上の連続な関数 $f(t)$ に対して，$g(x) = \int_{\psi(x)}^{\varphi(x)} f(t)dt$ は $x$ の微分可能な関数であって，次が成り立つ．

$$g'(x) = \varphi'(x)f(\varphi(x)) - \psi'(x)f(\psi(x)) \tag{4.12}$$

（証明）
$F(s) = \int_a^s f(t)dt$ とおくと，

$$g(x) = \int_a^{\varphi(x)} f(t)dt - \int_a^{\psi(x)} f(t)dt = F(\varphi(x)) - F(\psi(x))$$

である．ここで，第 1 微分積分学の基本定理（定理 4.4）より，

$$F'(\varphi(x)) = f(\varphi(x)), \quad F'(\psi(x)) = f(\psi(x))$$

が成り立つことに注意すれば，次式を得る．

$$\frac{d}{dx}g(x) = F'(\varphi(x))\varphi'(x) - F'(\psi(x))\psi'(x) = \varphi'(x)f(\varphi(x)) - \psi'(x)f(\psi(x)).$$

∎

## 例題 4.3（第 1 微分積分学の基本定理に基づく例）

次の問に答えよ．

(1) $\displaystyle \lim_{x \to 2} \frac{1}{x^2 - 4} \int_2^x \sqrt{t^2 + 4}\, dt$ を求めよ．

(2) $\displaystyle F(x) = \int_a^x (x+t)f(t)dt$ とするとき，$F''(x)$ を $f(x)$ と $f'(x)$ で表せ．

(3) $\displaystyle \frac{d}{dx}\left(\int_{-2x}^{3x} t^2 e^t dt\right)$ を求めよ．

▶【アクティブ・ラーニング】
例題 4.3 はすべて確実に解けるようになりましたか？解けていない問題があれば，それがどうすればできるようになりますか？何に気をつければいいですか？また，読者全員ができるようになるにはどうすればいいでしょうか？それを紙に書き出しましょう．そして，書き出した紙を周りの人と見せ合って，それをまとめてグループごとに発表しましょう．

（解答）

(1) 定理 4.4 より，$F(x) = \int_2^x \sqrt{t^2 + 4}\, dt$ は $f(x) = \sqrt{x^2 + 4}$ の原始関数なので，

$$\lim_{x \to 2} \frac{1}{x^2 - 4} \int_2^x \sqrt{t^2 + 4}\, dt = \lim_{x \to 2} \frac{1}{x + 2} \frac{F(x) - F(2)}{x - 2} = \lim_{x \to 2} \frac{1}{x + 2} F'(2)$$

$$= \frac{1}{4} f(2) = \frac{2\sqrt{2}}{4} = \frac{\sqrt{2}}{2}$$

(2) $\displaystyle F(x) = \int_a^x (x+t)f(t)dt = x\int_a^x f(t)dt + \int_a^x tf(t)dt$ より，

$$F'(x) = \int_a^x f(t)dt + xf(x) + xf(x) = \int_a^x f(t)dt + 2xf(x)$$

$$F''(x) = f(x) + 2(f(x) + xf'(x)) = 3f(x) + 2xf'(x)$$

(3) 定理 4.6 より，

$$\frac{d}{dx}\left(\int_{-2x}^{3x} t^2 e^t dt\right) = (3x)'(3x)^2 e^{3x} - (-2x)'(-2x)^2 e^{-2x}$$
$$= 3\cdot 9x^2 e^{3x} + 2\cdot 4x^2 e^{-2x} = x^2 e^{-2x}(27e^{5x} + 8)$$

[問] 4.2　次の極限値を求めよ．
(1) $\displaystyle\lim_{x\to 0}\frac{1}{x}\int_0^x \sqrt{1+\cos t}\,dt$　　(2) $\displaystyle\lim_{x\to 0}\frac{1}{x}\int_0^x \sqrt{1+\sin t}\,dt$

[問] 4.3　$\displaystyle\int_0^x (x-t)f(t)dt = \sin x$ を満たす関数 $f(x)$ を求めよ．

[問] 4.4　次の関数を微分せよ．
(1) $\displaystyle\int_{-x^3}^{x^3} \sqrt{t^4+1}\,dt$　　(2) $\displaystyle\int_x^{2x+1} t^4 e^{2t} dt$　　(3) $\displaystyle\int_{-2x}^{2x} \frac{\cos t}{1+e^t}dt$

　$f(x)$ が連続関数の場合，不定積分 $F(x) = \displaystyle\int_a^x f(t)dt$ は原始関数と一致するので，$F'(x) = f(x)$ を満たす．この式には，下端 $a$ に依存する値は登場しないので，$a$ を省略して，不定積分 $\displaystyle\int_a^x f(t)dt$ を $\displaystyle\int^x f(t)dt$ と書くことがある．また，上端の $x$ も混乱のない限り省略し，$t$ を $x$ として表記，つまり，不定積分を $\displaystyle\int_a^x f(t)dt$ を $\displaystyle\int f(x)dx$ と表すのが一般的である．そこで，$f(x)$ が連続関数の場合は，不定積分を次のように定義する．

【注意】(4.11) をそのまま使えば，不定積分 (4.13) を
$$\int f(x)dx = F(x) - C$$
と定義したくなるが，$C$ は任意定数なので，$+C$ でも $-C$ でも構わない．符号が正でも負でも構わないときは，符号を正にしておくのが一般的である．

▶[積分定数の扱い]
　不定積分の計算では，特に指示がない限り，積分定数を記載するのが基本的なルールである．

▶[「微分する」と「積分する」の関係]
　定義 4.7 のように不定積分を定義すると，「微分する」と「積分する」の間には，下図のような関係にある．

$$f(x) \underset{\text{微分する}}{\overset{\text{積分する}}{\rightleftarrows}} \int f(x)dx$$

---

**定義 4.7（連続関数に対する不定積分）**

連続関数 $f(x)$ の原始関数の一般形 $F(x) + C$ を $\displaystyle\int f(x)dx$，つまり，

$$\int f(x)dx = F(x) + C \qquad (4.13)$$

と表し，これらを $f(x)$ の**不定積分**といい，$f(x)$ を**被積分関数**(integrand) という．また，$x$ を**積分変数**(variable of integration)，$C$ を**積分定数**(integration constant) といい，$f(x)$ の不定積分を求めることを $f(x)$ を**積分する** (integrate) という．

---

定義より，$f(x)$ が微分可能ならば，次式が成り立つ．

$$\int f'(x)dx = f(x) + C \qquad (4.14)$$

また，定理 4.2 の (1) と (2) に相当する次の定理も成り立つ．

---

**定理 4.7（不定積分の基本性質）**

(1) $\displaystyle\int \{f(x) \pm g(x)\}dx = \int f(x)dx \pm \int g(x)dx$

$$(2)\ \int kf(x)dx = k\int f(x)dx \quad (k \text{ は定数})$$

(証明)
(1) 微分の性質と原始関数の定義より，

$$\left(\int f(x)dx \pm \int g(x)dx\right)' = \left(\int f(x)dx\right)' \pm \left(\int g(x)dx\right)' = f(x) \pm g(x)$$

(2) $\left(k\int f(x)dx\right)' = k\left(\int f(x)dx\right)' = kf(x)$ ∎

**例題 4.4（不定積分の例）**
不定積分 $\int 2\sin x \cos x\, dx$ を求めよ．

(解答)
$(\sin^2 x)' = 2\sin x \cos x$ および (4.14) より

$$\int 2\sin x \cos x\, dx = \int (\sin^2 x)'dx = \sin^2 x + C_1$$

である．一方，$(-\cos^2 x)' = 2\cos x \sin x$ より，

$$\int 2\sin x \cos x\, dx = \int (-\cos^2 x)'dx = -\cos^2 x + C_2$$

である．ここで，$C_1, C_2$ は積分定数である． ∎

関数の導関数から，次の公式が得られる．右辺を微分すると左辺の被積分関数になっていることを確認しよう．

―― 基本的な関数の不定積分（累乗関数） ――
$$\int \frac{1}{x}dx = \log|x| + C \tag{4.15}$$
$$\int x^\alpha dx = \frac{1}{\alpha+1}x^{\alpha+1} + C \quad (\alpha \neq -1) \tag{4.16}$$

―― 基本的な関数の不定積分（指数関数） ――
$$\int e^x dx = e^x + C \tag{4.17}$$
$$\int a^x dx = \frac{a^x}{\log a} + C \quad (a >, a \neq 1) \tag{4.18}$$

▶ [不定積分の証明のポイント]
(4.13) より

$$\left(\int f(x)dx\right)' = F'(x)$$

であり，この式は右辺の関数 $F'(x)$ の不定積分 $\int F'(x)dx$ は左辺のカッコ内の $\int f(x)dx$ であることを意味する．したがって，もし，

$$\left(\int f(x)dx \pm \int g(x)dx\right)' = f(x) \pm g(x)$$

が成り立てば，右辺の関数 $f(x) \pm g(x)$ の不定積分 $\int \{f(x) \pm g(x)\}dx$ が左辺のカッコ内 $\int f(x)dx \pm \int g(x)dx$ と一致することを意味する．

▶ [よくある間違い]
例題 4.4 において，積分定数を省略すると，

$$\sin^2 x = \int 2\sin x \cos x\, dx$$
$$= -\cos^2 x$$

となるが，これから $\sin^2 x = -\cos^2 x$ という結論を導いてはいけない．解答例のように積分定数を省略しなければ，

$$\sin^2 x + C_1 = -\cos^2 x + C_2$$

となり，$C_2 - C_1 = 1$ となるように $C_1$ と $C_2$ を定めれば，現にこの等式は成立する．積分定数を省略する場合は，十分に注意しよう．

---
**基本的な関数の不定積分（三角関数）**

$$\int \sin x\, dx = -\cos x + C \tag{4.19}$$

$$\int \cos x\, dx = \sin x + C \tag{4.20}$$

$$\int \tan x\, dx = -\log|\cos x| + C \tag{4.21}$$

$$\int \frac{1}{\tan x}\, dx = \int \cot x\, dx = \log|\sin x| + C \tag{4.22}$$

$$\int \frac{1}{\sin^2 x}\, dx = \int \operatorname{cosec}^2 x\, dx = -\frac{1}{\tan x} + C = -\cot x + C \tag{4.23}$$

$$\int \frac{1}{\cos^2 x}\, dx = \int \sec^2 x\, dx = \tan x + C \tag{4.24}$$

---

**基本的な関数の不定積分（原始関数が逆三角関数）**

$$\int \frac{1}{x^2 + a^2}\, dx = \frac{1}{a}\tan^{-1}\frac{x}{a} + C \quad (a \neq 0) \tag{4.25}$$

$$\int \frac{1}{\sqrt{a^2 - x^2}}\, dx = \sin^{-1}\frac{x}{a} + C \quad (a > 0) \tag{4.26}$$

---

▶ **[公式の証明]**

公式を示すには，右辺の関数 $\frac{1}{a}\tan^{-1}\frac{x}{a}$ を微分したとき，左辺の被積分関数 $\frac{1}{x^2+a^2}$ となることを示せばよい．例えば，(4.25) の場合は，

$$\left(\frac{1}{a}\tan^{-1}\frac{x}{a}\right)'$$
$$= \frac{1}{a} \cdot \frac{1}{1+\left(\frac{x}{a}\right)^2} \cdot \left(\frac{x}{a}\right)'$$
$$= \frac{1}{a^2} \cdot \frac{a^2}{a^2+x^2}$$
$$= \frac{1}{x^2+a^2}$$

として，示すことができる．

▶ **【アクティブ・ラーニング】**

例題 4.5 はすべて確実に解けるようになりましたか？解けていない問題があれば，それがどうすればできるようになりますか？何に気をつければいいですか？また，読者全員ができるようになるにはどうすればいいでしょうか？それを紙に書き出しましょう．そして，書き出した紙を周りの人と見せ合って，それをまとめてグループごとに発表しましょう．

**例題 4.5（簡単な不定積分の計算）**

次の関数を積分せよ．

(1) $x^3 + 3^x$    (2) $\sqrt{x} - 2\sqrt[3]{x}$    (3) $\cos 3x \cos 2x$    (4) $\dfrac{x^2+8}{x^2+3}$

（解答）
$C$ を積分定数とする．

(1) $\displaystyle \int (x^3 + 3^x)\, dx = \frac{1}{4}x^4 + \frac{3^x}{\log 3} + C.$

(2)
$$\int (\sqrt{x} - 2\sqrt[3]{x})\, dx = \frac{1}{1+\frac{1}{2}} x^{\frac{1}{2}+1} - 2 \cdot \frac{1}{1+\frac{1}{3}} x^{\frac{1}{3}+1} + C$$
$$= \frac{2}{3}x^{\frac{3}{2}} - 2 \cdot \frac{3}{4}x^{\frac{4}{3}} + C = \frac{2}{3}\sqrt{x^3} - \frac{3}{2}\sqrt[3]{x^4} + C$$

(3) 三角関数の和と積の公式 $\cos\alpha\cos\beta = \frac{1}{2}\{\cos(\alpha+\beta) + \cos(\alpha-\beta)\}$ より

$\cos 3x \cos 2x = \frac{1}{2}(\cos 5x + \cos x)$ なので，

$$\int \cos 3x \cos 2x\, dx = \frac{1}{2}\int (\cos 5x + \cos x)\, dx = \frac{1}{2}\left(\frac{1}{5}\sin 5x + \sin x\right) + C$$
$$= \frac{1}{10}(\sin 5x + 5\sin x) + C$$

(4)
$$\int \frac{x^2+8}{x^2+3}\, dx = \int \left(\frac{x^2+3}{x^2+3} + \frac{5}{x^2+3}\right) dx = \int \left(1 + \frac{5}{x^2+3}\right) dx$$
$$= x + \frac{5}{\sqrt{3}}\tan^{-1}\frac{x}{\sqrt{3}} + C$$

∎

[問] 4.5 次の関数を積分せよ．

(1) $e^{2x}$ (2) $2^x$ (3) $\dfrac{(x+2)^2}{x^2}$ (4) $\sin 2x$

(5) $\cos 3x$ (6) $\tan 2x$ (7) $\dfrac{1}{\cos^2 2x}$ (8) $\dfrac{1}{\sin^2 3x}$

(9) $\dfrac{1}{x^2+2}$ (10) $\dfrac{1}{\sqrt{4-x^2}}$ (11) $\dfrac{1}{\sqrt{3-4x^2}}$ (12) $\dfrac{x^2+3}{x^2+5}$

## 4.3 定積分の計算

関数 $f(x)$ が連続のときは，次の定理 4.8 に示すとおり，定積分は原始関数を用いて表せることが分かる．したがって，連続関数の定積分は，例題 4.1 のように定義に基づいて計算しなくても，原始関数（の一つ）を用いて計算できる．

> **定理 4.8（第 2 微分積分学の基本定理 (second fundamental theorem of calculus)）**
> 関数 $f(x)$ は閉区間 $[a,b]$ で連続で，$F(x)$ を $f(x)$ の任意の原始関数とすると，$\displaystyle\int_a^b f(x)dx = F(b) - F(a)$ である．この右辺を $\Big[F(x)\Big]_a^b$ と表す．

（証明）定理 4.5 および (4.3) より，

$$F(b) - F(a) = \int_a^b f(x)dx + C - \left(\int_a^a f(x)dx + C\right) = \int_a^b f(x)dx.$$

■

それでは，定理 4.8 と不定積分の公式を使って，いろいろな関数の定積分の値を求めてみよう．

> **例題 4.6（簡単な定積分の計算）**
> 次の定積分の値を求めよ．
> (1) $\displaystyle\int_{-1}^2 (4x^2+3x)dx$ (2) $\displaystyle\int_0^1 \dfrac{1}{\sqrt{2-x^2}}dx$ (3) $\displaystyle\int_1^3 \dfrac{1}{\sqrt{1+8x}}dx$
> (4) $\displaystyle\int_0^2 \dfrac{1}{4+3x^2}dx$ (5) $\displaystyle\int_0^1 e^{3x}dx$ (6) $\displaystyle\int_0^\pi |\sin x + \cos x|dx$

（解答）
(1)
$$\int_{-1}^2 (4x^2+3x)dx = \left[\dfrac{4}{3}x^3 + \dfrac{3}{2}x^2\right]_{-1}^2$$
$$= \left(\dfrac{4}{3}\cdot 2^3 + \dfrac{3}{2}\cdot 2^2\right) - \left(\dfrac{4}{3}\cdot(-1)^3 + \dfrac{3}{2}\cdot(-1)^2\right) = \left(\dfrac{32}{3}+6\right) - \left(-\dfrac{4}{3}+\dfrac{3}{2}\right)$$
$$= 12 + \dfrac{9}{2} = \dfrac{33}{2}$$

【注意】$f(x)$ が連続関数のときは，原始関数と不定積分が一致するので，「定積分は原始関数を用いて計算できる」を「定積分は不定積分を用いて計算できる」と言ってもよい．

▶[高校数学における定積分の定義]
定理 4.8 は，原始関数が求められれば，定積分が求められることを保証している．なお，高校数学では，定理 4.8 を定積分の定義としている教科書が多い．高校では，定積分において原始関数が求められないような被積分関数を扱わないので，それでもいいのかもしれない．しかし，実際には，定理 4.1 より，有界閉区間で連続な関数は積分可能であり，原始関数が具体的に求められらくても定積分が存在する場合がある．もちろん，定積分が存在すると分かっていても，それを具体的に求められるとは限らない．

▶【アクティブ・ラーニング】
例題 4.6 はすべて確実に解けるようになりましたか？解けていない問題があれば，それがどうすればできるようになりますか？何に気をつければいいですか？また，読者全員ができるようになるにはどうすればいいでしょうか？それを紙に書き出しましょう．そして，書き出した紙を周りの人と見せ合って，それをまとめてグループごとに発表しましょう．

(2) $\int_0^1 \dfrac{1}{\sqrt{2-x^2}}dx = \left[\sin^{-1}\dfrac{x}{\sqrt{2}}\right]_0^1 = \sin^{-1}\dfrac{1}{\sqrt{2}} = \dfrac{\pi}{4}$

(3)
$$\int_1^3 \dfrac{1}{\sqrt{1+8x}}dx = \int_1^3 (1+8x)^{-\frac{1}{2}}dx = 2\cdot\dfrac{1}{8}\left[(1+8x)^{\frac{1}{2}}\right]_1^3$$
$$= \dfrac{1}{4}(\sqrt{25}-\sqrt{9}) = \dfrac{1}{4}(5-3) = \dfrac{1}{2}$$

(4)
$$\int_0^2 \dfrac{1}{4+3x^2}dx = \dfrac{1}{3}\int_0^2 \dfrac{1}{x^2+\frac{4}{3}}dx = \dfrac{1}{3}\left[\dfrac{\sqrt{3}}{2}\tan^{-1}\left(\dfrac{\sqrt{3}x}{2}\right)\right]_0^2$$
$$= \dfrac{\sqrt{3}}{6}\tan^{-1}\sqrt{3} = \dfrac{\sqrt{3}}{6}\cdot\dfrac{\pi}{3} = \dfrac{\sqrt{3}}{18}\pi$$

(5) $\int_0^1 e^{3x}dx = \left[\dfrac{1}{3}e^{3x}\right]_0^1 = \dfrac{1}{3}(e^3-1)$

(6)
$$\int_0^\pi |\sin x + \cos x|dx = \int_0^\pi \sqrt{2}\left|\sin\left(x+\dfrac{\pi}{4}\right)\right|dx$$
$$= \sqrt{2}\left\{\int_0^{\frac{3}{4}\pi} \sin\left(x+\dfrac{\pi}{4}\right)dx - \int_{\frac{3}{4}\pi}^\pi \sin\left(x+\dfrac{\pi}{4}\right)dx\right\}$$
$$= \sqrt{2}\left\{\left[-\cos\left(x+\dfrac{\pi}{4}\right)\right]_0^{\frac{3}{4}\pi} - \left[-\cos\left(x+\dfrac{\pi}{4}\right)\right]_{\frac{3}{4}\pi}^\pi\right\}$$
$$= \sqrt{2}\left\{\left(1+\dfrac{1}{\sqrt{2}}\right) - \left(\dfrac{1}{\sqrt{2}}-1\right)\right\} = 2\sqrt{2}$$ ■

[問] 4.6 次の定積分の値を求めよ.

(1) $\int_{-1}^1 |x^2-2x|dx$ (2) $\int_0^{\frac{\pi}{4}} \sin 2x\, dx$ (3) $\int_{-1}^1 \dfrac{1}{\sqrt{4-2x^2}}dx$

(4) $\int_{-2}^2 \sqrt{5-2x}\,dx$ (5) $\int_0^2 \dfrac{1}{8+6x^2}dx$ (6) $\int_0^{\frac{\pi}{2}} \sin\dfrac{5}{2}x\cos\dfrac{x}{2}dx$

(7) $\int_{-2}^2 |1-e^x|dx$ (8) $\int_1^4 \left(x\sqrt{x}+\dfrac{2}{x}\right)dx$ (9) $\int_0^{\frac{\pi}{4}} \tan^2 x\, dx$

---

**例題4.7（微分積分学の第2基本定理に基づく例）**

次の問に答えよ.

(1) $f(x) = \sin x + 3\int_0^{\frac{\pi}{2}} f(t)\cos t\, dt$ を満たす関数 $f(x)$ を求めよ.

(2) $F(x) = \int_0^x (x-t)\sin^2 t\, dt$ とするとき, $F'(x)$ を求めよ.

---

▶【アクティブ・ラーニング】
例題 4.7 はすべて確実に解けるようになりましたか？解けていない問題があれば，それがどうすればできるようになりますか？何に気をつければいいですか？また，読者全員ができるようになるにはどうすればいいでしょうか？それを紙に書き出しましょう．そして，書き出した紙を周りの人と見せ合って，それをまとめてグループごとに発表しましょう．

（解答）

(1) $a$ を定数とし, $a = \int_0^{\frac{\pi}{2}} f(t)\cos t\, dt$ とおくと, $f(x) = \sin x + 3a$ なので,

$$a = \int_0^{\frac{\pi}{2}} (\sin t + 3a)\cos t\, dt = \int_0^{\frac{\pi}{2}} (\sin t\cos t + 3a\cos t)dt$$
$$= \int_0^{\frac{\pi}{2}} \left(\dfrac{1}{2}\sin 2t + 3a\cos t\right)dt = \left[-\dfrac{1}{4}\cos 2t + 3a\sin t\right]_0^{\frac{\pi}{2}} = 3a + \dfrac{1}{2}$$

となり, $a = -\dfrac{1}{4}$ を得る. ゆえに, $f(x) = \sin x - \dfrac{3}{4}$.

(2) $F(x) = x\int_0^x \sin^2 t\,dt - \int_0^x t\sin^2 t\,dt$ なので，

$$\begin{aligned}F'(x) &= (x)'\int_0^x \sin^2 t\,dt + x\left(\frac{d}{dx}\int_0^x \sin^2 t\,dt\right) - \frac{d}{dx}\int_0^x t\sin^2 t\,dt \\ &= \int_0^x \sin^2 t\,dt + x\sin^2 x - x\sin^2 x = \int_0^x \sin^2 t\,dt = \int_0^x \frac{1-\cos 2t}{2}dt \\ &= \left[\frac{1}{2}t - \frac{\sin 2t}{4}\right]_0^x = \frac{1}{2}x - \frac{1}{4}\sin 2x\end{aligned}$$

∎

[問] 4.7 次の問に答えよ．

(1) $f(x) = e^x - \int_0^1 f(t)dt$ を満たす関数 $f(x)$ を求めよ．

(2) $G(x) = \int_a^x (x-t)f'(t)dt$ を $x$ で微分したとき，$G'(x)$ を $f(x)$ と $f(a)$ で表せ．ただし，$a$ は定数である．

## 4.4 不定積分の置換積分

関数 $f(x)$ の不定積分 $\int f(x)dx$ を求めることは，微分すると $f(x)$ になる関数を求めることなので，関数から導関数 $f'(x)$ を求めるよりも格段に難しくなる．不定積分を求めることができない場合もある．だからといって，最初から計算を諦める訳にもいかないので，様々な積分計算法が開発されている．これらを順に説明していこう．

**定理 4.9** （置換積分(integration by substitution)）
$\varphi(x)$ が微分可能なとき，$t = \varphi(x)$ とおけば次式が成り立つ．

$$\int f(t)dt = \int f(\varphi(x))\varphi'(x)dx \tag{4.27}$$

▶ [不定積分の計算の難しさ]
不定積分の計算の難しさは，例えば，原材料をレシピに通りに調理して料理を作る（関数を微分して導関数を求める）作業よりも，料理から原材料を推測する（導関数からもとの関数を推測する）方が難しいことからも分かるであろう．一般に，結果から原因を推定するのは難しい作業である，というのは意識しておこう．

▶ [置換積分の覚え方]
置換積分では，$\frac{dt}{dx} = \varphi'(x)$ から形式的に

$$dt = \varphi'(x)dx$$

として，$\int f(t)dt$ の $dt$ にこれを代入すればよい．

$$\int f(t)dt = \int f(\varphi(x))\varphi'(x)dx$$

（証明）$\int f(t)dt = F(t) + C$，つまり，$F'(t) = f(t)$ とすると，合成関数の微分公式 (定理 2.5) より，

$$\frac{d}{dx}F(\varphi(x)) = F'(\varphi(x))\varphi'(x) = f(\varphi(x))\varphi'(x)$$

である．よって，次式を得る．

$$\int f(\varphi(x))\varphi'(x)dx = F(\varphi(x)) + C = \int f(t)dt$$

∎

【注意】置換したら必ず $x$ の式に戻すのを忘れないようにしよう．

**例題 4.8** （置換積分を利用した不定積分の計算）
次の不定積分を求めよ．
(1) $\int \cos^2 x \sin x\,dx$   (2) $\int \frac{1}{\sqrt{x}(1+x)}dx$

(解答)
以下，$C$ は積分定数とする．
(1) $t = \cos x$ とすると，$dt = -\sin x \, dx$ なので，
$$\int \cos^2 x \sin x \, dx = -\int \cos^2 x(-\sin x) dx = -\int t^2 dt = -\frac{t^3}{3} + C = -\frac{1}{3}\cos^3 x + C$$

(2) $t = \sqrt{x}$ とすると，$dt = \dfrac{1}{2\sqrt{x}}dx$ なので，$dx = 2\sqrt{x}dt = 2t dt$ である．よって，
$$\int \frac{1}{\sqrt{x}(1+x)} dx = \int \frac{1}{t(1+t^2)} \cdot 2t dt = \int \frac{2}{1+t^2} dt$$
$$= 2\tan^{-1} t + C = 2\tan^{-1}\sqrt{x} + C$$
∎

[問] 4.8 次の不定積分を求めよ．
(1) $\displaystyle\int x^2 \sqrt{x+2}\, dx$  (2) $\displaystyle\int \frac{1}{\sqrt{1-(2x-1)^2}}\, dx$

▶【アクティブ・ラーニング】
例題 4.8, 4.9 はすべて確実に解けるようになりましたか？解けていない問題があれば，それがどうすればできるようになりますか？何に気をつければいいですか？また，読者全員ができるようになるにはどうすればいいでしょうか？それを紙に書き出しましょう．そして，書き出した紙を周りの人と見せ合って，それをまとめてグループごとに発表しましょう．

---

**例題4.9（置換積分を利用した不定積分公式）**
次の等式を証明せよ．ただし，$C$ は積分定数である．
(1) $\displaystyle\int f(x)^\alpha f'(x) dx = \frac{1}{\alpha+1} f(x)^{\alpha+1} + C \quad (\alpha \neq -1)$
(2) $\displaystyle\int \frac{f'(x)}{f(x)} dx = \log|f(x)| + C$
(3) $\displaystyle\int \frac{1}{\sqrt{x^2 + A}} dx = \log|x + \sqrt{x^2+A}| + C \quad (A \neq 0)$
(4) $\displaystyle\int \sqrt{a^2 - x^2}\, dx = \frac{1}{2}\left(a^2 \sin^{-1}\frac{x}{a} + x\sqrt{a^2 - x^2}\right) + C \quad (a > 0)$

---

【注意】例題 4.9(4) の公式は，覚えにくいかもしれない．その場合は，解答に示した (4) は $t = a\sin x$ という置換法を覚えた方がよいだろう．計算する手間はかかってしまうが，公式よりは置換法の方が覚えやすいと思われる．

(解答)
(1) $t = f(x)$ とおけば，$\dfrac{dt}{dx} = f'(x)$ で，
$$\int f(x)^\alpha f'(x) dx = \int t^\alpha \frac{dt}{dx}dx = \int t^\alpha dt = \frac{1}{\alpha+1}t^{\alpha+1} + C = \frac{1}{\alpha+1}f(x)^{\alpha+1} + C$$

(2) $t = f(x)$ とおけば，$\dfrac{dt}{dx} = f'(x)$ で，
$$\int \frac{f'(x)}{f(x)} dx = \int \frac{1}{t}\frac{dt}{dx}dx = \int \frac{1}{t} dt = \log|t| + C = \log|f(x)| + C$$

(3) $f(x) = x + \sqrt{x^2+A}$ とすると，
$$f'(x) = 1 + \frac{1}{2}\cdot\frac{2x}{\sqrt{x^2+A}} = 1 + \frac{x}{\sqrt{x^2+A}} = \frac{\sqrt{x^2+A}+x}{\sqrt{x^2+A}} = \frac{f(x)}{\sqrt{x^2+A}}$$
である．よって，(2) より
$$\log|f(x)| + C = \int \frac{f'(x)}{f(x)} dx = \int \frac{1}{\sqrt{x^2+A}} dx$$

なので，次式を得る．
$$\int \frac{1}{\sqrt{x^2+A}}dx = \log|x+\sqrt{x^2+A}| + C$$

(4) $x = a\sin t \left(0 \leqq t \leqq \frac{\pi}{2}\right)$ とおくと，
$$\int \sqrt{a^2-x^2}dx = \int \sqrt{a^2-a^2\sin^2 t}\frac{dx}{dt}dt = a\int \cos t \cdot a\cos t dt = a^2 \int \cos^2 t dt$$
$$= \frac{a^2}{2}\int (1+\cos 2t)dt = \frac{a^2}{2}\left(t + \frac{1}{2}\sin 2t\right) = \frac{1}{2}\left(a^2\sin^{-1}\frac{x}{a} + x\sqrt{a^2-x^2}\right) + C$$
■

【注意】(4) では，(4.27) で $t$ と $x$ を入れ替えた形
$$\int f(x)dx = \int f(\varphi(t))\frac{dx}{dt}dt$$
の形を使っている．

【注意】$\sin 2t = 2\cos t \sin t = 2\sin t\sqrt{1-\sin^2 t}$, $\cos 2t = \cos^2 t - \sin^2 t = 2\cos^2 t - 1$.

---

**例題 4.10**（例題 4.9 を利用した不定積分の計算）
次の不定積分を求めよ．
(1) $\displaystyle\int 2x\sqrt{x^2+1}dx$ (2) $\displaystyle\int \frac{e^x}{e^x+e^{-x}}dx$
(3) $\displaystyle\int \frac{1}{\sqrt{3x^2+2}}dx$ (4) $\displaystyle\int \frac{x^2}{\sqrt{2-x^2}}dx$

---

▶【アクティブ・ラーニング】
例題 4.10 はすべて確実に解けるようになりましたか？解けていない問題があれば，それがどうすればできるようになりますか？何に気をつければいいですか？また，読者全員ができるようになるにはどうすればいいでしょうか？それを紙に書き出しましょう．そして，書き出した紙を周りの人と見せ合って，それをまとめてグループごとに発表しましょう．

（解答）
以下では，$C$ を積分定数とする．
(1) $f(x) = x^2 + 1$ とすれば，$f'(x) = 2x$ なので，
$$\int 2x\sqrt{x^2+1}dx = \int \{f(x)\}^{\frac{1}{2}}f'(x)dx = \frac{1}{1+\frac{1}{2}}f(x)^{\frac{1}{2}+1} + C = \frac{2}{3}(x^2+1)^{\frac{3}{2}} + C$$

(2) $t = e^x$ とおけば，$dt = e^x dx$ なので，
$$\int \frac{e^x}{e^x+e^{-x}}dx = \int \frac{1}{t+\frac{1}{t}}dt = \int \frac{t}{t^2+1}dt = \frac{1}{2}\int \frac{(t^2+1)'}{t^2+1}dt$$
$$= \frac{1}{2}\log|t^2+1| + C = \frac{1}{2}\log(e^{2x}+1) + C$$

(3) $\displaystyle\int \frac{1}{\sqrt{3x^2+2}}dx = \frac{1}{\sqrt{3}}\int \frac{1}{\sqrt{x^2+\frac{2}{3}}}dx = \frac{1}{\sqrt{3}}\log\left|x+\sqrt{x^2+\frac{2}{3}}\right| + C$

(4) $\displaystyle\int \frac{x^2}{\sqrt{2-x^2}}dx = -\int \frac{2-x^2-2}{\sqrt{2-x^2}}dx = -\int \sqrt{2-x^2}dx + 2\int \frac{1}{\sqrt{2-x^2}}dx$
$= -\frac{1}{2}\left(x\sqrt{2-x^2} + 2\sin^{-1}\frac{x}{\sqrt{2}}\right) + 2\sin^{-1}\frac{x}{\sqrt{2}} = -\frac{1}{2}x\sqrt{2-x^2} + \sin^{-1}\frac{x}{\sqrt{2}} + C.$
■

[問] 4.9 次の不定積分を求めよ．
(1) $\displaystyle\int x^2\sqrt{x^3+2}dx$ (2) $\displaystyle\int \frac{2x+3}{x^2+2x+2}dx$
(3) $\displaystyle\int \frac{1}{\sqrt{x^2+4x+5}}dx$ (4) $\displaystyle\int \sqrt{9-4x^2}dx$

## 4.5 定積分の置換積分

定積分についても置換積分ができることを示そう．

> **定理 4.10（定積分の置換積分）**
> 関数 $t = \varphi(x)$ は閉区間 $[a,b]$ で連続，$f(t)$ は閉区間 $[\alpha, \beta]$（または $[\beta, \alpha]$）で微分可能で，$\varphi'(x)$ は連続とする．このとき，$\alpha = \varphi(a), \beta = \varphi(b)$ ならば，
> $$\int_\alpha^\beta f(t)dt = \int_a^b f(\varphi(x))\varphi'(x)dx$$

【注意】$\varphi'(t)$ は連続でなければならないが，$\varphi(t)$ が単調関数である必要はない．また，$x$ と $t$ の対応が 1 対 1 である必要もない．したがって，例えば，$\int_0^\pi \sin^2 t \cos t\, dt = \left[\frac{1}{3}\sin^3 t\right]_0^\pi = 0$ という計算を，$x = \sin t$ とおいて，$\int_0^\pi \sin^2 t \cos t\, dt = \int_0^0 x^2 dx = 0$ と計算してもよい．積分の範囲が $x : 0 \to 0$ となっていることに違和感を覚えるかもしれないが，$x = \sin t$ という置換により，$t : 0 \to \pi$ に対応して，$x$ は 0 から連続的に動いて 0 へ戻ってきただけで，$0 \leqq t \leqq \pi$ において恒等的に $x = 0$ という意味ではない．

▶【アクティブ・ラーニング】
例題 4.11 はすべて確実に求められるようになりましたか？求められない問題があれば，それがどうすれば求められるようになりますか？何に気をつければいいですか？また，読者全員ができるようになるにはどうすればいいでしょうか？それを紙に書き出しましょう．そして，書き出した紙を周りの人と見せ合って，それをまとめてグループごとに発表しましょう．

（証明）
$F(x)$ を $f(x)$ の原始関数とすると，
$$\frac{d}{dx}F(\varphi(x)) = F'(\varphi(x))\varphi'(x) = f(\varphi(x))\varphi'(x)$$
なので，微分積分学の基本定理（定理 4.8）より
$$\int_a^b f(\varphi(x))\varphi'(x)dx = \Big[F(\varphi(x))\Big]_a^b = F(\varphi(b)) - F(\varphi(a)) = F(\beta) - F(\alpha) = \int_\alpha^\beta f(t)dt$$
■

> **例題 4.11（定積分の置換積分の計算）**
> 次の定積分の値を求めよ．
> (1) $\displaystyle\int_0^1 \frac{2x}{(1+2x)^3}dx$ 　　(2) $\displaystyle\int_0^2 \frac{1}{(x^2+4)^2}dx$

（解答）
(1) $t = 1 + 2x$ とおくと，$2x = t - 1$，$dx = \frac{1}{2}dt$ であり，$x : 0 \to 1$ のとき $t = 1 \to 3$ なので，
$$\int_0^2 \frac{2x}{(1+2x)^3}dx = \int_1^3 \frac{t-1}{t^3} \cdot \frac{1}{2}dt = \int_1^3 \left(\frac{1}{2t^2} - \frac{1}{2t^3}\right)dt$$
$$= \left[\frac{1}{2} \cdot (-1)\frac{1}{t} - \frac{1}{2} \cdot \left(-\frac{1}{2}\right)\frac{1}{t^2}\right]_1^3$$
$$= \left[-\frac{1}{2t} + \frac{1}{4t^2}\right]_1^3 = -\frac{1}{6} + \frac{1}{36} - \left(-\frac{1}{2} + \frac{1}{4}\right)$$
$$= \frac{1}{36}(-6 + 1 + 18 - 9) = \frac{1}{9}$$

(2) $x = 2\tan\theta$ とおくと，$dx = \frac{2}{\cos^2\theta}d\theta$ で，$x : 0 \to 2$ のとき $\theta : 0 \to \frac{\pi}{4}$ なので，
$$\int_0^2 \frac{1}{(x^2+4)^2}dx = \int_0^{\frac{\pi}{4}} \frac{1}{(4\tan^2\theta + 4)^2} \cdot \frac{2}{\cos^2\theta}d\theta = \frac{1}{8}\int_0^{\frac{\pi}{4}} \frac{1}{(1+\tan^2\theta)^2} \cdot \frac{1}{\cos^2\theta}d\theta$$
$$= \frac{1}{8}\int_0^{\frac{\pi}{4}} \cos^4\theta \cdot \frac{1}{\cos^2\theta}d\theta = \frac{1}{8}\int_0^{\frac{\pi}{4}} \cos^2\theta\, d\theta = \frac{1}{16}\int_0^{\frac{\pi}{4}}(1 + \cos 2\theta)d\theta$$
$$= \frac{1}{16}\left[\theta + \frac{1}{2}\sin 2\theta\right]_0^{\frac{\pi}{4}} = \frac{1}{16}\left(\frac{\pi}{4} + \frac{1}{2}\right) = \frac{1}{64}(\pi + 2)$$
■

[問] 4.10　次の定積分の値を求めよ．ただし，$a$ は正の定数とする．

(1) $\displaystyle\int_1^e \frac{\log x}{x}dx$　　(2) $\displaystyle\int_0^{\frac{\pi}{3}} \sin^2 x \cos^3 x\, dx$　　(3) $\displaystyle\int_0^a \frac{1}{(x^2+a^2)^2}dx$

---

**定理 4.11（偶関数・奇関数の定積分）**

$a > 0$ および連続な関数 $f(x)$ に対して，次が成り立つ．

(1) $f(x)$ が偶関数，すなわち，$f(-x) = f(x)$ ならば
$$\int_{-a}^{a} f(x)dx = 2\int_0^a f(x)dx$$

(2) $f(x)$ が奇関数，すなわち，$f(-x) = -f(x)$ ならば
$$\int_{-a}^{a} f(x)dx = 0$$

---

▶ [偶関数の定積分]
　$y$ 軸を中心として左右の面積が同じ．

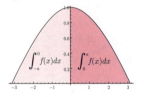

▶ [奇関数の定積分]
　$y$ 軸を中心として，左右の面積は同じだがお互いの符号が異なる．

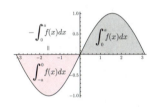

（証明）
まず，
$$\int_{-a}^{a} f(x)dx = \int_{-a}^{0} f(x)dx + \int_0^a f(x)dx$$
に注意する．
(1) $x = -t$ とおいて，$f(t) = f(-t)$ に注意すれば，
$$\int_{-a}^{0} f(x)dx = \int_a^0 f(-t)(-dt) = \int_0^a f(-t)dt = \int_0^a f(t)dt = \int_0^a f(x)dx$$
を得る．よって，
$$\int_{-a}^{a} f(x)dx = 2\int_0^a f(x)dx$$
(2) (1) と同様に考えて，$f(-t) = -f(t)$ に注意すれば，
$$\int_{-a}^{0} f(x)dx = \int_0^a f(-t)dt = -\int_0^a f(t)dt = -\int_0^a f(x)dx$$
を得る．よって，
$$\int_{-a}^{a} f(x)dx = 0$$
∎

---

**例題 4.12（偶関数・奇関数の定積分の計算）**

次の定積分の値を求めよ．
(1) $\displaystyle\int_{-1}^{1} (x^3 - 2x^2 + 3x - 4)dx$　　(2) $\displaystyle\int_{-\pi}^{\pi} (x^4 + x^2)\sin x\, dx$

---

（解答）
(1) $x^3$ と $x$ は奇関数，$x^2$ と 4 は偶関数なので，
$$\int_{-1}^{1}(x^3 - 2x^2 + 3x - 4)dx = 2\int_0^1 (-2x^2 - 4)dx = -2\left[\frac{2}{3}x^3 + 4x\right]_0^1 = -\frac{28}{3}$$

(2) $x^4$ と $x^2$ は偶関数であり，$x^4 + x^2$ も偶関数となる．また，$\sin x$ は奇関数なので，偶関

▶ [「偶関数」×「奇関数」＝「奇関数」]

　$f(x)$ を偶関数，$g(x)$ を奇関数，$F(x) = f(x)g(x)$ とすれば，
$$F(-x) = f(-x)g(-x)$$
$$= f(x) \cdot (-g(x)) = -F(-x)$$
となるので，偶関数と奇関数との積は奇関数となる．

と奇関数の積である $(x^4+x^2)\sin x$ は奇関数となる．ゆえに，$\int_{-\pi}^{\pi}(x^4+x^2)\sin xdx=0$
なお，$f(x)=(x^4+x^2)\sin x$ が奇関数であることは，直接的に

$$f(-x)=\{(-x)^4+(-x)^2\}\sin(-x)=-(x^4+x^2)\sin x=-f(x)$$

と計算しても分かる． ∎

[問] 4.11 次の定積分の値を求めよ．

(1) $\int_{-\pi}^{\pi}\sin^2 xdx$ (2) $\int_{-\frac{\pi}{4}}^{\frac{\pi}{4}}(\sin x+\cos x)dx$ (3) $\int_{-3}^{3}x(x-2)(x+2)dx$

## 4.6 不定積分の部分積分

置換積分だけではうまく計算できないときは，**部分積分**(integration by parts) を使う．これは，被積分関数が 2 つの関数の積で表されているとき，不定積分が分かっている方を積分し，もう一方を微分する，という方法である．

> **定理 4.12（部分積分）**
> 関数 $f(x)$ が連続で，関数 $g(x)$ が微分可能であるとき，
> $$\int f(x)g(x)dx=\left(\int f(x)dx\right)g(x)-\int\left(\int f(x)dx\right)g'(x)dx \tag{4.28}$$

【注意】定理 4.12 の証明を見れば分かるとおり，(4.28) の両辺は，完全に一致している訳ではなく，定数差だけ食い違いがある．

【注意】不定積分の定義に従えば，$\int f(x)dx=F(x)+C$ だが，(4.28) の右辺を計算する際には，$\int f(x)dx=F(x)$ として計算するのが一般的である．

【注意】(4.14) より

$$\int F'(x)dx=F(x)+C$$

なので，$F(x)=\left(\int f(x)dx\right)g(x)$ とすれば，

$$\int\left\{\left(\int f(x)dx\right)g(x)\right\}'dx$$
$$=\left(\int f(x)dx\right)g(x)+C$$

（証明）
積の微分法の公式より，

$$\left\{\left(\int f(x)dx\right)g(x)\right\}'=\left(\int f(x)dx\right)'g(x)+\left(\int f(x)dx\right)g'(x)$$
$$=f(x)g(x)+\left(\int f(x)dx\right)g'(x)$$

である．積分定数を $C$ として，この両辺を積分すれば，

$$\left(\int f(x)dx\right)g(x)+C=\int f(x)g(x)dx+\int\left(\int f(x)dx\right)g'(x)dx$$

であり，これより (4.28) を得る． ∎

> **例題 4.13（部分積分を利用した不定積分公式）**
> 次の等式を証明せよ．ただし，$A\neq 0$ で，$C$ は積分定数とする．
> (1) $\int\log xdx=x\log x-x+C$
> (2) $\int\sqrt{x^2+A}dx=\frac{1}{2}\left(x\sqrt{x^2+A}+A\log|x+\sqrt{x^2+A}|\right)+C$

（解答）
以下では，$C$ を積分定数とする．

(1)
$$\int \log x\, dx = \left(\int 1\, dx\right)\log x - \int \left(\int 1\, dx\right)(\log x)'\, dx$$
$$= x\log x - \int x \cdot \frac{1}{x}\, dx = x\log x - \int 1\, dx = x\log x - x + C$$

(2)
$$\int \sqrt{x^2 + A}\, dx = \left(\int 1\, dx\right)\sqrt{x^2 + A} - \int \left(\int 1\, dx\right)\left(\sqrt{x^2 + A}\right)'\, dx$$
$$= x\sqrt{x^2 + A} - \frac{1}{2}\int x \cdot \frac{2x}{\sqrt{x^2 + A}}\, dx = x\sqrt{x^2 + A} - \int \frac{x^2 + A - A}{\sqrt{x^2 + A}}\, dx$$
$$= x\sqrt{x^2 + A} - \int \sqrt{x^2 + A}\, dx + A\int \frac{1}{\sqrt{x^2 + A}}\, dx$$
$$= x\sqrt{x^2 + A} - \int \sqrt{x^2 + A}\, dx + A\log|x + \sqrt{x^2 + A}| + C_1$$

である.ただし,$C_1$ は積分定数である.よって,
$$2\int \sqrt{x^2 + A}\, dx = x\sqrt{x^2 + A} + A\log|x + \sqrt{x^2 + A}| + C_1$$
より,$C = \dfrac{C_1}{2}$ とすれば,次式を得る.
$$\int \sqrt{x^2 + A}\, dx = \frac{1}{2}\left(x\sqrt{x^2 + A} + A\log|x + \sqrt{x^2 + A}|\right) + C$$

▶ [部分積分の基本テクニック]
　一見すると,被積分関数が 2 つの関数の積になっていないときは,関数 $f(x) = 1$ があるとして考える.例えば,$\log x = 1 \cdot \log x$ と考える.

【注意】 積分定数 $C_1$ は任意定数なので,それを 2 で割った数 $\dfrac{C_1}{2}$ も任意定数である.

---

**例題 4.14（部分積分に基づく計算）**
次の不定積分を求めよ.
(1) $\displaystyle\int x\cos 2x\, dx$　　(2) $\displaystyle\int e^{2x}\cos 3x\, dx$
(3) $\displaystyle\int \sin x \log(\cos x)\, dx$　　(4) $\displaystyle\int \sqrt{9x^2 - 4}\, dx$

▶【アクティブ・ラーニング】
　例題 4.13, 4.14 はすべて確実に求められるようになりましたか？求められない問題があれば,それがどうすれば求められるようになりますか？何に気をつければいいですか？また,読者全員ができるようになるにはどうすればいいでしょうか？それを紙に書き出しましょう.そして,書き出した紙を周りの人と見せ合って,それをまとめてグループごとに発表しましょう.

（解答）
以下では,$C$ を積分定数とする.
(1)
$$\int x\cos 2x\, dx = \left(\int \cos 2x\, dx\right)x - \int \left(\int \cos 2x\, dx\right)x'\, dx = \frac{x}{2}\sin 2x - \int \frac{1}{2}\sin 2x\, dx$$
$$= \frac{x}{2}\sin 2x - \frac{1}{2}\left(-\frac{1}{2}\cos 2x\right) + C = \frac{1}{4}(\cos 2x + 2x\sin 2x) + C$$

(2)
$$\int e^{2x}\cos 3x\, dx = \left(\int \cos 3x\, dx\right)e^{2x} - \int \left(\int \cos 3x\, dx\right)(e^{2x})'\, dx$$
$$= \frac{1}{3}e^{2x}\sin 3x - \frac{2}{3}\int e^{2x}\sin 3x\, dx$$
$$= \frac{1}{3}e^{2x}\sin 3x - \frac{2}{3}\left\{\left(\int \sin 3x\, dx\right)e^{2x} - \int \left(\int \sin 3x\, dx\right)(e^{2x})'\, dx\right\}$$
$$= \frac{1}{3}e^{2x}\sin 3x - \frac{2}{3}\left(-\frac{1}{3}e^{2x}\cos 3x + \frac{2}{3}\int e^{2x}\cos 3x\, dx\right)$$

なので,$\dfrac{13}{9}\displaystyle\int e^{2x}\cos 3x\, dx = \dfrac{1}{3}e^{2x}\sin 3x + \dfrac{2}{9}e^{2x}\cos 3x$ である.ゆえに,

【注意】不定積分は「原始関数 + 積分定数」の形なので,例題 4.14(2) の解答のように原始関数を 1 つ求めた後,積分定数を付け加えればよい.

$$\int e^{2x}\cos 3x\, dx = \frac{e^{2x}}{13}(3\sin 3x + 2\cos 3x) + C$$

(3) $t = \cos x$ とすれば，$dt = -\sin dx$ なので，

$$\begin{aligned}\int \sin x \log(\cos x)dx &= \int \log t(-1)dt = -\int \log t\, dt \\ &= -(t\log t - t) + C = -\cos x \log(\cos x) + \cos x + C\end{aligned}$$

(4) 例題 4.13(2) より，

$$\begin{aligned}\int \sqrt{9x^2-4}dx &= 3\int \sqrt{x^2 - \frac{4}{9}}dx \\ &= 3\cdot \frac{1}{2}\left(x\sqrt{x^2+\left(-\frac{4}{9}\right)} + \left(-\frac{4}{9}\right)\log\left|x+\sqrt{x^2+\left(-\frac{4}{9}\right)}\right|\right) + C \\ &= \frac{3}{2}\left(x\sqrt{x^2-\frac{4}{9}} - \frac{4}{9}\log\left|x+\sqrt{x^2-\frac{4}{9}}\right|\right) + C\end{aligned}$$

∎

**[問] 4.12** 次の不定積分を求めよ．

(1) $\displaystyle\int \cos^{-1} x\, dx$ (2) $\displaystyle\int x^2 e^{-x}\, dx$ (3) $\displaystyle\int \sqrt{x^2+2x+5}\, dx$

(4) $\displaystyle\int x^2 \sin x\, dx$ (5) $\displaystyle\int (3x)^2 e^{-3x}\, dx$ (6) $\displaystyle\int \sin(\log x)\, dx$

$\displaystyle\int \sin^n dx$ のように $n$ 乗の関数を積分する際には，漸化式を導いておくとよい．

---

**例題4.15（部分積分による漸化式の導出）**

次の問に答えよ．

(1) $I_n = \displaystyle\int \sin^n x\, dx$ とするとき，次を示せ．

$$I_n = \frac{1}{n}\left\{-\sin^{n-1} x\cos x + (n-1)I_{n-2}\right\} \quad (n\geq 2)$$

(2) $\displaystyle\int \sin^4 x\, dx$ を求めよ．

---

▶【アクティブ・ラーニング】
　例題 4.15 はすべて確実に求められるようになりましたか？求められない問題があれば，それがどうすれば求められるようになりますか？何に気をつければいいですか？また，読者全員ができるようになるにはどうすればいいでしょうか？それを紙に書き出しましょう．そして，書き出した紙を周りの人と見せ合って，それをまとめてグループごとに発表しましょう．

（解答）
(1)

$$\begin{aligned}I_n &= \int \sin^n x\, dx = \int \sin^{n-1} x \sin x\, dx \\ &= \left(\int \sin x\, dx\right)\sin^{n-1} x - \int \left(\int \sin x\, dx\right)(\sin^{n-1} x)'\, dx \\ &= -\cos x \sin^{n-1} x + \int \cos x \left((n-1)\sin^{n-2} x(\sin x)'\right) dx \\ &= -\cos x \sin^{n-1} x + (n-1)\int \sin^{n-2} x \cos^2 x\, dx \\ &= -\cos x \sin^{n-1} x + (n-1)\int \sin^{n-2} x(1-\sin^2 x)dx \\ &= -\cos x \sin^{n-1} x + (n-1)\int (\sin^{n-2} x - \sin^n x)dx \\ &= -\cos x \sin^{n-1} x + (n-1)(I_{n-2} - I_n)\end{aligned}$$

より，
$$I_n + (n-1)I_n = -\cos x \sin^{n-1} x + (n-1)I_{n-2}$$
なので，次式を得る．
$$I_n = \frac{1}{n}\left\{-\sin^{n-1} x \cos x + (n-1)I_{n-2}\right\}$$

(2) $I_0 = \int 1 dx = x + C_1$ ($C_1$ は積分定数) であり，

$$\begin{aligned}
I_2 &= \frac{1}{2}\{-\sin x \cos x + I_0\} = \frac{1}{2}\{-\sin x \cos x + x + C_1\} \\
I_4 &= \frac{1}{4}\{-\sin^3 x \cos x + 3I_2\} = \frac{1}{4}\left\{-\sin^3 x \cos x + \frac{3}{2}(-\sin x \cos x + x + C_1)\right\} \\
&= -\frac{1}{4}\sin^3 x \cos x - \frac{3}{8}\sin x \cos x + \frac{3}{8}x + C
\end{aligned}$$

ここで，$C = \frac{3}{8}C_1$ とおいた． ∎

[問] 4.13 以下で定義される $I_n$ に対して，$I_n$ と $I_{n-1}$ との関係式を求めよ．
(1) $I_n = \int (\log x)^n dx$ (2) $I_n = \int x^n e^{2x} dx$

## 4.7 定積分の部分積分

定積分の部分積分は次のようになる．

**定理 4.13（部分積分法）**
$f(x)$ は $[a,b]$ で連続で，$g(x)$ は $[a,b]$ で微分可能ならば，
$$\int_a^b f(x)g(x)dx = \left[\left(\int f(x)dx\right)g(x)\right]_a^b - \int_a^b \left(\int f(x)dx\right)g'(x)dx$$

(証明) $F(x), G(x)$ が $[a,b]$ 上で微分可能ならば
$$\int_a^b \{F'(x)G(x) + F(x)G'(x)\} dx = \int_a^b (F(x)G(x))' dx = [F(x)G(x)]_a^b$$
なので，$F'(x) = f(x), G(x) = g(x)$ とおけば，定理の主張を得る． ∎

**例題 4.16（定積分の部分積分の計算）**
次の定積分の値を求めよ．
(1) $\displaystyle\int_0^{\frac{\pi}{3}} \frac{x}{\cos^2 x} dx$ (2) $\displaystyle\int_0^{\frac{\pi^2}{4}} \sin\sqrt{x} dx$ (3) $\displaystyle\int_0^{\frac{\pi}{2}} e^{2x} \cos x dx$

(解答)
(1)
$$\begin{aligned}
\int_0^{\frac{\pi}{3}} \frac{x}{\cos^2 x} dx &= \left[\left(\int \frac{1}{\cos^2 x} dx\right)x\right]_0^{\frac{\pi}{3}} - \int_0^{\frac{\pi}{3}} \left(\int \frac{1}{\cos^2 x} dx\right)(x)' dx \\
&= \left[x \tan x\right]_0^{\frac{\pi}{3}} - \int_0^{\frac{\pi}{3}} \tan x dx = \frac{\sqrt{3}}{3}\pi - \left(\left[-\log|\cos x|\right]_0^{\frac{\pi}{3}}\right)
\end{aligned}$$

$$= \frac{\sqrt{3}}{3}\pi + \log \frac{1}{2}$$

(2) $y = \sqrt{x}$ とすると，$y^2 = x$ より $2ydy = dx$ であり，$x : 0 \to \frac{\pi^2}{4}$ のとき $y : 0 \to \frac{\pi}{2}$ なので，

$$\int_0^{\frac{\pi^2}{4}} \sin\sqrt{x}\,dx = \int_0^{\frac{\pi}{2}} \sin y \cdot 2y\,dy = 2\left\{\left[y\left(\int \sin y\,dy\right)\right]_0^{\frac{\pi}{2}} - \int_0^{\frac{\pi}{2}}\left(\int \sin y\,dy\right)(y)'\,dy\right\}$$

$$= 2\left\{\left[-y\cos y\right]_0^{\frac{\pi}{2}} + \int_0^{\frac{\pi}{2}} \cos y\,dy\right\} = 2\left[\sin y\right]_0^{\frac{\pi}{2}} = 2$$

(3)
$$I = \int_0^{\frac{\pi}{2}} e^{2x}\cos x\,dx = \left[e^{2x}\left(\int \cos x\,dx\right)\right]_0^{\frac{\pi}{2}} - \int_0^{\frac{\pi}{2}}\left(\int \cos x\,dx\right)(e^{2x})'\,dx$$

$$= \left[e^{2x}\sin x\right]_0^{\frac{\pi}{2}} - 2\int_0^{\frac{\pi}{2}} e^{2x}\sin x\,dx$$

$$= e^{\pi} - 2\left\{\left[-e^{2x}\cos x\right]_0^{\frac{\pi}{2}} + 2\int_0^{\frac{\pi}{2}} e^{2x}\cos x\,dx\right\} = e^{\pi} - 2(1 + 2I)$$

より，$5I = e^{\pi} - 2$ なので $I = \dfrac{e^{\pi} - 2}{5}$. ∎

[問] 4.14 次の定積分の値を求めよ．

(1) $\displaystyle\int_0^{\frac{\pi}{2}} x^2 \sin x\,dx$　　(2) $\displaystyle\int_1^e x^3 \log x\,dx$　　(3) $\displaystyle\int_1^2 e^{\sqrt{x}}\,dx$

(4) $\displaystyle\int_0^{\frac{\pi}{2}} e^{-3x}\sin x\,dx$　　(5) $\displaystyle\int_0^1 \tan^{-1} x\,dx$　　(6) $\displaystyle\int_0^{\pi} x\cos 3x\,dx$

不定積分の部分積分と同様に，漸化式を導いておくと定積分が楽に求められる場合がある．

---

**例題4.17（定積分の漸化式）**

次の問に答えよ．

(1) $n \geqq 2$ となる自然数 $n$ に対して，次の等式を示せ．

$$\int_0^{\frac{\pi}{2}} \sin^n x\,dx = \begin{cases} \dfrac{n-1}{n} \cdot \dfrac{n-3}{n-2} \cdots \dfrac{3}{4} \cdot \dfrac{1}{2} \cdot \dfrac{\pi}{2} & (n \text{ が偶数}) \\ \dfrac{n-1}{n} \cdot \dfrac{n-3}{n-2} \cdots \dfrac{4}{5} \cdot \dfrac{2}{3} & (n \text{ が奇数}) \end{cases}$$

(2) $\displaystyle\int_0^{\frac{\pi}{2}} \sin^n x\,dx = \int_0^{\frac{\pi}{2}} \cos^n x\,dx$ を示せ．

(3) $\displaystyle\int_0^{\frac{\pi}{2}} \sin^4 x\,dx$ および $\displaystyle\int_0^{\frac{\pi}{2}} \cos^5 x\,dx$ の値を求めよ．

---

▶【アクティブ・ラーニング】
例題 4.16, 4.17 はすべて確実に求められるようになりましたか？求められない問題があれば，それがどうすれば求められるようになりますか？何に気をつければいいですか？また，読者全員ができるようになるにはどうすればいいでしょうか？それを紙に書き出しましょう．そして，書き出した紙を周りの人と見せ合って，それをまとめてグループごとに発表しましょう．

(解答)
(1)
$I_n = \displaystyle\int_0^{\frac{\pi}{2}} \sin^n x\,dx$ とすれば，$n \geqq 2$ のとき，

$$I_n = \int_0^{\frac{\pi}{2}} \sin^n x\, dx = \int_0^{\frac{\pi}{2}} \sin^{n-1} x \sin x\, dx$$
$$= \left[\left(\int \sin x\, dx\right) \sin^{n-1} x\right]_0^{\frac{\pi}{2}} - \int \left(\int \sin x\, dx\right) (\sin^{n-1} x)'\, dx$$
$$= (n-1)\int_0^{\frac{\pi}{2}} \sin^{n-2} x \cos^2 x\, dx = (n-1)\int_0^{\frac{\pi}{2}} \sin^{n-2} x (1-\sin^2 x)\, dx$$
$$= (n-1)\int_0^{\frac{\pi}{2}} \sin^{n-2} x\, dx - (n-1)\int_0^{\frac{\pi}{2}} \sin^n x\, dx = (n-1)I_{n-2} - (n-1)I_n$$

なので, $I_n = \dfrac{n-1}{n} I_{n-2}$ である.

$n$ が偶数のときは,
$$I_n = \frac{n-1}{n} I_{n-2} = \frac{n-1}{n} \cdot \frac{n-3}{n-2} I_{n-4} = \cdots = \frac{n-1}{n} \cdot \frac{n-3}{n-2} \cdots \frac{3}{4} \cdot \frac{1}{2} I_0$$

であり, $n$ が偶数のときは
$$I_n = \frac{n-1}{n} I_{n-2} = \frac{n-1}{n} \cdot \frac{n-3}{n-2} I_{n-4} = \cdots = \frac{n-1}{n} \cdot \frac{n-3}{n-2} \cdots \frac{4}{5} \cdot \frac{2}{3} I_1$$

ここで,
$$I_0 = \int_0^{\frac{\pi}{2}} 1\, dx = \frac{\pi}{2}, \quad I_1 = \int_0^{\frac{\pi}{2}} \sin x\, dx = \left[-\cos x\right]_0^{\frac{\pi}{2}} = 1$$

なので, 示すべき等式が成り立つ.

[基本テクニック] ▶ $I_n = \dfrac{n-1}{n} I_{n-2}$ のように, $n$ が 2 つずつズレているときは, 偶数と奇数の場合に分ける.

(2)
$$\int_0^{\frac{\pi}{2}} \cos^n x\, dx = \int_0^{\frac{\pi}{2}} \sin^n\left(\frac{\pi}{2} - x\right) dx$$

に注意し, $t = \dfrac{\pi}{2} - x$ とおくと $x : 0 \to \dfrac{\pi}{2}$ のとき $t : \dfrac{\pi}{2} \to 0$ であり, $dx = -dt$ なので

$$\int_0^{\frac{\pi}{2}} \sin^n\left(\frac{\pi}{2} - x\right) dx = \int_{\frac{\pi}{2}}^0 \sin^n t (-dt) = \int_0^{\frac{\pi}{2}} \sin^n t\, dt = \int_0^{\frac{\pi}{2}} \sin^n x\, dx$$

(3) (1) と (2) の結果より,
$$\int_0^{\frac{\pi}{2}} \sin^4 x\, dx = \frac{3}{4} \cdot \frac{1}{2} \cdot \frac{\pi}{2} = \frac{3}{16}\pi, \quad \int_0^{\frac{\pi}{2}} \cos^5 x\, dx = \int_0^{\frac{\pi}{2}} \sin^5 x\, dx = \frac{4}{5} \cdot \frac{2}{3} = \frac{8}{15}$$ ∎

[問] 4.15 以下で定義される $I_n$ に対して, $I_n$ と $I_{n-1}$ との関係式を求めよ.
(1) $I_n = \displaystyle\int_1^e (\log x)^n\, dx$ (2) $I_n = \displaystyle\int_0^1 x^n e^{2x}\, dx$

## 4.8 有理関数の積分

2 つの多項式
$$P_n(x) = a_n x^n + a_{n-1} x^{n-1} + \cdots + a_1 x + a_0,$$
$$Q_m(x) = b_m x^m + b_{n-1} x^{n-1} + \cdots + b_1 x + b_0$$

によって, $\dfrac{Q_m(x)}{P_n(x)}$ の形に表される関数を**有理関数(rational function)** という. ただし, $P_n(x) \neq 0$ で, 係数 $a_0, a_1, \ldots, a_n, b_0, b_1, \ldots, b_m$ はすべて実数とする.

$m \geqq n$ のとき, $Q_m(x)$ を $P_n(x)$ で割って

$$Q_m(x) = F_{m-n}(x) P_n(x) + R_{n-1}(x)$$

の形に変形すると，有理関数 $\dfrac{Q_m(x)}{P_n(x)}$ は

$$\frac{Q_m(x)}{P_n(x)} = F_{m-n}(x) + \frac{R_{n-1}(x)}{P_n(x)}, \quad R_{n-1}(x) \text{ の次数} < P_n(x) \text{ の次数}$$

と表せる．例えば，

$$\frac{x^3}{x^2+x+2} = \frac{x(x^2+x+2) - x^2 - 2x}{x^2+x+2} = x - \frac{x^2+2x}{x^2+x+2}$$
$$= x - \frac{(x^2+x+2) + x - 2}{x^2+x+2} = x - 1 - \frac{x-2}{x^2+x+2}$$

のように表せる．$F_{m-n}(x)$ は多項式なので，$F_{m-n}(x)$ の積分は難しくない．したがって，$\dfrac{R_{n-1}(x)}{P_n(x)}$ だけを考えればよい．言い換えれば，分母の次数が分子の次数よりも大きい場合のみを考えればよいので，$\dfrac{Q_m(x)}{P_n(x)}$ において $n > m$ のときだけを考えればよいことになる．

さて，有理関数の積分のポイントとなるのが次の定理である．

> **定理 4.14（多項式の因数分解）**
> 実数係数をもつ $n$ 次多項式 $P_n(x) = a_n x^n + a_{n-1} x^{n-1} + \cdots + a_1 x + a_0$ は，実数係数をもつ 1 次式と 2 次式の積で因数分解される．

▶[**因数定理**(factor theorem)]
多項式 $f(x)$ が $x - a$ を因数にもつ $\iff$ $f(a) = 0$

▶[**代数学の基本定理**(fundamental theorem of algebra)]
複素数係数 $a_0, a_1, \ldots, a_n$ の $n$ 次方程式
$$a_n x^n + a_{n-1} x^{n-1} + \cdots + a_1 x + a_0 = 0$$
は複素数の範囲で（重複度も含めて）$n$ 個の解をもつ．
実数は複素数の一種なので，「実数係数の $n$ 次方程式」は「複素数係数の $n$ 次方程式」でもある．したがって，「実数係数の $n$ 次方程式も $n$ 個の解をもつ」ことになる．

▶[**共役複素数**(complex conjugate)]
$i$ を虚数単位として，複素数 $z$ を $a, b$ を実数として $z = a + bi$ と表したとき，$\overline{z} = a - bi$ を共役複素数という．

▶【アクティブ・ラーニング】
なぜ $a_n = 1$ と考えてもよいか，みんなで考えよう．

（証明）
$n = 1$ のとき，$P_n(x)$ は $P_1(x) = a_1 x + a_0$ と 1 次式で表されるので，定理の主張は成り立つ．
$n \geq 2$ とし，$n$ 次多項式 $P_n(x)$ が 1 次式と 2 次式の積で表されるとする．
$n + 1$ が奇数のとき，$y = P_{n+1}(x)$ のグラフは必ず $x$ 軸と交わるので，$P_{n+1}(x) = 0$ は少なくとも 1 つの実数解をもつ．これを $x = \alpha$ とすれば，因数定理より
$$P_{n+1}(x) = (x - \alpha) G_n(x)$$
と表せる．$G_n(x)$ は $n$ 次多項式なので，帰納法の仮定により 1 次式と 2 次式の積で因数分解され，結果として $P_{n+1}(x)$ が 1 次式と 2 次式の積で因数分解されることがわかる．
$n + 1$ が偶数かつ $P_{n+1}(x) = 0$ が実数解をもつときは $n + 1$ が奇数の場合と同様に証明できる．
$n + 1$ が偶数かつ $P_{n+1}(x) = 0$ が実数解をもたないときは，代数学の基本理より $P_{n+1}(\beta) = 0$ となる複素数 $\beta$ が存在する．このとき，
$$P_{n+1}(\beta) = a_{n+1} \beta^{n+1} + a_n \beta^n + \cdots + a_1 \beta + a_0 = 0$$
なので，両辺の共役複素を考えれば，
$$P_{n+1}(\overline{\beta}) = a_{n+1} \overline{\beta}^{n+1} + a_n \overline{\beta}^n + \cdots + a_1 \overline{\beta} + a_0 = 0$$
となる．ゆえに，因数定理より
$$P_{n+1}(x) = (x - \beta)(x - \overline{\beta}) H_{n-1}(x)$$
と表せ，$H_{n-1}(x)$ は $n - 1$ 次多項式なので，帰納法の仮定より定理の主張が成り立つ．∎

$a_n = 1$ として，
$$P(x) = x^n + a_{n-1} x^{n-1} + \cdots + a_1 x + a_0$$
を考えると，定理 4.14 より，$P(x)$ は 1 次式 $x - \alpha$ と 2 次式 $x^2 + bx + c$ の積に

因数分解できる．また，2次式は $b^2-4c<0$ を満たすので，$x^2+bx+c=0$ は虚数解 $x=p\pm qi$ をもつ．よって，$x^2+bx+c=(x-p)^2+q^2$ と表せる．

したがって，$k_1, \ldots, k_i, m_1, \ldots, m_j$ を重複度として，1次関数と2次関数で重複する部分をまとめると，

$$P_n(x) = (x-\alpha_1)^{k_1}\cdots(x-\alpha_i)^{k_i}\{(x+q_1)^2+r_1^2\}^{m_1}\cdots\{(x+q_j)^2+r_j^2\}^{m_j}$$

と表せる．ゆえに，$n>m$ のとき，$\dfrac{Q_m(x)}{P_n(x)}$ は

$$\frac{Q_m(x)}{P_n(x)} = \frac{f_1(x)}{(x-\alpha_1)^{k_1}} + \cdots + \frac{f_i(x)}{(x-\alpha_i)^{k_i}}$$
$$+ \frac{g_1(x)}{\{(x+q_1)^2+r_1^2\}^{m_1}} + \cdots + \frac{g_j(x)}{\{(x+q_j)^2+r_j^2\}^{m_j}}$$

と表せる．ただし，$f_1, \ldots, f_i(x), g_1(x), \ldots, g_j(x)$ は多項式である．ここで，$\dfrac{f_i(x)}{(x-\alpha_i)^{k_i}}$ や $\dfrac{g_j(x)}{\{(x+q_j)^2+r_j^2\}^{m_j}}$ は，定数 $c_1, \ldots, c_{k_i}, d_1, \ldots, d_{m_j}, e_1, \ldots, e_{m_j}$ を用いて，

$$\begin{aligned}\frac{f_i(x)}{(x-\alpha_i)^{k_i}} &= \frac{c_{k_i}}{(x-\alpha_i)^{k_i}} + \cdots + \frac{c_2}{(x-\alpha_i)^2} + \frac{c_1}{x-\alpha_i}, \\ \frac{g_j(x)}{\{(x+q_j)^2+r_j^2\}^{m_j}} &= \frac{d_{m_j}x+e_{m_j}}{\{(x+q_j)^2+r_j^2\}^{m_j}} + \cdots + \frac{d_1x+e_1}{(x+q_1)^2+r_1^2}\end{aligned} \quad (4.29)$$

と分解できる．他の項についても，同様に分解できる．

このように，有理関数を (4.29) のように分数式の和に分解することを**部分分数分解(partial fraction decomposition)** するという．

有理関数の積分は，(4.29) の形に部分分数分解して計算できる．

以上の考察を定理としてまとめておこう．

> **定理4.15 (有理関数の積分)**
> 有理関数の積分は次の3種類の積分を考えればよい．
>
> (1) $\displaystyle\int \frac{1}{(x-\alpha)^n}dx = \begin{cases} \log|x-\alpha|+C & (n=1) \\ -\dfrac{1}{(n-1)(x-\alpha)^{n-1}}+C & (n\geqq 2)\end{cases}$
>
> (2) $\displaystyle\int \frac{2(x+a)}{\{(x+a)^2+b^2\}^n}dx$
>
> $\quad = \begin{cases} \log|(x+a)^2+b^2|+C & (n=1) \\ -\dfrac{1}{(n-1)\{(x+a)^2+b^2\}^{n-1}}+C & (n\geqq 2)\end{cases}$
>
> (3) $\displaystyle I_n = \int \frac{1}{\{(x+a)^2+b^2\}^n}dx$

【注意】$b^2-4c \geqq 0$ なら $x^2+bx+c=0$ が実数解をもつので，$x^2+bx+c$ は $(x-\alpha)^2$ あるいは $(x-\alpha)(x-\beta)$ の形，つまり，1次式の積で表せる．

【注意】有理関数の積分の計算結果が，定理4.15以外の形をしていたら，必ずどこかに間違いがある．

$$= \begin{cases} \dfrac{1}{b}\tan^{-1}\dfrac{x+a}{b} + C & (n=1) \\ \dfrac{1}{2(n-1)b^2}\left\{\dfrac{x+a}{((x+a)^2+b^2)^{n-1}} + (2n-3)I_{n-1}\right\} + C & (n \geq 2) \end{cases}$$

(証明)

(1) (4.29) の $\dfrac{f_i(x)}{(x-\alpha_i)^{k_i}}$ に関する積分は，本質的に $\dfrac{1}{x-\alpha}$ と $\dfrac{1}{(x-\alpha)^n}$ の積分を考えればよい．$t = x - \alpha$ とおけば，$dt = dx$ なので，$C$ を積分定数として

$$\int \frac{1}{x-\alpha}dx = \int \frac{1}{t}dt = \log|t| + C = \log|x-\alpha| + C,$$

$$\int \frac{1}{(x-\alpha)^n}dx = \int t^{-n}dt = \frac{1}{-n+1}t^{-n+1} + C = -\frac{1}{(n-1)(x-\alpha)^{n-1}} + C$$

(2)(3) (4.29) の $\dfrac{g_j(x)}{\{(x+q_j)^2+r_j^2\}^{m_j}}$ に関する積分は，本質的に $\dfrac{Ax+B}{\{(x+a)^2+b^2\}^n}$ の積分を考えればよい．また，$t = x+a$ とすると $dt = dx$ なので，

$$\int \frac{Ax+B}{\{(x+a)^2+b^2\}^n}dx = \int \frac{A(t-a)+B}{(t^2+b^2)^n}dt = \int \frac{At}{(t^2+b^2)^n}dt + \int \frac{B-Aa}{(t^2+b^2)^n}dt$$

であり，結局，$\int \dfrac{t}{(t^2+b^2)^n}dt$ と $\int \dfrac{1}{(t^2+b^2)^n}dt$ の計算に帰着する．
ここで，$u = t^2 + b^2$ とすれば，$du = 2tdt$ なので，

$$\int \frac{t}{(t^2+b^2)^n}dt = \int \frac{1}{2u^n}du = \frac{1}{2}\begin{cases} \log|u| + C & (n=1) \\ -\dfrac{1}{(n-1)u^{n-1}} + C & (n \geq 2) \end{cases}$$

となる．$u$ を $x$ で表せば，定理の主張を得る．

次に，$\int \dfrac{1}{(t^2+b^2)^n}dt$ を考える．$n=1$ のときは，$\int \dfrac{1}{t^2+b^2}dt = \dfrac{1}{b}\tan^{-1}\dfrac{t}{b}$ である．また，$n \geq 2$ のときは，演習問題 4.11 より，$I_n = \int \dfrac{1}{(t^2+b^2)^n}dx$ とおくと，

$I_n = \dfrac{1}{2(n-1)b^2}\left\{\dfrac{t}{(t^2+b^2)^{n-1}} + (2n-3)I_{n-1}\right\}$ となるので，$t$ を $x$ で表せば，定理の主張を得る． ∎

▶【アクティブ・ラーニング】
例題 4.18 はすべて確実に計算できるようになりましたか？できていない問題があれば，それがどうすればできるようになりますか？何に気をつければいいですか？また，読者全員ができるようになるにはどうすればいいでしょうか？それを紙に書き出しましょう．そして，書き出した紙を周りの人と見せ合って，それをまとめてグループごとに発表しましょう．

---

**例題4.18（有理関数の積分）**

次の計算をせよ．

(1) $\displaystyle\int \dfrac{1}{2x^2+x-1}dx$ 　　(2) $\displaystyle\int_2^4 \dfrac{1}{x^2+2x-3}dx$

(3) $\displaystyle\int \dfrac{5x}{x^3-2x-4}dx$ 　　(4) $\displaystyle\int \dfrac{x^4+2x^3-1}{x^2+2x+3}dx$

---

(解答)
(1)
$$\frac{1}{2x^2+x-1} = \frac{1}{(2x-1)(x+1)} = \frac{a}{2x-1} + \frac{b}{x+1}$$

とおくと，$a(x+1) + b(2x-1) = (a+2b)x + a - b = 1$ より，$a+2b = 0, a-b = 1$ であり，これを解くと $a = \dfrac{2}{3}, b = -\dfrac{1}{3}$ である．よって，積分定数を $C$ とすれば，

$$\int \frac{1}{2x^2+x-1}dx = \frac{1}{3}\int \frac{2}{2x-1}dx - \frac{1}{3}\int \frac{1}{x+1}dx$$
$$= \frac{1}{3}\log|2x-1| - \frac{1}{3}\log|x+1| + C = \frac{1}{3}\log\left|\frac{2x-1}{x+1}\right| + C$$

となる.

(2) $\dfrac{1}{(x-1)(x+3)} = \dfrac{a}{x-1} + \dfrac{b}{x+3}$ とおくと, $1 = a(x+3) + b(x-1)$ であり, $x=1$ とすれば $4a=1$ より $a=\dfrac{1}{4}$ を得て, $x=-3$ とすれば $-4b=1$ より $b=-\dfrac{1}{4}$ を得る. よって,

$$\int_2^4 \dfrac{1}{x^2+2x-3}dx = \int_2^4 \dfrac{1}{(x-1)(x+3)}dx = \int_2^4 \dfrac{1}{4}\left(\dfrac{1}{x-1} - \dfrac{1}{x+3}\right)dx$$
$$= \dfrac{1}{4}\left[\log\left|\dfrac{x-1}{x+3}\right|\right]_2^4 = \dfrac{1}{4}\left(\log\dfrac{3}{7} - \log\dfrac{1}{5}\right) = \dfrac{1}{4}\log\dfrac{15}{7}$$

(3) $\dfrac{5x}{x^3-2x-4} = \dfrac{5x}{(x-2)(x^2+2x+2)} = \dfrac{a}{x-2} + \dfrac{bx+c}{x^2+2x+2}$ とすれば,

$$5x = a(x^2+2x+2) + (x-2)(bx+c) = (a+b)x^2 + (2a-2b+c)x + 2a-2c$$

なので, $a+b=0$, $2a-2b+c=5$, $a-c=0$ より $a=1$, $b=-1$, $c=1$ を得る. よって, $C$ を積分定数とすれば,

$$\int \dfrac{5x}{(x-2)(x^2+2x+2)}dx = \int \dfrac{1}{x-2}dx - \int \dfrac{x-1}{x^2+2x+2}dx$$
$$= \log|x-2| - \dfrac{1}{2}\int \dfrac{2x+2-4}{x^2+2x+2}dx$$
$$= \log|x-2| - \dfrac{1}{2}\int \dfrac{2x+2}{x^2+2x+2}dx + 2\int \dfrac{1}{(x+1)^2+1}dx$$
$$= \log|x-2| - \dfrac{1}{2}\log|x^2+2x+2| + 2\tan^{-1}(x+1) + C$$
$$= \dfrac{1}{2}\left(2\log|x-2| - \log|x^2+2x+2|\right) + 2\tan^{-1}(x+1) + C$$
$$= \dfrac{1}{2}\log\dfrac{(x-2)^2}{x^2+2x+2} + 2\tan^{-1}(x+1) + C$$

▶ [組立除法による因数分解]

$$\begin{array}{r|rrrr} 2 & 1 & 0 & -2 & -4 \\ & & 2 & 4 & 4 \\ \hline & 1 & 2 & 2 & 0 \end{array}$$

より,

$$x^3 - 2x - 4 = (x-2)(x^2+2x+2)$$

【注意】 $x^2+2x+2 = (x+1)^2+1 > 0$ なので, $\log|x^2+2x+2|$ を $\log(x^2+2x+2)$ と書いてよい.

(4) 
$$\dfrac{x^4+2x^3-1}{x^2+2x+3} = x^2 - 3 + \dfrac{6x+8}{x^2+2x+3}$$

$$\begin{array}{r} x^2 \quad -3 \phantom{xxxx} \\ x^2+2x+3 \overline{\smash{\big)}\, x^4+2x^3 \phantom{+3x^2} -1} \\ \underline{x^4+2x^3+3x^2\phantom{-1}} \\ -3x^2 \phantom{xx} -1 \\ \underline{-3x^2-6x-9} \\ 6x+8 \end{array}$$

なので, 積分定数を $C$ とすれば,

$$\int \dfrac{x^4+2x^3-1}{x^2+2x+3}dx = \int (x^2-3)dx + \int \dfrac{6x+8}{x^2+2x+3}dx$$
$$= \dfrac{1}{3}x^3 - 3x + 3\int \dfrac{2x+2-2}{x^2+2x+3}dx + \int \dfrac{8}{x^2+2x+3}dx$$
$$= \dfrac{1}{3}x^3 - 3x + 3\log|x^2+2x+3| + 2\int \dfrac{1}{(x+1)^2+2}dx$$
$$= \dfrac{1}{3}x^3 - 3x + 3\log|x^2+2x+3| + \sqrt{2}\tan^{-1}\left(\dfrac{x+1}{\sqrt{2}}\right) + C$$

∎

[問] 4.16 次の計算をせよ.

(1) $\displaystyle\int \dfrac{1}{(x+2)(x-1)}dx$

(2) $\displaystyle\int_{-1}^{1} \dfrac{1}{x^2-5x+6}dx$

(3) $\displaystyle\int \dfrac{x^2}{(x-1)(x^2+4x+5)}dx$

(4) $\displaystyle\int \dfrac{x^3+2x^2+1}{x^2+3}dx$

## 4.9 三角関数の積分

以後,$R(X)$ および $R(X,Y)$ はそれぞれ $X$ および $X,Y$ の有理関数とする.例えば,$R(X) = \dfrac{X^2+X+1}{X^3+1}$ や $R(X,Y) = \dfrac{X^2+XY+Y}{X^3+Y^2}$ である.

> **定理4.16（一般的な三角関数の置換法）**
> $t = \tan\dfrac{x}{2}$ とおくと,
> $$\int R(\sin x, \cos x)dx = \int R\left(\dfrac{2t}{1+t^2}, \dfrac{1-t^2}{1+t^2}\right)\dfrac{2}{1+t^2}dt.$$
> つまり,$R(\sin x, \cos x)$ の不定積分は $t$ の有理関数の積分になる.

（証明）
$t = \tan\dfrac{x}{2}$ より $1+t^2 = 1 + \tan^2\dfrac{x}{2} = \dfrac{1}{\cos^2\dfrac{x}{2}}$ なので,$\cos^2\dfrac{x}{2} = \dfrac{1}{1+t^2}$ である.したがって,

$$\sin x = 2\sin\dfrac{x}{2}\cos\dfrac{x}{2} = 2\tan\dfrac{x}{2}\cos^2\dfrac{x}{2} = \dfrac{2t}{1+t^2}$$

$$\cos x = 2\cos^2\dfrac{x}{2} - 1 = \dfrac{2}{1+t^2} - 1 = \dfrac{1-t^2}{1+t^2}$$

である.また,$\dfrac{dt}{dx} = \dfrac{1}{2\cos^2\dfrac{x}{2}}$ より $dx = 2\cos^2\dfrac{x}{2}dt = \dfrac{2}{1+t^2}dt$ なので,

$$\int R(\sin x, \cos x)dx = \int R\left(\dfrac{2t}{1+t^2}, \dfrac{1-t^2}{1+t^2}\right)\dfrac{2}{1+t^2}dt$$

■

定理4.16より,三角関数の積分をする際には,$t = \tan\dfrac{x}{2}$ とおけばよい.これだけを覚えていてもよいが,もう少し簡単になる場合がある.これらを次の表にまとめよう.

| 三角関数の置換法 | |
|---|---|
| 被積分関数 | 置換法 |
| $R(\sin x, \cos x)$ | $t = \tan\dfrac{x}{2}$ とおくと,$dx = \dfrac{2dt}{1+t^2}$,<br>$\sin x = \dfrac{2t}{1+t^2}$,$\cos x = \dfrac{1-t^2}{1+t^2}$ |
| $R(\sin^2 x, \cos^2 x)$ | $t = \tan x$ とおくと,$dx = \dfrac{dt}{1+t^2}$<br>$\sin^2 x = \dfrac{t^2}{1+t^2}$,$\cos^2 x = \dfrac{1}{1+t^2}$ |
| $R(\sin x, \cos^2 x)\cos x$ | $t = \sin x$ とおくと,<br>$\cos x dx = dt$,$\cos^2 x = 1-t^2$ |
| $R(\sin^2 x, \cos x)\sin x$ | $t = \cos x$ とおくと,<br>$\sin x dx = -dt$,$\sin^2 x = 1-t^2$ |

上の表だけでは使い方が分からないかもしれないので,三角関数の不定

4.9 三角関数の積分　111

積分を求める際の基本的な方針を述べておこう．

- 一般には，$t = \tan \dfrac{x}{2}$ とおけばよい．
- 被積分関数に $\sin^n x (n \geqq 2)$ や $\cos^n x (n \geqq 2)$ がある場合は，偶数次の方を $t$ とおけばよい．例えば，$\dfrac{\cos x}{4 + \sin^2 x}$ のときは $t = \sin x$ とおき，$\sin^3 x \cos^2 x$ のときは $t = \cos x$ とおけばよい．なお，$\sin^3 x \cos^3 x$ のように共に奇数次の場合は $t = \sin x$ とおいても $t = \cos x$ とおいてもよい．
- 被積分関数が $\sin^2 x$ と $\cos^2 x$ に関する有理関数になっている場合は $t = \tan x$ とおけばよい．例えば，$\dfrac{1}{4\cos^2 x + \sin^2 x}$ の場合は $t = \tan x$ とおけばよい．ただし，

$$\sin^2 x \cos^2 x = (\sin x \cos x)^2 = \left(\frac{1}{2}\sin 2x\right)^2 = \frac{1}{4}\sin^2 2x$$
$$= \frac{1}{4}(1 - \cos^2 2x) = \frac{1}{4}\left(1 - \frac{1 + \cos 4x}{2}\right) = \frac{1}{8}(1 - \cos 4x)$$

のように倍角の公式を使った方が楽なこともある．

▶【アクティブ・ラーニング】
三角関数の不定積分を求める際の基本的な方針について，お互いに自分の言葉で説明してみよう．

---

**例題 4.19（三角関数の置換法）**

次の不定積分を求めよ．

(1) $\displaystyle\int \frac{1}{\cos x} dx$　　(2) $\displaystyle\int \frac{1}{\sin x} dx$　　(3) $\displaystyle\int \frac{1}{\cos^4 x} dx$

(4) $\displaystyle\int \frac{1}{5 + 3\sin x + 4\cos x} dx$

---

（解答）
以下では，$C$ を積分定数とする．
(1) $t = \sin x$ とおけば，

$$\int \frac{1}{\cos x} dx = \int \frac{\cos x}{\cos^2 x} dx = \int \frac{\cos x}{1 - \sin^2 x} dx = \int \frac{1}{1 - t^2} dt$$
$$= \frac{1}{2}\int\left(\frac{1}{1+t} + \frac{1}{1-t}\right) dt = \frac{1}{2}(\log|1+t| - \log|1-t|) + C$$
$$= \frac{1}{2}\log\left(\frac{1 + \sin x}{1 - \sin x}\right) + C$$

ここで，計算を終えてもいいが，$\sin x = 2\sin\dfrac{x}{2}\cos\dfrac{x}{2}$ および $\sin^2\dfrac{x}{2} + \cos^2\dfrac{x}{2} = 1$ を用いれば，次のように変形できる．

$$\int \frac{1}{\cos x} dx = \frac{1}{2}\log\left(\frac{1 + \sin x}{1 - \sin x}\right) + C = \frac{1}{2}\log\frac{(\cos\frac{x}{2} + \sin\frac{x}{2})^2}{(\cos\frac{x}{2} - \sin\frac{x}{2})^2} + C$$
$$= \log\left|\frac{\cos\frac{x}{2} + \sin\frac{x}{2}}{\cos\frac{x}{2} - \sin\frac{x}{2}}\right| + C = \log\left|\frac{1 + \tan\frac{x}{2}}{1 - \tan\frac{x}{2}}\right| + C$$

(2) $t = \cos x$ とおけば，

$$\int \frac{1}{\sin x} dx = \int \frac{\sin x}{\sin^2 x} dx = \int \frac{\sin x}{1 - \cos^2 x} dx = -\int \frac{1}{1 - t^2} dt$$
$$= \frac{1}{2}\int\left(\frac{1}{t-1} - \frac{1}{t+1}\right) dt = \frac{1}{2}(\log|t-1| - \log|t+1|) + C$$

▶【アクティブ・ラーニング】
例題 4.19 はすべて確実に求められるようになりましたか？求められない問題があれば，それがどうすれば求められるようになりますか？何に気をつければいいですか？また，読者全員ができるようになるにはどうすればいいでしょうか？それを紙に書き出しましょう．そして，書き出した紙を周りの人と見せ合って，それをまとめてグループごとに発表しましょう．

【注意】$\dfrac{\cos x}{1 - \sin^2 x}$ では，$\sin x$ が偶数次なので，$t = \sin x$ とおく．

【注意】$\dfrac{\sin x}{1 - \cos^2 x}$ では，$\cos x$ が偶数次なので，$t = \cos x$ とおく．

$$= \frac{1}{2}\log\left|\frac{t-1}{t+1}\right| = \frac{1}{2}\log\left(\frac{1-\cos x}{1+\cos x}\right) + C$$

ここで計算を終えてもよいが，$\cos x = 1 - 2\sin^2\frac{x}{2} = 2\cos^2\frac{x}{2} - 1$ を用いれば，次のように変形できる．

$$\int \frac{1}{\sin x}dx = \log\left(\frac{1-\cos x}{1+\cos x}\right) + C = \frac{1}{2}\log\left(\frac{\sin^2\frac{x}{2}}{\cos^2\frac{x}{2}}\right) + C = \log\left|\tan\frac{x}{2}\right| + C$$

(3) $t = \tan x$ とおけば，

$$\int \frac{1}{\cos^4 x}dx = \int \frac{1}{\cos^2 x}\frac{1}{\cos^2 x}dx = \int (1+\tan^2 x)^2 dx = \int (1+t^2)^2 \frac{dt}{1+t^2}$$
$$= \int (1+t^2)dt = t + \frac{t^3}{3} + C = \tan x + \frac{1}{3}\tan^3 x + C$$

(4) $t = \tan\frac{x}{2}$ とおけば，

$$\int \frac{1}{5+3\sin x + 4\cos x}dx = \int \frac{1}{5+3\left(\frac{2t}{1+t^2}\right)+4\left(\frac{1-t^2}{1+t^2}\right)}\frac{2}{1+t^2}dt = \int \frac{2}{t^2+6t+9}dt$$
$$= 2\int \frac{1}{(t+3)^2}dt = -\frac{2}{t+3} + C = -\frac{2}{\tan\frac{x}{2}+3} + C$$

∎

[問] 4.17 次の不定積分を求めよ．

(1) $\displaystyle\int \frac{\sin^2 x \cos x}{\sin x + 2}dx$    (2) $\displaystyle\int \frac{\sin^3 x}{\cos x}dx$

(3) $\displaystyle\int \tan^2 x \sec^4 x\, dx$    (4) $\displaystyle\int \frac{1}{2+2\sin x + \cos x}dx$

## 4.10 無理関数の積分

三角関数と同様に，無理関数も有理関数の積分に帰着されることを示そう．

---

**定理4.17（無理関数の置換法（その1））**

$ad - bc \neq 0$ で，$n$ を $0$ でない整数とするとき，$t = \sqrt[n]{\dfrac{ax+b}{cx+d}}$ とおくと，次が成り立つ．

$$\int R\left(x, \sqrt[n]{\frac{ax+b}{cx+d}}\right)dx = \int R\left(\frac{dt^n - b}{-ct^n + a}, t\right)\frac{n(ad-bc)t^{n-1}}{(-ct^n+a)^2}dt$$

これより，$c = 0, d = 1$，つまり，$t = \sqrt[n]{ax+b}$ とおけば，

$$\int R(x, \sqrt[n]{ax+b})dx = \int R\left(\frac{t^n-b}{a}, t\right)\frac{nt^{n-1}}{a}dt$$

---

（証明）

$t = \sqrt[n]{\dfrac{ax+b}{cx+d}}$ より，$t^n = \dfrac{ax+b}{cx+d}$ なので $x = \dfrac{dt^n - b}{-ct^n + a}dt$ である．これより，

$$\frac{dx}{dt} = \frac{ndt^{n-1}(-ct^n+a) - (dt^n - b)(-cnt^{n-1})}{(-ct^n + a)^2}$$

$$= \frac{t^{n-1}(-ndct^n + and + cndt^n - bcn)}{(-ct^n + a)^2} = \frac{nt^{n-1}(ad-bc)}{(-ct^n + a)^2}$$

なので，$dx = \dfrac{n(ad-bc)t^{n-1}}{(-ct^n + a)^2}dt$ である．よって，定理の主張が成り立つ． ∎

---

**定理 4.18（無理関数の置換法（その 2））**

(1) $a > 0$ のとき，$\sqrt{ax^2 + bx + c} = t - \sqrt{a}x$ とおくと

$$\int R\left(x, \sqrt{ax^2 + bx + c}\right)dx$$
$$= \int R\left(\frac{t^2 - c}{2\sqrt{a}t + b}, \frac{\sqrt{a}t^2 + bt + \sqrt{a}c}{2\sqrt{a}t + b}\right)\frac{2(\sqrt{a}t^2 + bt + c\sqrt{a})}{(2\sqrt{a}t + b)^2}dt$$

(2) $a < 0$ のとき，$ax^2 + bx + c = 0$ の実数解を $\alpha, \beta (\alpha < \beta)$ とするとき，$t = \sqrt{\dfrac{x - \alpha}{\beta - x}}$ とおけば，

$$\int R\left(x, \sqrt{ax^2 + bx + c}\right)dx$$
$$= \int R\left(\frac{\beta t^2 + \alpha}{t^2 + 1}, \frac{\sqrt{-a}(\beta - \alpha)}{t^2 + 1}t\right)\frac{2(\beta - \alpha)t}{(t^2 + 1)^2}dt$$

---

▶ **[定理 4.18(2) の補足]**

$b^2 - 4ac \leqq 0$ のときは，$ax^2 + bx + c \leqq 0$ となるので，このときは $\sqrt{ax^2 + bx + c}$ を考えても意味がない．そこで，$b^2 - 4ac > 0$ の場合，つまり，$ax^2 + bx + c = 0$ が相異なる実数解をもつときを考える．

**【注意】二項積分**

$$\int x^p(ax^q + b)^r dx$$

については，次のように置換すればよいことが知られている．

1. $p, q$ が有理数で，$r$ が整数のとき，$t^s = x$ とおく．ただし，$s$ は $p$ と $q$ の分母の最小公倍数とする．
2. $r$ が有理数で，$\dfrac{p+1}{q}$ が整数のとき，$t^s = ax^q + b$ とおく．ただし，$s$ は $r$ の正の整数既約分母とする．
3. $\dfrac{p+1}{q} + r$ が整数のとき，$t^s = a + \dfrac{b}{x^q}$ とおく．ここで，$s$ は $r$ の正の整数既約分母とする．

---

**（証明）**
(1) $\sqrt{ax^2 + bx + c} = t - \sqrt{a}x$ の両辺を 2 乗すれば，$ax^2 + bx + c = t^2 - 2\sqrt{a}xt + ax^2$ となるので，これを整理して $x = \dfrac{t^2 - c}{2\sqrt{a}t + b}$ を得る．これより，

$$\sqrt{ax^2 + bx + c} = t - \sqrt{a}x = t - \sqrt{a}\frac{t^2 - c}{2\sqrt{a}t + b} = \frac{\sqrt{a}t^2 + bt + \sqrt{a}c}{2\sqrt{a}t + b}$$

を得る．また，

$$dx = \frac{2t(2\sqrt{a}t + b) - (t^2 - c) \cdot 2\sqrt{a}}{(2\sqrt{a}t + b)^2}dt = \frac{2(\sqrt{a}t^2 + bt + c\sqrt{a})}{(2\sqrt{a}t + b)^2}dt$$

なので，定理の主張が成り立つ．
(2) $ax^2 + bx + c = 0$ の相異なる解を $\alpha, \beta(\alpha < \beta)$ とすると，

$$\sqrt{ax^2 + bx + c} = \sqrt{a(x - \alpha)(x - \beta)} = \sqrt{-a}\sqrt{(x - \alpha)(\beta - x)}$$
$$= \sqrt{-a}(\beta - x)\sqrt{\frac{x - \alpha}{\beta - x}}$$

となるが，このときは定理 4.17 に帰着する．したがって，$t = \sqrt{\dfrac{x - \alpha}{\beta - x}}$ とおけば，定理 4.17 より

$$x = \frac{\beta t^2 + \alpha}{t^2 + 1}, \quad \sqrt{ax^2 + bx + c} = \frac{\sqrt{-a}(\beta - \alpha)}{t^2 + 1}t, \quad dx = \frac{2(\beta - \alpha)t}{(t^2 + 1)^2}dt$$

となるので，定理の主張を得る． ∎

定理 4.17〜4.18 を含め，無理関数の主な置換法をまとめると次のようになる．

| 無理関数の置換法 | |
|---|---|
| 被積分関数 | 置換法 |
| $R(x, \sqrt[n]{ax+b})$ $(a \neq 0)$ | $t = \sqrt[n]{ax+b}$ |
| $R(x, \sqrt[n]{\dfrac{ax+b}{cx+d}})$ $(ad-bc \neq 0)$ | $t = \sqrt[n]{\dfrac{ax+b}{cx+d}}$ |
| $R(x, \sqrt{ax^2+bx+c}), D = b^2-4ac \neq 0, a > 0$ | $\sqrt{ax^2+bx+c} = t - \sqrt{a}x$ |
| $R(x, \sqrt{ax^2+bx+c}), D > 0, a < 0$ | $ax^2+bx+c = a(x-\alpha)(\beta-x)$ $\alpha < \beta$ とすると $t = \sqrt{\dfrac{x-\alpha}{\beta-x}}$ |
| $R(x, \sqrt{a^2-x^2})$ $(a > 0)$ | $x = a\sin t$ |
| $R(x, \sqrt{x^2-a^2})$ $(a > 0)$ | $x = a\sec t$ |
| $R(x, \sqrt{x^2+a^2})$ $(a > 0)$ | $x = a\tan t$ |

▶【アクティブ・ラーニング】
　例題 4.20 はすべて確実に求められるようになりましたか？求められない問題があれば，それがどうすれば求められるようになりますか？何に気をつければいいですか？また，読者全員ができるようになるにはどうすればいいでしょうか？それを紙に書き出しましょう．そして，書き出した紙を周りの人と見せ合って，それをまとめてグループごとに発表しましょう．

【注意】定理 4.17, 4.18 を見ながら計算する場合は，定理の結果に値を代入するだけでよいが，例題 4.20 では，練習のため，各問題で $x$ を $t$ で表す計算をしている．なお，$s = x^4$ とすれば，$ds = 4x^3 dx$ であり，$I = \int \dfrac{\sqrt{x^4+1}}{x} dx = \dfrac{1}{4} \int \dfrac{\sqrt{s+1}}{s} ds$ となるので，$I$ は $R(s, \sqrt{s+1})$ の形である．よって，例題 4.20(1) では，$t = \sqrt{s+1} = \sqrt{x^4+1}$ とおけばよい．

**例題 4.20（無理関数の置換法）**

次の不定積分を求めよ．

(1) $\displaystyle\int \dfrac{\sqrt{x^4+1}}{x} dx$    (2) $\displaystyle\int \sqrt{\dfrac{x-2}{x-1}} dx \ (x > 2)$

(3) $\displaystyle\int \dfrac{1}{(x-1)\sqrt{x^2-4x-2}} dx$    (4) $\displaystyle\int \dfrac{x}{\sqrt{2+x-x^2}} dx$

(解答)
以下では $C$ を積分定数とする．
(1) $t = \sqrt{x^4+1}$ とおくと $t^2 = x^4+1$ なので，$x^4 = t^2-1$ かつ $2tdt = 4x^3 dx$，つまり，$tdt = 2x^3 dx$ である．よって，

$$\int \frac{\sqrt{x^4+1}}{x} dx = \int \frac{\sqrt{x^4+1}}{x} \cdot \frac{2x^3}{2x^3} dx = \int \frac{\sqrt{x^4+1}}{2x^4} \cdot 2x^3 dx = \int \frac{t}{2(t^2-1)} \cdot tdt$$

$$= \frac{1}{2} \int \frac{t^2}{t^2-1} dt = \frac{1}{2} \int \frac{t^2-1+1}{t^2-1} dt = \frac{1}{2} \int 1 dt + \frac{1}{2} \int \frac{1}{t^2-1} dt$$

$$= \frac{1}{2} t + \frac{1}{2} \cdot \frac{1}{2} \log\left(\frac{t-1}{t+1}\right) + C = \frac{1}{2}\sqrt{x^4+1} + \frac{1}{4} \log\left(\frac{\sqrt{x^4+1}-1}{\sqrt{x^4+1}+1}\right) + C$$

(2) $t = \sqrt{\dfrac{x-2}{x-1}}$ とおくと，$x = \dfrac{t^2-2}{t^2-1}$ なので，$dx = \dfrac{2t}{(t^2-1)^2} dt$ となる．よって，

$$\int \sqrt{\frac{x-2}{x-1}} dx = \int \frac{2t^2}{(t^2-1)^2} dt$$

となる．ここで，

$$\frac{2t^2}{(t^2-1)^2} = \frac{A}{(t+1)^2} + \frac{B}{(t-1)^2} + \frac{C}{t+1} + \frac{D}{t-1}$$

とおくと，

$$A(t-1)^2 + B(t+1)^2 + C(t+1)(t-1)^2 + D(t-1)(t+1)^2 = 2t^2$$

となる．ここで，$t^3$ に着目すると $C+D=0$ であり，これと $t=0, t=1, t=-1$ として得られる方程式を連立させて解くと，$A=\dfrac{1}{2}, B=\dfrac{1}{2}, C=-\dfrac{1}{2}, D=\dfrac{1}{2}$ である．よって，

$$\frac{2t^2}{(t^2-1)^2} = \frac{1}{2}\left(\frac{1}{(t+1)^2} + \frac{1}{(t-1)^2} - \frac{1}{t+1} + \frac{1}{t-1}\right)$$

となるので，

$$\int \frac{2t^2}{(t^2-1)^2} dt = \frac{1}{2}\left(-\frac{1}{t+1} - \frac{1}{t-1} - \log|t+1| + \log|t-1|\right) + C$$

$$= \frac{1}{2}\left(\log\left|\frac{t-1}{t+1}\right| - \frac{2t}{t^2-1}\right) + C = \frac{1}{2}\left(\log\left|\frac{\sqrt{x-2}-\sqrt{x-1}}{\sqrt{x-2}+\sqrt{x-1}}\right| + 2\sqrt{(x-2)(x-1)}\right) + C.$$

(3) $\sqrt{x^2-4x-2} = t-x$ とおくと，$x^2-4x-2 = t^2-2tx+x^2$ より $x = \dfrac{t^2+2}{2(t-2)}$ となるので $dx = \dfrac{1}{2}\left(\dfrac{2t(t-2)-(t^2+2)}{(t-2)^2}\right)dt = \dfrac{t^2-4t-2}{2(t-2)^2}dt$ である．よって，

$$x - 1 = \frac{t^2+2-2(t-2)}{2(t-2)} = \frac{t^2-2t+6}{2(t-2)}$$

$$\sqrt{x^2-4x-2} = t-x = t - \frac{t^2+2}{2(t-2)} = \frac{t^2-4t-2}{2(t-2)}$$

である．ゆえに，

$$\int \frac{1}{(x-1)\sqrt{x^2-4x-2}} dx = \int \frac{2(t-2)}{t^2-2t+6} \cdot \frac{2(t-2)}{t^2-4t-2} \cdot \frac{t^2-4t-2}{2(t-2)^2} dt$$

$$= \int \frac{2}{t^2-2t+6} dt = 2\int \frac{1}{(t-1)^2+5} dt = 2\frac{1}{\sqrt{5}}\tan^{-1}\left(\frac{t-1}{\sqrt{5}}\right) + C$$

$$= \frac{2}{\sqrt{5}}\tan^{-1}\left(\frac{1}{\sqrt{5}}\left(\sqrt{x^2-4x-2}+x-1\right)\right) + C.$$

(4) $-x^2+x+2 = -(x-2)(x+1) = 0$ より，$t = \sqrt{\dfrac{x+1}{2-x}}$ とおけば，$t^2 = \dfrac{x+1}{2-x}$ なので，$x = \dfrac{2t^2-1}{t^2+1}$, $\sqrt{2+x-x^2} = (2-x)\sqrt{\dfrac{x+1}{2-x}} = \left(2 - \dfrac{2t^2-1}{t^2+1}\right)t = \dfrac{3t}{t^2+1}$,
$dx = \dfrac{4t(t^2+1)-(2t^2-1)\cdot 2t}{(t^2+1)^2} = \dfrac{6t}{(t^2+1)^2} dt$ である．よって，

$$\int \frac{x}{\sqrt{2+x-x^2}} dx = \int \frac{2t^2-1}{t^2+1} \cdot \frac{t^2+1}{3t} \cdot \frac{6t}{(t^2+1)^2} dt = 2\int \frac{2t^2-1}{(t^2+1)^2} dt$$

$$2\int \frac{2(t^2+1)-3}{(t^2+1)^2} dt = 4\tan^{-1} t - 6\int \frac{1}{(t^2+1)^2} dt$$

である．ここで，定理 4.15(3) より，

$$\int \frac{1}{(t^2+1)^2} dt = \frac{1}{2}\left(\frac{t}{t^2+1} + \tan^{-1} t\right) + C$$

なので，積分定数 $6C$ をあらためて $C$ と表せば，

$$\int \frac{x}{\sqrt{2+x-x^2}} dx = 4\tan^{-1} t - 3\left(\frac{t}{t^2+1} + \tan^{-1} t\right) + C$$

$$= \tan^{-1} t - \frac{3t}{t^2+1} + C = \tan^{-1}\sqrt{\frac{x+1}{2-x}} - \sqrt{2+x-x^2} + C$$

∎

【注意】(4) の $\tan^{-1}\sqrt{\dfrac{x+1}{2-x}}$ の部分は $-\dfrac{1}{2}\sin^{-1}\dfrac{1-2x}{3}$ と書けるため，他書ではこのように表記しているものもあるので注意しよう．
実際，

$$y = \tan^{-1}\sqrt{\frac{x-\alpha}{\beta-x}}$$

$$\iff \tan^2 y = \frac{x-\alpha}{\beta-x}$$

$$\iff \frac{1-\cos^2 y}{\cos^2 y} = \frac{x-\alpha}{\beta-x}$$

$$\iff \frac{1-\cos 2y}{1+\cos 2y} = \frac{x-\alpha}{\beta-x}$$

$$\iff \cos 2y = \frac{\beta+\alpha-2x}{\beta-\alpha}$$

$$\iff 2y = \cos^{-1}\frac{\beta+\alpha-2x}{\beta-\alpha}$$

$$\iff 2y = \frac{\pi}{2} - \sin^{-1}\frac{\beta+\alpha-2x}{\beta-\alpha}$$

より

$$\tan^{-1}\sqrt{\frac{x-\alpha}{\beta-x}}$$

$$= \frac{1}{2}\left(\frac{\pi}{2} - \sin^{-1}\frac{\beta+\alpha-2x}{\beta-\alpha}\right)$$

なので，$\alpha = -1, \beta = 2$ とすれば，$\tan^{-1}\sqrt{\dfrac{x+1}{2-x}} = \dfrac{\pi}{4} - \sin^{-1}\dfrac{1-2x}{3}$ となる．なお，$\dfrac{\pi}{4}$ は定数なので，積分定数に含めてしまえばよい．

[問] 4.18 次の不定積分を求めよ.

(1) $\displaystyle\int x\sqrt[3]{1+x}\,dx$ 　　(2) $\displaystyle\int \sqrt{\dfrac{x-1}{3-x}}\,dx$

(3) $\displaystyle\int \dfrac{1}{(x+2)\sqrt{x^2-5}}\,dx$ 　　(4) $\displaystyle\int \dfrac{1}{(x+1)\sqrt{3-2x-x^2}}\,dx$

## 4.11 指数関数の積分

指数関数の積分は比較的簡単である．

**定理 4.19（指数関数の置換法）**

$\displaystyle\int R(e^x)\,dx$ は $t=e^x$ とおくと $\displaystyle\int R(e^x)\,dx = \int R(t)\dfrac{1}{t}\,dt.$

（証明）
$x=\log t$ より $dx=\dfrac{1}{t}dt$ なので，直ちに定理の主張を得る． ∎

**例題 4.21（指数関数の置換法）**

不定積分 $\displaystyle\int \dfrac{1}{e^{2x}-2e^x}\,dx$ を求めよ．

（解答）
$t=e^x$ とおくと，$x=\log t$ より $dx=\dfrac{1}{t}dt$ なので，

$$\int \dfrac{1}{t^2-2t}\dfrac{1}{t}\,dt = \dfrac{1}{4}\int \left(\dfrac{1}{t-2}-\dfrac{1}{t}-\dfrac{2}{t^2}\right)dt = \dfrac{1}{4}\left(\log|t-2|-\log|t|+\dfrac{2}{t}\right)+C$$
$$= \dfrac{1}{4}\left(\log\left|\dfrac{t-2}{t}\right|+\dfrac{2}{t}\right)+C = \dfrac{1}{4}\left(\log\left|\dfrac{e^x-2}{e^x}\right|+\dfrac{2}{e^x}\right)+C.$$
∎

[問] 4.19 次の計算をせよ.

(1) $\displaystyle\int \dfrac{e^{2x}}{(e^x+3)^2}\,dx$ 　　(2) $\displaystyle\int_1^2 \dfrac{1}{e^x-1}\,dx$

## 第4章のまとめ

- 定積分はリーマン和の極限値として定義される．
- $f(x)$ が連続のとき，$f(x)$ の原始関数 $F(x)$ と不定積分 $\displaystyle\int_a^x f(t)\,dt$ は一致する．
- 「積分する」は「微分する」の逆演算に相当する．
- $F(x)$ を $f(x)$ の任意の原始関数とすると，$\displaystyle\int_a^b f(x)\,dx = \Big[F(x)\Big]_a^b = F(b)-F(a)$
- 不定積分は存在しても，具体的に求まるとは限らない．
- 積分計算をするときは，置換積分，部分積分を活用する．
- 有理関数の積分では，部分分数分解を行う．

▶ [不定積分が存在しても求められるとは限らない]
　今までの計算例を見れば，どのような関数についても，その不定積分が求められそうな気がするかもしれない．しかし，実際には不定積分が存在したとしても，それを具体的に求められない場合も意外に多いのである．例えば，$\displaystyle\int \cos x^2\,dx$ や $\displaystyle\int \dfrac{\sin x}{x}\,dx$ といった不定積分は求められない．

▶【アクティブ・ラーニング】
　不定積分が存在しない例を作り，他の人に説明しよう．お互いに例を共有し，最も面白いと思う例を選ぼう．また，選んだ理由も明確にしよう．

▶【アクティブ・ラーニング】
　まとめに記載されている項目について，例を交えながら他の人に説明しよう．また，あなたならどのように本章をまとめますか？あなたの考えで本章をまとめ，それを他の人とも共有し，自分たちオリジナルのまとめを作成しよう．

▶【アクティブ・ラーニング】
　本章で登場した例題および問において，重要な問題を5つ選び，その理由を述べてください．その際，選定するための基準は，自分たちで考えてください．

- 三角関数の積分では $t = \tan \dfrac{x}{2}$, 無理関数の積分では $\sqrt{ax^2 + bx + c} = t - \sqrt{a}x$, 指数関数の積分では $t = e^x$ などとおいて, 有理関数の積分に帰着させる.

## 第4章 演習問題

[A. 基本問題]

**演習 4.1** $\displaystyle\lim_{x \to 2} \frac{1}{x-2} \int_2^x \sqrt{t^2+4}\,dt$ を求めよ.

**演習 4.2** $\displaystyle\int_0^x (x-t)f(t)dt = \cos x - a$ を満たす関数 $f(x)$ と定数 $a$ を求めよ.

**演習 4.3** $p$ と $q$ を定数とするとき, 関数 $f(x) = x^2 + px + q$ について, $\displaystyle\lim_{x \to a} \frac{1}{x-a} \int_a^x f(t)dt$ を求めよ.

**演習 4.4** 次の関数を微分せよ. (1) $\displaystyle\int_0^x e^{x+t}dt$ (2) $\displaystyle\int_{-2x}^{2x} \frac{\sin t}{t}dt$

**演習 4.5** 次の定積分の値を求めよ.
(1) $\displaystyle\int_0^\pi |\sin x + \sqrt{3}\cos x|dx$ (2) $\displaystyle\int_{-\frac{\pi}{2}}^{\frac{\pi}{2}} \left(\sin x \cos x + \frac{2}{\pi}\right)dx$ (3) $\displaystyle\int_{-\frac{\pi}{2}}^{\frac{\pi}{2}} \cos 3x \cos 2x\,dx$
(4) $\displaystyle\int_{-\pi}^\pi \cos^2 x\,dx$ (5) $\displaystyle\int_{-1}^{\sqrt{3}} \frac{1}{\sqrt{4-x^2}}dx$ (6) $\displaystyle\int_{-1}^1 (e^x + e^{-x})dx$

**演習 4.6** 負でない整数 $m, n$ に対して, 次式が成り立つことを示せ.

(1) $\displaystyle\int_0^{2\pi} \cos nx \sin mx\,dx = 0$

(2) $\displaystyle\int_0^{2\pi} \sin nx \sin mx\,dx = \begin{cases} 0 & (n \neq m, m = n = 0) \\ \pi & (n = m \neq 0) \end{cases}$

(3) $\displaystyle\int_0^{2\pi} \cos nx \cos mx\,dx = \begin{cases} 0 & (n \neq m) \\ \pi & (n = m \neq 0) \\ 2\pi & (n = m = 0) \end{cases}$

**演習 4.7** $\displaystyle f(x) = \frac{1}{x} + \int_1^3 f(t)dt$ を満たす関数 $f(x)$ を求めよ.

**演習 4.8** 次の不定積分を求めよ. ただし, $a$ と $b$ は定数で, $a \neq 0$ とする.
(1) $\displaystyle\int \frac{1}{\sqrt{2x^2+1}}dx$ (2) $\displaystyle\int \frac{1}{\sqrt{3-2x-x^2}}dx$ (3) $\displaystyle\int \frac{2}{4x^2-4x+7}dx$ (4) $\displaystyle\int \log(1+x^2)dx$
(5) $\displaystyle\int x\tan^{-1}x\,dx$ (6) $\displaystyle\int x\sin^{-1}x\,dx$ (7) $\displaystyle\int x\sqrt{ax+b}\,dx$

**演習 4.9** $\displaystyle F(x) = \int f(x)dx$ のとき, $\displaystyle\int f(ax+b)dx = \frac{1}{a}F(ax+b)$ を示せ. ただし, $a$ と $b$ は定数で $a \neq 0$ とする.

**演習 4.10** $\displaystyle\int \frac{x}{\sqrt{1-x^2}}(\sin^{-1}x)^{n-1}dx = \boxed{(ア)}(\sin^{-1}x)^{n-1} + \boxed{(イ)}\int (\sin^{-1}x)^{n-2}dx$ の (ア) と (イ) に入る数式を求めよ.

**演習 4.11** $\displaystyle I_n = \int \frac{1}{(x^2+A)^n}dx \quad (A \neq 0, n \geq 2)$ とするとき, 次を示せ.

$$I_n = \frac{1}{2(n-1)A}\left\{\frac{x}{(x^2+A)^{n-1}} + (2n-3)I_{n-1}\right\}$$

**演習 4.12** 次の定積分の値を求めよ．ただし，$a > 0$ とする．

(1) $\displaystyle\int_0^1 x\tan^{-1}x\,dx$ 　　(2) $\displaystyle\int_0^1 \log(x^2+1)\,dx$ 　　(3) $\displaystyle\int_{-1}^1 \frac{x^2}{\sqrt{2-x^2}}\,dx$

(4) $\displaystyle\int_0^{\frac{a}{2}} \frac{x^2}{(a^2-x^2)^{\frac{3}{2}}}\,dx$ 　　(5) $\displaystyle\int_0^{\frac{1}{6}} \frac{x\sin^{-1}(3x)}{\sqrt{1-9x^2}}\,dx$ 　　(6) $\displaystyle\int_0^2 \sqrt{4-x^2}\sin^{-1}\left(\frac{x}{2}\right)dx$

**演習 4.13** 次の不定積分を求めよ．

(1) $\displaystyle\int \frac{1}{(x^2+1)(x^2+4)}\,dx$ 　　(2) $\displaystyle\int \frac{3x+2}{x(x+1)^2}\,dx$ 　　(3) $\displaystyle\int \frac{x^3}{(x^2+9)(x+1)}\,dx$

(4) $\displaystyle\int \frac{2x^4+x^3+12}{x^3-3x+2}\,dx$ 　　(5) $\displaystyle\int \frac{x^3}{x^2-x-2}\,dx$ 　　(6) $\displaystyle\int \frac{1}{x^3-1}\,dx$

(7) $\displaystyle\int \frac{2x^2-3x-9}{(x+1)(x^2+4x+5)}\,dx$ 　　(8) $\displaystyle\int \frac{x^3+x-1}{(x-1)^2(x^2+1)}\,dx$

**演習 4.14** 次の不定積分を求めよ．

(1) $\displaystyle\int \frac{\cos x}{\sin^4 x}\,dx$ 　　(2) $\displaystyle\int \frac{1}{2\cos^4 x + \sin^2 x\cos^2 x}\,dx$ 　　(3) $\displaystyle\int \frac{1}{3\sin x + 4\cos x}\,dx$

(4) $\displaystyle\int \frac{1}{2+\sin x}\,dx$ 　　(5) $\displaystyle\int \frac{1}{3+2\cos x}\,dx$ 　　(6) $\displaystyle\int \frac{\cos x}{1+\cos x}\,dx$

**演習 4.15** 次の計算をせよ．

(1) $\displaystyle\int_0^2 \frac{x^2}{\sqrt{2x+1}}\,dx$ 　　(2) $\displaystyle\int \frac{\log x}{2\sqrt{x-1}}\,dx$ 　　(3) $\displaystyle\int \frac{1}{x\sqrt{x^2+x+1}}\,dx$

(4) $\displaystyle\int \sqrt{(x-1)(3-x)}\,dx$ 　　(5) $\displaystyle\int \frac{e^{3x}}{(e^x+1)^2}\,dx$ 　　(6) $\displaystyle\int \frac{2e^x}{e^x+2}\,dx$

[B. 応用問題]

**演習 4.16** 次の問に答えよ．

(1) $I_n = \displaystyle\int \tan^n x\,dx$ のとき，$I_n = \dfrac{1}{n-1}\tan^{n-1}x - I_{n-2}\,(n\neq 1)$ が成り立つことを示せ．

(2) $\displaystyle\int \tan^2 x\,dx$ を求めよ．

(3) $y = \sin^{-1}\sqrt{\dfrac{x}{x+2}}$ とおいたとき，$x = 2\tan^2 y$ が成り立つことを示せ．

(4) 定積分 $\displaystyle\int_0^2 \sin^{-1}\sqrt{\dfrac{x}{x+2}}\,dx$ の値を求めよ．

**演習 4.17** 不定積分 $\displaystyle\int \frac{1}{\cos^3 x}\,dx$ を求めよ．

**演習 4.18** 定積分 $\displaystyle\int_0^1 \frac{2}{2+3e^x+e^{2x}}\,dx$ を求めよ．

# 第4章　略解とヒント

[問]

**問 4.1** $\int_a^b \phi(x)dx > 0$ に注意して，積分の平均値の定理を使う．

**問 4.2** (1) $\sqrt{2}$　　(2) 1

**問 4.3** $f(x) = -\sin x$

**問 4.4** (1) $6x^2\sqrt{x^{12}+1}$　　(2) $2(2x+1)^4 e^{4x+2} - x^4 e^{2x}$　　(3) $2\cos 2x$

**問 4.5** (1) $\frac{1}{2}e^{2x} + C$　(2) $\frac{2^x}{\log 2} + C$　(3) $-\frac{4}{x} + x + 4\log|x| + C$　(4) $-\frac{1}{2}\cos 2x + C$　(5) $\frac{1}{3}\sin 3x + C$
(6) $-\frac{1}{2}\log|\cos 2x| + C$　(7) $\frac{1}{2}\tan 2x + C$　(8) $-\frac{1}{3}\cot 3x$　(9) $\frac{1}{\sqrt{2}}\tan^{-1}\frac{x}{\sqrt{2}} + C$　(10) $\sin^{-1}\frac{x}{2} + C$
(11) $\frac{1}{2}\sin^{-1}\frac{2}{\sqrt{3}}x + C$　(12) $x - \frac{2}{\sqrt{5}}\tan^{-1}\frac{x}{\sqrt{5}} + C$

**問 4.6** (1) 与式 $= \int_{-1}^0 (x^2 - 2x)dx + \int_0^1 (2x - x^2)dx = \left[\frac{1}{3}x^3 - x^2\right]_{-1}^0 + \left[x^2 - \frac{1}{3}x^3\right]_0^1 = 2$
(2) $\frac{1}{2}$　(3) $\frac{\pi}{2\sqrt{2}}$　(4) $\frac{26}{3}$　(5) $\frac{\sqrt{3}}{36}\pi$　(6) 与式 $= \frac{1}{2}\int_0^{\frac{\pi}{2}} (\sin 3x + \sin 2x)\,dx = \frac{2}{3}$
(7) 与式 $= \int_{-2}^0 (1 - e^x)dx + \int_0^2 (e^x - 1)dx = e^2 + \frac{1}{e^2} - 2$　(8) $\frac{62}{5} + 4\log 2$　(9) 与式 $= \int_0^{\frac{\pi}{4}} \left(\frac{1}{\cos^2 x} - 1\right)dx = 1 - \frac{\pi}{4}$

**問 4.7** (1) $e^x - \frac{e-1}{2}$　　(2) $f(x) - f(a)$

**問 4.8** (1) $\frac{2}{105}(x+2)^{\frac{3}{2}}(15x^2 - 24x + 32) + C$．$t = x + 2$ とおく．　(2) $\frac{1}{2}\sin^{-1}(2x-1)$．$t = 2x - 1$ とおく．

**問 4.9** (1) $\frac{2}{9}(x^3 + 2)^{\frac{3}{2}} + C$　(2) 与式 $= \int \frac{(x^2 + 2x + 2)'}{x^2 + 2x + 2}dx + \int \frac{1}{(x+1)^2 + 1}dx = \log|x^2 + 2x + 2| + \tan^{-1}(x+1) + C$　(3) 与式 $= \int \frac{1}{\sqrt{(x+2)^2 + 1}}dx = \log\left|x + 2 + \sqrt{x^2 + 4x + 5}\right| + C$
(4) 与式 $= 2\int \sqrt{\left(\frac{3}{2}\right)^2 - x^2}dx = \frac{1}{2}x\sqrt{9 - 4x^2} + \frac{9}{4}\sin^{-1}\frac{2}{3}x + C$

**問 4.10** (1) $t = \log x$ とおくと，$\int_1^2 \frac{\log x}{x}dx = \int_0^1 t\,dt = \frac{1}{2}$　(2) $t = \sin x$ とおくと，$\int_0^{\frac{\pi}{3}} \sin^2 x \cos^3 x\,dx = \int_0^{\frac{\sqrt{3}}{2}} t^2(1-t^2)dt = \frac{11\sqrt{3}}{160}$　(3) $x = a\tan\theta$ とおくと，$\int_0^a \frac{1}{(x^2+a^2)^2}dx = \frac{1}{a^3}\int_0^{\frac{\pi}{4}} \cos^2\theta d\theta = \frac{\pi + 2}{8a^3}$

**問 4.11** (1) $\pi$．$\sin^2 x$ は偶関数　(2) $\sqrt{2}$．$\sin x$ は奇関数，$\cos x$ は偶関数．　(3) 0．$x$ は奇関数，$(x+2)(x-2) = x^2 - 4$ は偶関数なので $x(x-2)(x+2)$ は奇関数．

**問 4.12** (1) $x\cos^{-1}x - \sqrt{1-x^2} + C$　(2) $-e^{-x}(x^2 + 2x + 2) + C$．部分積分を 2 回行う．
(3) $\frac{1}{2}\left((x+1)\sqrt{x^2+2x+5} + 4\log\left|x+1+\sqrt{x^2+2x+5}\right|\right) + C$　(4) $-x^2\cos x + 2(x\sin x + \cos x) + C$．部分積分を 2 回行う．　(5) $-\frac{1}{3}(9x^2 + 6x + 2)e^{-3x} + C$．$t = -3x$ とおいて置換積分した後に部分積分する．　(6) $\frac{x}{2}(\sin(\log x) - \cos(\log x)) + C$．$t = \log x$ とおいて置換積分した後，部分積分をして式を整理．

**問 4.13** (1) $I_n = x(\log x)^n - nI_{n-1}$　(2) $I_n = \frac{1}{2}x^n e^{2x} - \frac{n}{2}I_{n-1}$

問 4.14 (1) $\pi - 2$  (2) $\dfrac{1}{16}(3e^4 + 1)$  (3) $2(\sqrt{2}-1)e^{\sqrt{2}}$  (4) $\dfrac{1}{10}\left(1 - 3e^{-\frac{3}{2}\pi}\right)$  (5) $\dfrac{\pi}{4} - \dfrac{1}{2}\log 2$

(6) $-\dfrac{2}{9}$

問 4.15 (1) $I_n = e - nI_{n-1}$  (2) $I_n = \dfrac{e^2}{2} - \dfrac{n}{2}I_{n-1}$

問 4.16 (1) $\dfrac{1}{3}\log\left|\dfrac{x-1}{x+2}\right| + C$  (2) $\log\dfrac{3}{2}$  (3) $\displaystyle\int \dfrac{x^2}{(x-1)(x^2+4x+5)}dx = \dfrac{1}{10}\int \dfrac{1}{x-1}dx +$
$\dfrac{9}{10}\displaystyle\int \dfrac{x}{x^2+4x+5}dx + \dfrac{1}{2}\int \dfrac{1}{x^2+4x+5}dx = \dfrac{1}{10}\log|x-1| + \dfrac{9}{20}\log|x^2+4x+5| - \dfrac{13}{10}\tan^{-1}(x+2) + C$

(4) $\displaystyle\int \dfrac{x^3 + 2x^2 + 1}{x^2 + 3}dx = \int(x+2)dx - 3\int \dfrac{x}{x^2+3}dx - \int \dfrac{5}{x^2+3}dx = \dfrac{x^2}{2} + 2x - \dfrac{3}{2}\log(x^2+3) -$
$\dfrac{5}{\sqrt{3}}\tan^{-1}\dfrac{x}{\sqrt{3}} + C$

問 4.17 (1) $\dfrac{1}{2}\sin^2 x - 2\sin x + 4\log(\sin x + 2) + C$  (2) $\dfrac{1}{2}\cos^2 x - \log|\cos x| + C$  (3) $\dfrac{1}{5}\tan^5 x +$
$\dfrac{1}{3}\tan^3 x + C$  (4) $\log\left|\dfrac{\tan\frac{x}{2} + 1}{\tan\frac{x}{2} + 3}\right|$

問 4.18 (1) $\sqrt[3]{1+x} = t$ とおく. $\dfrac{3}{28}(4x-3)(1+x)\sqrt[3]{1+x} + C$  (2) $t = \sqrt{\dfrac{x-1}{3-x}}$ とおく.
$-\sqrt{(x-1)(3-x)} + 2\tan^{-1}\sqrt{\dfrac{x-1}{3-x}} + C$  (3) $t = x + \sqrt{x^2-5}$ とおく. $2\tan^{-1}(x+2+\sqrt{x^2-5}) + C$

(4) $t = \sqrt{\dfrac{x+3}{1-x}}$ とおく. $\dfrac{1}{2}\log\left|\dfrac{2-\sqrt{(x+3)(1-x)}}{x+1}\right| + C$

問 4.19 (1) $\log(e^x + 3) + \dfrac{3}{e^x + 3} + C$  (2) $\log\left(\dfrac{e+1}{e}\right)$

[演習]

演習 4.1 $2\sqrt{2}$

演習 4.2 $f(x) = -\cos x, a = 1$. 左辺を展開して両辺を微分すればよい. $x = 0$ とすれば $a = 1$ が導ける.

演習 4.3 $a^2 + pa + q$.

演習 4.4 (1) $2e^{2x} - e^x$  (2) $\dfrac{2\sin 2x}{x}$

演習 4.5 (1) 与式 $= 2\displaystyle\int_0^\pi \left|\sin\left(x + \dfrac{\pi}{3}\right)\right|dx = 2\int_0^{\frac{2}{3}\pi}\sin\left(x+\dfrac{\pi}{3}\right)dx - 2\int_{\frac{2}{3}\pi}^{\pi}\sin\left(x+\dfrac{\pi}{3}\right)dx = 4$

(2) $2$  (3) $\dfrac{6}{5}$  (4) $\pi$  (5) $\dfrac{\pi}{2}$  (6) $2e - \dfrac{2}{e}$

演習 4.6 (1) $\cos nx \sin mx = \dfrac{1}{2}\{\sin(n+m)x + \sin(m-n)x\}$ を利用する.

(2) $\sin mx \sin nx dx = -\dfrac{1}{2}(\cos(m+n)x - \cos(m-n)x)$ を利用する.

(3) $\cos nx \cos mx = \dfrac{1}{2}[\cos(n+m)x + \cos(n-m)x]$ を利用する.

演習 4.7 $\dfrac{1}{x} - \log 3$

演習 4.8 (1) $\dfrac{1}{\sqrt{2}}\log\left|x + \sqrt{x^2 + \dfrac{1}{2}}\right| + C$  (2) $\sin^{-1}\dfrac{x+1}{2} + C$

(3) $\dfrac{1}{\sqrt{6}}\tan^{-1}\left(\dfrac{2x-1}{\sqrt{6}}\right) + C$  (4) $x\log(1+x^2) - 2(x - \tan^{-1}x) + C$

(5) $\dfrac{1}{2}(x^2\tan^{-1}x - x + \tan^{-1}x) + C$  (6) $\dfrac{1}{2}x^2\sin^{-1}x - \dfrac{1}{4}\sin^{-1}x + \dfrac{1}{4}x\sqrt{1-x^2} + C$

(7) $\dfrac{2}{15a^2}(ax+b)^{\frac{3}{2}}(3ax - 2b) + C$

演習 4.9 $t = ax + b$ とおいて置換積分すればよい.

演習 4.10 部分積分すれば, $\int \dfrac{x}{\sqrt{1-x^2}}(\sin^{-1} x)^{n-1} dx \underbrace{-\sqrt{1-x^2}}_{(ア)}(\sin^{-1} x)^{n-1} + \underbrace{(n-1)}_{(イ)}\int (\sin^{-1} x)^{n-2} dx$

演習 4.11 $I_{n-1} = \dfrac{x}{(x^2+A)^{n-1}} + 2(n-1)\int \dfrac{x^2+A-A}{(x^2+A)^n} dx = \dfrac{x}{(x^2+A)^{n-1}} + 2(n-1)(I_{n-1} - AI_n)$

演習 4.12 (1) 与式 $= \left[\dfrac{1}{2}x^2 \tan^{-1} x\right]_0^1 - \dfrac{1}{2}\int_0^1 \dfrac{x^2+1-1}{1+x^2} dx = \dfrac{1}{4}(\pi - 2)$   (2) 与式 $= \left[x\log(x^2+1)\right]_0^1 - \int_0^1 \dfrac{2x^2}{x^2+1} dx = \log 2 - 2 + \dfrac{\pi}{2}$   (3) $\dfrac{\pi}{2} - 1$.   $\dfrac{x^2}{\sqrt{2-x^2}}$ は偶関数であることに注意して, $x = \sqrt{2}\sin\theta$ とおいて置換積分する. あるいは, 例題 4.10(4) を使う.   (4) $\dfrac{1}{\sqrt{3}} - \dfrac{\pi}{6}$.   $\left(\dfrac{1}{\sqrt{a^2-x^2}}\right)' = \dfrac{x}{(a^2-x^2)^{\frac{3}{2}}}$ に注意して部分積分.   (5) $\dfrac{1}{18}\left(1 - \dfrac{\sqrt{3}}{6}\pi\right)$.   $y = \sin^{-1} 3x$ とおいて置換積分した後, 部分積分.   (6) $\dfrac{1}{4}(\pi^2 - 4)$.   $x = 2\sin y$ とおいて置換積分した後, 部分積分.

演習 4.13 (1) $\dfrac{1}{3}\int \dfrac{1}{x^2+1} dx - \dfrac{1}{3}\int \dfrac{1}{x^2+4} dx = \dfrac{1}{3}\tan^{-1} x - \dfrac{1}{6}\tan^{-1}\dfrac{x}{2} + C$   (2) $\int \dfrac{2}{x} dx - \int \dfrac{2}{x+1} dx + \int \dfrac{1}{(x+1)^2} dx = 2\log\left|\dfrac{x}{x+1}\right| - \dfrac{1}{x+1} + C$   (3) $\int 1 dx - \dfrac{9}{10}\int \dfrac{x}{x^2+9} dx - \dfrac{81}{10}\int \dfrac{1}{x^2+9} dx - \dfrac{1}{10}\int \dfrac{1}{x+1} dx = x - \dfrac{9}{20}\log(x^2+9) - \dfrac{27}{10}\tan^{-1}\dfrac{x}{3} - \dfrac{1}{10}\log|x+1| + C$   (4) $\int \dfrac{2x^4+x^3+12}{x^3-3x+2} dx = \int (2x+1) dx + \int \dfrac{4}{x+2} dx + \int \dfrac{2}{x-1} dx + \int \dfrac{5}{(x-1)^2} dx = x^2 + x + 4\log|x+2| + 2\log|x-1| - \dfrac{5}{x-1} + C$   (5) $\int \left(x+1+\dfrac{8}{3(x-2)}+\dfrac{1}{3(x+1)}\right) dx = \dfrac{1}{2}x^2 + x + \dfrac{8}{3}\log|x-2| + \dfrac{1}{3}\log|x+1| + C$   (6) $\dfrac{1}{3}\int \dfrac{1}{x-1} dx - \dfrac{1}{3}\int \dfrac{x+2}{x^2+x+1} dx = \dfrac{1}{6}\log\dfrac{(x-1)^2}{x^2+x+1} - \dfrac{1}{\sqrt{3}}\tan^{-1}\left(\dfrac{2x+1}{\sqrt{3}}\right) + C$   (7) $\int \dfrac{2x^2-3x-9}{(x+1)(x^2+4x+5)} dx = \int \dfrac{-2}{x+1} dx + \int \dfrac{4x+1}{x^2+4x+5} dx = -2\log|x+1| + 2\log|x^2+4x+5| - 7\tan^{-1}(x+2) + C$   (8) $-\dfrac{1}{2}\int \dfrac{x}{(x^2+1)} dx + \dfrac{1}{2}\int \dfrac{1}{(x-1)^2} dx + \dfrac{3}{2}\int \dfrac{1}{x-1} dx = -\dfrac{1}{4}\log(x^2+1) - \dfrac{1}{2(x-1)} + \dfrac{3}{2}\log|x-1| + C$

演習 4.14 (1) $-\dfrac{1}{3\sin^3 x} + C$   (2) $\tan x - \dfrac{1}{\sqrt{2}}\tan^{-1}\left(\dfrac{\tan x}{\sqrt{2}}\right) + C$   (3) $\dfrac{1}{5}\left(\log\left|2\tan\dfrac{x}{2}+1\right| - \log\left|\tan\dfrac{x}{2}-2\right|\right) + C$   (4) $\dfrac{2\sqrt{3}}{3}\tan^{-1}\left(\dfrac{1}{\sqrt{3}}\left(2\tan\dfrac{x}{2}+1\right)\right) + C$   (5) $\dfrac{2}{\sqrt{5}}\tan^{-1}\left(\dfrac{1}{\sqrt{5}}\tan\dfrac{x}{2}\right) + C$   (6) $x - \tan\dfrac{x}{2} + C$

演習 4.15 (1) $t = \sqrt{2x+1}$ とおく. $\dfrac{2}{15}(5\sqrt{5}-1)$   (2) $t = \sqrt{x-1}$ とおく. $\sqrt{x-1}(\log x - 2) + 2\tan^{-1}\sqrt{x-1} + C$   (3) $t = x + \sqrt{x^2+x+1}$ とおく. $\log\left|\dfrac{x+\sqrt{x^2+x+1}-1}{x+\sqrt{x^2+x+1}+1}\right| + C$   (4) $t = \sqrt{\dfrac{x-1}{3-x}}$ とおく. $\dfrac{1}{2}(x-2)\sqrt{(x-1)(3-x)} + \tan^{-1}\sqrt{\dfrac{x-1}{3-x}} + C$   (5) $e^x - \dfrac{1}{e^x+1} - 2\log(e^x+1) + C$   (6) $2\log(e^x+2) + C$

演習 4.16 (1) $\tan^2 x = \dfrac{1}{\cos^2 x} - 1$ および $t = \tan x$ としたとき $dt = \dfrac{1}{\cos^2 x} dx$ に注意する.   (2) $\tan x - x$   (3) $y = \sin^{-1}\sqrt{\dfrac{x}{x+2}}$ とおいたとき $\sin^2 y = \dfrac{x}{x+2}$ なので, $1 - \sin^2 y = \cos^2 y$ に注意してこれを整理すれば $x = 2\tan^2 y$ を得る.   (4) $\pi - 2$.   $y = \sin^{-1}\sqrt{\dfrac{x}{x+2}}$ とおいて置換積分した後, 部分積分.

**演習 4.17** $t=\sin x$ とおくと, $\displaystyle\int \frac{1}{\cos^3 x}dx = \int \frac{1}{(1-t^2)^2}dt = \frac{1}{4}\int\left(\frac{1}{1+t}+\frac{1}{(1+t)^2}+\frac{1}{1-t}+\frac{1}{(1-t)^2}\right)dt = \frac{1}{4}\left\{\log\left(\frac{1+\sin x}{1-\sin x}\right)+\frac{2\sin x}{\cos^2 x}\right\}+C$

**演習 4.18** $\log\dfrac{4e(e+2)}{3(e+1)^2}$

# 第 5 章　積分の応用

### [ねらい]

ここでは，図形の面積，立体の体積，曲線の長さなどを定積分を用いて求めよう．また，第 4 章では，有界閉区間上で定積分を考えたが，それ以外の区間でもできるように定積分を拡張し，拡張された定積分を級数の収束判定に利用しよう．

### [この章の項目]

図形の面積，極座標，極方程式，立体の体積，曲線の長さ，回転体の体積と側面積，広義積分，正項級数，積分判定法

## 5.1　図形の面積

**定理 5.1（2 曲線と 2 直線で囲まれた図形の面積）**
関数 $f(x)$ と $g(x)$ が閉区間 $[a, b]$ において連続であるとき，2 曲線 $y = f(x), y = g(x)$ および 2 直線 $x = a, x = b$ で囲まれた図形の面積 $S$ は次式で与えられる．

$$S = \int_a^b |f(x) - g(x)| dx$$

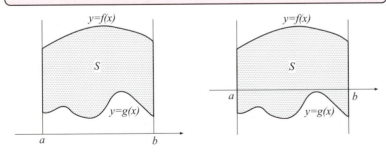

（証明）
(1) $[a, b]$ において $f(x) \geqq g(x) \geqq 0$ のとき，$y = f(x), y = g(x)$ の各々と $x = a, x = b$ および $x$ 軸で囲まれた図形の面積を $S_1, S_2$ とおくと，

$$S_1 = \int_a^b f(x) dx, \quad S_2 = \int_a^b g(x) dx$$

である．ここで，$S_1 = S + S_2$ なので，

$$S = S_1 - S_2 = \int_a^b f(x) dx - \int_a^b g(x) dx = \int_a^b (f(x) - g(x)) dx$$

である．

(2) $[a,b]$ において $f(x) \geqq g(x)$ だが，$f(x) \geqq 0, g(x) \geqq 0$ とは限らないとき，$[a,b]$ 内のすべての点において
$$g(x) + \alpha \geqq 0$$
が成り立つような正の数 $\alpha$ をとり，
$$f_1(x) = f(x) + \alpha, \quad g_1(x) = g(x) + \alpha$$
とする．このとき，$S$ は 2 曲線 $y = f_1(x), y = g_1(x)$ および 2 直線 $x = a, x = b$ とで囲まれた図形の面積と同じで，
$$f_1(x) \geqq g_1(x) \geqq 0$$
なので，(1) より
$$S = \int_a^b (f_1(x) - g_1(x))\,dx = \int_a^b (f(x) - g(x))\,dx$$
である．

(3) $[a,b]$ で $f(x) \leqq g(x)$ のとき，(1) と (2) より
$$S = \int_a^b (g(x) - f(x))\,dx = \int_a^b |f(x) - g(x)|\,dx$$
である．

(4) $[a,b]$ の途中で，$f(x)$ と $g(x)$ の大小関係が入れ替わるとき，例えば，$x = c$ で $f(x) \geqq g(x)$ から $f(x) \leqq g(x)$ になるときは，
$$\begin{aligned}
S &= \int_a^c (f(x) - g(x))\,dx + \int_c^b (g(x) - f(x))\,dx \\
&= \int_a^c |f(x) - g(x)|\,dx + \int_c^b |f(x) - g(x)|\,dx = \int_a^b |f(x) - g(x)|\,dx
\end{aligned}$$
である． ∎

▶【アクティブ・ラーニング】
　例題 5.1 は確実に求められるようになりましたか？できていない問題があれば，それがどうすればできるようになりますか？何に気をつければいいですか？また，読者全員ができるようになるにはどうすればいいでしょうか？それを紙に書き出しましょう．そして，書き出した紙を周りの人と見せ合って，それをまとめてグループごとに発表しましょう．

---

**例題5.1（2 曲線と 2 直線で囲まれた図形の面積）**
2 曲線 $y = \sin x, y = \sqrt{3}\cos x\ (0 \leqq x \leqq \pi)$ と 2 直線 $x = 0, x = \pi$ とで囲まれた図形の面積 $S$ を求めよ．

---

（解答）
$$\sin x - \sqrt{3}\cos x = 2\left(\frac{1}{2}\sin x - \frac{\sqrt{3}}{2}\cos x\right)$$
$$= 2\left(\sin x \cos\frac{\pi}{3} - \sin\frac{\pi}{3}\cos x\right) = 2\sin\left(x - \frac{\pi}{3}\right)$$

なので，$0 \leqq x \leqq \frac{\pi}{3}$ のとき $\sin\left(x - \frac{\pi}{3}\right) \leqq 0$ で，$\frac{\pi}{3} \leqq x \leqq \pi$ のとき $\sin\left(x - \frac{\pi}{3}\right) \geqq 0$ である．
よって，
$$S = \int_0^\pi |\sin x - \sqrt{3}\cos x|\,dx = 2\int_0^\pi \left|\sin\left(x - \frac{\pi}{3}\right)\right|\,dx$$
$$= 2\left\{\int_0^{\frac{\pi}{3}} -\sin\left(x - \frac{\pi}{3}\right)\,dx + \int_{\frac{\pi}{3}}^\pi \sin\left(x - \frac{\pi}{3}\right)\,dx\right\}$$
$$= 2\left\{\left[\cos\left(x - \frac{\pi}{3}\right)\right]_0^{\frac{\pi}{3}} - \left[\cos\left(x - \frac{\pi}{3}\right)\right]_{\frac{\pi}{3}}^\pi\right\} = 2\left\{\left(1 - \frac{1}{2}\right) - \left(-\frac{1}{2} - 1\right)\right\} = 4$$

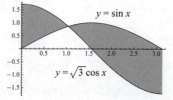

∎

[問] 5.1 次の図形の面積を求めよ．

(1) $y = x^2$ と $y = x + 2$ で囲まれた図形．
(2) $0 \leqq x \leqq \pi$ において，$y = \sin x$ と $y = \sin 2x$ で囲まれた図形．

> **定理 5.2（パラメータ表示された図形の面積）**
> $x = \varphi(t)$ は閉区間 $[\alpha, \beta]$ において微分可能で，$\varphi'(t)$ は連続かつ開区間 $(\alpha, \beta)$ において $\varphi'(t) > 0$ または $\varphi'(t) < 0$ とする．このとき，$y = \psi(t)$ が $[a, b]$ において連続で，$a = \varphi(\alpha), b = \varphi(\beta)$ ならば，曲線 $x = \varphi(t), y = \psi(t)$ と $x$ 軸および $x = a, x = b$ で囲まれる図形の面積 $S$ は
> $$S = \int_\alpha^\beta \left| y \frac{dx}{dt} \right| dt$$
> である．

（証明）
仮定より，$x = \varphi(t)$ の逆関数が存在するので，$t = \varphi^{-1}(x)$ と表せる．よって，
$$y = \psi(t) = \psi(\varphi^{-1}(x))$$
であり，$y$ は $x$ の関数である．そこで，$y = y(x)$ と書くことにする．
まず，$\varphi'(t) > 0$ とすると，$\varphi(t)$ は狭義単調増加なので，$a < b$ である．したがって，
$$S = \int_a^b |y| dx = \int_\alpha^\beta |y| \frac{dx}{dt} dt$$
である．

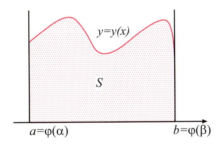

次に，$\varphi'(t) < 0$ とすると，$\varphi(t)$ は狭義単調減少なので，$a > b$ である．したがって，
$$S = \int_b^a |y| dx = \int_\beta^\alpha |y| \frac{dx}{dt} dt = \int_\alpha^\beta |y| \left( -\frac{dx}{dt} \right) dt = -\int_\alpha^\beta |y| \frac{dx}{dt} dt$$
である．ゆえに，以上をまとめると，
$$S = \int_\alpha^\beta |y| \left| \frac{dx}{dt} \right| dt = \int_\alpha^\beta \left| y \frac{dx}{dt} \right| dt$$
を得る． ∎

> **例題 5.2（パラメータ表示された図形の面積）**
> サイクロイド
> $$x = a(t - \sin t), \quad y = a(1 - \cos t) \quad (a > 0, 0 \leqq t \leqq 2\pi)$$
> と $x$ 軸で囲まれる図形の面積を求めよ．

▶【アクティブ・ラーニング】
例題 5.2 は確実に求められるようになりましたか？できていない問題があれば，それがどうすればできるようになりますか？何に気をつければいいですか？また，読者全員ができるようになるにはどうすればいいでしょうか？それを紙に書き出しましょう．そして，書き出した紙を周りの人と見せ合って，それをまとめてグループごとに発表しましょう．

▶ [サイクロイドのグラフ]

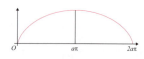

(解答)
サイクロイドは直線 $x = a\pi$ に関して対称なので，$0 \leqq t \leqq \pi$ で考えればよい．また，$0 \leqq t \leqq \pi$ において $x'(t) = a(1-\cos t) \geqq 0$ なので，求める面積 $S$ は

$$S = 2\int_0^\pi \left|y\frac{dx}{dt}\right|dx = 2\int_0^\pi a(1-\cos t)\frac{dx}{dt}dt = 2\int_0^\pi a(1-\cos t)\cdot a(1-\cos t)dt$$
$$= 2a^2\int_0^\pi (1-\cos t)^2 dt = 2a^2\int_0^\pi (1-2\cos t + \cos^2 t)dt$$
$$= 2a^2\int_0^\pi \left(1-2\cos t + \frac{1+\cos 2t}{2}\right)dt$$
$$= 2a^2\left[\frac{3}{2}t - 2\sin t + \frac{\sin 2t}{4}\right]_0^\pi = 3a^2\pi$$

∎

[問] 5.2 次の図形の面積を求めよ．

(1) $x = \cos t,\ y = 2\sin t\quad (0 \leqq t \leqq \pi)$ と $x$ 軸で囲まれた図形．

(2) 曲線 $x = t^2,\ y = t^2 - 2t + 1\ (0 \leqq t \leqq 1)$ および $x$ 軸，$y$ 軸と直線 $x = 1$ で囲まれた図形．

## 5.2 極方程式と面積

通常，平面上の点 $P$ を，直交する $x$ 軸と $y$ 軸を用いて $(x, y)$ のように表すが，これを**直交座標**(orthogonal coordinates) という．しかし，例えば，太陽の周りを周回する惑星の動きや位置などは，太陽と惑星までの距離 $r$ とその移動角度 $\theta$ で表したほうが状況を把握しやすいであろう．

▶ 【アクティブ・ラーニング】
(5.1) で定義される $(r, \theta)$ は，なぜ「極座標」と呼ばれるのか．みんなで調べたり，考えたりしてみよう．

**定義 5.1（極座標）**
平面上の直交座標系で原点を $O$ とし，1 点 $P$ の座標を $(x, y)$ とする．いま，線分 $OP$ の長さを $r(r \geqq 0)$，$OP$ が $x$ 軸の正の向き (反時計回り) となす角を $\theta$ とすれば，

$$x = r\cos\theta,\quad y = r\sin\theta \qquad (5.1)$$

が成り立つ．このとき，実数 $(r, \theta)$ の組を点 $P$ の**極座標**(polar coordinates) という．また，$r$ を $P$ の**動径**(radius)，$\theta$ を**偏角**(argument) という．

▶ [偏角の範囲]
極座標では，$n$ が整数のとき，$(r, \theta)$ と $(r, \theta+2n\pi)$ は同一点を表すので，平面上の点と極座標 $(r, \theta)$ とが 1 対 1 に対応するように $\theta$ の値を $0 \leqq \theta < 2\pi$ または $-\pi \leqq \theta < \pi$ の範囲で考えることが多い．また，原点 $O$ の極座標は $r = 0$，$\theta$ は不定である．

(5.1) より，

$$r = \sqrt{x^2 + y^2},\ \tan\theta = \frac{y}{x}\quad (\text{ただし，}x \neq 0 \text{ のとき})$$

である．

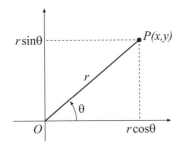

### 定義 5.2（極方程式）

極座標で $r$ が角 $\theta$ の関数として

$$r = f(\theta) \quad (\alpha \leqq \theta \leqq \beta)$$

で与えられるとき，$(r, \theta)$ を極座標にもつ点 $P$ は $\theta$ が変化するにつれ，一般に曲線を描く．この方程式をその曲線の**極方程式(polar equation)**という．

▶ [定理 5.3 で考えている領域のイメージ]

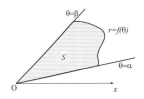

▶ [扇形で面積を近似]

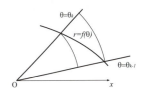

### 定理 5.3（極座標による図形の面積）

曲線が極方程式 $r = f(\theta)$ で表され，$f(\theta)$ が $\theta$ の区間 $[\alpha, \beta]$ で連続であるとき，この曲線と半直線 $\theta = \alpha, \theta = \beta$ で囲まれた図形の面積 $S$ は，次式で与えられる．

$$S = \frac{1}{2} \int_\alpha^\beta \{f(\theta)\}^2 \, d\theta \tag{5.2}$$

（証明）
$[\alpha, \beta]$ の分割 $\Delta : \alpha = \theta_0 < \theta_1 < \cdots < \theta_n = \beta$ に対して，$[\theta_{k-1}, \theta_k]$ における $f(\theta)$ の最小値を $L_k$，最大値を $M_k$ とすると，

$$\frac{1}{2} \sum_{k=1}^n L_k^2 (\theta_k - \theta_{k-1}) \leqq S(\Delta) \leqq \frac{1}{2} \sum_{k=1}^n M_k^2 (\theta_k - \theta_{k-1})$$

である．ただし，$S(\Delta) = \frac{1}{2} \sum_{k=1}^n \{f(\xi_k)\}^2 (\theta_k - \theta_{k-1})$ で，$\xi_k$ は $[\theta_{k-1}, \theta_k]$ の任意の点である．である．ここで，$\lim_{|\Delta| \to 0} \frac{1}{2} \sum_{k=1}^n L_k^2 (\theta_k - \theta_{k-1}) = \lim_{|\Delta| \to 0} \frac{1}{2} \sum_{k=1}^n M_k^2 (\theta_k - \theta_{k-1})$ なので，定積分の定義より (5.2) を得る． ∎

▶【アクティブ・ラーニング】
例題 5.3 は確実に求められるようになりましたか？できていない問題があれば，それがどうすればできるようになりますか？何に気をつければいいですか？また，読者全員ができるようになるにはどうすればいいでしょうか？それを紙に書き出しましょう．そして，書き出した紙を周りの人と見せ合って，それをまとめてグループごとに発表しましょう．

▶ [カージオイドの概形 ($a = 2$)]

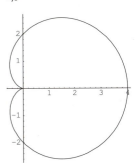

### 例題 5.3（極座標による図形の面積）

$\sqrt{x^2 + y^2} = a\left(1 + \dfrac{x}{\sqrt{x^2 + y^2}}\right) (a > 0)$ の極方程式 $r = f(\theta)$ を求め，この曲線で囲まれた図形の面積 $S$ を求めよ．なお，この曲線を**カージオイド (cardioid)**（心臓形）という．

【注意】極方程式 $r = a(1+\cos\theta)$ を $y = a(1+\cos x)$ と考えないこと．考えている座標系が違うことに注意しよう．ちなみに $y = 2(1+\cos x)$ のグラフは次のようになる．前ページのカージオイドの概形と明らかに違う．

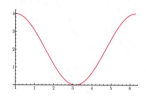

（解答）
$x = r\cos\theta, y = r\sin\theta$ とおくと，$r = a(1+\cos\theta)$ である．
この図形は，$x$ 軸に関して対称であり，図形の上半分は，曲線と2つの半直線 $\theta = 0, \theta = \pi$ で囲まれた図形なので，求める面積を $S$ とすれば，

$$\frac{1}{2}S = \frac{1}{2}\int_0^\pi \{f^2(\theta)\}^2 d\theta = \frac{1}{2}\int_0^\pi a^2(1+\cos\theta)^2 d\theta$$
$$= \frac{1}{2}\int_0^\pi a^2(1+2\cos\theta+\cos^2\theta)d\theta = \frac{a^2}{2}\int_0^\pi \left(1+2\cos\theta+\frac{1}{2}+\frac{1}{2}\cos 2\theta\right)d\theta$$
$$= \frac{a^2}{2}\left[\frac{3}{2}\theta + 2\sin\theta + \frac{1}{4}\sin 2\theta\right]_0^\pi = \frac{a^2}{2}\cdot\frac{3}{2}\pi = \frac{3}{4}\pi a^2$$

なので $S = \frac{3}{2}\pi a^2$. ∎

[問] 5.3 次の図形の面積を求めよ．ただし，$a$ は正の定数とする．

(1) 曲線 $r = a\theta$ $(0 \leqq \theta \leqq 2\pi)$ と $x$ 軸で囲まれた図形．

(2) $r = \sin 2\theta$ $(0 \leq \theta \leq \frac{\pi}{2})$ で囲まれた図形．

(3) 曲線 $r = 4\cos\theta$ $\left(\frac{\pi}{4} \leqq \theta \leqq \frac{3}{4}\pi\right)$ と半直線 $\theta = \frac{\pi}{4}, \theta = \frac{3}{4}\pi$ で囲まれた図形の面積．

▶ [アルキメデスの螺旋]
 $r = a\theta$ をアルキメデスの螺旋 (Archimedean spiral) という．以下に，$a = 2$ の場合の概形を示す．

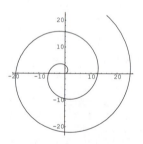

▶ [折れ線による曲線近似]

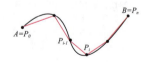

## 5.3 曲線の長さ

**定義5.3（曲線の長さ）**

曲線 $C$ の両端を $A, B$ とする．そして，曲線 $C$ を分割して

$$A = P_0, P_1, \ldots, P_i, \ldots, P_n = B$$

となる点をとり，曲線 $C$ を折れ線 $P_0P_1, \ldots, P_{i-1}P_i, \ldots, P_{n-1}P_n$ で近似する．ただし，この分割 $\Delta$ は $n$ を十分大きくしたとき，各線分 $P_{i-1}P_i$ の長さ $l_i$ $(i = 1, 2, \ldots, n)$ が限りなく 0 に近づくようにとる．$|\Delta| = \max_{1 \leqq i \leqq n} l_i \to 0$ となるように $n$ を大きくするとき，$L(\Delta) = \sum_{i=1}^n l_i$ が分割 $\Delta$ の仕方によらず一定値 $l$ に収束する．つまり，

$$l = \lim_{n\to\infty} \sum_{i=1}^n P_{i-1}P_i$$

となる $l$ が存在すれば，$l$ を**曲線の長さ** (length of curve) という．

**定理5.4（曲線の長さ）**

曲線の長さ $l$ は次のように与えられる．

(1) $C : x = \varphi(t), y = \psi(t)$ $(\alpha \leqq t \leqq \beta)$ のとき，$\varphi(t), \psi(t)$ が $[\alpha, \beta]$ で $C^1$ 級ならば，

$$l = \int_\alpha^\beta \sqrt{\{\varphi'(t)\}^2+\{\psi'(t)\}^2}dt = \int_\alpha^\beta \sqrt{\left(\frac{dx}{dt}\right)^2+\left(\frac{dy}{dt}\right)^2}dt$$

(2) $C: y = f(x)\ (a \leqq x \leqq b)$ のとき, $f(x)$ が $[a,b]$ で $C^1$ 級ならば,

$$l = \int_a^b \sqrt{1+\{f'(x)\}^2}dx = \int_a^b \sqrt{1+\left(\frac{dy}{dx}\right)^2}dx$$

(3) $C: r = f(\theta)\ (\alpha \leqq \theta \leqq \beta)$ のとき, $f(\theta)$ が $[\alpha,\beta]$ で $C^1$ 級ならば,

$$l = \int_\alpha^\beta \sqrt{\{f(\theta)\}^2+\{f'(\theta)\}^2}d\theta = \int_\alpha^\beta \sqrt{r^2+\left(\frac{dr}{d\theta}\right)^2}d\theta$$

▶[アステロイド $x^{\frac{2}{3}}+y^{\frac{2}{3}}=1$ のグラフ]

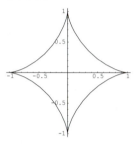

（証明）
(1) 分割 $\Delta$ に対応する $C$ 上の分点を $P_i(\varphi(t_i),\psi(t_i))$ とすると, 平均値の定理より,

$$\varphi(t_i) - \varphi(t_{i-1}) = \varphi'(\xi_i)(t_i - t_{i-1}), \qquad \xi_i \in (t_{i-1}, t_i)$$
$$\psi(t_i) - \psi(t_{i-1}) = \psi'(\eta_i)(t_i - t_{i-1}), \qquad \eta_i \in (t_{i-1}, t_i)$$

となる $\xi_i, \eta_i$ が存在する. よって,

$$\sum_{i=1}^n P_{i-1}P_i = \sum_{i=1}^n \sqrt{\{(\varphi(t_i)-\varphi(t_{i-1}))\}^2+\{(\psi(t_i)-\psi(t_{i-1}))\}^2}$$
$$= \sum_{i=1}^n \sqrt{\{\varphi'(\xi_i)\}^2+\{\psi'(\eta_i)\}^2}(t_i - t_{i-1})$$
$$\to \int_\alpha^\beta \sqrt{\{\varphi'(t)\}^2+\{\psi'(t)\}^2}dt \quad (|\Delta| \to 0)$$

▶[カテナリー $y = e^{\frac{x}{2}}+e^{-\frac{x}{2}}$ のグラフ]

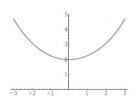

を得る.
(2) (1) において, $x = t, y = f(t)\ (a \leqq t \leqq b)$ とおけばよい.
(3) (1) において, $x = f(\theta)\cos\theta, y = f(\theta)\sin\theta$ とおけばよい. ∎

▶[アルキメデスの螺旋 $r = \theta(0 \leqq \theta \leqq 2\pi)$ のグラフ]

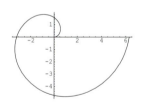

例題 5.4（曲線の長さ）
次の曲線の長さ $l$ を求めよ.

(1) アステロイド (asteroid)（星芒形）$x^{\frac{2}{3}}+y^{\frac{2}{3}}=a^{\frac{2}{3}}\ (a>0)$ の全長.

(2) カテナリー (catenary)（懸垂線）$y = \dfrac{a}{2}\left(e^{\frac{x}{a}}+e^{-\frac{x}{a}}\right)$ の $x = -b$ から $x = b$ までの弧の長さ.

(3) アルキメデスの螺旋 $r = a\theta\ (0 \leqq \theta \leqq 2\pi)$ の長さ.

▶【アクティブ・ラーニング】
例題 5.4 は確実に求められるようになりましたか？できていない問題があれば, それがどうすればできるようになりますか？何に気をつければいいですか？また, 読者全員ができるようになるにはどうすればいいでしょうか？それを紙に書き出しましょう. そして, 書き出した紙を周りの人と見せ合って, それをまとめてグループごとに発表しましょう.

（解答）
(1) アステロイドは, $x = a\cos^3 t, y = a\sin^3 t$ とパラメータ表示できるので,

$$\left(\frac{dx}{dt}\right)^2+\left(\frac{dy}{dt}\right)^2 = (-3a\cos^2 t \sin t)^2 + (3a\sin^2 t \cos t)^2$$
$$= 9a^2\cos^4 t \sin^2 t + 9a^2 \sin^4 t \cos^2 t$$

$$= 9a^2\sin^2 t\cos^2 t(\cos^2 t+\sin^2 t)=(3a\sin t\cos t)^2$$

となる．ここで，$0\leqq t\leqq \dfrac{\pi}{2}$ において $x=a\cos^3 t, y=a\sin^3 t$ は $C^1$ 級であり，対称性を考慮すると，

$$l=4\int_0^{\frac{\pi}{2}}\sqrt{\left(\dfrac{dx}{dt}\right)^2+\left(\dfrac{dy}{dt}\right)^2}dt=12a\int_0^{\frac{\pi}{2}}\sin t\cos t\,dt=12a\left[\dfrac{1}{2}\sin^2 t\right]_0^{\frac{\pi}{2}}=6a$$

となる．

(2) $y'=\dfrac{a}{2}\left(\dfrac{1}{a}e^{\frac{x}{a}}-\dfrac{1}{a}e^{-\frac{x}{a}}\right)=\dfrac{1}{2}\left(e^{\frac{x}{a}}-e^{-\frac{x}{a}}\right)$ より，

$$1+(y')^2=1+\dfrac{1}{4}\left(e^{\frac{x}{a}}-e^{-\frac{x}{a}}\right)^2=1+\dfrac{1}{4}\left(e^{\frac{2x}{a}}+e^{-\frac{2x}{a}}-2\right)$$
$$=\dfrac{1}{4}\left(e^{\frac{2x}{a}}+2+e^{-\frac{2x}{a}}\right)=\left\{\dfrac{1}{2}\left(e^{\frac{x}{a}}+e^{-\frac{x}{a}}\right)\right\}^2$$

【注意】$e^{\frac{x}{a}}+e^{-\frac{x}{a}}$ は偶関数．

なので，

$$l=\int_{-b}^{b}\sqrt{1+(y')^2}dx=\int_{-b}^{b}\dfrac{1}{2}\left(e^{\frac{x}{a}}+e^{-\frac{x}{a}}\right)dx=2\int_0^b\dfrac{1}{2}\left(e^{\frac{x}{a}}+e^{-\frac{x}{a}}\right)dx$$
$$=\left[ae^{\frac{x}{a}}-ae^{-\frac{x}{a}}\right]_0^b=a\left(e^{\frac{b}{a}}-e^{-\frac{b}{a}}\right)$$

(3)
$$l=\int_0^{2\pi}\sqrt{r^2+\left(\dfrac{dr}{d\theta}\right)^2}d\theta=\int_0^{2\pi}\sqrt{(a\theta)^2+a^2}d\theta=a\int_0^{2\pi}\sqrt{\theta^2+1}d\theta$$
$$=\dfrac{a}{2}\left[\theta\sqrt{\theta^2+1}+\log|\theta+\sqrt{\theta^2+1}|\right]_0^{2\pi}=\dfrac{a}{2}\left(2\pi\sqrt{4\pi^2+1}+\log|2\pi+\sqrt{4\pi^2+1}|\right)$$
$$=a\left(\pi\sqrt{4\pi^2+1}+\dfrac{1}{2}\log\left(2\pi+\sqrt{4\pi^2+1}\right)\right)$$

■

[問] 5.4 次の長さを求めよ．

(1) 曲線 $x=\cos t+t\sin t, y=\sin t-t\cos t$ $(0\leqq t\leqq \pi)$ の長さ．

(2) 曲線 $y=\dfrac{1}{2}x^2$ $(0\leq x\leq 2)$ の長さ．

(3) 曲方程式 $r=\sin\theta+\cos\theta$ $\left(-\dfrac{\pi}{4}\leqq\theta\leqq\dfrac{3}{4}\pi\right)$ が表す曲線の長さ．

(4) 曲線 $y=\sqrt{4-x^2}$ $(-1\leqq x\leqq 1)$ の長さ．

(5) 曲線 $x=e^{-t}\cos t, y=e^{-t}\sin t$ $(0\leqq t\leqq 2\pi)$ の長さ．

(6) 極方程式 $r=\theta^2$ $(1\leqq\theta\leqq 2)$ が表す曲線の長さ．

## 5.4 立体の体積

▶[立体の体積]
断面積 $S(x)$ を $a$ から $b$ まで積分したものが体積になる．

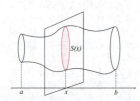

**定理 5.5（立体の体積）**
$x$ 軸上の点 $x$ における立体の切り口の面積を $S(x)$ とするとき，この立体の $2$ 平面 $x=a, x=b$ の間の部分の体積 $V$ は次式で与えられる．
$$V=\int_a^b S(x)dx$$

（証明）

区間 $[a,b]$ の分割 $\Delta: a = x_0 < x_1 < \cdots < x_n = b$ に対して，$[x_{k-1}, x_k]$ における $S(x)$ の最小値を $L_k$，最大値を $M_k$ とすると，

$$\sum_{k=1}^{n} L_k(x_k - x_{k-1}) \leqq T(\Delta) \leqq \sum_{k=1}^{n} M_k(x_k - x_{k-1})$$

である．ただし，$T(\Delta) = \sum_{k=1}^{n} S(\xi_k)(x_k - x_{k-1}), \xi_k \in [x_{k-1}, x_{k-1}]$ である．よって，$|\Delta| \to 0$ とすれば，定積分の定義より，

$$V = \lim_{|\Delta| \to 0} T(\Delta) = \int_a^b S(x)dx$$

を得る． ∎

### 例題 5.5（立体の体積）

半径 $r$ の円柱を，底面の直径 $AB$ を通り，底面と $\dfrac{\pi}{4}$ の角をなす平面で切るとき，底面と平面の間の部分の体積 $V$ を求めよ．ただし，円柱の高さは $r$ 以上とする．

▶ [例題 5.5 の説明図]

（解答）

$AB$ を $x$ 軸にとり，底面の中心を原点にとる．このとき，区間 $[-r, r]$ の点 $x$ における切り口は直角二等辺三角形であり，底辺の長さと高さはともに $\sqrt{r^2 - x^2}$ なので，切り口の面積は，

$$S(x) = \frac{1}{2}\left(\sqrt{r^2 - x^2}\right)^2 = \frac{1}{2}(r^2 - x^2)$$

である．よって，求める体積 $V$ は

$$V = \int_{-r}^{r} \frac{1}{2}(r^2 - x^2)dx = \int_0^r (r^2 - x^2)dx = \left[r^2 x - \frac{1}{3}x^3\right]_0^r = \frac{2}{3}r^3.$$

∎

[問] 5.5 次の問に答えよ．

(1) 底面から高さ $x$ における平面での切り口が，一辺 $x$ の正三角形となる立体がある．この立体の高さが $4$ のとき，この立体の体積 $V$ を求めよ．

(2) 3つの不等式 $x \geqq 0, y \geqq 0, x + y \leqq 2$ で表される $xy$ 平面上の三角形を底面とする三角柱がある．この三角柱を $x$ 軸を通り底面と $\dfrac{\pi}{3}$ の角をなす平面で切るとき，底面と平面の間の部分の体積を求めよ．

▶ 【アクティブ・ラーニング】

例題 5.5 は確実に求められるようになりましたか？できていない問題があれば，それがどうすればできるようになりますか？何に気をつければいいですか？また，読者全員ができるようになるにはどうすればいいでしょうか？それを紙に書き出しましょう．そして，書き出した紙を周りの人と見せ合って，それをまとめてグループごとに発表しましょう．

## 5.5 回転体の体積と側面積

### 定理 5.6（回転体の体積）

$f(x)$ は閉区間 $[a,b]$ において連続とする．また，$\varphi'(t)$ および $\psi(t)$ は閉区間 $[\alpha, \beta]$ において連続かつ開区間 $(\alpha, \beta)$ において $\varphi'(t) \neq 0$ とする．このとき，次が成り立つ．

(1) 曲線 $y = f(x)$ $(a \leqq x \leqq b)$ と 2 直線 $x = a, x = b$ および $x$ 軸によって囲まれた部分を $x$ 軸のまわりに 1 回転してできる回転体の体積 $V$ は

▶ [定理 5.6 の説明図]

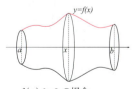

$f(x) \geqq 0$ の場合

$$V = \pi \int_a^b \{f(x)\}^2 \, dx.$$

(2) 曲線 $x = \varphi(t), y = \psi(t)$ ($\alpha \leqq t \leqq \beta$) と 2 直線 $x = a, x = b$ および $x$ 軸によって囲まれた部分を $x$ 軸のまわりに 1 回転してできる回転体の体積 $V$ は

$$V = \pi \int_\alpha^\beta y^2 \left|\frac{dx}{dt}\right| dt$$

である．ただし，$a = \varphi(\alpha), b = \varphi(\beta)$ とする．

(証明)

(1) $f(x) \geqq 0$ と考えれば十分である．
区間 $[a,b]$ の点 $x$ における切り口は円であり，その半径は $f(x)$ なので，切り口の面積は

$$S(x) = \pi \{f(x)\}^2$$

である．よって，

$$V = \int_a^b \pi \{f(x)\}^2 \, dx = \pi \int_a^b \{f(x)\}^2 \, dx.$$

(2) (1) と同様に考えれば，切り口の面積は $\pi y^2$ なので，定理 5.2(2) より，

$$V = \int_\alpha^\beta \left|\pi y^2 \frac{dx}{dt}\right| dt = \pi \int_\alpha^\beta y^2 \left|\frac{dx}{dt}\right| dt.$$

∎

▶【アクティブ・ラーニング】
なぜ，$f(x) \geqq 0$ の場合を考えるだけで十分か，まずは自分で考えて，他の人に説明してみよう．

▶ [定理 5.7 の説明図]

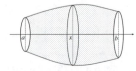

▶ [側面積と表面積]
**表面積**(surface area) は立体の表面すべての面積で，**側面積**(lateral surface area) は表面積から上面や下面などの底面を除いた面積である．「表面積 ＝ 側面積 ＋ 底面積」と覚えておくとよい．

▶ [$f(x) \leqq 0$ のときに定理 5.7 を使うには？]
$f(x) \leqq 0$ のときは，$-f(x) \geqq 0$ なので，定理 5.7 において $f(x)$ を $-f(x)$ として考えればよい．結局，$f(x)$ の符号に関係なく，

$$S = 2\pi \int_a^b |f(x)| \sqrt{1 + \{f'(x)\}^2} \, dx$$

が成り立つ．

**定理5.7（回転体の側面積）**
$f(x)$ は閉区間 $[a,b]$ 上で $C^1$ 級とする．このとき，曲線 $y = f(x)$ ($a \leqq x \leqq b$) が $x$ 軸のまわりに 1 回転してできる回転体の側面積 $S$ は

$$S = 2\pi \int_a^b f(x) \sqrt{1 + \{f'(x)\}^2} \, dx = 2\pi \int_a^b y \sqrt{1 + \left(\frac{dy}{dx}\right)^2} \, dx$$

である．ただし，$f(x) \geqq 0$ とする．

(証明)
区間 $[a,b]$ の分割 $\Delta : a = x_0 < x_1 < \cdots < x_n = b$ の小区間 $[x_{k-1}, x_k]$ において集合 $\{(x,y) \mid x_{k-1} \leqq x \leqq x_k, 0 \leqq y \leqq f(x)\}$ を 4 点 $(x_{k-1}, 0), (x_k, 0), (x_{k-1}, f(x_{k-1}))$, $(x_k, f(x_k))$ を頂点とする台形 $T_k$ で近似する．そして，$T_k$ を $x$ 軸のまわりに 1 回転させたときの回転体の側面積 $S_k$ を考える．$f(x_{k-1}) = f(x_k)$ のとき，$S_k$ は円柱の側面積と同じなので，

$$S_k = 2\pi f(x_k)(x_k - x_{k-1})$$

となる．

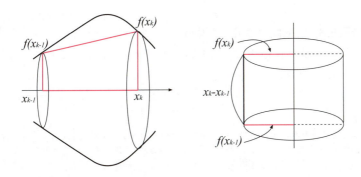

$f(x_{k-1}) \neq f(x_k)$ のときは，2 つの扇形で囲まれる部分の面積を考えればよい．以下では，$f(x_{k-1}) > f(x_k)$ として考えるが，$f(x_{k-1}) < f(x_k)$ のときも同様に考えればよい．

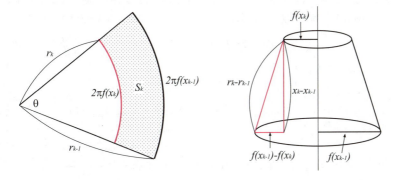

さて，扇形の中心角を $\theta$，弧長を $l$，半径を $r$，面積を $s$ とすると，
$$l = r\theta, \quad s = \frac{1}{2}lr = \frac{1}{2}r^2\theta$$
なので，$x_k$ に対応する扇形の半径を $r_k$ とすると，
$$S_k = \frac{1}{2}r_{k-1}^2\theta - \frac{1}{2}r_k^2\theta = \frac{1}{2}\theta(r_{k-1}^2 - r_k^2) = \frac{1}{2}(r_{k-1}\theta + r_k\theta)(r_{k-1} - r_k)$$
である．ここで，
$$r_k\theta = 2\pi f(x_k)$$
$$r_{k-1} - r_k = \sqrt{(f(x_{k-1}) - f(x_k))^2 + (x_{k-1} - x_k)^2}$$
なので，結局，
$$S_k = \frac{1}{2}\left(2\pi f(x_{k-1}) + 2\pi f(x_k)\right)\sqrt{(f(x_{k-1}) - f(x_k))^2 + (x_{k-1} - x_k)^2}$$
$$= \pi\left(f(x_{k-1}) + f(x_k)\right)\sqrt{(f(x_{k-1}) - f(x_k))^2 + (x_{k-1} - x_k)^2}$$
となる．さらに，平均値の定理より
$$f(x_k) - f(x_{k-1}) = f'(\xi_k)(x_k - x_{k-1}), \qquad \xi_k \in (x_{k-1}, x_k)$$
となる $\xi_k$ が存在するから，
$$S_k = \pi\left(f(x_{k-1}) + f(x_k)\right)\sqrt{(1 + \{f'(\xi_k)\}^2)(x_{k-1} - x_k)^2}$$
$$= \pi\left(f(x_{k-1}) + f(x_k)\right)\sqrt{1 + \{f'(\xi_k)\}^2}(x_k - x_{k-1})$$
となる．よって，
$$\lim_{|\Delta|\to 0}\sum_{k=1}^{n} S_k = 2\pi\int_a^b f(x)\sqrt{1 + \{f'(x)\}^2}\,dx.$$

∎

▶[例題 5.6 の説明図]

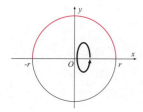

**例題 5.6（回転体の体積と側面積）**
半径 $r$ の球の体積 $V$ および表面積 $S$ が，それぞれ $V = \dfrac{4}{3}\pi r^3$, $S = 4\pi r^2$ となることを示せ．

（解答）
$xy$ 平面上で原点を中心とする半径 $r$ の円の方程式は $x^2 + y^2 = r^2$ であり，$y \geqq 0$ の部分は $y = \sqrt{r^2 - x^2}$ である．これと $x$ 軸とで囲まれた図形を $x$ 軸のまわりに 1 回転すると，半径 $r$ の球が得られるので，求める体積 $V$ は

$$V = \pi \int_{-r}^{r} \left(\sqrt{r^2 - x^2}\right)^2 dx = 2\pi \int_{0}^{r} (r^2 - x^2) dx = 2\pi \left[r^2 x - \frac{x^3}{3}\right]_0^r = \frac{4}{3}\pi r^3$$

である．また，円の方程式は $x = r\cos\theta, y = r\sin\theta \ (0 \leqq \theta \leqq 2\pi)$ と表せ，$V$ は $0 \leqq \theta \leqq \dfrac{\pi}{2}$ のときの曲線を $x$ 軸のまわりに 1 回転させてできる立体の体積を 2 倍したものなので，

$$V = 2 \cdot \pi \int_0^{\frac{\pi}{2}} y^2 \left|\frac{dx}{d\theta}\right| d\theta = 2\pi \int_0^{\frac{\pi}{2}} (r^2 \sin\theta)^2 |-r\sin\theta| d\theta = 2\pi r^3 \int_0^{\frac{\pi}{2}} \sin^3\theta d\theta$$
$$= 2\pi r^3 \cdot \frac{2}{3} = \frac{4}{3}\pi r^3$$

**【注意】** 例題 4.17 より，$\int_0^{\frac{\pi}{2}} \sin^3\theta d\theta = \dfrac{2}{3}$.

としても求められる．
一方，半径 $r$ の球は，半円 $y = \sqrt{r^2 - x^2}$ を $x$ 軸のまわりに 1 回転したものなので，表面積 $S$ は，その側面積に他ならない．よって，$y' = -\dfrac{x}{\sqrt{r^2 - x^2}}$ より，

$$S = 2\pi \int_{-r}^{r} y\sqrt{1 + (y')^2} dx = 2\pi \int_{-r}^{r} \sqrt{r^2 - x^2} \sqrt{1 + \frac{x^2}{r^2 - x^2}} dx$$
$$= 2\pi \int_{-r}^{r} \sqrt{r^2 - x^2} \sqrt{\frac{r^2}{r^2 - x^2}} dx = 2\pi r \int_{-r}^{r} dx = 4\pi r^2.$$

■

▶【アクティブ・ラーニング】
例題 5.6 は確実に求められるようになりましたか？できていない問題があれば，それがどうすればできるようになりますか？何に気をつければいいですか？また，読者全員ができるようになるにはどうすればいいでしょうか？それを紙に書き出しましょう．そして，書き出した紙を周りの人と見せ合って，それをまとめてグループごとに発表しましょう．

▶[広義積分の別名]
特に (1) の場合を**特異積分** (improper integral)，(2) の場合を**無限積分** (infinite integral) ということがある．

[問] 5.6　次の体積もしくは側面積を求めよ．

(1) 曲線 $y = e^x$ と 2 直線 $x = 1, x = 2$ および $x$ 軸に囲まれた部分を $x$ 軸まわりに 1 回転してできる回転体の体積．

(2) 曲線 $x = \tan\theta, y = \cos 2\theta \left(-\dfrac{\pi}{4} \leqq \theta \leqq \dfrac{\pi}{4}\right)$ を $x$ 軸のまわりに 1 回転させてできる立体の体積．

(3) $y = \sin x \ (0 \leqq x \leqq \pi)$ を $x$ 軸のまわりに回転してできる回転体の側面積．

## 5.6　広義積分

定理 4.1 で見たように有界閉区間 $[a, b]$ で連続な関数 $f(x)$ は積分可能であり，これまではそのような関数のみを扱ってきた．また，$f(x)$ が $[a, b]$ で不連続であったとしても，不連続点が有限個かつ $f(x)$ が $[a, b]$ で有界ならば積分可能である．ここでは，これらの条件を満たさない場合，具体的には，

(1) 被積分関数 $f(x)$ が有界でない

(2) 積分区間が有界でない

の場合について積分を定義する．このような場合における積分を**広義積分** (improper integral) という．

## 非積分関数が有界でない場合

以下，右辺の極限値が存在するとき，左辺の広義積分を右辺の極限値で定義する．また，右辺の極限値が存在しなければ，広義積分は存在しないことになり，このとき広義積分は発散するという．なお，(iii) と (iv) において，$\varepsilon$ と $\varepsilon'$ は独立であることに注意されたい．

(i) $f(x)$ が $(a,b]$ で連続かつ $\lim_{x\to a+0}|f(x)|=\infty$ の場合
$$\int_a^b f(x)dx = \lim_{\varepsilon\to+0}\int_{a+\varepsilon}^b f(x)dx$$

(ii) $f(x)$ が $[a,b)$ で連続かつ $\lim_{x\to b-0}|f(x)|=\infty$ の場合
$$\int_a^b f(x)dx = \lim_{\varepsilon\to+0}\int_a^{b-\varepsilon} f(x)dx$$

(iii) $f(x)$ が $(a,b)$ で連続かつ $\lim_{x\to b-0, x\to a+0}|f(x)|=\infty$ の場合
$$\int_a^b f(x)dx = \lim_{\varepsilon,\varepsilon'\to+0}\int_{a+\varepsilon}^{b-\varepsilon'} f(x)dx$$

(iv) $f(x)$ が点 $c(a<c<b)$ を除き $[a,b]$ で連続かつ $\lim_{x\to c}|f(x)|=\infty$ の場合
$$\int_a^b f(x)dx = \lim_{\varepsilon\to+0}\int_a^{c-\varepsilon}f(x)dx + \lim_{\varepsilon'\to+0}\int_{c+\varepsilon'}^b f(x)dx$$

> **例題 5.7（特異積分）**
> 次の値を求めよ．
> (1) $\displaystyle\int_0^1 x\log x\,dx$ (2) $\displaystyle\int_{-1}^1 \frac{1}{x}dx$ (3) $\displaystyle\int_{-1}^1 \frac{1}{\sqrt{1-x^2}}dx$

▶ [(i) の場合]

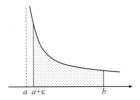

▶ [(iii) の場合]

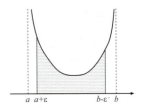

▶ [(iv) の場合]

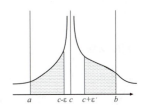

【注意】不定積分の形から極限値の存在が分かる場合には

$$\int_0^1 x\log x\,dx$$
$$=\left[\frac{1}{2}x^2\log x\right]_0^1$$
$$-\int_0^1 \frac{1}{2}x\,dx$$
$$=-\frac{1}{2}\left[\frac{1}{2}x^2\right]_0^1 = -\frac{1}{4}$$

と略記することもある．ただし，学科や専攻によっては，定期試験，編入学試験，大学院入試等において，極限操作を省略すると減点される場合がある．そのため，入試では，解答例のようになるべく極限操作を省略しないほうがよい．また，定期試験の場合は，担当教員に確認しよう．一般に，理論重視か計算重視かで採点基準が異なる．

（解答）

(1) $f(x)=x\log x$ としたとき，$f(0)$ は定義されていないことに注意する．そして，$x\to 0$ のとき，$\log x\to -\infty$ となるので，$I=\int_0^1 x\log x\,dx$ は広義積分である．$f(x)$ は十分小さな $\varepsilon>0$ に対して $[\varepsilon,1]$ で連続なので，

$$I=\lim_{\varepsilon\to+0}\int_\varepsilon^1 x\log x\,dx = \lim_{\varepsilon\to+0}\left[\frac{1}{2}x^2\log x\right]_\varepsilon^1 - \lim_{\varepsilon\to+0}\int_\varepsilon^1 \frac{1}{2}x\,dx$$
$$=\lim_{\varepsilon\to+0}\left(-\frac{1}{2}\varepsilon^2\log\varepsilon\right) - \lim_{\varepsilon\to+0}\left[\frac{1}{4}x^2\right]_\varepsilon^1 = \lim_{\varepsilon\to+0}\left(-\frac{1}{2}\varepsilon^2\log\varepsilon\right) - \lim_{\varepsilon\to+0}\left(\frac{1}{4}-\frac{\varepsilon^2}{4}\right)$$

である．ここで，ロピタルの定理より

$$\lim_{\varepsilon\to+0}\varepsilon^2\log\varepsilon = \lim_{\varepsilon\to+0}\frac{\log\varepsilon}{\frac{1}{\varepsilon^2}} = \lim_{\varepsilon\to+0}\frac{\frac{1}{\varepsilon}}{-2\frac{1}{\varepsilon^3}} = \lim_{\varepsilon\to+0}-\frac{1}{2}\varepsilon^2 = 0$$

なので $I=-\dfrac{1}{4}$．

(2) $x\to 0$ のとき，$\left|\dfrac{1}{x}\right|\to\infty$ となるので，

$$\int_{-1}^1 \frac{1}{x}dx = \lim_{\varepsilon\to+0}\int_{-1}^{-\varepsilon}\frac{1}{x}dx + \lim_{\varepsilon'\to+0}\int_{\varepsilon'}^1 \frac{1}{x}dx = \lim_{\varepsilon\to+0}\Big[\log|x|\Big]_{-1}^{-\varepsilon} + \lim_{\varepsilon'\to+0}\Big[\log|x|\Big]_{\varepsilon'}^1$$
$$=\lim_{\varepsilon\to+0}\log|\varepsilon| - \lim_{\varepsilon'\to+0}\log|\varepsilon'| = -\infty+\infty$$

となり，これは不定形であり，値が確定しないので広義積分は存在しない．

▶ [よくある間違い]
● 広義積分なのに形式的に計算した
$$\int_{-1}^{1} \frac{1}{x}dx = \Big[\log|x|\Big]_{-1}^{1}$$
$$= \log|1| - \log|-1| = 0$$

● $\varepsilon$ と $\varepsilon'$ は独立なのに，$\varepsilon = \varepsilon'$ とした
$$\int_{-1}^{1} \frac{1}{x}dx$$
$$= \lim_{\varepsilon \to +0} \left( \int_{-1}^{-\varepsilon} \frac{1}{x}dx + \int_{\varepsilon}^{1} \frac{1}{x}dx \right)$$
$$= \lim_{\varepsilon \to +0} (\log|\varepsilon| - \log|\varepsilon|) = 0$$

(3) $x \to 1-0, x \to -1+0$ のとき，$\frac{1}{\sqrt{1-x^2}} \to \infty$ となるので，
$$\int_{-1}^{1} \frac{1}{\sqrt{1-x^2}}dx = \lim_{\varepsilon,\varepsilon' \to +0} \int_{-1+\varepsilon'}^{1-\varepsilon} \frac{1}{\sqrt{1-x^2}}dx = \lim_{\varepsilon,\varepsilon' \to +0} \Big[\sin^{-1} x\Big]_{-1+\varepsilon'}^{1-\varepsilon}$$
$$= \lim_{\varepsilon,\varepsilon' \to +0} (\sin^{-1}(1-\varepsilon) - \sin^{-1}(-1+\varepsilon'))$$
$$= \sin^{-1} 1 - \sin^{-1}(-1) = \frac{\pi}{2} - \left(-\frac{\pi}{2}\right) = \pi$$
∎

[問] 5.7 次の広義積分を求めよ．
(1) $\int_{0}^{1} \frac{\log x}{x}dx$ (2) $\int_{0}^{2} \frac{x}{\sqrt{4-x^2}}dx$ (3) $\int_{0}^{3} \frac{1}{(x-1)^{\frac{2}{3}}}dx$

**積分区間が有界でない場合**

先ほどと同様，以下，右辺の極限値が存在するとき，左辺の広義積分を右辺の極限値で定義する．ここで，$M, M', \varepsilon, \varepsilon', \varepsilon''$ は独立であることに注意されたい．

(v) $f(x)$ が $[a, \infty)$ で連続な場合 $\int_{a}^{\infty} f(x)dx = \lim_{M \to \infty} \int_{a}^{M} f(x)dx$

▶ [(v) の場合]

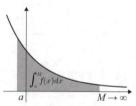

(vi) $f(x)$ が $(-\infty, b]$ で連続な場合 $\int_{-\infty}^{b} f(x)dx = \lim_{M \to \infty} \int_{-M}^{b} f(x)dx$

(vii) $f(x)$ が $(-\infty, \infty)$ で連続な場合 $\int_{-\infty}^{\infty} f(x)dx = \lim_{M,M' \to \infty} \int_{-M}^{M'} f(x)dx$

(viii) $f(x)$ が点 $c (a < c < \infty)$ を除き $(a, \infty)$ で連続かつ $\lim_{x \to c} |f(x)| = \infty$ の場合

$$\int_{a}^{\infty} f(x)dx = \lim_{\varepsilon,\varepsilon' \to +0} \int_{a+\varepsilon'}^{c-\varepsilon} f(x)dx + \lim_{\varepsilon'' \to +0, M \to \infty} \int_{c+\varepsilon''}^{M} f(x)dx$$

▶【アクティブ・ラーニング】
(i), (vi), (vii), (viii) について，状況を図示し，他の人に説明してみよう．

【注意】不定積分の形から極限値の存在が分かる場合には，例えば，
$$\int_{-\infty}^{\infty} \frac{1}{16+x^2}dx$$
$$= \left[\frac{1}{4}\tan^{-1}\frac{x}{4}\right]_{-\infty}^{\infty}$$
$$= \frac{1}{4}\left(\frac{\pi}{2} - \left(-\frac{\pi}{2}\right)\right) = \frac{\pi}{4}$$
と略記することがある．ただし，例題 5.7 の注意と同様，なるべく極限操作を省略しないほうがよい．

---

**例題 5.8（無限積分）**
次の値を求めよ．
(1) $\int_{-\infty}^{2} xe^{4x}dx$ (2) $\int_{-\infty}^{\infty} \frac{1}{16+x^2}dx$ (3) $\int_{1}^{\infty} \frac{1}{x\sqrt{x^2-1}}dx$

---

(解答)
(1)
$$\int_{-\infty}^{2} xe^{4x}dx = \lim_{M \to \infty} \int_{-M}^{2} xe^{4x}dx = \lim_{M \to \infty} \left( \left[\frac{1}{4}xe^{4x}\right]_{-M}^{2} - \frac{1}{4}\int_{-M}^{2} e^{4x}dx \right)$$
$$= \frac{1}{4}\lim_{M \to \infty} \left[xe^{4x} - \frac{1}{4}e^{4x}\right]_{-M}^{2}$$
$$= \frac{1}{4}\lim_{M \to \infty}\left(2e^8 - \frac{1}{4}e^8 - Me^{-4M} + \frac{1}{4}e^{-4M}\right) = \frac{1}{4} \cdot \frac{7}{4}e^8 = \frac{7}{16}e^8$$

ここで，ロピタルの定理より $\lim_{M \to \infty} Me^{-4M} = \lim_{M \to \infty} \frac{M}{e^{4M}} = \lim_{M \to \infty} \frac{1}{4e^{4M}} = 0$ が成り立

つことを利用した.

(2)
$$\int_{-\infty}^{\infty} \frac{1}{16+x^2} dx = \lim_{M,M'\to\infty} \left[\frac{1}{4}\tan^{-1}\frac{x}{4}\right]_{-M'}^{M}$$
$$= \frac{1}{4}\lim_{M,M'\to\infty}\left(\tan^{-1}\frac{M}{4} - \tan^{-1}\frac{-M'}{4}\right) = \frac{1}{4}\left(\frac{\pi}{2}-\left(-\frac{\pi}{2}\right)\right) = \frac{\pi}{4}$$

(3) $t=\sqrt{x^2-1}$ とおくと, $t^2 = x^2-1$ なので $tdt = xdx$ であり, $x:1\to\infty$ のとき, $t:0\to\infty$ である. よって,
$$\int \frac{1}{x\sqrt{x^2-1}} dx = \int \frac{1}{x\cdot t}\cdot\frac{t}{x}dt = \int \frac{1}{x^2}dt = \int \frac{1}{t^2+1}dt$$
となることに注意すれば,
$$\int_1^{\infty} \frac{1}{x\sqrt{x^2-1}}dx = \lim_{M\to\infty}\int_0^M \frac{1}{1+t^2}dt = \lim_{M\to\infty}\left[\tan^{-1}t\right]_0^M$$
$$= \lim_{M\to\infty}(\tan^{-1}M - \tan^{-1}0) = \frac{\pi}{2} - 0 = \frac{\pi}{2}$$ ∎

▶ [置換による広義積分の回避]
例題 5.8(3) は,
$$\lim_{x\to 1+0}\frac{1}{x\sqrt{x^2-1}} = \infty$$
となるので, 本来は,
$$\int_1^{\infty}\frac{1}{x\sqrt{x^2-1}}dx$$
$$= \lim_{\substack{\varepsilon\to +0 \\ M\to\infty}}\int_{1-\varepsilon}^M \frac{1}{x\sqrt{x^2-1}}dx$$
としなければならないが, 置換積分により, 積分区間の下端部を考えなくてもよくなった.

このように, 適切な置換積分により, 広義積分が通常の定積分になる場合がある.

[問] 5.8 次の広義積分を求めよ.

(1) $\displaystyle\int_0^{\infty} xe^{-x}dx$    (2) $\displaystyle\int_{-\infty}^{-1} xe^{-x^2}dx$    (3) $\displaystyle\int_{-\infty}^{\infty}\frac{1}{x^2+2x+10}dx$

▶ 【アクティブ・ラーニング】
例題 5.7, 5.8 はすべて確実に求められるようになりましたか？できていない問題があれば, それがどうすればできるようになりますか？何に気をつければいいですか？また, 読者全員ができるようになるにはどうすればいいでしょうか？それを紙に書き出しましょう. そして, 書き出した紙を周りの人と見せ合って, それをまとめてグループごとに発表しましょう.

## 5.7 正項級数と積分判定法

$a_n \geqq 0$ $(n=1,2,\ldots)$ であるとき, $\displaystyle\sum_{n=1}^{\infty} a_n$ を **正項級数**(positive series) という. 実は, 正項級数の収束判定に広義積分が利用できる.

それを示すために, 以下の2つの定理が必要である.

> **定理 5.8 （正項級数の収束条件）**
> 正項級数の第 $n$ 部分和の列 $\{S_n\}$ が上に有界ならば収束する.

（証明）
$\{S_n\}$ が有界だとすると $\displaystyle\sum_{n=1}^{\infty}a_n$ は正項級数だから $\{S_n\}$ は単調増加数列 (実際, $S_n \geqq S_{n-1}$ である) となるので, 定理 1.6 より収束する. ∎

> **定理 5.9 （広義積分の存在）**
> $f(x)$ は区間 $[0,\infty)$ で連続で, $f(x) \geqq 0$ とする. このとき, 任意の $x>a$ に対して $\displaystyle\int_a^x f(t)dt \leqq M$ となる正の定数 $M$ が存在すれば, 広義積分 $\displaystyle\int_a^{\infty} f(x)dx$ が存在する.

（証明）
$F(x) = \displaystyle\int_a^x f(t)dt$ は $[a,\infty)$ において上に有界な単調増加関数である. よって, $\displaystyle\lim_{x\to\infty}F(x) = \int_a^{\infty}f(x)dx$ が存在する. ∎

【注意】 定理 5.9 において, $x$ を自然数 $n$ とすれば, $F(n)$ は上に有界な単調増加数列なので, $F(n)$ は定理 1.6 より収束することが分かる. この考え方は, 連続関数にも適用でき, 証明ではその事実を使っている.

以上の準備の下, 正項級数の収束判定に広義積分が利用できることを示そう. なお, 定理 5.10 を **積分判定法**(integral test) という.

> **定理 5.10（積分判定法）**
> $m$ を負でない整数とし，$f(x)$ は区間 $[m,\infty)$ で定義された連続な単調減少関数で，かつ $f(x) \geqq 0$ とする．そして，$a_n = f(n)$ $(n = m, m+1, \ldots)$ とするとき，正項級数 $\sum_{n=m}^{\infty} a_n$ が収束するための必要十分条件は $\int_{m}^{\infty} f(x)dx$ が存在することである．

▶ [定理 5.10 の説明図]

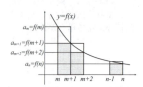

（証明）
$f(x)$ は単調減少関数なので，$n > m$ とすると，

$$f(m) + \cdots + f(n-1) \geqq \sum_{k=m}^{n-1} \int_{k}^{k+1} f(x)dx \geqq f(m+1) + \cdots + f(n)$$

であり，$S_n = \sum_{k=m}^{n} a_k$ とすると，次が成り立つ．

$$S_n - f(n) \geqq \int_{m}^{n} f(x)dx \geqq S_n - f(m)$$

ここで，$\int_{m}^{\infty} f(x)dx$ が存在すれば，

$$S_n \leqq f(m) + \int_{m}^{n} f(x)dx \leqq f(m) + \int_{m}^{\infty} f(x)dx$$

となり，$\{S_n\}$ は上に有界なので，定理 5.8 より収束する．一方，$\sum_{n=m}^{\infty} a_n$ が収束すれば，$t \leqq n$ のとき

$$\int_{m}^{t} f(x)dx \leqq \int_{m}^{n} f(x)dx \leqq S_n - f(n) \leqq S_n \leqq \sum_{k=m}^{\infty} a_k = \sum_{n=m}^{\infty} a_n$$

であり，$\int_{m}^{t} f(x)dx$ は上に有界な単調増加関数なので，定理 5.9 より $\int_{m}^{\infty} f(x)dx$ が存在する． ■

> **例題 5.9（積分判定法）**
> 次の級数の収束・発散を調べよ．
> (1) $\displaystyle\sum_{n=1}^{\infty} \frac{n}{(3+4n^2)^2}$　　(2) $\displaystyle\sum_{n=2}^{\infty} \frac{\log n}{n}$

▶【アクティブ・ラーニング】
例題 5.9 はすべて確実に解けるようになりましたか？解けていない問題があれば，それがどうすればできるようになりますか？何に気をつければいいですか？また，読者全員ができるようになるにはどうすればいいでしょうか？それを紙に書き出しましょう．そして，書き出した紙を周りの人と見せ合って，それをまとめてグループごとに発表しましょう．

（解答）
(1) $f(x) = \dfrac{x}{(3+4x^2)^2}$ は $x \geqq 1$ で非負の単調減少な連続関数で，$f(n) = \dfrac{n}{(3+4n^2)^2}$ なので，積分判定法が利用できる．ここで，

$$\int_{1}^{M} \frac{x}{(3+4x^2)^2} dx = \left[-\frac{1}{8}(3+4x^2)^{-1}\right]_{1}^{M} = -\frac{1}{8(3+4M^2)} + \frac{1}{56}$$

なので，

$$\int_{1}^{\infty} \frac{x}{(3+4x^2)^2} dx = \lim_{M \to \infty} \int_{1}^{M} \frac{x}{(3+4x^2)^2} dx = \lim_{M \to \infty} \left(-\frac{1}{8(3+4M^2)} + \frac{1}{56}\right) = \frac{1}{56}$$

である．よって，$\int_{1}^{\infty} \dfrac{x}{(3+4x^2)^2} dx$ が収束するので，積分判定法より $\sum_{n=1}^{\infty} \dfrac{n}{(3+4n^2)^2}$ も収

束する．

(2) 問 3.11(2) より，$f(x) = \dfrac{\log x}{x}$ は $x \geqq 3$ で非負の単調減少な連続関数で，$f(n) = \dfrac{\log n}{n}$ なので，積分判定法が利用できる．ここで，

$$\int_3^\infty \frac{\log x}{x} dx = \lim_{M \to \infty} \int_3^M \frac{\log x}{x} dx = \lim_{M \to \infty} \frac{1}{2}\left((\log M)^2 - (\log 3)^2\right) = \infty$$

となるので，積分判定法より，$\displaystyle\sum_{n=3}^\infty \frac{\log n}{n}$ は発散する．この級数に 1 つの項 $\dfrac{\log 2}{2}$ を付け加えても，級数の収束・発散は変わらないので，$\displaystyle\sum_{n=2}^\infty \frac{\log n}{n}$ も発散する． ∎

積分判定法は，級数の収束・発散を調べるのに使うものであって，級数の値を求めるのに使うものではない．実際，

$$\sum_{n=1}^\infty \frac{1}{n(n+1)} = \lim_{n \to \infty} \sum_{k=1}^n \left(\frac{1}{k} - \frac{1}{k+1}\right) = \lim_{n \to \infty}\left(1 - \frac{1}{n+1}\right) = 1$$

だが，

$$\int_1^\infty \frac{1}{x(x+1)} dx = \int_1^\infty \left(\frac{1}{x} - \frac{1}{x+1}\right) dx = \lim_{M \to \infty}\left[\log\left|\frac{x}{x+1}\right|\right]_1^M = \log 2$$

となり，一般には

$$\int_1^\infty f(x) dx \neq \sum_{n=1}^\infty a_n$$

である．

[問] 5.9 次の級数の収束・発散を調べよ．

(1) $\displaystyle\sum_{n=1}^\infty \frac{1}{\sqrt{n}}$  (2) $\displaystyle\sum_{n=1}^\infty \frac{n}{n^4+1}$  (3) $\displaystyle\sum_{n=2}^\infty \frac{\log n}{n^2}$

## 第 5 章のまとめ

- 2 曲線 $y = f(x), y = g(x)$ および 2 直線 $x = a, x = b$ で囲まれた図形の面積は $S = \displaystyle\int_a^b |f(x) - g(x)| dx$
- 曲線 $x = \varphi(t), y = \psi(t)$ と $x$ 軸および $x = a, x = b$ で囲まれる図形の面積は $S = \displaystyle\int_\alpha^\beta \left|y\dfrac{dx}{dt}\right| dt$
- 曲線 $r = f(\theta)$ と半直線 $\theta = \alpha, \theta = \beta$ で囲まれた図形の面積は，$S = \dfrac{1}{2}\displaystyle\int_\alpha^\beta \{f(\theta)\}^2 d\theta$
- $C : x = \varphi(t), y = \psi(t)$ ($\alpha \leqq x \leqq \beta$) の曲線の長さは，$l = \displaystyle\int_\alpha^\beta \sqrt{\left(\dfrac{dx}{dt}\right)^2 + \left(\dfrac{dy}{dt}\right)^2} dt$
- $C : y = f(x)$ ($a \leqq x \leqq b$) の曲線の長さは，$l = \displaystyle\int_a^b \sqrt{1 + \left(\dfrac{dy}{dx}\right)^2} dx$

▶【アクティブ・ラーニング】
まとめに記載されている項目について，例を交えながら他の人に説明しよう．また，あなたならどのように本章をまとめますか？あなたの考えで本章をまとめ，それを他の人とも共有し，自分たちオリジナルのまとめを作成しよう．

▶【アクティブ・ラーニング】
本章で登場した例題および問において，重要な問題を 3 つ選び，その理由を述べてください．その際，選定するための基準は，自分たちで考えてください．

- $C: r = f(\theta)\ (\alpha \leqq \theta \leqq \beta)$ の曲線の長さは,
$$l = \int_\alpha^\beta \sqrt{r^2 + \left(\frac{dr}{d\theta}\right)^2} d\theta$$
- 立体の切り口の面積を $S(x)$ とすれば, $x=a, x=b$ の間の部分の体積は $V = \displaystyle\int_a^b S(x)dx$
- 曲線 $y = f(x)(a \leqq x \leqq b)$ と 2 直線 $x=a, x=b$ および $x$ 軸によって囲まれた部分を $x$ 軸のまわりに 1 回転してできる回転体の体積は $V = \pi \displaystyle\int_a^b \{f(x)\}^2 dx$
- 曲線 $x = \varphi(t), y = \psi(t)\ (\alpha \leqq t \leqq \beta)$ と 2 直線 $x=a, x=b$ および $x$ 軸によって囲まれた部分を $x$ 軸のまわりに 1 回転してできる回転体の体積は $V = \pi \displaystyle\int_\alpha^\beta y^2 \left|\frac{dx}{dt}\right| dt$
- 曲線 $y = f(x)\ (a \leqq x \leqq b)$ が $x$ 軸のまわりに 1 回転してできる回転体の側面積 $S$ は $S = 2\pi \displaystyle\int_a^b y \sqrt{1 + \left(\frac{dy}{dx}\right)^2} dx$
- 広義積分 (特異積分) をする際には, $\displaystyle\lim_{a \to 0} |f(x)| = \infty$ となる点 $a$ を避けて積分した後, 極限を考える. 例えば, $\displaystyle\int_a^b f(x)dx = \lim_{\varepsilon \to +0} \int_{a+\varepsilon}^b f(x)dx$ とする.
- 広義積分 (無限積分) をする際には, 有限区間で積分した後, 区間を大きくする. 例えば, $\displaystyle\int_a^\infty f(x)dx = \lim_{M \to \infty} \int_a^M f(x)dx$ とする.
- 正項級数 $\displaystyle\sum_{n=m}^\infty a_n$ が収束するための必要十分条件は $\displaystyle\int_m^\infty f(x)dx$ が存在すること. ただし, $a_n = f(n)\ (n = m, m+1, \ldots)$ で, $f(x)$ は単調減少関数.

## 第5章　演習問題

[A. 基本問題]

**演習 5.1** 次の図形の面積を求めよ．
(1) 2曲線 $y = e^x$, $y = e^{-x}$ と直線 $x = 2$ とで囲まれた図形．
(2) $0 \leqq x \leqq \pi$ において, $y = \sin x$ と $y = \cos 2x$ で囲まれた図形．
(3) 曲線 $y = x^3 - 2x^2$ と直線 $y = 3x$ で囲まれた図形．
(4) 曲線 $x = 1 - t^4$, $y = t - t^3$ $(0 \leqq t \leqq 1)$ および $x$ 軸で囲まれた図形．
(5) 曲線 $x = t^2$, $y = t(1-t)$ $(0 \leqq t \leqq 1)$ および $x$ 軸とで囲まれる図形．
(6) 極方程式 $r = 2\sin\theta$ と2つの半直線 $\theta = \dfrac{\pi}{4}$, $\theta = \dfrac{3}{4}\pi$ で囲まれた図形．
(7) 極方程式 $r = \cos 3\theta$ $(0 \leqq \theta \leqq \pi)$ で表される曲線で囲まれた図形．

**演習 5.2** 次の長さを求めよ．
(1) 曲線 $x = 3t^2, y = 3t - t^3$ $(0 \leqq t \leqq \sqrt{3})$
(2) 極方程式 $r = e^{2\theta}$ $(0 \leqq \theta \leqq \pi)$ が表す曲線
(3) 曲線 $y = x\sqrt{x}$ $(0 \leqq x \leqq 1)$
(4) 曲線 $y = \log(1-x^2)$ $\left(0 \leqq x \leqq \dfrac{1}{2}\right)$
(5) 曲線 $x = 2\cos t + 2t\sin t, y = 2\sin t - 2t\cos t$ $(-2 \leqq t \leqq 1)$
(6) 曲線 $y = \dfrac{x^2}{4} - \dfrac{\log x}{2}$ $(1 \leqq x \leqq 2)$
(7) カージオイド $r = a(1 + \cos\theta)$ $(a > 0, 0 \leqq \theta \leqq 2\pi)$

**演習 5.3** $x$ 軸上に点 $P(x, 0)$ $(-2 \leqq x \leqq 2)$ をとる．$P$ を通り, $y$ 軸に平行な直線と曲線 $y = 9 - x^2$ との交点を $Q$ とし, 線分 $PQ$ を1辺とする正三角形 $PQR$ を $x$ 軸に垂直な平面内に作る．$P$ が点 $(-2, 0)$ から点 $(2, 0)$ まで移動するとき, 正三角形 $PQR$ が動いてできる立体の体積を求めよ．

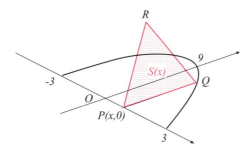

**演習 5.4** 次の体積もしくは表面積を求めよ．
(1) $a > 0, b > 0$ に対して, $\dfrac{x^2}{a^2} + \dfrac{y^2}{b^2} = 1 (-a \leqq x \leqq a)$ を $x$ 軸のまわりに1回転してできる回転体の体積．
(2) $x = t^3, y = t^2$ $(0 \leqq t \leqq 1)$ と2直線 $x = 1, x = 0$ とで囲まれた部分を $x$ 軸のまわりに1回転してできる回転体の体積．

(3) $x^2 + (y-b)^2 = a^2$ $(b > a > 0)$ を $x$ 軸のまわりに 1 回転してできる回転体の表面積.

**演習 5.5** 次の広義積分を求めよ.

(1) $\displaystyle\int_{-2}^{2} \frac{1}{x^2-4} dx$ (2) $\displaystyle\int_{2}^{\infty} \frac{1}{x(\log x)^2} dx$ (3) $\displaystyle\int_{-\infty}^{\infty} \cos x dx$ (4) $\displaystyle\int_{-\infty}^{\infty} \frac{1}{25+x^2} dx$

(5) $\displaystyle\int_{-1}^{8} \frac{1}{\sqrt[3]{x^2}} dx$ (6) $\displaystyle\int_{0}^{\infty} x^3 e^{-x^2} dx$ (7) $\displaystyle\int_{0}^{e} x^2 \log x dx$ (8) $\displaystyle\int_{0}^{2} \frac{1}{(1-x)^2} dx$

(9) $\displaystyle\int_{0}^{\infty} \frac{3x}{(3x^2+2)^2} dx$ (10) $\displaystyle\int_{-\infty}^{\infty} xe^{-x^2} dx$ (11) $\displaystyle\int_{-1}^{1} \frac{1}{x^2} dx$ (12) $\displaystyle\int_{0}^{\infty} xe^{-2x} dx$

(13) $\displaystyle\int_{-1}^{2} \frac{1}{x^3} dx$ (14) $\displaystyle\int_{0}^{1} \log x dx$ (15) $\displaystyle\int_{0}^{\infty} xe^{-5x^2} dx$ (16) $\displaystyle\int_{-3}^{3} \frac{1}{\sqrt{9-x^2}} dx$

**演習 5.6** 次の級数の収束・発散を調べよ. ただし, $p$ は $p \geqq 1$ を満たす定数である.

(1) $\displaystyle\sum_{n=1}^{\infty} \frac{1}{2n+1}$ (2) $\displaystyle\sum_{n=1}^{\infty} \frac{1}{(2+3n)^2}$ (3) $\displaystyle\sum_{n=1}^{\infty} \frac{n}{n^4+3}$ (4) $\displaystyle\sum_{n=1}^{\infty} \frac{1}{n^p}$

[B. 応用問題]

**演習 5.7** 曲線 $r = 2$ と $r = 2 + \sin\theta$ $(0 \leqq \theta \leqq \pi)$ で囲まれた図形の面積を求めよ.

**演習 5.8** 次の広義積分を求めよ. (1) $\displaystyle\int_{0}^{\frac{1}{2}} \frac{x\cos^{-1}(2x)}{\sqrt{1-4x^2}} dx$ (2) $\displaystyle\int_{-\infty}^{\infty} \frac{1}{(x^2+16)^2} dx$

# 第 5 章 略解とヒント

[問]

**問 5.1** (1) $\displaystyle\int_{-1}^{2}(x+2-x^2)dx = \frac{9}{2}$ (2) $\displaystyle\int_{0}^{\frac{\pi}{3}}(\sin 2x - \sin x)dx + \int_{\frac{\pi}{3}}^{\pi}(\sin x - \sin 2x)dx = \frac{5}{2}$

**問 5.2** (1) $\displaystyle\int_{0}^{\pi} 2\sin^2 t\, dt = \pi$ (2) $\displaystyle\int_{0}^{1} |(t^2-2t+1)\cdot 2t| dt = \frac{1}{6}$

**問 5.3** (1) $\displaystyle\frac{4}{3}a^2\pi^3$ (2) $\displaystyle\frac{\pi}{8}$ (3) $2\pi - 4$

**問 5.4** (1) $\displaystyle\frac{1}{2}\pi^2$ (2) $\displaystyle\frac{1}{2}\left(2\sqrt{5} + \log(2+\sqrt{5})\right)$ (3) $\sqrt{2}\pi$ (4) $\displaystyle\frac{2}{3}\pi$ (5) $\sqrt{2}(1-e^{-2\pi})$

(6) $\displaystyle\frac{1}{3}(16\sqrt{2} - 5\sqrt{5})$

**問 5.5** (1) $\displaystyle\int_{0}^{4} \frac{\sqrt{3}}{4}x^2 dx = \frac{16\sqrt{3}}{3}$ (2) $\displaystyle\int_{0}^{2} \frac{\sqrt{3}}{2}(2-x)^2 dx = \frac{4\sqrt{3}}{3}$

**問 5.6** (1) $\displaystyle\frac{\pi}{2}(e^4 - e^2)$ (2) $\pi(4-\pi)$ (3) $2\pi\left(\sqrt{2} + \log(1+\sqrt{2})\right)$

**問 5.7** (1) 広義積分は存在しない. (2) 2 (3) $3 + 3\sqrt[3]{2}$

**問 5.8** (1) 1 (2) $-\displaystyle\frac{1}{2e}$ (3) $\displaystyle\frac{\pi}{3}$

**問 5.9** (1) 発散 (2) 収束. $\displaystyle\int_{1}^{\infty} \frac{x}{x^4+1} dx = \lim_{N\to\infty}\left[\frac{1}{2}\tan^{-1} x^2\right]_{1}^{N} = \frac{\pi}{8}$

(3) 収束. $\int_2^\infty \dfrac{\log x}{x^2}dx = \lim_{n\to\infty}\left(-\dfrac{\log n}{n}+\dfrac{1}{2}\log 2 - \dfrac{1}{n} + \dfrac{1}{2}\right) = \dfrac{1}{2}\log 2 + \dfrac{1}{2}$

[演習]

**演習 5.1** (1) $\int_0^2 (e^x - e^{-x})dx = e^2 + \dfrac{1}{e^2} - 2$ (2) $\int_{\frac{\pi}{6}}^{\frac{5}{6}\pi}(\sin x - \cos 2x)dx = \dfrac{3\sqrt{3}}{2}$ (3) $\int_{-1}^0 (x^3 - 2x^2 - 3x)dx + \int_0^3 (3x - x^3 + 2x^2)dx = \dfrac{71}{6}$ (4) $\int_0^1 |(t-t^3)(-3t^3)|dt = \dfrac{8}{35}$ (5) $\dfrac{1}{6}$ (6) $\dfrac{\pi}{2}+1$ (7) $3\cdot\dfrac{1}{2}\int_0^{\frac{\pi}{3}}\cos^2 3\theta d\theta = \dfrac{\pi}{4}$

**演習 5.2** (1) $6\sqrt{3}$ (2) $\dfrac{\sqrt{5}}{2}(e^{2\pi}-1)$ (3) $\dfrac{13\sqrt{13}-8}{27}$ (4) $-\dfrac{1}{2}+\log 3$ (5) $5$ (6) $\dfrac{3}{4}+\dfrac{\log 2}{2}$ (7) $8a$

**演習 5.3** $2\int_0^2 \dfrac{\sqrt{3}}{4}(9-x^2)^2 dx = \dfrac{301\sqrt{3}}{5}$

**演習 5.4** (1) $\pi\int_{-a}^a \dfrac{b^2}{a^2}(a^2-x^2)dx = \dfrac{4}{3}ab^2\pi$ (2) $\dfrac{3\pi}{7}$ (3) $y_1 = b+\sqrt{a^2-x^2},\, y_2 = b-\sqrt{a^2-x^2}$ として, $2\pi\int_{-a}^a y_1\sqrt{1+(y_1')^2}dx + 2\pi\int_{-a}^a y_2\sqrt{1+(y_2')^2}dx = 4ab\pi^2$

**演習 5.5** (1) 広義積分は存在しない. (2) $\dfrac{1}{\log 2}$ (3) 広義積分は存在しない. (4) $\dfrac{\pi}{5}$ (5) $9$ (6) $\dfrac{1}{2}$ (7) $\dfrac{2}{9}e^3$ (8) 広義積分は存在しない. (9) $\dfrac{1}{4}$ (10) $0$ (11) 広義積分は存在しない. (12) $\dfrac{1}{4}$ (13) 広義積分は存在しない. (14) $-1$ (15) $\dfrac{1}{10}$ (16) $\pi$

**演習 5.6** (1) 発散 (2) 収束 (3) 収束 (4) $p>1$ のとき収束, $p=1$ のとき発散

**演習 5.7** $\dfrac{1}{4}\pi+4$. $r=2$ は, 中心 $0$, 半径 $2$ の円. $r=2$ と $x$ 軸で囲まれた図形の面積を $S_1$, $r=2+\sin\theta$ と半直線 $\theta=0, \theta=\pi$ で囲まれた図形の面積を $S_2$ とすれば, 求める面積は $S_2 - S_1$.

**演習 5.8** (1) $y=\cos^{-1}2x$ とおくと, $\dfrac{1}{4}\int_0^{\frac{\pi}{2}} y\cos y\, dy = \dfrac{1}{4}\left(\dfrac{\pi}{2}-1\right)$ (2) $x = 4\tan\theta$ とおくと, $\dfrac{1}{64}\int_0^{\frac{\pi}{2}}(1+\cos 2\theta)d\theta = \dfrac{\pi}{128}$

# 第 6 章　偏微分法

### [ねらい]

これまで扱ってきたのは 1 変数関数 $y = f(x)$ だったが，実際の現象を扱う際には，これだけでは不十分である．例えば，デジタル画像を扱う際，スマホや PC 上の座標 $(x,y)$ における輝度値を $z = f(x,y)$ と表したり，地点 $(x,y,z)$ における気温を $u = f(x,y,z)$ と表したり，さらにはこれに時刻を考慮して $u = f(x,y,z,t)$ と表したり，と 2 変数以上の関数を考えなければならない状況が発生する．ただし，2 変数の微分積分では，1 変数の場合とは異なることが色々と起こるが，2 変数から 3 変数以上になっても本質的な変化はない．そこで，これ以降は 2 変数関数 $z = f(x,y)$ の微分積分を学ぼう．

### [この章の項目]

2 変数関数，極限，連続性，偏微分可能性，全微分可能性，第 2 次偏導関数，接平面，連鎖律

## 6.1　2 変数関数

**定義 6.1（2 変数関数）**

$x, y$ の値によって，$z$ の値が定まるとき，$z$ は **2 変数 $x, y$ の関数** (function of two variables $x, y$) であるといい，この対応を $f$ とするとき，
$$z = f(x, y)$$
と表す．このとき，$x, y$ を **独立変数** (independent variable)，$z$ を **従属変数** (dependent variable) という．

例えば，$f(x, y) = (x + \sqrt{3}y)\pi + 6\tan^{-1}(xy)$ のとき，$f(1, \sqrt{3}) = (1 + 3)\pi + 6\tan^{-1}(\sqrt{3}) = 4\pi + 6 \cdot \dfrac{\pi}{3} = 4\pi + 2\pi = 6\pi$ である．

**定義 6.2（定義域・値域）**

$f(x, y)$ が与えられると，それが定義されるような平面上の点 $(x, y)$ の集合 $D$ が定まる．このような集合 $D$ を関数の **定義域** という．また，関数値 $f(x, y)$ のとり得る値の集合 $f(D) = \{f(x, y) | (x, y) \in D\}$ を関数の **値域** という．

▶ [多変数関数]

2 変数関数と同様に，3 変数関数 $f(x, y, z)$ や $n$ 変数関数 $f(x_1, x_2, \ldots, x_n)$ も考えることができる．一般に，$n$ が 2 以上，つまり，2 つ以上の変数によって決まる関数を **多変数関数** (multivariable function) という．

▶ [集合の表記法]

高校数学で学ぶように，集合を表すときには，$A = \{1, 2, 3, 9\}$ のように要素を並べて書くか，$A = \{x | x \text{ は 9 の正の約数}\}$ のように要素が満たすべき条件を書く．条件に関数が登場する場合は，一般に，後者の記法を用いる．例えば，$D = \{(x, y) \in \mathbb{R}^2 | x^2 + y^2 \leq 1\}$ であれば，これは $x^2 + y^2 \leq 1$ を満たす平面上の点 $(x, y)$ の集合を表す．$(x, y)$ が明らかに座標を示すと分かる場合には，$(x, y) \in \mathbb{R}^2$ を $(x, y)$ と略記する．

▶ [$\mathbb{R}^2$ と $\mathbb{R}^3$]
　$\mathbb{R}^2$ は $xy$ 平面全体，$\mathbb{R}^3$ は $xyz$ 空間全体を表す．

定義 6.3（グラフ・等高線）
$\mathbb{R}^2$ 上のある集合 $D$ で定義された関数 $z = f(x, y)$ に対し，$\mathbb{R}^3$ の集合 $G = \{(x, y, z) | (x, y) \in D, z = f(x, y)\}$ を **2 変数関数のグラフ (graph of the function of two variables)** といい，図形が曲面のとき，それを **曲面 (surface)** $z = f(x, y)$ という．また，関数 $z = f(x, y)$ に対し，$f(x, y) = c$ を満たす点 $(x, y)$ の集合を $z = c$ に対する **等高線 (contour curves)** という．

▶ [2 変数関数のグラフの描き方]
　基本的には，点 $(x, y, z)$ の作る集合を考えればよい．1 変数関数のグラフを描くときは，いくつかの点 $(x, y)$ をピックアップし，それをつないだ．同じように 2 変数関数のグラフを描くときには，いくつかの面，例えば，$c$ を決めて，$c = f(x, y)$ を満たす面，つまり，等高線をピックアップして，それをつなげばよい．ここで，等高線という言葉に惑わされないで欲しい．等高線は平面上の集合である．

例題 6.1（2 変数関数の定義域・値域・グラフ）
$f(x, y) = \sqrt{16 - x^2 - 4y^2}$ とするとき，次の問に答えよ．
(1) $z = f(x, y)$ の定義域と値域を求めよ．
(2) $z = f(x, y)$ の表す曲面を $xyz$ 空間内に図示せよ．また，$z = f(x, y)$ の等高線を $xy$ 平面上で図示せよ．

▶ [楕円の方程式]
$\dfrac{x^2}{a^2} + \dfrac{y^2}{b^2} = 1$
$a > b > 0$ のとき，長軸の長さは $2a$，短軸の長さは $2b$ となる．

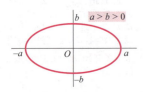

（解答）
(1) $16 - x^2 - 4y^2 \geq 0$ のとき $z$ は定義されるので，定義域は $D = \{(x, y) | x^2 + 4y^2 \leq 16\}$ である．また，$0 \leq x^2 + 4y^2 \leq 16$ が成り立つので，$z$ は $x^2 + 4y^2 = 16$ のとき最小値 0 をとり，$x^2 + 4y^2 = 0$ のとき最大値 $\sqrt{16} = 4$ をとる．したがって，値域は $0 \leq z \leq 4$ である．
(2) $z$ の値をいくつか定め，等高線の情報を集める．そのために，$z = \sqrt{16 - x^2 - 4y^2}$ を $x^2 + 4y^2 = 16 - z^2$ と変形しておく．
- $z = 0$ のとき，$x^2 + 4y^2 = 16 \Longrightarrow \dfrac{x^2}{16} + \dfrac{y^2}{4} = 1$ より原点を中心とする長軸の長さ 8，短軸の長さ 4 の楕円となる．
- $z = \sqrt{7}$ のとき $x^2 + 4y^2 = 9 \Longrightarrow \dfrac{x^2}{9} + \dfrac{y^2}{\left(\frac{3}{2}\right)^2} = 1$ より原点を中心とする長軸の長さ 6，短軸の長さ 3 の楕円．
- $z = 2\sqrt{3}$ のとき $x^2 + 4y^2 = 4 \Longrightarrow \dfrac{x^2}{4} + y^2 = 1$ より原点を中心とする長軸の長さ 4，短軸の長さ 2 の楕円．
- $z = 4$ のとき $x^2 + 4y^2 = 0 \Longrightarrow (x, y) = (0, 0)$

また，$x = c$ と固定すると，$c^2 + 4y^2 = 16 - z^2 \Longrightarrow z^2 + 4y^2 = 16 - c^2$ なので，$yz$ 平面では楕円，つまり，2 次曲線になる．さらに，$y = c$ と固定すると，
$$x^2 + 4c^2 = 16 - z^2 \Longrightarrow x^2 + z^2 = 16 - 4c^2$$
なので，$xz$ 平面では円，つまり，2 次曲線になる．したがって，曲面を描くには，等高線を 2 次曲線のように滑らかにつなげばよい．以上より，曲面と等高線は次のようになる．

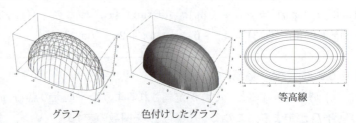

グラフ　色付けしたグラフ　等高線

■

[問] 6.1 次の関数 $z = f(x,y)$ の定義域と値域を求め，$z = f(x,y)$ の表す曲面を $xyz$ 空間に図示せよ．また，等高線を $xy$ 平面上で図示せよ．

(1) $f(x,y) = 16 - 4x^2 - y^2$ 　　 (2) $f(x,y) = 2\sqrt{x^2 + y^2}$

## 6.2　2変数関数の極限

極限は，ある点 $P$ が別の点 $Q$ に限りなく近づくという概念なので，極限を考えるためには，2点間の距離の定義が必要である．この定義としては，高校で学ぶ平面ベクトルの2点間の距離を採用すればよい．つまり，平面上の2点 $P(a,b), Q(c,d)$ の距離(distance) を $d(P,Q) = \sqrt{(a-c)^2 + (b-d)^2}$ で定義する．

> **定義6.4（極限値）**
> 点 $(x,y)$ をどのように点 $(a,b)$ に近づけても，$f(x,y)$ が一定値 $c$ に限りなく近づくならば，$(x,y) \to (a,b)$ のときの $f(x,y)$ の極限値 は $c$ であるといい，
> $$\lim_{(x,y)\to(a,b)} f(x,y) = c$$
> $$f(x,y) \to c \quad ((x,y) \to (a,b))$$
> などと表す．

【注意】定義 6.4 において，近づき方を指定していないことに注意せよ．1次元の場合は，ある点への近づき方は，正の方から，あるいは負の方からの2種類しかない．しかし，2次元の場合は，ある点 $A$ への近づき方は何通りもある．

【注意】厳密には，「$r \to 0$」の部分を「$r \to +0$」とすべきだが，極座標の場合，$r \geq 0$ が大前提なので，「$r \to 0$」は「$r \to +0$」を意味する．

2変数関数の極限についても，1次元の極限と同様の定理(定理 1.10, 1.11)が成り立つ．したがって，極限値が存在する場合は，1変数の極限と同様の計算をすればよい．

ただし，極限値を求める際には，どのような方向から近づいても同じ値に近づくことを示さなければならない．そこで，極座標を考えて，$x = a + r\cos\theta$, $y = b + r\sin\theta$ とおく．すると，「$(x,y) \to (a,b)$」は「$r \to 0$」（$\theta$ は任意）となる．つまり，次が成り立つ．

$$\lim_{(x,y)\to(a,b)} f(x,y) = c \iff \lim_{r \to 0} f(a + r\cos\theta, b + r\sin\theta) = c \quad (6.1)$$

なお，$f(x,y)$ の形から，点 $(x,y)$ がどのように点 $(a,b)$ に近づこうとも，明らかに極限値が分かる場合は，つまり，形式的な演算で $f(a,b)$ の値が定まる場合は，次のような計算をしてよい．

$$\lim_{(x,y)\to(2,-3)} (x^2 + 2xy) = 2^2 + 2 \cdot 2 \cdot (-3) = -8$$

> **例題 6.2（2 変数関数の極限）**
> 次の極限値を求めよ．
> (1) $\displaystyle\lim_{(x,y)\to(1,\pi)} \frac{\cos^2(xy) - x^2}{\cos(xy) + x}$
> (2) $\displaystyle\lim_{(x,y)\to(0,0)} \frac{x^2 y^2}{x^2 + y^2}$
> (3) $\displaystyle\lim_{(x,y)\to(0,0)} \frac{2xy^2}{x^2 + y^4}$
> (4) $\displaystyle\lim_{(x,y)\to(0,0)} \frac{x^3 - 3xy}{x^2 + y^2}$

**[基本テクニック]**

- 極限値を求めるときには，例題 6.2(2) の解答のように，極座標による方法 (6.1) を使う．
- 極限が存在しないことを示すには，近付き方を固定して，2 つ以上の値に近付くことを示す．そのためには，例題 6.2(3) の解答のように，$x = my^\alpha$ や $y = mx^\alpha$ ($\alpha$ は実数) のように近づき方を固定すればよい．

ただし，極限が存在するかしないかで，上記の 2 つの方法を使い分けるのは面倒なので，極限値が存在しないことを示す際にも，例題 6.2(4) の解答のように，極座標を用いて解答してもよい．

**▶【アクティブ・ラーニング】**
例題 6.2(3) の解答を次のように書いた学生に対して，あなたならどのように説明しますか？
$y = mx$ とおくと，
$$\lim_{x\to 0} \frac{2m^2 x^3}{x^2 + m^4 x^4}$$
$$= \lim_{x\to 0} \frac{2m^2}{\frac{1}{x} + m^4 x}$$
$$= \frac{2m^2}{\infty + 0} = 0$$

（解答）

まず，(2)〜(4) は $(x,y) \to (0,0)$ のとき $\frac{0}{0}$ 形になるので，単純に $(x,y) = (0,0)$ を代入してはいけないことに注意する．

(1)
$$\lim_{(x,y)\to(1,\pi)} \frac{\cos^2(xy) - x^2}{\cos(xy) + x} = \lim_{(x,y)\to(1,\pi)} \frac{(\cos(xy) + x)((\cos(xy) - x))}{\cos(xy) + x}$$
$$= \lim_{(x,y)\to(1,\pi)} (\cos(xy) - x) = \cos(\pi) - 1 = -1 - 1 = -2$$

(2) $x = r\cos\theta, y = r\sin\theta$ とすると，$(x,y) \to (0,0)$ のとき $r \to 0$ であり，$|\sin^2\theta\cos^2\theta| \leq 1$ より $\sin^2\theta\cos^2\theta$ は有限値なので，
$$\lim_{(x,y)\to(0,0)} \frac{x^2 y^2}{x^2 + y^2} = \lim_{r\to 0} \frac{r^4 \sin^2\theta\cos^2\theta}{r^2(\cos^2\theta + \sin^2\theta)} = \sin^2\theta\cos^2\theta \lim_{r\to 0} r^2 = 0$$

(3) $m$ を任意の実数とし，$y = m\sqrt{x}$ とおくと，
$$\lim_{(x,y)\to(0,0)} \frac{2xy^2}{x^2 + y^4} = \lim_{x\to 0} \frac{2m^2 x^2}{x^2 + m^4 x^2} = \lim_{x\to 0} \frac{2m^2}{1 + m^4} = \frac{2m^2}{1 + m^4}$$

である．ここで，$m$ は任意の実数なので，$\frac{2m^2}{1 + m^4}$ はいろいろな値をとる．よって，極限値は存在しない．

(4) $x = r\cos\theta, y = r\sin\theta$ とおくと，$|\cos^3\theta| \leq 1$ より $\cos^3\theta$ は有限値なので，
$$\lim_{(x,y)\to(0,0)} \frac{x^3 - 3xy}{x^2 + y^2} = \lim_{r\to 0} \frac{r^3 \cos^3\theta - 3r^2 \sin\theta\cos\theta}{r^2(\cos^2\theta + \sin^2\theta)}$$
$$= \lim_{r\to 0} -\frac{3}{2}\sin 2\theta = -\frac{3}{2}\sin 2\theta$$

を得る．この値は，$\theta$ によっていろいろな値をとるので，極限値は存在しない．■

**[問] 6.2** 次の極限値を求めよ．
(1) $\displaystyle\lim_{(x,y)\to(2,1)} \frac{x^2 - 4y^2}{x - 2y}$
(2) $\displaystyle\lim_{(x,y)\to(0,0)} \frac{x^3 y}{x^2 + y^2}$
(3) $\displaystyle\lim_{(x,y)\to(0,0)} \frac{x^3 y^2 + x^2 y}{x^4 + y^2}$
(4) $\displaystyle\lim_{(x,y)\to(0,0)} \frac{x^2 + y^4}{x^2 + 2y^4}$

## 6.3　2 変数関数の連続性

> **定義 6.5（連続）**
> 関数 $f(x,y)$ が
> $$\lim_{(x,y)\to(a,b)} f(x,y) = f(a,b)$$
> を満たすとき，この関数は $(a,b)$ で**連続**であるという．$f(x,y)$ が領域 $D$ で定義され $D$ の各点で連続であるとき，この関数は $D$ で**連続**であるという．

詳細は割愛するが，2変数関数の連続性についても，1変数と同様の性質（定理 1.13〜1.16）が成り立つことを銘記しておこう．

> **例題 6.3（2 変数関数の連続性）**
> $f(x,y)$ の点 $(2,3)$ における連続性，および $g(x,y)$ の点 $(0,0)$ における連続性を調べよ．
>
> (1) $f(x,y) = \begin{cases} \dfrac{(x-2)^3 - (y-3)^3}{(x-2)^2 + (y-3)^2} + 1 & (x,y) \neq (2,3) \\ 1 & (x,y) = (2,3) \end{cases}$
>
> (2) $g(x,y) = \begin{cases} \dfrac{x^3 - xy}{x^2 + y^2} & (x,y) \neq (0,0) \\ 0 & (x,y) = (0,0) \end{cases}$

▶【アクティブ・ラーニング】
例題 6.3 はすべて確実に解けるようになりましたか？解けていない問題があれば，それがどうすればできるようになりますか？何に気をつければいいですか？また，読者全員ができるようになるにはどうすればいいでしょうか？それを紙に書き出しましょう．そして，書き出した紙を周りの人と見せ合って，それをまとめてグループごとに発表しましょう．

(解答)
(1) $x = 2 + r\cos\theta, y = 3 + r\sin\theta$ とおくと，$(x,y) \to (2,3)$ のとき $r \to 0$ であり，$\cos^3\theta$ と $\sin^3\theta$ は有限値なので，

$$\lim_{(x,y)\to(2,3)} \frac{(x-2)^3 - (y-3)^3}{(x-2)^2 + (y-3)^2} + 1 = \lim_{r\to 0} \frac{r^3\cos^3\theta - r^3\sin^3\theta}{r^2\cos^2\theta + r^2\sin^2\theta} + 1$$
$$= \lim_{r\to 0} r(\cos^3\theta - \sin^3\theta) + 1 = 1$$

である．よって，$\lim_{(x,y)\to(2,3)} f(x,y) = 1 = f(2,3)$ なので，$f(x,y)$ は点 $(2,3)$ で連続である．

(2) $x = r\cos\theta, y = r\sin\theta$ とおけば，

$$\lim_{(x,y)\to(0,0)} \frac{x^3 - xy}{x^2 + y^2} = \lim_{r\to 0} \frac{r^3\cos^3\theta - r^2\sin\theta\cos\theta}{r^2}$$
$$= \lim_{r\to 0} (r\cos^3\theta - \sin\theta\cos\theta) = -\sin\theta\cos\theta = -\frac{1}{2}\sin 2\theta$$

であり，この値は $\theta$ によって変わるので，極限値は存在しない．
極限値 $\lim_{(x,y)\to(0,0)} g(x,y)$ が存在しないので，当然，$\lim_{(x,y)\to(0,0)} g(x,y) \neq g(0,0)$ であり，$g(x,y)$ は $(0,0)$ で不連続である． ∎

▶【アクティブ・ラーニング】
例題 6.3(2) において，「整数 $n$ に対して，$\theta = n\pi$ のとき，$\lim_{(x,y)\to(0,0)} g(x,y) = 0 = g(0,0)$ となるので，$\theta = n\pi$ のときは連続である」という解答は正しいと言えるか？あなたの考えをまとめ，他の人と話し合って結論を導きましょう．

[問] 6.3 次の関数の原点 $(0,0)$ における連続性を調べよ．

(1) $f(x,y) = \begin{cases} \dfrac{x^3 - y^3}{x^2 + y^2} & (x,y) \neq (0,0) \\ 0 & (x,y) = (0,0) \end{cases}$

(2) $f(x,y) = \begin{cases} \dfrac{3xy}{x^2 + y^2} & (x,y) \neq (0,0) \\ 0 & (x,y) = (0,0) \end{cases}$

## 6.4 偏導関数

2変数の微分には，偏微分と全微分があるが，まずは偏微分を考えよう．偏微分は，$x$ もしくは $y$ を固定し，それを定数と見なして微分する．具体的には次のように定義する．

### 定義 6.6（偏微分）

2 変数関数 $f(x,y)$ に対して，極限値

$$f_x(a,b) = \lim_{h \to 0} \frac{f(a+h,b) - f(a,b)}{h}$$

が存在するとき，$f(x,y)$ は点 $(a,b)$ で $x$ について偏微分可能 (partially differentiable with respect to $x$) といい，この値を $x$ についての偏微分係数(partial differential coefficient) と呼び，左辺の記号 $f_x(a,b)$ または $\dfrac{\partial f}{\partial x}(a,b)$ と表す．同様に，極限値

$$f_y(a,b) = \lim_{k \to 0} \frac{f(a,b+k) - f(a,b)}{k}$$

が存在するとき，$f(x,y)$ は点 $(a,b)$ で $y$ について偏微分可能といい，この値を左辺の記号 $f_y(a,b)$ または $\dfrac{\partial f}{\partial y}(a,b)$ と表す．また，この値を $y$ についての偏微分係数という．

【注意】偏微分というのは，$x$ もしくは $y$ 方向のみの微分を考えたものである．それ以外の方向に関する微分は全く考えていない．

$f_x(a,b)$ は平面 $y=b$ で切ったときの切り口の曲線上の点 $(a,b,f(a,b))$ における接線の傾きである．同様に，$f_y(a,b)$ は平面 $x=a$ で切ったときの切り口の曲線上の点 $(a,b,f(a,b))$ における接線の傾きである．

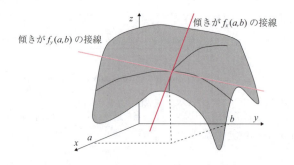

### 定義 6.7（偏微分可能）

関数 $z=f(x,y)$ が領域 $D$ の各点 $(x,y)$ で $x$（または $y$）について偏微分可能なとき，$f(x,y)$ は $D$ で $x$（または $y$）について偏微分可能であるという．特に，$x$ についても $y$ についても $D$ で偏微分可能のとき，単に $D$ で偏微分可能 という．

## 6.4 偏導関数

**定義 6.8（偏導関数）**

$f(x,y)$ が領域 $D$ で偏微分可能なとき，$D$ の各点 $(x,y)$ に $f_x(x,y)$ を対応させる関数を，$z = f(x,y)$ の $x$ についての**偏導関数(partial derivative)** といい

$$f_x(x,y),\ \frac{\partial}{\partial x}f(x,y),\ \frac{\partial f}{\partial x},\ \frac{\partial z}{\partial x},\ f_x,\ z_x$$

などと表す．同様に，$y$ についての偏導関数を

$$f_y(x,y),\ \frac{\partial}{\partial y}f(x,y),\ \frac{\partial f}{\partial y},\ \frac{\partial z}{\partial y},\ f_y,\ z_y$$

などと表す．また，偏導関数を求めることを**偏微分する (partially differentiate)** という．

$f_x$ を求めるには，$y$ を定数とみなして $f(x,y)$ を $x$ について微分すればよい．同様に，$f_y$ を求めるには，$x$ を定数とみなして $f(x,y)$ を $y$ について微分すればよい．

**例題 6.4（偏導関数の計算）**

次の関数を偏微分せよ．
(1) $z = x^3 - 3x^2y + 2xy^2 + 2y^3$  (2) $z = y\sin^{-1}\left(\frac{y}{x}\right)$

▶【アクティブ・ラーニング】
偏微分の計算問題を自分で作り，それを他の人に紹介し，お互いに解いてみよう．そして，その問題のうち，自分たちにとって一番良い問題を選び，その理由を説明しよう．

（解答）
(1) $z_x = 3x^2 - 6xy + 2y^2,\quad z_y = -3x^2 + 4xy + 6y^2$
(2)
$$\begin{aligned}
z_x &= y\frac{\partial}{\partial x}\left(\sin^{-1}\left(\frac{y}{x}\right)\right) = y\frac{1}{\sqrt{1-\left(\frac{y}{x}\right)^2}}\frac{\partial}{\partial x}\left(\frac{y}{x}\right)\\
&= y\frac{|x|}{\sqrt{x^2-y^2}}\left(-\frac{y}{x^2}\right) = -\frac{y^2}{|x|\sqrt{x^2-y^2}}\\
z_y &= \frac{\partial}{\partial y}(y)\sin^{-1}\left(\frac{y}{x}\right) + y\frac{\partial}{\partial y}\left(\sin^{-1}\left(\frac{y}{x}\right)\right)\\
&= \sin^{-1}\left(\frac{y}{x}\right) + y\frac{1}{\sqrt{1-\left(\frac{y}{x}\right)^2}}\frac{\partial}{\partial y}\left(\frac{y}{x}\right) = \sin^{-1}\left(\frac{y}{x}\right) + \frac{|x|y}{\sqrt{x^2-y^2}}\cdot\frac{1}{x}\\
&= \sin^{-1}\left(\frac{y}{x}\right) + \frac{|x|y}{x\sqrt{x^2-y^2}}
\end{aligned}$$

【注意】(2) では，$y$ について，積の微分公式を適用している．また，$\sqrt{x^2} = |x|$ にも注意．

[問] 6.4 次の関数を偏微分せよ．
(1) $z = 4x^5y^2 - 5x^3y^4$  (2) $z = \dfrac{x}{1+x^2+y^2}$  (3) $z = \log(5x^2 - 2y)$
(4) $z = \dfrac{x}{\sqrt{x^2+y^2}}$  (5) $z = \cos^{-1}\left(\dfrac{x}{y}\right)$  (6) $z = x\tan^{-1}\left(\dfrac{y}{x}\right)$

1変数関数の高次導関数と同様，偏導関数についても高次偏導関数を定義できる．

## 定義6.9 (2回偏微分可能)

偏導関数 $f_x(x,y), f_y(x,y)$ が $x$ または $y$ についてさらに偏微分可能なとき，$f(x,y)$ はそれぞれ $x$ についてまたは $y$ について **2回偏微分可能 (two times partial differentiable)** であるという．その偏導関数は次のように表す．

$$\frac{\partial}{\partial x}\left(\frac{\partial f(x,y)}{\partial x}\right) = \frac{\partial^2 f}{\partial x^2}(x,y), \quad f_{xx}(x,y), \quad f_{xx}$$

$$\frac{\partial}{\partial y}\left(\frac{\partial f(x,y)}{\partial x}\right) = \frac{\partial^2 f}{\partial y \partial x}(x,y), \quad f_{xy}(x,y), \quad f_{xy}$$

$$\frac{\partial}{\partial x}\left(\frac{\partial f(x,y)}{\partial y}\right) = \frac{\partial^2 f}{\partial x \partial y}(x,y), \quad f_{yx}(x,y), \quad f_{yx}$$

$$\frac{\partial}{\partial y}\left(\frac{\partial f(x,y)}{\partial y}\right) = \frac{\partial^2 f}{\partial y^2}(x,y), \quad f_{yy}(x,y), \quad f_{yy}$$

これを**第2次偏導関数 (second partial derivative)** といい，$x$ についても $y$ についても $f_x(x,y), f_y(x,y)$ が偏微分可能なとき，単に $f(x,y)$ **は2回偏微分可能である** という．

3次以上の偏導関数も同様に定義する．例えば，3次偏導関数は，$f_{xxx}, f_{xxy}, f_{xyy}, f_{yyy}, f_{yxx}, f_{yyx}, f_{xyx}, f_{yxy}$ である．

**【注意】** 2次偏導関数というときは，$f_{xx}$ と $f_{yy}$ だけなく，$f_{xy}$ と $f_{yx}$ も含む．また，添字の順序にも注意せよ．$f$ を基準に考えているので，$x, y$ の順に微分することを示すには，$f \to f_x \to (f_x)_y = f_{xy}$ と表す．同様に，$f \to \frac{\partial f(x,y)}{\partial x} \to \frac{\partial}{\partial y}\left(\frac{\partial f(x,y)}{\partial x}\right) = \frac{\partial^2 f}{\partial y \partial x}(x,y)$ となる．一見すると，$f_{xy}$ と $\frac{\partial^2 f}{\partial y \partial x}(x,y)$ とでは $x$ と $y$ の順が逆になっているため，どちらかが間違えているのでは？と思ってしまうが，$f$ を起点に考えているので，このようになっているのである．「微分の順序は，$f$ に近い順から」と覚えておけば間違わないであろう．

## 例題6.5 (2次偏導関数の計算)

次の関数の第2次偏導関数を求めよ．
(1) $z = x^3 + 3x^2 y - 2y^3$ (2) $z = \sqrt{x^2 + y^2}$

(解答)
(1) $z_x = 3x^2 + 6xy, z_y = 3x^2 - 6y^2$ より
$$z_{xy} = 6x, \quad z_{yx} = 6x, \quad z_{xx} = 6x + 6y, \quad z_{yy} = -12y$$

(2) $z_x = \dfrac{x}{\sqrt{x^2+y^2}}, z_y = \dfrac{y}{\sqrt{x^2+y^2}}$ より

$$z_{xy} = x \cdot \frac{\partial}{\partial y}\left(\frac{1}{\sqrt{x^2+y^2}}\right) = x \cdot \left(-\frac{y}{(x^2+y^2)^{\frac{3}{2}}}\right) = -\frac{xy}{(x^2+y^2)^{\frac{3}{2}}}$$

$$z_{yx} = y \cdot \frac{\partial}{\partial x}\left(\frac{1}{\sqrt{x^2+y^2}}\right) = y \cdot \left(-\frac{x}{(x^2+y^2)^{\frac{3}{2}}}\right) = -\frac{xy}{(x^2+y^2)^{\frac{3}{2}}}$$

$$z_{xx} = \frac{\sqrt{x^2+y^2} - x \cdot \frac{x}{\sqrt{x^2+y^2}}}{x^2+y^2} = \frac{y^2}{(x^2+y^2)^{\frac{3}{2}}}$$

$$z_{yy} = \frac{\sqrt{x^2+y^2} - y \cdot \frac{y}{\sqrt{x^2+y^2}}}{x^2+y^2} = \frac{x^2}{(x^2+y^2)^{\frac{3}{2}}}$$

[問] 6.5 次の関数の第2次偏導関数を求めよ．

(1) $z = 6x^5 y^4 - 3y^3$ (2) $z = e^{2x} \sin 2y$ (3) $z = e^{\frac{x}{y}}$

関数 $f(x,y)$ の第2次偏導関数 $f_{xy}$ と $f_{yx}$ は偏微分の順序が違うので，$f_{xy} = f_{yx}$ が成り立つとは限らない．これが成立するための十分条件を示そう．

### 定理 6.1（偏微分の順序交換）
$f_{xy}(x,y)$ と $f_{yx}(x,y)$ が点 $(a,b)$ で連続ならば，$f_{xy}(a,b) = f_{yx}(a,b)$ が成り立つ．

（証明）
$$F(h,k) = f(a+h, b+k) - f(a, b+k) - f(a+h, b) + f(a,b)$$
を考える．また，$\varphi(x) = f(x, b+k) - f(x, b), \psi(y) = f(a+h, y) - f(a, y)$ とおくと
$$F(h,k) = \varphi(a+h) - \varphi(a) = \psi(b+k) - \psi(b)$$
である．
ここで，1変数についての平均値の定理を繰り返し使うと，
$$\begin{aligned} F(h,k) &= \varphi(a+h) - \varphi(a) = h\varphi'(a+\theta_1 h) = h\{f_x(a+\theta_1 h, b+k) - f_x(a+\theta_1 h, b)\} \\ &= hk f_{xy}(a+\theta_1 h, b+\theta_2 k), \quad (0 < \theta_1, \theta_2 < 1) \end{aligned}$$
となる $\theta_1, \theta_2$ が存在することが分かる．同様にして，
$$\begin{aligned} F(h,k) &= \psi(b+k) - \psi(b) = k\psi'(b+\theta_3 k) = k\{f_y(a+h, b+\theta_3 k) - f_y(a, b+\theta_3 k)\} \\ &= hk f_{yx}(a+\theta_4 h, b+\theta_3 k), \quad (0 < \theta_3, \theta_4 < 1) \end{aligned}$$
となる $\theta_3, \theta_4$ が存在する．よって，$F(h,k)$ の2通りの表し方から次が成り立つ．
$$f_{xy}(a+\theta_1 h, b+\theta_2 k) = f_{yx}(a+\theta_4 h, b+\theta_3 k)$$
ここで，$(h,k) \to (0,0)$ とすれば，$f_{xy}(x,y)$ と $f_{yx}(x,y)$ は点 $(a,b)$ で連続だから，$f_{xy}(a,b) = f_{yx}(a,b)$ が成り立つ．■

### 定義 6.10（$C^n$ 級）
$(n-1)$ 次偏導関数がすべて偏微分可能のとき $f(x,y)$ は **n 回偏微分可能** であるといい，$n$ 次以下の偏導関数がすべて連続であるとき，$f(x,y)$ は $C^n$ 級 であるという．また，$f(x,y)$ が何回でも偏微分可能なとき，$f(x,y)$ は **無限回微分可能** であるといい，このとき，$f(x,y)$ は $C^\infty$ 級 であるという．

関数 $f(x,y)$ が $C^2$ 級であれば，定理 6.1 の仮定を満たすので，$f_{xy} = f_{yx}$ が成立する．同様に，$C^3$ 級であれば，$f_{xxy} = f_{xyx} = f_{xxy}$ および $f_{xyy} = f_{yxy} = f_{yyx}$ が成り立つ．より一般的に言えば，$f(x,y)$ が $C^n$ 級ならば，$f(x,y)$ を $x$ について $k$ 回，$y$ について $m$ 回，合計 $n$ 回偏微分した $n$ 次偏導関数を $x, y$ の偏微分の順序に関係なく $\dfrac{\partial^n}{\partial^k x \partial^m y} f(x,y)$ と表せる．特に，$f(x,y)$ が $C^\infty$ 級であれば，偏微分の順序をどのように入れ替えても同じ結果が得られる．

【注意】定理 6.1 は，「$f_{xy}(x,y)$ と $f_{yx}(x,y)$ が $(a,b)$ で連続ならば，$f_{xy}(a,b) = f_{yx}(a,b)$ が成り立つ」と主張しているのであって，それ以上のことについては何もいっていない．つまり，$f_{xy}(x,y)$ と $f_{yx}(x,y)$ が $(a,b)$ で不連続の場合については，$f_{xy}(a,b) = f_{yx}(a,b)$ かもしれないし，$f_{xy}(a,b) \neq f_{yx}(a,b)$ かもしれない．ただし，定理 6.1 の対偶である「$f_{xy}(a,b) \neq f_{yx}(a,b)$ ならば $f_{xy}(a,b)$ または $f_{yx}(a,b)$ が $(a,b)$ で不連続」であることはいえる．

[基本テクニック] ▶ $F(h,k)$ を2通りで表すのがポイントである．

▶【アクティブ・ラーニング】
定理 6.1 の仮定を満たさない例を作ってみよう．そして，お互いにそれを紹介し合おう．

▶[混合偏導関数]
$f_{xy}, f_{yx}$ のように $x, y$ の両方の偏微分を含むようなものを 混合偏導関数(mixed partial derivative) という．

## 定義 6.11 (偏微分作用素)

$h, k$ を定数とするとき, **偏微分作用素**(partial differential operator) $h\dfrac{\partial}{\partial x} + k\dfrac{\partial}{\partial y}$ を次のように定義する.

$$\left(h\frac{\partial}{\partial x} + k\frac{\partial}{\partial y}\right)f(x,y) = h\frac{\partial}{\partial x}f(x,y) + k\frac{\partial}{\partial y}f(x,y)$$

さらに, 各自然数 $n$ に対して次のように定義する.

$$\left(h\frac{\partial}{\partial x} + k\frac{\partial}{\partial y}\right)^n f(x,y)$$
$$= \left(h\frac{\partial}{\partial x} + k\frac{\partial}{\partial y}\right)\left\{\left(h\frac{\partial}{\partial x} + k\frac{\partial}{\partial y}\right)^{n-1} f(x,y)\right\}$$

【注意】偏微分作用素は, 第 7.1 節で必要となる.

## 例題 6.6 (偏微分作用素)

$f(x,y)$ が $C^2$ 級のとき, $\left(h\dfrac{\partial}{\partial x} + k\dfrac{\partial}{\partial y}\right)^2 f(x,y)$ を求めよ.

(解答)

$$\left(h\frac{\partial}{\partial x} + k\frac{\partial}{\partial y}\right)f(x,y) = h\frac{\partial}{\partial x}f(x,y) + k\frac{\partial}{\partial y}f(x,y)$$
$$\left(h\frac{\partial}{\partial x} + k\frac{\partial}{\partial y}\right)^2 f(x,y) = \left(h\frac{\partial}{\partial x} + k\frac{\partial}{\partial y}\right)\left(h\frac{\partial}{\partial x}f(x,y) + k\frac{\partial}{\partial y}f(x,y)\right)$$
$$= h\frac{\partial}{\partial x}\left(h\frac{\partial}{\partial x}f(x,y) + k\frac{\partial}{\partial y}f(x,y)\right) + k\frac{\partial}{\partial y}\left(h\frac{\partial}{\partial x}f(x,y) + k\frac{\partial}{\partial y}f(x,y)\right)$$
$$= h^2\frac{\partial^2}{\partial x^2}f(x,y) + hk\frac{\partial^2}{\partial x \partial y}f(x,y) + kh\frac{\partial^2}{\partial y \partial x}f(x,y) + k^2\frac{\partial^2}{\partial y^2}f(x,y)$$
$$= h^2\frac{\partial^2}{\partial x^2}f(x,y) + 2hk\frac{\partial^2}{\partial x \partial y}f(x,y) + k^2\frac{\partial^2}{\partial y^2}f(x,y) \quad \blacksquare$$

【注意】(6.2) の形は二項定理 (1.3) と同じ. (6.2) を証明するには, 定理 2.7 と同様に数学的帰納法を用いる.

一般には, 次のように表せる.

$$\left(h\frac{\partial}{\partial x} + k\frac{\partial}{\partial y}\right)^n f(x,y) = \sum_{j=0}^{n}\binom{n}{j}h^{n-j}k^j\frac{\partial^n}{\partial x^{n-j}\partial y^j}f(x,y) \quad (6.2)$$

[問] 6.6 $f(x,y)$ が $C^3$ 級のとき, $\left(h\dfrac{\partial}{\partial x} + k\dfrac{\partial}{\partial y}\right)^3 f(x,y)$ を求めよ.

1 変数関数の場合, 微分可能な関数は連続であった. しかし, 2 変数関数の場合, 例題 6.7 が示すように, 必ずしも偏微分可能な関数が連続とは限らない.

**例題6.7（偏微分可能な関数が連続とは限らない）**
$$f(x,y) = \begin{cases} \dfrac{2x^4 + 3y^4 + 4xy^2}{x^3 + y^3} & (x,y) \neq (0,0) \\ 0 & (x,y) = (0,0) \end{cases}$$ の原点 $(0,0)$ における連続性と偏微分可能性を調べよ.

**（解答）**
$y = mx$（$m$ は任意の実数）とすれば,
$$\lim_{(x,y)\to(0,0)} \frac{2x^4 + 3y^4 + 4xy^2}{x^3 + y^3} = \lim_{x\to 0} \frac{2x^4 + 3m^4 x^4 + 4xm^2 x^2}{x^3 + m^3 x^3}$$
$$= \lim_{x\to 0} \frac{2x + 3m^4 x + 4m^2}{1 + m^3} = \frac{4m^2}{1 + m^3}$$

であり，これは $m$ によって値が異なるので, $\lim_{(x,y)\to(0,0)} f(x,y)$ は存在しない．よって, $\lim_{(x,y)\to(0,0)} f(x,y) \neq f(0,0)$ なので, $f(x,y)$ は原点 $(0,0)$ で連続ではない．一方,

$$f_x(0,0) = \lim_{h\to 0} \frac{1}{h}(f(h,0) - f(0,0)) = \lim_{h\to 0} \frac{1}{h}\left(\frac{2h^4}{h^3}\right) = 2$$
$$f_y(0,0) = \lim_{k\to 0} \frac{1}{k}(f(0,k) - f(0,0)) = \lim_{k\to 0} \frac{1}{k}\left(\frac{3k^4}{k^3}\right) = 3$$

となり, $f_x(0,0)$ と $f_y(0,0)$ の値が1つに定まったので, $f(x,y)$ は原点で偏微分可能である. ∎

例題6.7でみたように，**偏微分可能な関数が連続とは限らない**. そういう意味では，偏微分可能な関数を微分可能な関数とは呼べないのである．そこで，1変数の微分可能に対応する概念として，第6.5節で全微分可能という考えを導入する．実は，全微分可能な関数は連続である．したがって，全微分可能な関数を微分可能な関数と呼んでもよい．

**[問] 6.7** 次の関数の原点 $(0,0)$ における連続性と偏微分可能性を調べよ.
(1) $f(x,y) = \begin{cases} \dfrac{y^3 + xy}{x^2 + y^2} & (x,y) \neq (0,0) \\ 0 & (x,y) = (0,0) \end{cases}$  (2) $f(x,y) = |x| + |y|$

(3) $f(x,y) = \begin{cases} \dfrac{(-x+y)(x^3+y^2)}{x^2 + y^2} & (x,y) \neq (0,0) \\ 0 & (x,y) = (0,0) \end{cases}$

## 6.5 全微分

1変数関数 $f(x)$ が $x = a$ で微分可能であるとは，極限値

$$A = \lim_{h\to 0} \frac{f(a+h) - f(a)}{h} \iff \lim_{h\to 0} \frac{f(a+h) - f(a) - Ah}{h} = 0 \quad (6.3)$$

が存在することだった．この考え方を拡張し，2変数関数 $f(x,y)$ に対して

$$\lim_{(h,k)\to(0,0)} \frac{f(a+h, b+k) - f(a,b) - Ah - Bk}{\sqrt{h^2 + k^2}} = 0 \quad (6.4)$$

となるような $h, k$ に無関係な定数 $A, B$ が存在するとき，$f(x, y)$ は点 $(a, b)$ において**全微分可能**(totally differentiable) あるいは単に**微分可能** (differentiable) であると定義する．さて，(6.3) をランダウの記号で表せば，

$$f(a+h) - f(a) - Ah = o(h) \quad (h \to 0)$$

となる．2変数関数 $\varepsilon(h, k)$ に対して，2変数の**ランダウの記号**を，

$$\lim_{(h,k) \to (0,0)} \frac{\varepsilon(h, k)}{\sqrt{h^2 + k^2}} = 0 \iff \varepsilon(h, k) = o(\sqrt{h^2 + k^2}) \quad ((h, k) \to (0, 0))$$

と定義すれば，(6.4) は次のように書き換えられる．

【注意】「点 $(0,0)$ へあらゆる方向から近づく」を「$\sqrt{h^2 + k^2} \to 0 \ ((h, k) \to (0, 0))$」と表現したことになっている．

> **定義 6.12（全微分可能）**
> 関数 $f(x, y)$ が点 $(a, b)$ において**全微分可能**であるとは，
> $$f(a+h, b+k) - f(a, b) = Ah + Bk + o(\sqrt{h^2 + k^2}) \quad ((h, k) \to (0, 0)) \tag{6.5}$$
> となるような定数 $A, B$ が存在することである．また，$f(x, y)$ が領域 $D$ の各点で全微分可能ならば，$f(x, y)$ は $D$ で**全微分可能**または単に**微分可能**という．

▶【アクティブ・ラーニング】
なぜ，定義 6.12 で定義される微分を全微分というのでしょうか？この「全」にはどのような意味が込められているのでしょうか？自分で考えたり調べたりして，その結果をお互いに発表しましょう．

関数 $f(x, y)$ は偏微分可能であっても全微分可能とは限らないが，全微分可能であれば，連続かつ偏微分可能である．

> **定理 6.2（全微分可能ならば連続かつ偏微分可能）**
> 関数 $z = f(x, y)$ が点 $(a, b)$ で全微分可能ならば，$(a, b)$ で $f(x, y)$ は連続かつ偏微分可能で，$A = f_x(a, b), B = f_y(a, b)$ となる．

(証明)
$f(x, y)$ は $(a, b)$ で全微分可能なので，(6.5) より

$$\lim_{(h,k) \to (0,0)} (f(a+h, b+k) - f(a, b)) = \lim_{(h,k) \to (0,0)} (Ah + Bk + o\sqrt{h^2 + k^2}) = 0$$

となり，$f(x, y)$ は $(a, b)$ で連続である．また，(6.5) において $k = 0, h \to 0$ とすると

$$f_x(a, b) = \lim_{h \to 0} \frac{f(a+h, b) - f(a, b)}{h} = \lim_{h \to 0} \frac{Ah + o(|h|)}{h} = A$$

なので，$A = f_x(a, b)$ を得る．同様に，$h = 0, k \to 0$ とすると，$B = f_y(a, b)$ を得る．■

定理 6.2 と (6.5) より，次の系が成り立つ．

> **系 6.1（全微分可能であるための必要十分条件）**
> 関数 $z = f(x, y)$ が点 $(a, b)$ で偏微分可能のとき，点 $(a, b)$ で全微分可能であるための必要十分条件は，$\varepsilon(h, k) = f(a+h, b+k) - f(a, b) - f_x(a, b)h - f_y(a, b)k$ とするとき，次式が成立することである．
> $$\varepsilon(h, k) = o(\sqrt{h^2 + k^2})$$

ただし，一般には定理 6.2 の逆は成り立たない．

### 例題 6.8（連続かつ偏微分可能でも全微分可能とは限らない）
$$f(x,y) = \begin{cases} \dfrac{x^2(x+y)}{x^2+y^2} & (x,y) \neq (0,0) \\ 0 & (x,y) = (0,0) \end{cases}$$ の原点 $(0,0)$ における連続性，偏微分可能性，全微分可能性を調べよ．

(解答)
$x = r\cos\theta, y = r\sin\theta$ とし，$|\cos\theta| \leq 1, |\sin\theta| \leq 1$ に注意すれば，
$$\lim_{(x,y)\to(0,0)} f(x,y) = \lim_{r\to 0} \frac{r^2\cos^2\theta(r\cos\theta + r\sin\theta)}{r^2} = \lim_{r\to 0} r\cos^2\theta(\cos\theta + \sin\theta) = 0$$
なので，$\lim_{(x,y)\to(0,0)} f(x,y) = 0 = f(0,0)$ である．よって，$f(x,y)$ は原点 $(0,0)$ で連続である．また，
$$f_x(0,0) = \lim_{h\to 0} \frac{f(h,0) - f(0,0)}{h} = \lim_{h\to 0} \frac{1}{h}\left(\frac{h^3}{h^2}\right) = 1$$
$$f_y(0,0) = \lim_{k\to 0} \frac{f(0,k) - f(0,0)}{k} = \lim_{k\to 0} \frac{0-0}{k} = 0$$
であり，$f_x(0,0)$ と $f_y(0,0)$ の値がただ 1 つに定まったので $f(x,y)$ は原点 $(0,0)$ で偏微分可能である．一方，
$$\varepsilon(h,k) = f(h,k) - f(0,0) - f_x(0,0)h - f_y(0,0)k = \frac{h^2(h+k)}{h^2+k^2} - h$$
$$= \frac{h^2(h+k) - h(h^2+k^2)}{h^2+k^2} = \frac{hk(h-k)}{h^2+k^2}$$
とするとき，$k = r\cos\theta, k = r\sin\theta$ とすれば，
$$\lim_{(h,k)\to(0,0)} \frac{\varepsilon(h,k)}{\sqrt{h^2+k^2}} = \lim_{r\to 0} \frac{1}{r}\left(\frac{r^3\cos\theta\sin\theta(\cos\theta - \sin\theta)}{r^2}\right) = \cos\theta\sin\theta(\cos\theta - \sin\theta)$$
となり，これは $\theta$ によって値が変わるので極限値は存在しない．よって，$f(x,y)$ は原点 $(0,0)$ で全微分不可能である． ■

▶ [例題 6.8 の $z = f(x,y)$ のグラフ]

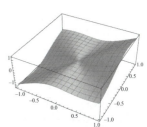

直観的には，$f(x,y)$ が原点 $(0,0)$ において全微分不可能なとき，原点 $(0,0)$ において曲面 $z = f(x,y)$ に接する平面（接平面）が存在しない．

【注意】定理 6.2 と例題 6.8 より

$f(x,y)$ が全微分可能
⇓ ⇑̸
$f(x,y)$ は連続かつ偏微分可能

[問] 6.8 次式で定義される $f(x,y)$ の原点 $(0,0)$ における連続性，偏微分可能性，全微分可能性を調べよ．

(1) $f(x,y) = \begin{cases} \dfrac{2x^2 - x^2y^2 + 2y^2}{x^2+y^2} & (x,y) \neq (0,0) \\ 2 & (x,y) = (0,0) \end{cases}$

(2) $f(x,y) = \begin{cases} \dfrac{3x^3 + x^2 + 2y^3 + y^2}{x^2+y^2} & (x,y) \neq (0,0) \\ 1 & (x,y) = (0,0) \end{cases}$

例題 6.8 を見ると，連続性と偏微分可能性に基づく全微分可能であるための十分条件を得られそうにないが，実は，次の形で得られる．

### 定理 6.3（全微分可能であるための十分条件）
関数 $z = f(x,y)$ が点 $(a,b)$ の近傍において偏微分可能で，$f_x(x,y), f_y(x,y)$ が $(a,b)$ で連続ならば，$f(x,y)$ は $(a,b)$ で全微分可能である．

▶ [近傍]
「点 $(a,b)$ の近傍」とは，「点 $(a,b)$ を含む小さな領域」を意味する．これは，定義 1.7 と同じ考え方である．例えば，$\varepsilon > 0$ を小さな数とし，$P(a,b), Q(x,y)$ とするとき，点 $(a,b)$ の近傍 $U$ として
$U = \{Q \mid d(P,Q) < \varepsilon\}$
を想定すればよい．

(証明)
1 変数関数に関する平均値の定理より

$$f(a+h,b+k) - f(a,b) = (f(a+h,b+k) - f(a,b+k)) + (f(a,b+k) - f(a,b))$$
$$= hf_x(a+\theta_1 h, b+k) + kf_y(a, b+\theta_2 k)$$
$$(0 < \theta_1, \theta_2 < 1)$$

となる $\theta_1, \theta_2$ が存在する.
ここで, $A = f_x(a,b), B = f_y(a,b)$ とおくと,

$$|f(a+h,b+k) - f(a,b) - Ah - Bk|$$
$$= |h(f_x(a+\theta_1 h, b+k) - A) + k(f_y(a, b+\theta_2 k) - B)|$$
$$\leqq |h||f_x(a+\theta_1 h, b+k) - A| + |k||f_y(a, b+\theta_2 k) - B|$$
$$\leqq \sqrt{h^2+k^2}(|f_x(a+\theta_1 h, b+k) - A| + |f_y(a, b+\theta_2 k) - B|)$$

である. また, $f_x, f_y$ は点 $(a,b)$ で連続なので, 上式の両辺を $\sqrt{h^2+k^2}$ で割って, $(h,k) \to (0,0)$ とすると,

$$\frac{|f(a+h,b+k) - f(a,b) - Ah - Bk|}{\sqrt{h^2+k^2}} \to 0$$

となり, (6.4) より $f(x,y)$ は $(a,b)$ で全微分可能であることが分かる. ∎

定理 6.3 より, 次の系が得られる.

【注意】系 6.2 の逆は必ずしも成り立たない. つまり, $f(x,y)$ が全微分可能でも, $f(x,y)$ が $C^1$ 級とは限らない. 結局のところ,

$$f が C^1 級$$
$$\Downarrow$$
$$f は全微分可能$$
$$\Downarrow$$
$$f は連続かつ偏微分可能$$

は成り立つが, これらの逆は必ずしも成り立つとは限らない.

▶【アクティブ・ラーニング】
全微分可能だが, $C^1$ 級ではない関数 $f(x,y)$ を作ってみよう.

▶【アクティブ・ラーニング】
お互いに連続性, 偏微分可能性, 全微分可能性について説明してみよう.

> **系 6.2（全微分可能と $C^n$ 級）**
>
> (1) 関数 $f(x,y)$ が領域 $D$ で $C^1$ 級ならば, $f(x,y)$ は $D$ で全微分可能である.
>
> (2) 関数 $f(x,y)$ が領域 $D$ で $n$ 回偏微分可能 ($n \geqq 1$) で, $n$ 次偏導関数がすべて $D$ で連続ならば, $f(x,y)$ は $D$ で $C^n$ 級である.

(証明)
(1) $f(x,y)$ が $C^1$ 級ならば, $f_x(x,y)$ と $f_y(x,y)$ は連続なので, 定理 6.3 より $f(x,y)$ は $D$ で全微分可能である.
(2) $f(x,y)$ の $n$ 次偏導関数がすべて $D$ で連続ならば, 定理 6.3 より $(n-1)$ 次偏導関数はすべて $D$ で全微分可能である. よって, 定理 6.2 より $f(x,y)$ の $n-1$ 次偏導関数はすべて $D$ で連続となる. 同様にして, $f(x,y)$ の $n-2$ 次偏導関数はすべて $D$ で連続となる. この議論を繰り返すと, 結局, $f(x,y)$ の $n$ 次以下の偏導関数はすべて $D$ で連続であることが分かる. すなわち, $f(x,y)$ は $D$ で $C^n$ 級である. ∎

一般に, 関数 $z = f(x,y)$ の全微分可能性を定義に基づいて検証するのは面倒だが, $C^1$ 級であることは簡単に分かることが多い.

一般的な教科書で登場するような関数は, 多くの場合 $C^\infty$ 級となるので, これ以降, 特に断りのない限り第 6, 7 章で扱う関数は $C^\infty$ 級だとする.

【注意】例題 6.8 のように形式的に $x=0, y=0$ としたとき, 不定形, 例えば, $f(0,0) = \dfrac{0}{0}$ となる場合は, 定義に基づいて検証する必要がある.

> **例題 6.9（$C^1$ 級の検証）**
>
> $f(x,y) = x^2 + y^2 + 3x + 2y$ が任意の点 $(a,b)$ において全微分可能であることを示せ.

（解答）
$f_x(a,b) = 2a+3$, $f_y(a,b) = 2b+2$ であり，

$$\lim_{(x,y)\to(a,b)} f_x(x,y) = \lim_{(x,y)\to(a,b)} (2x+3) = 2a+3 = f_x(a,b)$$

$$\lim_{(x,y)\to(a,b)} f_y(x,y) = \lim_{(x,y)\to(a,b)} (2y+2) = 2b+2 = f_y(a,b)$$

となるので，$f_x(x,y)$ および $f_y(x,y)$ はともに点 $(a,b)$ で連続である．よって，定理 6.3 より $f(x,y)$ は点 $(a,b)$ で全微分可能である． ∎

【注意】$f_x(x,y)$ および $f_y(x,y)$ はともに任意の点 $(a,b)$ で連続なので，$f(x,y)$ は $C^1$ 級である．

[問] 6.9 次の関数が，先頭で指定した点において全微分可能であることを示せ．

(1) 点 $(1,4)$ : $f(x,y) = \sqrt{xy}$ $(x \geqq 0, y \geqq 0)$

(2) 原点 $(0,0)$ : $f(x,y) = x^2 y^2 - 2xy^3 + 5x + 4y$

全微分可能性の意味を「近似」という観点から考えてみよう．
$z = f(x,y)$ が全微分可能ならば，系 6.1 より

$$f(x+\Delta x, y+\Delta y) - f(x,y) = f_x(x,y)\Delta x + f_y(x,y)\Delta y \\ + o(\sqrt{(\Delta x)^2 + (\Delta y)^2})((\Delta x, \Delta y) \to (0,0))$$

が成り立つ．上式の右辺の主要部分 $f_x(x,y)\Delta x + f_y(x,y)\Delta y$ を $z = f(x,y)$ の**全微分** (total differential) といい，$dz$ または $df$ で表す．$z = f(x,y) = x$ とすれば，$f_x = 1$, $f_y = 0$, $dz = dx$ なので，$dx = dz = f_x \Delta x + f_y \Delta y = \Delta x$ より $dx = \Delta x$ を得る．同様に，$z = f(x,y) = y$ とすれば，$dy = \Delta y$ を得る．したがって，全微分 $dz$ は次のように表すことができる．

▶ [全微分の意味]
$z$ の増分
$$\Delta z = f(z+\Delta x, y+\Delta y) - f(x,y)$$
の近似が $dz$ で，誤差が
$$o(\sqrt{(\Delta x)^2 + (\Delta y)^2})$$
である．

---

**定義 6.13（全微分）**
次式を関数 $z = f(x,y)$ の**全微分** という．
$$dz = df = f_x(x,y)dx + f_y(x,y)dy \tag{6.6}$$

---

**例題 6.10（全微分の計算）**
次の関数の全微分を求めよ．

(1) $f(x,y) = \dfrac{y}{x}$ 　　(2) $f(x,y) = \tan^{-1}\left(\dfrac{x}{3y}\right)$

---

（解答）
(1) $df = f_x(x,y)dx + f_y(x,y)dy = -\dfrac{y}{x^2}dx + \dfrac{1}{x}dy$

(2)
$$f_x(x,y) = \frac{1}{1+\left(\frac{x}{3y}\right)^2} \frac{\partial}{\partial x}\left(\frac{x}{3y}\right) = \frac{1}{\frac{9y^2+x^2}{9y^2}} \cdot \frac{1}{3y} = \frac{9y^2}{x^2+9y^2} \cdot \frac{1}{3y} = \frac{3y}{x^2+9y^2}$$

▶ [全微分を使った近似計算]
全微分を使って $3.01^3 \times 1.98^4$ を求めよう．
$f(x,y) = x^3 y^4$ とすれば，$3.01^3 \times 1.98^4 = f(3+0.01, 2-0.02)$ であり，$df = 3x^2 y^4 dx + 4x^3 y^3 dy$ なので，$x=3$, $y=2$, $dx=0.01$, $dy=-0.02$ とすれば，$df = 3 \times 3^2 \times 2^4 \times 0.01 + 4 \times 3^3 \times 2^3 \times (-0.02) = 4.32 - 17.28 = -12.96$ なので，近似値として $f(3+0.01, 2-0.02) \fallingdotseq f(3,2) + df = 3^3 \times 2^4 - 12.96 = 419.04$ を得る．ちなみに，$3.01^3 \times 1.98^4 = 419.141$ である．

$$f_y(x,y) = \frac{1}{1+\left(\frac{x}{3y}\right)^2}\frac{\partial}{\partial y}\left(\frac{x}{3y}\right) = \frac{1}{\frac{9y^2+x^2}{9y^2}}\cdot\left(-\frac{x}{3y^2}\right) = \frac{-3x}{x^2+9y^2}$$

より $df = \dfrac{3y}{x^2+9y^2}dx - \dfrac{3x}{x^2+9y^2}dy$

■

[問] 6.10 次の関数の全微分を求めよ.
(1) $z = \log(5x^2 + y^4)$  (2) $z = \tan^{-1}\left(\dfrac{2x}{3y}\right)$  (3) $z = \sin^{-1}(xy)$

次に,全微分可能性の幾何的な意味を考えよう.曲面 $z = f(x, y)$ 上の点 $P(a, b, f(a, b))$ を通る平面 $\pi$ について,曲面上の点 $Q$ から平面 $\pi$ に下ろした垂線の足を $H$ とするとき,線分 $QH$ と $QP$ に対して $\lim_{Q \to P}\dfrac{QH}{QP} = 0$ が成り立つならば,平面 $\pi$ を点 $P$ におけるこの曲面の<ruby>接平面<rt>せつへいめん</rt></ruby>(tangent plane) という.

> **定理 6.4(接平面の方程式)**
> 関数 $f(x, y)$ が点 $(a, b)$ で全微分可能ならば,曲面 $z = f(x, y)$ 上の点 $(a, b, f(a, b))$ において,接平面が存在し,その方程式は次のように与えられる.
> $$z - f(a,b) = f_x(a,b)(x-a) + f_y(a,b)(y-b) \quad (6.7)$$

▶ [平面の方程式]
　点 $A(x_0, y_0, z_0)$ を通り,ベクトル $\boldsymbol{n} = (a, b, c)$ に垂直な平面の方程式は $a(x - x_0) + b(y - y_0) + c(z - z_0) = 0$

【注意】$QP$ と $PH$ のなす角を $\theta$ としたとき,$\sin\theta = \dfrac{QH}{QP}$ なので,$\lim_{Q\to P}\dfrac{QH}{QP} = 0$ は,$\sin\theta \to 0(Q \to P)$, つまり,$\theta \to 0(Q \to P)$ を意味する.

▶ [接平面]

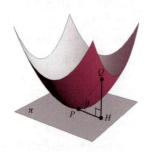

▶ [点と平面の距離]
　点 $(x_0, y_0, z_0)$ と平面 $ax + by + cz + d = 0$ の距離は $\dfrac{|ax_0 + by_0 + cz_0 + d|}{\sqrt{a^2 + b^2 + c^2}}$
. なお,点と平面の距離は,点から平面に下ろした垂線の長さに等しい.

▶ [2 点間の距離]
　2 点 $(x_1, y_1, z_1)$ と $(x_2, y_2, z_2)$ 間の距離を $d$ とすれば,
$d^2 = (x_2 - x_1)^2 + (y_2 - y_1)^2 + (z_2 - z_1)^2$

(証明)
$z - f(a, b) = f_x(a, b)(x - a) + f_y(a, b)(y - b)$ で表される平面を $\pi$ とし,$\pi$ が接平面であることを示す.
まず,$\pi$ は曲面 $P(a, b, f(a, b))$ を通ることに注意する.次に,点 $P$ の近くに曲面 $z = f(x, y)$ 上の点 $Q(a+h, b+k, f(a+h, b+k))$ をとり,点 $Q$ から $\pi$ へ下ろした垂線の足を $H$ とすれば,

$$QH = \frac{|f(a+h, b+k) - f(a, b) - f_x(a, b)h - f_y(a, b)k|}{\sqrt{f_x(a, b)^2 + f_y(a, b)^2 + 1}}$$

であり,

$$QP = \sqrt{h^2 + k^2 + (f(a+h, b+k) - f(a, b))^2} \geqq \sqrt{h^2 + k^2}$$

である.ここで,$f(x, y)$ は点 $(a, b)$ で全微分可能なので,上式と系 6.1 より

$$\frac{QH}{QP} \leqq \frac{o(\sqrt{h^2 + k^2})}{\sqrt{h^2 + k^2}} \to 0 \quad (h, k) \to (0, 0)$$

となり,これは $\lim_{Q \to P}\dfrac{QH}{QP} = 0$ を意味する.

■

全微分と接平面の考察を踏まえると,$f(x, y)$ が全微分可能ならば,

(1) 点 $(a, b)$ における $z = f(x, y)$ の増分 $\Delta z$ の近似が全微分 $dz$, つまり,

$$\Delta z = f(a + \Delta x, b + \Delta y) - f(a, b) \approx dz = f_x(a, b)\Delta x + f_y(a, b)\Delta y$$

である.ここで,$x = a + \Delta x, y = b + \Delta y$ とすると,

(2) $f(x,y) - f(a,b) \approx f_x(a,b)(x-a) + f_y(a,b)(y-b)$ となるので，これは接平面の方程式と (ほぼ) 一致する．

したがって，「$f(x,y)$ が全微分可能ならば，関数の表す曲面 $z = f(x,y)$ は接平面で近似できる」と解釈できる．

> **例題 6.11 （接平面の導出）**
> $f(x,y) = \sqrt{x^2 + y^2}$ 上の点 $(x,y) = (3,4)$ に対応する点 $P$ における接平面の方程式を求めよ．

（解答）
$f(3,4) = 5$ より，点 $P$ の座標は $(3,4,5)$ であり，$f_x(x,y) = \dfrac{x}{\sqrt{x^2+y^2}}$，$f_y(x,y) = \dfrac{y}{\sqrt{x^2+y^2}}$ なので $f_x(3,4) = \dfrac{3}{5}, f_y(3,4) = \dfrac{4}{5}$ となる．よって，接平面の方程式は
$$z - f(3,4) = f_x(3,4)(x-3) + f_y(3,4)(y-4)$$
より，
$$z - 5 = \frac{3}{5}(x-3) + \frac{4}{5}(y-4) \Longrightarrow z = \frac{3}{5}x + \frac{4}{5}y \Longrightarrow 3x + 4y - 5z = 0$$
である．■

[問] 6.11 次の関数の指定された点における接平面の方程式を求めよ．

(1) $f(x,y) = \log\sqrt{x^2 + y^2}$ の点 $(x,y) = (4,3)$ に対応する点

(2) $f(x,y) = \tan^{-1}\dfrac{y}{x}$ 上の点 $(x,y) = (1,1)$ に対応する点

## 6.6 合成関数の微分法

定理 2.5 で見たように，1 変数関数 $y = f(x)$ に対して，$x$ が $t$ の関数 $x = x(t)$ のとき，合成関数の導関数を $\dfrac{dy}{dt} = \dfrac{dy}{dx}\dfrac{dx}{dt}$ と計算した．2 変数関数に対しても，同様な合成関数の微分法が得られる．なお，合成関数の微分法を **連鎖律(chain rule)** と呼ぶ．

> **定理 6.5 （連鎖律 ($\mathbb{R} \to \mathbb{R}^2 \to \mathbb{R}$)）**
> 関数 $z = f(x,y)$ が全微分可能で $x = \varphi(t), y = \psi(t)$ が $t$ について微分可能ならば，合成関数 $z = f(\varphi(t), \psi(t))$ は $t$ について微分可能で次式が成り立つ．
> $$\frac{dz}{dt} = \frac{\partial z}{\partial x}\frac{dx}{dt} + \frac{\partial z}{\partial y}\frac{dy}{dt}$$

（証明）
$z = f(x,y)$ は全微分可能だから点 $(x,y)$ を固定して

▶【アクティブ・ラーニング】
　例題 6.11 は確実に求められるようになりましたか？求められない問題があれば，それがどうすれば求められるようになりますか？何に気をつければいいですか？また，読者全員ができるようになるにはどうすればいいでしょうか？それを紙に書き出しましょう．そして，書き出した紙を周りの人と見せ合って，それをまとめてグループごとに発表しましょう．

▶【アクティブ・ラーニング】
　なぜ，合成関数の微分法が「chain rule」と呼ばれるか，自分で調べたり，考えたりして，自分の意見をまとめよう．そして，それをお互いに発表し合おう．

▶[連鎖律 (定理 6.5) の覚え方]
　連鎖律を覚えるときは，変数の対応に合わせて，以下のような図を描くと覚えやすい．

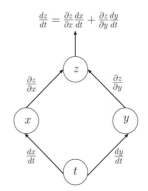

▶ [変数の対応]
独立変数 $t$, 中間的な変数 $(x,y)$, 従属変数 $z$ の対応は

$$\begin{array}{ccc} t & \mapsto (x,y) & \mapsto z \\ \rotatebox{90}{$\in$} & \rotatebox{90}{$\in$} & \rotatebox{90}{$\in$} \\ \mathbb{R} & \mathbb{R}^2 & \mathbb{R} \end{array}$$

なので，ここでは $\mathbb{R} \to \mathbb{R}^2 \to \mathbb{R}$ と表記している．

$$f(x+h, y+k) - f(x,y) = f_x(x,y)h + f_y(x,y)k + \varepsilon(h,k) \tag{6.8}$$

とおけば，$\varepsilon(h,k) = o(\sqrt{h^2 + k^2})$ である．
ここで，$t$ の増分 $\Delta t$ に対応する $x, y, z$ の増分を $\Delta x, \Delta y, \Delta z$ で表すと，

$$\begin{aligned} \Delta x &= \varphi(t + \Delta t) - \varphi(t), \quad \Delta y = \psi(t + \Delta t) - \psi(t) \\ \Delta z &= f(\varphi(t + \Delta t), \psi(t + \Delta t)) - f(\varphi(t), \psi(t)) \end{aligned}$$

となる．これらと，(6.8) より

$$\Delta z = f_x(x,y)\Delta x + f_y(x,y)\Delta y + \varepsilon(\Delta x, \Delta y)$$

なので，

$$\frac{\Delta z}{\Delta t} = f_x(x,y)\frac{\Delta x}{\Delta t} + f_y(x,y)\frac{\Delta y}{\Delta t} + \frac{\varepsilon(\Delta x, \Delta y)}{\Delta t} \tag{6.9}$$

である．ここで，$\Delta t \to 0$ のとき，$\Delta x \to 0$, $\Delta y \to 0$ であり，

$$\left|\frac{\varepsilon(\Delta x, \Delta y)}{\Delta t}\right| = \left|\frac{\varepsilon(\Delta x, \Delta y)}{\sqrt{(\Delta x)^2 + (\Delta y)^2}}\right| \cdot \left|\sqrt{\left(\frac{\Delta x}{\Delta t}\right)^2 + \left(\frac{\Delta y}{\Delta t}\right)^2}\right|$$

$$\to 0 \cdot \sqrt{\left(\frac{dx}{dt}\right)^2 + \left(\frac{dy}{dt}\right)^2} = 0$$

なので，(6.9) より，定理の主張が成り立つ． ∎

---

**例題 6.12（連鎖律 ($\mathbb{R} \to \mathbb{R}^2 \to \mathbb{R}$)）**

次の問に答えよ．

(1) $z = x^2 + y^2$, $x = \dfrac{1}{t}$, $y = t^2$ とする．このとき，$\dfrac{dz}{dt}$ を求めよ．

(2) $z = f(x,y)$, $x = t^2 - 1$, $y = 2t$ とするとき，$\dfrac{dz}{dt}$ および $\dfrac{d^2z}{dt^2}$ を $t, z_x, z_y, z_{xx}, z_{xy}, z_{yy}$ で表せ．

---

【注意】問題は $t$ に関する微分を尋ねているので，特に指示のない限り最終結果は $t$ の関数にするべきである．また，例題 6.12(1) では，$x = \dfrac{1}{t}$, $y = t^2$ を $z$ に代入し，$z = \dfrac{1}{t^2} + t^4$ を微分して $z' = -\dfrac{2}{t^3} + 4t^3$ とした結果と同じになる．

【注意】例題 6.12, 6.13 のように第 2 次導関数を求めさせる問題の場合，特に断りがなければ，$z = f(x,y)$ は $C^2$ 級だと考えてよい．したがって，$z_{xy} = z_{yx}$ が成り立つとしてよい．

（解答）
(1) $\dfrac{dz}{dt} = \dfrac{\partial z}{\partial x}\dfrac{dx}{dt} + \dfrac{\partial z}{\partial y}\dfrac{dy}{dt} = 2x(-\dfrac{1}{t^2}) + 2y(2t) = -\dfrac{2}{t^3} + 4t^3$

(2)

$$\frac{dz}{dt} = \frac{\partial z}{\partial x}\frac{dx}{dt} + \frac{\partial z}{\partial y}\frac{dy}{dt} = z_x \cdot 2t + z_y \cdot 2 = 2tz_x + 2z_y$$

$$\frac{d^2z}{dt^2} = \frac{d}{dt}(2tz_x + 2z_y) = 2\left(z_x + t\frac{dz_x}{dt}\right) + 2\frac{dz_y}{dt}$$

$$= 2z_x + 2t\left(\frac{\partial z_x}{\partial x}\frac{dx}{dt} + \frac{\partial z_x}{\partial y}\frac{dy}{dt}\right) + 2\left(\frac{\partial z_y}{\partial x}\frac{dx}{dt} + \frac{\partial z_y}{\partial y}\frac{dy}{dt}\right)$$

$$= 2z_x + 2t(z_{xx} \cdot 2t + z_{xy} \cdot 2) + 2(z_{xy} \cdot 2t + z_{yy} \cdot 2)$$

$$= 2z_x + 4t^2 z_{xx} + 4tz_{xy} + 4tz_{xy} + 4z_{yy} = 4t^2 z_{xx} + 8tz_{xy} + 2z_x + 4z_{yy}$$

∎

---

[問] 6.12  $z = f(x,y)$ とし，$x$ と $y$ を次式で定義するとき，$\dfrac{dz}{dt}$ および $\dfrac{d^2z}{dt^2}$ を $t, z_x, z_y, z_{xx}, z_{xy}, z_{yy}$ で表せ．

(1) $x = t^3$, $y = 2t^4$       (2) $x = t^3$, $y = e^{2t}$

## 6.6 合成関数の微分法

**定理 6.6（連鎖律 ($\mathbb{R}^2 \to \mathbb{R}^2 \to \mathbb{R}$)）**
関数 $z = f(x,y)$ が全微分可能で，$x = \varphi(u,v), y = \psi(u,v)$ が偏微分可能ならば，合成関数 $z = f(\varphi(u,v), \psi(u,v))$ は偏微分可能で次式が成り立つ．

$$\frac{\partial z}{\partial u} = \frac{\partial z}{\partial x}\frac{\partial x}{\partial u} + \frac{\partial z}{\partial y}\frac{\partial y}{\partial u} \qquad \frac{\partial z}{\partial v} = \frac{\partial z}{\partial x}\frac{\partial x}{\partial v} + \frac{\partial z}{\partial y}\frac{\partial y}{\partial v}$$

▶［変数の対応］
独立変数 $(u,v)$，中間的な変数 $(x,y)$，従属変数が $z$ の対応は，

$$(u,v) \mapsto (x,y) \mapsto z$$
$$\underset{\mathbb{R}^2}{\cap} \quad \underset{\mathbb{R}^2}{\cap} \quad \underset{\mathbb{R}}{\cap}$$

なので，ここでは，$\mathbb{R}^2 \to \mathbb{R}^2 \to \mathbb{R}$ と表記している．

（証明）
$z$ を $u$ で偏微分するということは，$v$ を定数と見なして $u$ で微分することだから，定理 6.5 に帰着できる．$z$ を $v$ で偏微分する場合も同様である． ■

▶［連鎖律（定理 6.6）の覚え方］

$$\frac{\partial z}{\partial u} = \frac{\partial z}{\partial x}\frac{\partial x}{\partial u} + \frac{\partial z}{\partial y}\frac{\partial y}{\partial u}$$
$$\frac{\partial z}{\partial v} = \frac{\partial z}{\partial x}\frac{\partial x}{\partial v} + \frac{\partial z}{\partial y}\frac{\partial y}{\partial v}$$

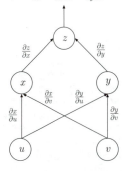

**例題 6.13（合成関数の微分法）**
$z = f(x,y), x = r\cos\theta, y = r\sin\theta$ とするとき，次式が成立することを示せ．

(1) $\left(\dfrac{\partial z}{\partial x}\right)^2 + \left(\dfrac{\partial z}{\partial y}\right)^2 = \left(\dfrac{\partial z}{\partial r}\right)^2 + \dfrac{1}{r^2}\left(\dfrac{\partial z}{\partial \theta}\right)^2$

(2) $\dfrac{\partial^2 z}{\partial r^2} = \dfrac{\partial^2 z}{\partial x^2}\cos^2\theta + 2\dfrac{\partial^2 z}{\partial x \partial y}\sin\theta\cos\theta + \dfrac{\partial^2 z}{\partial y^2}\sin^2\theta$

（解答）
(1) $\dfrac{\partial z}{\partial r} = \dfrac{\partial z}{\partial x}\dfrac{\partial x}{\partial r} + \dfrac{\partial z}{\partial y}\dfrac{\partial y}{\partial r} = \dfrac{\partial z}{\partial x}\cos\theta + \dfrac{\partial z}{\partial y}\sin\theta,$
$\dfrac{\partial z}{\partial \theta} = \dfrac{\partial z}{\partial x}\dfrac{\partial x}{\partial \theta} + \dfrac{\partial z}{\partial y}\dfrac{\partial y}{\partial \theta} = -r\dfrac{\partial z}{\partial x}\sin\theta + r\dfrac{\partial z}{\partial y}\cos\theta$ なので，

$$\left(\frac{\partial z}{\partial r}\right)^2 = \left(\frac{\partial z}{\partial x}\right)^2\cos^2\theta + \left(\frac{\partial z}{\partial y}\right)^2\sin^2\theta + 2\frac{\partial z}{\partial x}\frac{\partial z}{\partial y}\sin\theta\cos\theta,$$
$$\left(\frac{\partial z}{\partial \theta}\right)^2 = r^2\left(\frac{\partial z}{\partial x}\right)^2\sin^2\theta + r^2\left(\frac{\partial z}{\partial y}\right)^2\cos^2\theta - 2r^2\frac{\partial z}{\partial x}\frac{\partial z}{\partial y}\sin\theta\cos\theta$$

である．よって，

$$\left(\frac{\partial z}{\partial r}\right)^2 + \frac{1}{r^2}\left(\frac{\partial z}{\partial \theta}\right)^2 = \left(\frac{\partial z}{\partial x}\right)^2(\sin^2\theta + \cos^2\theta) + \left(\frac{\partial z}{\partial y}\right)^2(\sin^2\theta + \cos^2\theta)$$
$$= \left(\frac{\partial z}{\partial x}\right)^2 + \left(\frac{\partial z}{\partial y}\right)^2.$$

(2)
$$\frac{\partial^2 z}{\partial r^2} = \frac{\partial}{\partial r}\left(\frac{\partial z}{\partial x}\cos\theta + \frac{\partial z}{\partial y}\sin\theta\right) = \frac{\partial z_x}{\partial r}\cos\theta + \frac{\partial z_y}{\partial r}\sin\theta$$
$$= \left(\frac{\partial z_x}{\partial x}\frac{\partial x}{\partial r} + \frac{\partial z_x}{\partial y}\frac{\partial y}{\partial r}\right)\cos\theta + \left(\frac{\partial z_y}{\partial x}\frac{\partial x}{\partial r} + \frac{\partial z_y}{\partial y}\frac{\partial y}{\partial r}\right)\sin\theta$$
$$= (z_{xx}\cos\theta + z_{xy}\sin\theta)\cos\theta + (z_{xy}\cos\theta + z_{yy}\sin\theta)\sin\theta$$
$$= \frac{\partial^2 z}{\partial x^2}\cos^2\theta + 2\frac{\partial^2 z}{\partial x \partial y}\sin\theta\cos\theta + \frac{\partial^2 z}{\partial y^2}\sin^2\theta$$

■

▶【アクティブ・ラーニング】
ある学生が，例題 6.13(2) の解答を

$$\left(\frac{\partial z}{\partial r}\right)^2$$
$$= \left(\frac{\partial z}{\partial x}\cos\theta + \frac{\partial z}{\partial y}\sin\theta\right)^2$$

より，与式が成り立つ，とした．明らかに間違いですが，あなたならどのように間違いであることを説明しますか？

▶【アクティブ・ラーニング】
例題 6.12, 6.13 はすべて確実に解けるようになりましたか？解けていない問題があれば，それがどうすればできるようになりますか？何に気をつければいいですか？また，読者全員ができるようになるにはどうすればいいでしょうか？それを紙に書き出しましょう．そして，書き出した紙を周りの人と見せ合って，それをまとめてグループごとに発表しましょう．

[問] 6.13 次の問に答えよ．

(1) $z = f(u-v, v-u)$ とするとき，$\dfrac{\partial z}{\partial u} + \dfrac{\partial z}{\partial v}$ を求めよ．

(2) $z = f(x,y)$, $x = 2r\cos\theta$, $y = 3r\sin\theta$ とするとき，$\dfrac{\partial z}{\partial r}$, $\dfrac{\partial z}{\partial \theta}$, $\dfrac{\partial^2 z}{\partial r^2}$ を $z_x$, $z_y$, $z_{xx}$, $z_{xy}$, $z_{yy}$, $r$, $\theta$ で表せ．

(3) $z = f(x,y)$, $x = u\cos\alpha - v\sin\alpha$, $y = u\sin\alpha + v\cos\alpha$ のとき，$\left(\dfrac{\partial z}{\partial x}\right)^2 + \left(\dfrac{\partial z}{\partial y}\right)^2 = \left(\dfrac{\partial z}{\partial u}\right)^2 + \left(\dfrac{\partial z}{\partial v}\right)^2$ を示せ．

(4) $z = f(x,y)$, $x = u^3 - 2v^2$, $y = uv$ のとき，$\dfrac{\partial z}{\partial u}$, $\dfrac{\partial z}{\partial v}$, $\dfrac{\partial^2 z}{\partial u \partial v}$ を $z_x$, $z_y$, $z_{xx}$, $z_{xy}$, $z_{yy}$, $u$, $v$ を用いて表せ．

▶【アクティブ・ラーニング】
まとめに記載されている項目について，例を交えながら他の人に説明しよう．また，あなたならどのように本章をまとめますか？あなたの考えで本章をまとめ，それを他の人とも共有し，自分たちオリジナルのまとめを作成しよう．

▶【アクティブ・ラーニング】
本章で登場した例題および問において，重要な問題を4つ選び，その理由を述べてください．その際，選定するための基準は，自分たちで考えてください．

## 第6章のまとめ

- $z = f(x,y)$ のグラフを描くときは，等高線の情報を集める．
- 2 変数関数の極限を考えるときは，極座標を考える．

$$\lim_{(x,y)\to(a,b)} f(x,y) = c \iff \lim_{r\to 0} f(a + r\cos\theta, b + r\sin\theta) = c$$

- 収束しないことを示すときには，$y = mx^\alpha$ とおく．この方法は，近づき方を固定したことになるので，収束を示す際には使えない．
- $f(x,y)$ が $C^1$ 級 $\Longrightarrow$ $f(x,y)$ は全微分可能 $\Longrightarrow$ $f(x,y)$ は連続かつ偏微分可能．これらの逆は必ずしも成り立つとは限らない．
- 偏導関数 $f_x(x,y)$ を求めるには，$y$ を定数とみなして $f(x,y)$ を $x$ について微分する．偏導関数 $f_y(x,y)$ を求めるには，$x$ を定数とみなして $f(x,y)$ を $y$ について微分する．
- $f(x,y)$ が全微分可能ならば，関数の表す曲面 $z = f(x,y)$ は接平面で近似できる．
- $z = f(x,y)$ 上の点 $(a, b, f(a,b))$ における接平面の方程式は，

$$z - f(a,b) = f_x(a,b)(x-a) + f_y(a,b)(y-b)$$

- 合成関数の微分では連鎖律を使う．図を描いて覚えるとよい．

$$\dfrac{dz}{dt} = \dfrac{\partial z}{\partial x}\dfrac{dx}{dt} + \dfrac{\partial z}{\partial y}\dfrac{dy}{dt}$$

$$\dfrac{\partial z}{\partial u} = \dfrac{\partial z}{\partial x}\dfrac{\partial x}{\partial u} + \dfrac{\partial z}{\partial y}\dfrac{\partial y}{\partial u}, \quad \dfrac{\partial z}{\partial v} = \dfrac{\partial z}{\partial x}\dfrac{\partial x}{\partial v} + \dfrac{\partial z}{\partial y}\dfrac{\partial y}{\partial v}$$

# 第 6 章　演習問題

[A. 基本問題]

**演習 6.1** $z = x^2 - y^2$ の表す曲面を $xyz$ 空間内に図示せよ．また，その等高線は $xy$ 平面内のどのような図形になるか図示せよ．

**演習 6.2** 次の極限値を求めよ．

(1) $\displaystyle\lim_{(x,y)\to(0,\pi)} \left( y\cos^2 xy - \sin\left(\frac{x+y}{2}\right)\right)$ 　(2) $\displaystyle\lim_{(x,y)\to(0,0)} \frac{y^4 - x^4}{x^2 + y^2}$ 　(3) $\displaystyle\lim_{(x,y)\to(0,0)} \frac{x^4 - y^2}{x^4 + y^2}$

**演習 6.3** 次の関数を偏微分せよ．

(1) $z = xy\cos\left(\dfrac{y}{x}\right)$ 　　(2) $z = xy\tan^{-1}\left(\dfrac{x}{y}\right)$ 　　(3) $z = e^{xy}\cos^{-1}\left(\dfrac{x}{y}\right)$

**演習 6.4** $f(x,y)$ に対して $\Delta f = \dfrac{\partial^2 f}{\partial x^2} + \dfrac{\partial^2 f}{\partial y^2}$ で定義される $\Delta$ を**ラプラシアン (Laplacian)** あるいは**ラプラス作用素 (Laplacian operator)** という．また，$\Delta f = 0$ となるような関数 $f(x,y)$ を**調和関数 (harmonic function)** という．次の関数 $f(x,y)$ が調和関数か否かを調べよ．

(1) $f(x,y) = \log\sqrt{x^2+y^2}$ 　　(2) $f(x,y) = \sin^{-1}(xy)$ 　　(3) $f(x,y) = \log(2x^2+3y^2)$

(4) $f(x,y) = \tan^{-1}\left(\dfrac{y}{2x}\right)$ 　　(5) $f(x,y) = \tan^{-1}\left(\dfrac{y}{x}\right) - \tan^{-1}\left(\dfrac{x}{y}\right)$

**演習 6.5** 次の関数について，先頭で指定した点における連続性および偏微分可能性を調べよ．

(1) 点 $(0,0)$ : $f(x,y) = \begin{cases} \dfrac{x^6 - y^3}{x^6 + y^3} & (x,y) \neq (0,0) \\ 1 & (x,y) = (0,0) \end{cases}$ 　　(2) 点 $(1,2)$ : $f(x,y) = \sqrt{(x-1)^2 + 4(y-2)^2}$

(3) 点 $(0,1)$ : $f(x,y) = \begin{cases} \dfrac{x^3(y-2)}{x^2 + (y-1)^2} & (x,y) \neq (0,1) \\ 0 & (x,y) = (0,1) \end{cases}$

**演習 6.6** 次の関数 $f(x,y)$ の原点 $(0,0)$ における偏微分可能性と全微分可能性を調べよ．

(1) $f(x,y) = \begin{cases} \dfrac{x^3 - y^3}{x^2 + y^2} & (x,y) \neq (0,0) \\ 0 & (x,y) = (0,0) \end{cases}$ 　　(2) $f(x,y) = \sqrt{|xy|} + x - y$

**演習 6.7** 次の関数の指定された点における接平面の方程式を求めよ．

(1) $x^2 + y^2 + z^2 = 3$ の点 $(x,y) = (1,1)$ に対応する点

(2) $f(x,y) = x^2 + y^2 + \sin(xy)$ 上の点 $(x,y) = (0,2)$ に対応する点

**演習 6.8** $z = f(x,y)$ とし，$x$ と $y$ を次式で定義するとき，$\dfrac{dz}{dt}$ を $t, z_x, z_y$ で表せ．

(1) $x = 3t, y = t^2$ 　　(2) $x = \cos 2t, y = \sin 3t$

**演習 6.9** 次の問に答えよ．

(1) $z = f(x,y), x = u^2 + v^2, y = u^3 - v^3$ のとき，$z_u, z_v$ を $u, v, z_x, z_y$ で表せ．

(2) $z = f(x,y), x = e^u\cos v, y = e^u\sin v$ のとき，$z_u$ と $z_v$ を $u, v, z_x, z_y$ を用いて表せ．

(3) $z = f(x,y), x = r\cos\theta, y = r\sin\theta$ とするとき，$\dfrac{\partial^2 z}{\partial \theta^2}$ および $\dfrac{\partial^2 z}{\partial \theta \partial r}$ を $r, \theta, z_x, z_y, z_{xx}, z_{xy}, z_{yy}$ で表せ．

(4) $z = f(x,y)$, $x = r^2\cos\theta$, $y = r^3\sin\theta$ とするとき，偏導関数 $\dfrac{\partial z}{\partial r}, \dfrac{\partial z}{\partial \theta}, \dfrac{\partial^2 z}{\partial r^2}$ を $z_x, z_y, z_{xx}, z_{xy}, z_{yy}, r, \theta$ で表せ．

[B. 応用問題]

**演習 6.10** $z = \sqrt{1-x^2-y^2}$ の点 $(a,b,c)$ における接平面の方程式を求めよ．

**演習 6.11** 次の問に答えよ．

(1) $z = f(x,y), y = \varphi(x)$ のとき，$\dfrac{d^2 z}{dx^2}$ を $z_{xx}, z_{xy}, z_{yy}, z_x, z_y, y', y''$ を用いて表せ．

(2) $z = f(x,y), x = \varphi(t), y = \psi(t)$ のとき，$\dfrac{d^2 z}{dt^2}$ を $z_{xx}, z_{xy}, z_{yy}, z_x, z_y, x', y', x'', y''$ を用いて表せ．

(3) $z = f(x,y), x = \varphi(u,v), y = \psi(u,v)$ のとき，$\dfrac{\partial^2 z}{\partial u \partial v}$ を $z_{xx}, z_{xy}, z_{yy}, z_x, z_y, x_u, x_v, y_u, y_v, x_{uu}, x_{uv}, x_{vv}, y_{uu}, y_{uv}, y_{vv}$ を用いて表せ．

**演習 6.12** $z = f(x,y)$ は $C^n$ 級とする．このとき，$a, b, h, k$ を定数とし，$x = a+ht, y = b+kt$ とすると，$0 \leqq m \leqq n$ であるすべての $m$ に対して

$$\frac{d^m z}{dt^m} = \left(h\frac{\partial}{\partial x} + k\frac{\partial}{\partial y}\right)^m z$$

が成り立つことを示せ．

# 第6章 略解とヒント

[問]

**問 6.1** (1) 定義域は $xy$ 平面全体．値域は $z \leqq 16$．　　(2) 定義域は $xy$ 平面全体．値域 $z \geqq 0$．

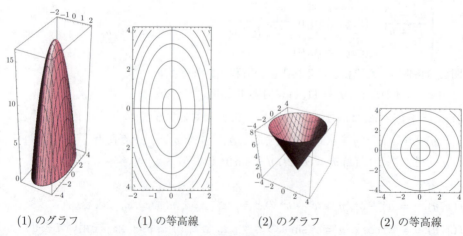

(1) のグラフ　　(1) の等高線　　(2) のグラフ　　(2) の等高線

**問 6.2** (1) 4　　(2) 0　　(3) 存在しない　　(4) 存在しない

**問 6.3** (1) 連続　　(2) 不連続

**問 6.4** (1) $z_x = 20x^4 y^2 - 15x^2 y^4$, $z_y = 8x^5 y - 20x^3 y^3$　　(2) $z_x = \dfrac{1-x^2+y^2}{(1+x^2+y^2)^2}$, $z_y = \dfrac{-2xy}{(1+x^2+y^2)^2}$

(3) $z_x = \dfrac{10x}{5x^2 - 2y}$, $z_y = -\dfrac{2}{5x^2 - 2y}$     (4) $z_x = \dfrac{y^2}{\sqrt{(x^2+y^2)^3}}$, $z_y = -\dfrac{xy}{\sqrt{(x^2+y^2)^3}}$

(5) $z_x = -\dfrac{|y|}{y\sqrt{y^2-x^2}}$, $z_y = \dfrac{x|y|}{y^2\sqrt{y^2-x^2}}$     (6) $z_x = \tan^{-1}\left(\dfrac{y}{x}\right) - \dfrac{xy}{x^2+y^2}$, $z_y = \dfrac{x^2}{x^2+y^2}$

**問 6.5** (1) $z_{xy} = 120x^4y^3$, $z_{yx} = 120x^4y^3$, $z_{xx} = 120x^3y^4$, $z_{yy} = 72x^5y^2 - 18y$    (2) $z_{xx} = 4e^{2x}\sin 2y$, $z_{yy} = -4e^{2x}\sin 2y$, $z_{xy} = 4e^{2x}\cos 2y$, $z_{yx} = 4e^{2x}\cos 2y$    (3) $z_{xx} = \dfrac{1}{y^2}e^{\frac{x}{y}}$, $z_{xy} = -\dfrac{1}{y^3}e^{\frac{x}{y}}(x+y)$, $z_{yx} = -\dfrac{1}{y^3}e^{\frac{x}{y}}(x+y)$, $z_{yy} = \dfrac{x}{y^4}e^{\frac{x}{y}}(x+2y)$

**問 6.6** $h^3\dfrac{\partial^3}{\partial x^3}f(x,y) + 3h^2k\dfrac{\partial^3}{\partial x^2\partial y}f(x,y) + 3hk^2\dfrac{\partial^3}{\partial x\partial y^2}f(x,y) + k^3\dfrac{\partial^3}{\partial y^3}f(x,y)$

**問 6.7** (1) 不連続,偏微分可能     (2) 連続,偏微分不可能     (3) 連続,偏微分可能

**問 6.8** (1) 連続,偏微分可能,全微分可能     (2) 連続,偏微分可能,全微分不可能

**問 6.9** (1) $f_x(1,4) = \lim_{(x,y)\to(1,4)} f_x(x,y)$, $f_y(1,4) = \lim_{(x,y)\to(1,4)} f_y(x,y)$ を示す.     (2) $f_x(0,0) = \lim_{(x,y)\to(0,0)} f_x(x,y)$, $f_y(0,0) = \lim_{(x,y)\to(0,0)} f_y(x,y)$ を示す.

**問 6.10** (1) $dz = \dfrac{10x}{5x^2+y^4}dx + \dfrac{4y^3}{5x^2+y^4}dy$    (2) $dz = \dfrac{6y}{4x^2+9y^2}dx - \dfrac{6x}{4x^2+9y^2}dy$    (3) $dz = \dfrac{y}{\sqrt{1-x^2y^2}}dx + \dfrac{x}{\sqrt{1-x^2y^2}}dy$

**問 6.11** (1) $z = \dfrac{4}{25}x + \dfrac{3}{25}y + \log 5 - 1$     (2) $x - y + 2z = \dfrac{\pi}{2}$

**問 6.12** (1) $\dfrac{dz}{dt} = 3t^2 z_x + 8t^3 z_y$, $\dfrac{d^2z}{dt^2} = 9t^4 z_{xx} + 48t^5 z_{xy} + 6t z_x + 24t^2 z_y + 64t^6 z_{yy}$     (2) $\dfrac{dz}{dt} = 3t^2 z_x + 2e^{2t} z_y$, $\dfrac{d^2z}{dt^2} = 9t^4 z_{xx} + 12t^2 e^{2t} z_{xy} + 4e^{4t} z_{yy} + 6t z_x + 4e^{2t} z_y$

**問 6.13** (1) $x = u-v$, $y = v-u$ とすると $z_u = z_x - z_y$, $z_v = -z_x + z_y$ なので $z_u + z_v = 0$

(2) $z_r = 2z_x\cos\theta + 3z_y\sin\theta$, $z_\theta = -2rz_x\sin\theta + 3rz_y\cos\theta$, $z_{rr} = 4z_{xx}\cos^2\theta + 12z_{xy}\sin\theta\cos\theta + 9z_{yy}\sin^2\theta$     (3) $z_u = z_x\cos\alpha + z_y\sin\alpha$, $z_v = -z_x\sin\alpha + z_y\cos\alpha$ から $z_u^2 + z_v^2$ を計算する.     (4) $z_u = 3u^2 z_x + vz_y$, $z_v = -4vz_x + uz_y$, $z_{uv} = -12u^2v z_{xx} + (-4v^2 + 3u^3)z_{xy} + uvz_{yy} + z_y$

[演習]

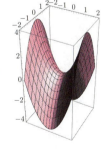
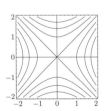

演習 6.1

**演習 6.2** (1) $\pi - 1$    (2) $0$    (3) 存在しない

**演習 6.3** (1) $z_x = y\cos\left(\dfrac{y}{x}\right) + \dfrac{y^2}{x}\sin\left(\dfrac{y}{x}\right)$, $z_y = x\cos\left(\dfrac{y}{x}\right) - y\sin\left(\dfrac{y}{x}\right)$     (2) $z_x = y\left(\tan^{-1}\left(\dfrac{x}{y}\right) + \dfrac{xy}{x^2+y^2}\right)$, $z_y = x\left(\tan^{-1}\left(\dfrac{x}{y}\right) - \dfrac{xy}{x^2+y^2}\right)$     (3) $z_x = e^{xy}\left(y\cos^{-1}\left(\dfrac{x}{y}\right) - \dfrac{|y|}{y\sqrt{y^2-x^2}}\right)$, $z_y = xe^{xy}\left(\cos^{-1}\left(\dfrac{x}{y}\right) + \dfrac{1}{|y|\sqrt{y^2-x^2}}\right)$

**演習 6.4** (1) $f_{xx} = \dfrac{y^2 - x^2}{(x^2+y^2)^2}$, $f_{yy} = \dfrac{x^2 - y^2}{(x^2+y^2)^2}$, $\Delta f = 0$ より調和関数. (2) $f_{xx} = \dfrac{xy^3}{(1-x^2y^2)^{\frac{3}{2}}}$, $f_{yy} = \dfrac{x^3y}{(1-x^2y^2)^{\frac{3}{2}}}$, $\Delta f \neq 0$ より調和関数でない. (3) $f_{xx}(x,y) = \dfrac{4(3y^2-2x^2)}{(2x^2+3y^2)^2}$, $f_{yy}(x,y) = \dfrac{6(2x^2-3y^2)}{(2x^2+3y^2)^2}$, $\Delta f \neq 0$ より調和関数でない. (4) $f_{xx}(x,y) = \dfrac{16xy}{(4x^2+y^2)^2}$, $f_{yy}(x,y) = -\dfrac{4xy}{(4x^2+y^2)^2}$, $\Delta f \neq 0$ より調和関数でない. (5) $f_{xx}(x,y) = \dfrac{4xy}{(x^2+y^2)^2}$, $f_{yy}(x,y) = -\dfrac{4xy}{(x^2+y^2)^2}$, $\Delta f = 0$ より調和関数.

**演習 6.5** (1) 不連続, $x$ について偏微分可能, $y$ について偏微分不可能 (2) 連続, $x$ と $y$ について偏微分不可能 (3) 連続, 偏微分可能

**演習 6.6** (1) 偏微分可能, 全微分不可能 (2) 偏微分可能, 全微分不可能

**演習 6.7** (1) $x+y+z-3 = 0, x+y-z = 3$ (2) $2x+4y-z-4 = 0$

**演習 6.8** (1) $3z_x + 2tz_y$ (2) $-2z_x \sin 2t + 3z_y \cos 3t$

**演習 6.9** (1) $z_u = 2uz_x + 3u^2 z_y$, $z_v = 2vz_x - 3v^2 z_y$ (2) $z_u = e^u(z_x \cos v + z_y \sin v)$, $z_v = e^u(-z_x \sin v + z_y \cos v)$ (3) $z_{\theta\theta} = r^2 \sin^2\theta z_{xx} - 2r^2 \sin\theta \cos\theta z_{xy} - r\cos\theta z_x - r\sin\theta z_y + r^2 \cos^2\theta z_{yy}$, $z_{r\theta} = -r\sin\theta\cos\theta z_{xx} + r(\cos^2\theta - \sin^2\theta)z_{xy} - \sin\theta z_x + \cos\theta z_y + r\sin\theta\cos\theta z_{yy}$ (4) $z_r = 2rz_x \cos\theta + 3r^2 z_y \sin\theta$, $z_\theta = -r^2 z_x \sin\theta + r^3 z_y \cos\theta$, $z_{rr} = 4r^2 z_{xx} \cos^2\theta + 12r^3 z_{xy} \sin\theta \cos\theta + 9r^4 z_{yy} \sin^2\theta + 2z_x \cos\theta + 6rz_y \sin\theta$

**演習 6.10** $ax + by + cz - 1 = 0$

**演習 6.11** (1) $z_{xx} + 2z_{xy}y' + z_{yy}(y')^2 + z_y y''$ (2) $z_{xx}(x')^2 + 2z_{xy}x'y' + z_{yy}(y')^2 + z_x x'' + z_y y''$ (3) $z_{uv} = z_{xx}x_u x_v + z_{xy}(x_u y_v + x_v y_u) + z_{yy} y_u y_v + z_x x_{uv} + z_y y_{uv}$

**演習 6.12** $m = 0$ のときは明らか. $m = 1$ のときは $\dfrac{dz}{dt} = \dfrac{\partial z}{\partial x}\dfrac{dx}{dt} + \dfrac{\partial z}{\partial y}\dfrac{dy}{dt} = \left(h\dfrac{\partial}{\partial x} + k\dfrac{\partial}{\partial y}\right)z$ なので, 与式が成り立つ. $m \geq 2$ 対しては (6.2) を使って数学的帰納法で示す.

# 第 7 章 偏微分法の応用

### [ねらい]

1変数関数の微分法では，その応用としてテイラーの定理や極値問題などを扱った．この章でも2変数関数の微分法の応用として，テイラーの定理や極値問題を扱おう．登場する概念を「局所的な情報をもとに，全体の様子を把握する」という視点で見てもらいたい．

### [この章の項目]

2変数関数のテイラーの定理とマクローリンの定理，マクローリン展開，2変数関数の極値，陰関数とその極値，陰関数定理，陰関数の接線，ラグランジュの乗数法

## 7.1 テイラーの定理

2変数関数に対するテイラーの定理は，定義 6.11 の偏微分作用素を用いて次のように表される．

---

**定理 7.1（テイラーの定理）**
関数 $z = f(x, y)$ が領域 $D$ において $C^n$ 級で，$D$ の2点 $(a, b), (a+h, b+k)$ を結ぶ線分が $D$ に含まれるならば，

$$f(a+h, b+k) = \sum_{j=0}^{n-1} \frac{1}{j!} \left( h\frac{\partial}{\partial x} + k\frac{\partial}{\partial y} \right)^j f(a, b) + \frac{1}{n!} \left( h\frac{\partial}{\partial x} + k\frac{\partial}{\partial y} \right)^n f(a+\theta h, b+\theta k)$$

となるような $0 < \theta < 1$ が存在する．

---

(証明)
$F(t) = f(a+ht, b+kt)$ とおくと，$0 \leqq m \leqq n$ となるすべての $m$ について，$F(t)$ は $m$ 回微分可能で，演習問題 6.12 より，

$$F^{(m)}(t) = \left( h\frac{\partial}{\partial x} + k\frac{\partial}{\partial y} \right)^m f(a+ht, b+kt) \tag{7.1}$$

が成り立つ．また，1変数関数 $F(t)$ にマクローリンの定理（定理 3.7）を適用すると

$$F(t) = \sum_{j=0}^{n-1} \frac{1}{j!} F^{(j)}(0) t^j + \frac{1}{n!} F^{(n)}(\theta t) t^n \quad (0 < \theta < 1)$$

となるような $\theta$ が存在する．ここで，$t = 1$ とすると，

$$F(1) = \sum_{j=0}^{n-1} \frac{1}{j!} F^{(j)}(0) + \frac{1}{n!} F^{(n)}(\theta)$$

▶ [$n = 2$ のとき]
$f(a+h, b+k)$
$= f(a, b)$
$\quad + f_x(a, b)h + f_y(a, b)k$
$\quad + \frac{1}{2} f_{xx}(a+\theta h, b+\theta k)h^2$
$\quad + f_{xy}(a+\theta h, b+\theta k)hk$
$\quad + \frac{1}{2} f_{yy}(a+\theta h, b+\theta k)k^2$

▶【アクティブ・ラーニング】
$n = 4$ として，具体的に定理 7.1 の式の右辺を書き下してみよう．また，$f(x, y) = \sqrt{x+y}$ や $f(x, y) = e^{xy}$ のように $f(x, y)$ を適当に定めて右辺を書き下してみよう．そして，その結果をみんなで共有しよう．

である．これを (7.1) に代入すると

$$f(a+h, b+k) = \sum_{j=0}^{n-1} \frac{1}{j!}\left(h\frac{\partial}{\partial x} + k\frac{\partial}{\partial y}\right)^j f(a,b) + \frac{1}{n!}\left(h\frac{\partial}{\partial x} + k\frac{\partial}{\partial y}\right)^n f(a+\theta h, b+\theta k)$$

を得る．■

---

**定理 7.2（平均値の定理）**

$z = f(x,y)$ が領域 $D$ において $C^1$ 級で，$D$ の 2 点 $(a,b), (a+h, b+k)$ を結ぶ線分が $D$ に含まれるならば，

$$f(a+h, b+k) - f(a,b) = \left(h\frac{\partial}{\partial x} + k\frac{\partial}{\partial y}\right)f(a+\theta h, b+\theta k)$$

となるような $0 < \theta < 1$ が存在する．

---

**（証明）**
定理 7.1 において，$n=1$ とすればよい．■

【注意】 定理 7.3 は，「原点 $(0,0)$ における局所的な情報を使って，関数 $f(x,y)$ 全体を近似できる」と主張している．

---

**定理 7.3（マクローリンの定理）**

関数 $x = f(x,y)$ が原点 $(0,0)$ と点 $(x,y)$ を結ぶ線分を含む領域 $D$ で $C^n$ 級であれば，

$$f(x,y) = \sum_{j=0}^{n-1} \frac{1}{j!}\left(x\frac{\partial}{\partial x} + y\frac{\partial}{\partial y}\right)^j f(0,0)$$
$$+ \frac{1}{n!}\left(x\frac{\partial}{\partial x} + y\frac{\partial}{\partial y}\right)^n f(\theta x, \theta y)$$

となるような $0 < \theta < 1$ が存在する．

---

**（証明）**
定理 7.1 において，$a=b=0, h=x, k=y$ とすればよい．■

1 変数関数の場合と同様に，2 変数関数に対してもテイラー展開とマクローリン展開を考えることができる．以下に，マクローリン展開のみを示す．

---

**定理 7.4（マクローリン展開）**

$f(x,y)$ は $C^\infty$ 級とする．このとき，

$$R_n(x,y,\theta) = \frac{1}{n!}\left(x\frac{\partial}{\partial x} + y\frac{\partial}{\partial y}\right)^n f(\theta x, \theta y)$$

とおく．点 $(x,y)$ を固定して，$(x,y)$ の近傍で $\lim_{n\to\infty} R_n(x,y,\theta) = 0$ が成り立つならば，$f(x,y)$ は

$$f(x,y) = \sum_{j=0}^{\infty} \frac{1}{j!}\left(x\frac{\partial}{\partial x} + y\frac{\partial}{\partial y}\right)^j f(0,0)$$

と表される．これを $f(x,y)$ のマクローリン展開といい，得られた $x, y$ の級数をマクローリン級数という．

### 例題7.1（マクローリン展開）

$\sqrt{4+x+y}$ のマクローリン展開を3次の項まで求めよ．

（解答）

$f(x,y) = \sqrt{4+x+y}$ と表すとき，$f_x = f_y = \dfrac{1}{2}(4+x+y)^{-\frac{1}{2}}$,

$f_{xx} = f_{yy} = f_{xy} = -\dfrac{1}{4}(4+x+y)^{-\frac{3}{2}}$,

$f_{xxx} = f_{yyy} = f_{xxy} = f_{xyy} = \dfrac{3}{8}(4+x+y)^{-\frac{5}{2}}$ なので，

$$f_x(0,0) = f_y(0,0) = \dfrac{1}{4}, \quad f_{xx}(0,0) = f_{yy}(0,0) = f_{xy}(0,0) = -\dfrac{1}{32},$$

$$f_{xxx}(0,0) = f_{yyy}(0,0) = f_{xxy}(0,0) = f_{xyy}(0,0) = \dfrac{3}{256}$$

である．よって，

$$\begin{aligned}f(x,y) &= f(0,0) + f_x(0,0)x + f_y(0,0)y + \dfrac{1}{2!}\left(f_{xx}(0,0)x^2 + 2f_{xy}(0,0)xy + f_{yy}(0,0)y^2\right)\\&\quad + \dfrac{1}{3!}\left(f_{xxx}(0,0)x^3 + 3f_{xxy}(0,0)x^2y + 3f_{xyy}(0,0)xy^2 + f_{yyy}(0,0)y^3\right) + \cdots\\&= 2 + \dfrac{1}{4}(x+y) + \dfrac{1}{2}\left(-\dfrac{1}{32}x^2 - \dfrac{2}{32}xy - \dfrac{1}{32}y^2\right)\\&\quad + \dfrac{1}{6}\left(\dfrac{3}{256}x^3 + \dfrac{9}{256}x^2y + \dfrac{9}{256}xy^2 + \dfrac{3}{256}y^3\right) + \cdots\\&= 2 + \dfrac{1}{4}(x+y) - \dfrac{1}{64}(x+y)^2 + \dfrac{1}{512}(x+y)^3 + \cdots\end{aligned}$$

∎

▶【アクティブ・ラーニング】
例題7.1は確実に求められるようになりましたか？できなければ，それがどうすればできるようになりますか？何に気をつければいいですか？また，読者全員ができるようになるにはどうすればいいでしょうか？それを紙に書き出しましょう．そして，書き出した紙を周りの人と見せ合って，それをまとめてグループごとに発表しましょう．

[問] **7.1** 次の関数のマクローリン級数を3次の項まで求めよ．

(1) $e^x \log(1+y)$     (2) $\dfrac{1}{2+x+y}$     (3) $\cos(x+y)$

## 7.2　2変数関数の極値問題

### 定義7.1（極大・極小）

$f(x,y)$ が点 $A(a,b)$ の近傍で定義されているとする．このとき，点 $A$ のある近傍があって，この近傍内の $A$ 以外のすべての点 $(x,y)$ に対して

$f(x,y) \leqq f(a,b)$ が成り立つとき，$(a,b)$ を **極大点**

$f(x,y) \geqq f(a,b)$ が成り立つとき，$(a,b)$ を **極小点**

といい，そのときの値 $f(a,b)$ をそれぞれ **極大値**，**極小値** という．そして，極大値と極小値を合わせて **極値** といい，そのときの $(a,b)$ を **極値点** という．

▶[狭義の極値]
1変数関数の極値と同様，等号を認めないとき，つまり，$f(x,y) < f(a,b)$ が成り立つとき，$f(a,b)$ を**狭義の極大値**といい，$f(x,y) > f(a,b)$ が成り立つとき，$f(a,b)$ を**狭義の極小値**という．ただし，本によっては，定義7.1の極値を**広義の極値**といい，狭義の極値を単に極値と呼ぶ場合があるので注意しよう．

極小点（または極大点）$(a,b)$ で，$f(x)$ が微分可能ならば，曲面 $z = f(x,y)$ は点 $(a,b)$ で接平面をもつ．そして，もし，この接平面が $xy$ 平面に平行でなければ，点 $(a,b)$ は極小点ではあり得ない．よって，次の定理が得られる．

▶[極小と極小のイメージ]

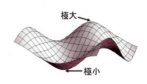

▶[極小点と接平面]

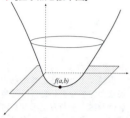

> **定理 7.5（極値の必要条件）**
> $f(x,y)$ が偏微分可能で，点 $(a,b)$ において極値をとるならば，
> $$f_x(a,b) = f_y(a,b) = 0 \tag{7.2}$$
> が成り立つ．なお，(7.2) を満たす点 $(a,b)$ を $f(x,y)$ の停留点(stationary point) という．

(証明) $F(x) = f(x,b)$ は $x$ の関数として $x = a$ で極値をとるので，$F'(a) = 0$，すなわち，$f_x(a,b) = 0$ となる．同様に $f_y(a,b) = 0$ である． ■

【注意】点 $(a,b)$ が $f(x,y)$ の極値点ならば (7.2) を満たすが，その逆は成り立たない．したがって，停留点は極値点の候補であって，極値点そのものではない．

> **定義 7.2（ヘッセ行列式）**
> $f(x,y)$ が $C^2$ 級のとき，
> $$H(x,y) = \begin{vmatrix} f_{xx}(x,y) & f_{xy}(x,y) \\ f_{yx}(x,y) & f_{yy}(x,y) \end{vmatrix} = f_{xx}f_{yy} - f_{xy}^2$$
> を $f(x,y)$ のヘッセ行列式またはヘッシアン (Hessian) という．

▶[$H(a,b) = 0$ のとき]
　$H(a,b) = 0$ のときは，更に詳しく調べなければ $f(a,b)$ が極値か否かは判定できない．具体的には，定義に基づいて調べることになる．任意の $(h,k) \neq (0,0)$ に対して $\delta_f = f(a+h,b+k) - f(a,b)$ の符号を調べ，$\delta_f > 0$ ならば $f(a,b)$ は極小値で，$\delta_f < 0$ ならば $f(a,b)$ は極大値である．また，$h, k$ のとり方によって $\delta_f > 0$ になったり $\delta_f < 0$ になったりすれば，$f(a,b)$ は極値ではない．

> **定理 7.6（極値の十分条件）**
> $f(x,y)$ は点 $(a,b)$ の近傍で $C^2$ 級で，$f_x(a,b) = f_y(a,b) = 0$ とする．このとき，次が成り立つ．
>
> (1) $H(a,b) > 0$ かつ $f_{xx}(a,b) > 0$ ならば，$f(x,y)$ は点 $(a,b)$ で狭義の極小値 $f(a,b)$ をとる．
>
> (2) $H(a,b) > 0$ かつ $f_{xx}(a,b) < 0$ ならば，$f(x,y)$ は点 $(a,b)$ で狭義の極大値 $f(a,b)$ をとる．
>
> (3) $H(a,b) < 0$ ならば $f(x,y)$ は点 $(a,b)$ で極値をとらない．

【注意】極値という局所的な情報を集めれば，$z = f(x,y)$ の全体的な様子を推測できる．

(証明)
$(h,k) \neq (0,0)$ に対して，点 $(a+h, b+k)$ を点 $(a,b)$ の近くにとり，$\delta_f = f(a+h, b+k) - f(a,b)$ とおく．そして，$f_x(a,b) = f_y(a,b) = 0$ に注意して 2 変数のテイラーの定理を用いると

$$\delta_f = f(a+h,b+k) - f(a,b) = \frac{1}{2}\left(h^2 f_{xx}(\alpha,\beta) + 2hk f_{xy}(\alpha,\beta) + k^2 f_{yy}(\alpha,\beta)\right) \tag{7.3}$$

となる $\alpha = a + \theta h, \beta = b + \theta k \ (0 < \theta < 1)$ が存在する．
ここで，$f_{xx}(\alpha,\beta) \neq 0$ のとき，これを $f_{xx}$ と表し，$f_{yy}, f_{xy}$ も $\alpha, \beta$ を省略すれば，

$$\begin{aligned}
\delta_f &= \frac{1}{2f_{xx}}(h^2 f_{xx}^2 + 2hk f_{xy}f_{xx} + k^2 f_{xx}f_{yy}) \\
&= \frac{1}{2f_{xx}}\left\{(hf_{xx} + kf_{xy})^2 + k^2(f_{xx}f_{yy} - f_{xy}^2)\right\} \\
&= \frac{1}{2f_{xx}}\left\{(hf_{xx} + kf_{xy})^2 + k^2 H(\alpha,\beta)\right\}
\end{aligned}$$

であり，$A = f_{xx}(a,b)$, $B = f_{xy}(a,b)$, $C = f_{yy}(a,b)$ とすれば，点 $(a,b)$ の近くでは

$$\delta_f \approx \frac{1}{2}(Ah^2 + 2Bhk + Ck^2) = \frac{A}{2}\left\{\left(h + \frac{B}{A}k\right)^2 + \frac{AC - B^2}{A^2}k^2\right\}$$

となる．
(1) $H(a,b) > 0$ かつ $f_{xx}(a,b) > 0$ ならば $AC - B^2 > 0$ かつ $A > 0$ なので $\delta_f > 0$, つまり，$f(a+h, b+k) > f(a,b)$ となる．よって，$f(a,b)$ は狭義の極小値となる．
(2) $H(a,b) > 0$ かつ $f_{xx}(a,b) < 0$ ならば，$AC - B^2 > 0$ かつ $A < 0$ なので $\delta_f < 0$, つまり，$f(a+h, b+k) < f(a,b)$ となる．よって，$f(a,b)$ は狭義の極大値となる．
$H(a,b) < 0$ のとき $AC - B^2 < 0$ なので，$A > 0$ かつ $h + \frac{B}{A}k = 0$ のとき $\delta_f < 0$ となり，$A > 0$ かつ $k = 0$ のとき $\delta_f > 0$ となる．つまり，$h$ と $k$ のとり方によって，$\delta_f$ が正と負の両方の符号をとるので，$f(x,y)$ は点 $(a,b)$ で極値をとらない．■

**例題 7.2（極値問題）**
次の関数の極値を求めよ．
(1) $f(x,y) = x^3 - y^3 - 3x + 12y$ 　　(2) $f(x,y) = x^3 - y^3$

（解答）
(1) $f_x(x,y) = 3x^2 - 3 = 0$, $f_y(x,y) = -3y^2 + 12 = 0$ より，$x = \pm 1, y = \pm 2$ なので，極値点の候補は，
$$(x,y) = (1,2), (-1,2), (1,-2), (-1,-2)$$
の 4 点である．また，$f_{xx}(x,y) = 6x$, $f_{yy}(x,y) = -6y$, $f_{xy}(x,y) = f_{yx}(x,y) = 0$ なので，
$$H(x,y) = f_{xx}f_{yy} - f_{xy}^2 = -36xy$$
である．よって，

$H(1,2) = -72 < 0$ より，点 $(1,2)$ では極値をとらない．
$H(-1,2) = 72 > 0$, $f_{xx}(-1,2) = -6 < 0$ より，点 $(-1,2)$ において極大値 $f(-1,2) = 18$ をとる．
$H(1,-2) = 72 > 0$, $f_{xx}(1,-2) = 6 > 0$ より，点 $(1,-2)$ において極小値 $f(1,-2) = -18$ をとる．
$H(-1,-2) = -72 < 0$ より，点 $(-1,-2)$ では極値をとらない．

(2) $f_x(x,y) = 3x^2 = 0$, $f_y(x,y) = -3y^2 = 0$ より，極値点の候補は $(x,y) = (0,0)$ である．また，$f_{xx}(x,y) = 6x$, $f_{xy}(x,y) = f_{yx}(x,y) = 0$, $f_{yy}(x,y) = -6y$ なので，
$$H(x,y) = f_{xx}f_{yy} - f_{xy}^2 = -36xy$$
より，$H(0,0) = 0$ なので，定理 7.6 を利用して極値の判定はできない．そこで，点 $(0,0)$ の近くにおける $f(x,y)$ の値を調べる．$f(0,0) = 0$ であり，

- $x = 0, y > 0$ のとき，$f(x,y) = -y^3 < 0$,
- $x = 0, y < 0$ のとき，$f(x,y) = -y^3 > 0$,

となるので，点 $(0,0)$ の近くで $f(x,y)$ の値は $f(0,0) = 0$ よりも大きいことも小さいこともあり得る．したがって，$f(0,0)$ は極値ではない．ゆえに，$f(x,y)$ は極値をもたない．■

**[問] 7.2** 次の関数の極値を求めよ．
(1) $f(x,y) = -x^3 + 9x - 4y^2$ 　　(2) $f(x,y) = x^4 + y^3 - 32x - 27y - 1$
(3) $f(x,y) = x^4 + y^2$ 　　(4) $f(x,y) = x^2 - y^4$

▶【アクティブ・ラーニング】
例題 7.2 はすべて確実にできるようになりましたか？できない問題があれば，それがどうすればできるようになりますか？何に気をつければいいですか？また，読者全員ができるようになるにはどうすればいいでしょうか？それを紙に書き出しましょう．そして，書き出した紙を周りの人と見せ合って，それをまとめてグループごとに発表しましょう．

【注意】「極値を求めよ」と問われたら，必ず極大値か極小値かを明記し，そのときの値を明記すること．情報としては，極大なのか極小なのかが重要である．また，極値点の候補で極値をとらないところがあれば，その旨も明記すること．

▶ $[z = x^3 - y^3 - 3x + 12y$ のグラフ$]$

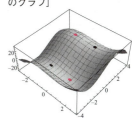

赤点は極値点，黒点は極値点でない点．

▶ $[z = x^3 - y^3$ のグラフ$]$

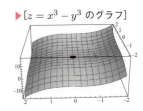

黒点は極値点でない点．

▶ [$x^2 + y^2 = 1$ の定める陰関数]

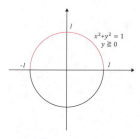

▶ [陽関数]
　陰関数に対して、最初から $y = f(x)$ の形で書かれている関数を**陽関数**(explicit function) という. これまで登場してきた関数は陽関数である.

【注意】陰関数定理は、局所的な陰関数の情報を与えてくれる. それを集めていけば、陰関数 $y = f(x)$ の全体の様子を推測できる.

▶【アクティブ・ラーニング】
　陰関数定理の意味をお互いに説明してみよう.

## 7.3　陰関数とその極値

例えば、$x^2 + y^2 - 1 = 0$ のとき、ある $x = a(-1 < a < 1)$ に対して、2つの値 $y_1 = \sqrt{1-a^2}$ と $y_2 = -\sqrt{1-a^2}$ が対応しているので、$y$ は $x$ の関数ではない. しかし、何らかの条件、例えば、$y \geqq 0, -1 \leqq x \leqq 1$ とすれば、1つの $x$ に対して $y$ の値が1つに定まるので、$y$ は $x$ の関数となり、具体的に $y = \sqrt{1-x^2}$ と表せる. これを $x^2 + y^2 = 1$ の定める**陰関数**という.

> **定義7.3（陰関数）**
> 2変数 $x, y$ の間に $F(x, y) = 0$ が成り立っているとき、ある区間 $I$ で定義された $x$ の関数 $y = f(x)$ で $F(x, f(x)) = 0$ を満たすものが存在するならば、$y = f(x)$ を $F(x, y) = 0$ の定める**陰関数**(implicit function) という.

一般に陰関数を具体的に求めることはできない. 例えば、$F(x, y) = x^3 + y^3 + (\log x)(\log y) + e^{\frac{x}{1+xy}} = 0$ を満たす関数 $y = f(x)$ を具体的に求めることはできないし、そもそも存在するかどうかも分からない. しかし、陰関数が存在するための条件とその導関数については以下の定理が知られている.

> **定理7.7（陰関数定理 (implicit function theorem)）**
> 関数 $F(x, y)$ は、点 $A(a, b)$ を含むある領域で $C^1$ 級とし、$F(a, b) = 0$, $F_y(a, b) \neq 0$ とする. このとき、$x = a$ を含むある開区間 $I$ で定義された $C^1$ 級関数 $y = f(x)$ で
> $$b = f(a), \quad F(x, f(x)) = 0 \ (x \in I)$$
> を満たすものがただ1つ存在する. また、次式が成り立つ.
> $$f'(x) = -\frac{F_x(x, y)}{F_y(x, y)} \tag{7.4}$$

(証明)
$F(x, f(x)) = 0$ の両辺を微分すれば、$F_x(x, f(x))\frac{dx}{dx} + F_y(x, f(x))\frac{dy}{dx} = 0$ となるので、これより直ちに (7.4) を得る.
$f(x)$ が $C^1$ 級であることを示すために、$f(x)$ の連続性が必要となるので、まず、$f(x)$ が連続であることを示す.
($f(x)$ の存在と一意性) $F_y(a, b) > 0$ とする. $F_y(a, b) < 0$ のときは、$-F(x, y)$ を考えればよい. このとき、$F(a, y)$ は $y = b$ の近くで狭義単調増加関数なので、
$$F(a, b-\delta) < 0 = F(a, b) < F(a, b+\delta)$$
となる $\delta > 0$ が存在する. また、$F(x, y)$ の連続性より、$x = a$ を含む開区間 $I$ が存在して、$I$ 上で
$$F(x, b-\delta) < 0 < F(x, b+\delta)$$
が成り立つようにできる. したがって、中間値の定理より $b - \delta < f(x) < b + \delta$ を満たす関数 $f(x)$ が存在して、$F(x, f(x)) = 0$ を満たす. また、$F(a, y)$ の単調性からこのような関数

$f(x)$ はただ 1 つに定まる.

($f(x)$ の連続性) $x = a$ で連続であることを示せば十分である.
$f(x)$ は $x = a$ で不連続だとする. ここで, $\{x_n\}$ を $a$ に収束する数列とすれば, $b - \delta < f(x_n) < b + \delta$ より, $\{f(x_n)\}$ は有界数列なので, 定理 1.6 より収束する. その極限値を $\beta$ とすれば, $\lim_{x_n \to a} f(x_n) = \beta \neq f(a) = b$ となる. 一方, $F(x, y)$ の連続性より, $0 = F(x_n, f(x_n)) \to F(a, \beta)$ となるので, $F(a, \beta) = 0$ である. しかし, $F(a, y)$ の単調性より, $b = \beta$ でなければならないので, 矛盾が生じる.

($f(x)$ が $C^1$ 級) $x = a$ で微分可能であることを示せば十分である.
$F(x, y)$ は $C^1$ 級なので, 平均値の定理より,

$$F(a+h, b+k) - F(a, b) = \left(h\frac{\partial}{\partial x} + k\frac{\partial}{\partial y}\right)F(a+\theta h, b+\theta k) \quad (0 < \theta < 1).$$

ここで, $h = x - a$, $k = f(x) - f(a) = f(x) - b$ とすると,

$$F(x, f(x)) - F(a, b) = \left(h\frac{\partial}{\partial x} + k\frac{\partial}{\partial y}\right)F(x + \theta(x-a), f(x) + \theta(f(x) - f(a))). \quad (7.5)$$

$|x - a| < \delta$ においては, 与式より, $F(a, b) = F(x, f(x)) = 0$ なので, (7.5) より,

$$(x - a)\frac{\partial F}{\partial x}(a + \theta h, b + \theta k) + (f(x) - f(a))\frac{\partial F}{\partial y}(a + \theta h, b + \theta k) = 0$$

となる. これと, $F_y \neq 0$ であることより, 次式が成り立つ.

$$\frac{f(x) - f(a)}{x - a} = -\frac{F_x(a + \theta h, b + \theta k)}{F_y(a + \theta h, b + \theta k)}. \quad (7.6)$$

$x \to a$ のとき, $h \to 0$ であり, $f(x)$ の連続性より $k \to 0$ なので, (7.6) の右辺は収束する. つまり,

$$f'(a) = \lim_{x \to a} \frac{f(x) - f(a)}{x - a} = -\frac{F_x(a, b)}{F_y(a, b)}.$$

よって, $f(x)$ は $x = a$ で微分可能である. ∎

---

**例題 7.3（陰関数の導関数）**

$e^{xy} + e^x - e^y = 0$ で定まる陰関数 $y = f(x)$ の導関数 $f'(x)$ を求めよ.

---

（解答）
$F(x, y) = e^{xy} + e^x - e^y$ とすれば, $F_x(x, y) = ye^{xy} + e^x$, $F_y(x, y) = xe^{xy} - e^y$ なので, $F_y(x, y) \neq 0$ のとき

$$f'(x) = -\frac{F_x(x, y)}{F_y(x, y)} = \frac{e^x + ye^{xy}}{e^y - xe^{xy}}$$

∎

[問] 7.3　次式で定まる陰関数 $y = f(x)$ に対し, $f'(x)$ を求めよ.

(1) $x^2 - xy + y^2 - 4 = 0$ 　　(2) $\sqrt{x} + \sqrt{y} = 1$

陰関数が具体的にわからなくても, 接線の方程式は求められる.

---

**定理 7.8（$F(x, y) = 0$ 上の接線）**

$F(x, y)$ を $C^1$ 級とし, $F(x, y) = 0$ 上の点 $(a, b)$ をとる. このとき, $F_x(a, b) \neq 0$ または $F_y(a, b) \neq 0$ ならば, 曲線 $F(x, y) = 0$ 上の点 $(a, b)$ における接線の方程式は, 次式で得られる.

$$F_x(a, b)(x - a) + F_y(a, b)(y - b) = 0 \quad (7.7)$$

---

▶【アクティブ・ラーニング】
　例題 7.3 にならって, 陰関数の導関数の問題を自分で作り, それを他の人に紹介して, お互いに解いてみよう. そして, その問題のうち, 自分たちにとって一番良い問題を選び, その理由を説明しよう.

【注意】ある点における接線の方程式が分かれば, それらを集めることで, 陰関数 $y = f(x)$ の概形が推測できる. 第 2.1 節で述べたように, 曲線 $y = f(x)$ は接線で近似できることに注意しよう.

**（証明）**

陰関数定理より，$F_y(a,b) \neq 0$ ならば点 $(a,b)$ における接線の傾きは $f'(a) = -\dfrac{F_x(a,b)}{F_y(a,b)}$ なので，接線の方程式は，

$$y - b = -\frac{F_x(a,b)}{F_y(a,b)}(x - a) \tag{7.8}$$

であり，これより (7.7) を得る．同様に $F_x(a,b) \neq 0$ ならば，接線の方程式は

$$x - a = -\frac{F_y(a,b)}{F_x(a,b)}(y - b)$$

なので，これより (7.7) を得る． ∎

▶【アクティブ・ラーニング】
例題 7.4 にならって，接線を求める問題を自分で作り，それを他の人に紹介して，お互いに解いてみよう．そして，その問題のうち，自分たちにとって一番良い問題を選び，その理由を説明しよう．

▶［例題 7.4 のグラフ］

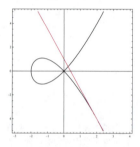

黒線が $x^3 + 2x^2 - y^2 = 0$ で定まる陰関数 $y = f(x)$ のグラフ．赤線が接線 $5x + 2y - 2 = 0$．

---

**例題7.4（$F(x,y) = 0$ 上の接線）**
$x^3 + 2x^2 - y^2 = 0$ 上の $x = 2$ かつ $y \leqq 0$ となる点における接線の方程式を求めよ．

**（解答）**
$x = 2$ のとき，$y^2 = 16$ より $y = \pm 4$ となるが，$y \leqq 0$ より $x = 2$ となる点は $(2, -4)$ である．$F(x,y) = x^3 + 2x^2 - y^2$ とおくと，$F_x(x,y) = 3x^2 + 4x$，$F_y(x,y) = -2y$ なので，点 $(2, -4)$ における接線の方程式は $F_x(2,-4)(x-2) + F_y(2,-4)(y+4) = 0$ より，

$$20(x - 2) + 8(y + 4) = 0 \implies 5x + 2y - 2 = 0$$

∎

**［問］7.4** 次の方程式を求めよ．

(1) $4x^2 + 9y^2 - 24x + 36y = 0$ 上の点 $(0, -4)$ における接線の方程式．

(2) $x^4 + y^4 - 8xy - 1 = 0$ 上の $x = 1$ かつ $y > 0$ となる点における接線の方程式．

陰関数 $y = f(x)$ の具体的な形が分からなくても，ある条件下で，その極値を求められる．

---

**定理7.9（陰関数の極値）**
$F(x,y)$ は $C^2$ 級とする．$F_y(x,y) \neq 0$ のとき，$F(x,y) = 0$ で定まる陰関数 $y = f(x)$ が $x = a$ で極値 $b = f(a)$ をもつならば，

$$F(a,b) = 0, \quad F_x(a,b) = 0 \tag{7.9}$$

が成り立つ（極値の必要条件）．また，$F_y(a,b) \neq 0$ および (7.9) が成立するとき，

(1) $\dfrac{F_{xx}(a,b)}{F_y(a,b)} > 0$ ならば，$x = a$ で $y = f(x)$ は（狭義の）極大値 $b$ をもつ．

(2) $\dfrac{F_{xx}(a,b)}{F_y(a,b)} < 0$ ならば，$x = a$ で $y = f(x)$ は（狭義の）極小値 $b$ をもつ．

(証明) $F(x,y) = 0, F_y(x,y) \neq 0$ および陰関数定理より，$F(x,y) = 0$ の定める陰関数 $y = f(x)$ が存在する．このとき，ある区間 $I$ において $F(x, f(x)) = 0$ が成り立つので $F(a, f(a)) = F(a, b) = 0$ であり，

$$F_x(x, f(x)) + F_y(x, f(x))f'(x) = 0 \tag{7.10}$$

が成り立つ．ここで，$y = f(x)$ が $x = a$ で極値 $b = f(a)$ をもつので $f'(a) = 0$ である．よって，

$$F_x(a, f(a)) + F_y(a, f(a))f'(a) = 0 \Longrightarrow F_x(a, b) = 0$$

である．
次に，$F_y(a,b) \neq 0$ および (7.9) が成り立つとする．このとき，(7.10) より

$$F_x(a,b) + F_y(a,b)f'(a) = 0 \Longrightarrow F_y(a,b)f'(a) = 0 \Longrightarrow f'(a) = 0$$

が成り立つ．また，(7.10) の両辺を $x$ で微分すると，

$$F_{xx}(x,f(x)) + F_{xy}(x,f(x))f'(x) + \bigl(F_{yx}(x,f(x)) + F_{yy}(x,f(x))f'(x)\bigr)f'(x) + F_y(x,f(x))f''(x) = 0 \tag{7.11}$$

となる．これに $x = a$ を代入して $f'(a) = 0$ に注意すれば，

$$F_{xx}(a,b) + F_y(a,b)f''(a) = 0$$

を得る．これより，$\dfrac{F_{xx}(a,b)}{F_y(a,b)} = -f''(a)$ なので，$\dfrac{F_{xx}(a,b)}{F_y(a,b)} > 0$ ならば $f''(a) < 0$ となり，点 $x = a$ において $f(x)$ は上に凸となる．したがって，定理 3.12 より，$x = a$ において $y = f(x)$ は極大値を持つ．極小値についても同様である．■

**【注意】** 極値という局所的な情報を集めれば，陰関数 $y = f(x)$ の全体的な様子を推測できる．

---

**例題 7.5（陰関数の極値問題）**
$F(x,y) = x^4 + 2x^2 + y^3 - y = 0$ で定まる陰関数を $y = f(x)$ とするとき，$y = f(x)$ の極値を求めよ．

(解答)
(ステップ1) $F(x,y) = 0, F_x(x,y) = 0$ を満たす $(x,y) = (a,b)$ を求める．
$F_x(x,y) = 4x(x^2+1) = 0$ より $x = 0$ である．これを $F(x,y) = x^4 + 2x^2 + y^3 - y = 0$ に代入すると

$$y(y^2 - 1) = y(y+1)(y-1) = 0 \Longrightarrow y = 0, \pm 1$$

である．よって，$F(x,y) = 0, F_x(x,y) = 0$ を満たすのは，$(x,y) = (0,0), (0,1), (0,-1)$.
(ステップ2) $F_y(a,b) \neq 0$ の確認

$$F_y(0,0) = -1 \neq 0, \quad F_y(0,1) = F_y(0,-1) = 2 \neq 0$$

(ステップ3) $F_{xx}(a,b)/F_y(a,b)$ の符号を確認して極値を求める
$F_{xx}(x,y) = 12x^2 + 4$ より，

$$F_{xx}(0,0) = F_{xx}(0,1) = F_{xx}(0,-1) = 4$$

であり，

$$\frac{F_{xx}(0,0)}{F_y(0,0)} = \frac{4}{-1} < 0 \text{ なので，} y = f(x) \text{ は } x = 0 \text{ において極小値 } y = 0 \text{ をとる．}$$

$$\frac{F_{xx}(0,\pm 1)}{F_y(0,\pm 1)} = \frac{4}{2} > 0 \text{ なので，} y = f(x) \text{ は } x = 0 \text{ において極大値 } y = \pm 1 \text{ をとる．}$$

■

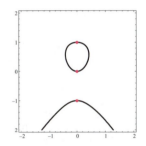

▶[例題 7.5 のグラフ]

黒線が陰関数 $y = f(x)$，赤点が極値．

▶【アクティブ・ラーニング】
例題 7.5 は確実に求められるようになりましたか？求められなければ，それがどうすれば求められるようになりますか？何に気をつければいいですか？また，読者全員ができるようになるにはどうすればいいでしょうか？それを紙に書き出しましょう．そして，書き出した紙を周りの人と見せ合って，それをまとめてグループごとに発表しましょう．

▶【アクティブ・ラーニング】
ある学生が，(7.9) を満たす点 $(a,b)$ を求めた．そして，この学生は，この点が $F_y(a,b) = 0$ を満たしたため，定理 7.9 より，陰関数 $y = f(x)$ は $x = a$ において極値はとらない，と判定した．この考え方は正しいか？みんなで話し合ってみよう．

[問] 7.5　次式で定まる陰関数 $y=f(x)$ の極値を求めよ．
(1) $x^2 + 2xy - y^2 + 8 = 0$　　　(2) $x^3 - 2y^3 + 3x^2y + 2 = 0$

## 7.4　条件付き極値問題

点 $(x,y)$ が条件 $g(x,y) = 0$ の上だけを動くときの関数 $f(x,y)$ の極値を調べる際には，次のラグランジュの乗数法 (method of Lagrange multiplier) がよく使われる．

---
**定理7.10**（ラグランジュの乗数法）

$f(x,y), g(x,y)$ は $C^1$ 級とする．条件 $g(x,y) = 0$ のもとで関数 $z = f(x,y)$ が $(x,y) = (a,b)$ で極値をとり，$g_x(a,b)$ または $g_y(a,b)$ の少なくとも一方が 0 でなければある定数 $\lambda$ が存在して次式が成り立つ．なお，この $\lambda$ をラグランジュ乗数 (Lagrange multiplier) という．

$$f_x(a,b) - \lambda g_x(a,b) = 0$$
$$f_y(a,b) - \lambda g_y(a,b) = 0 \tag{7.12}$$
$$g(a,b) = 0$$
---

▶[特異点]

$F(x,y)$ を $C^1$ 級とする．このとき，$F(x,y) = 0$ かつ $F_x(a,b) = F_y(a,b) = 0$ を満たすような点 $(a,b)$ を $F(x,y) = 0$ の特異点(singular point) という．定理 7.10 の「$g_x(a,b)$ または $g_y(a,b)$ の少なくとも一方が 0 でなければ」という仮定は，$g_x(a,b) = g_y(a,b) = 0$ の場合，つまり，$(a,b)$ が特異点の場合を除くことを意味している．したがって，特異点がある場合は別に考える必要がある．

(証明)
$g_y(x,y) \neq 0$ のときを考える．このとき，陰関数定理より，$g(x,y) = 0$ を $y$ について解くと陰関数 $y = \psi(x)$ が求まるから，$f(x,y) = f(x,\psi(x))$ を考えればよい．$h(x) = f(x,\psi(x))$ とおけば，$h(x)$ は $x = a$ で極値をとるので $h'(a) = 0$ である．よって，
$$h'(a) = f_x(a,b) + f_y(a,b)\psi'(a) = 0 \tag{7.13}$$
である．ただし，$b = \psi(a)$ である．
また，陰関数の定義から $g(x,\psi(x)) = 0$ なので，この両辺を $x$ で微分して $(x,y) = (a,b)$ とおくと，
$$g_x(a,b) + g_y(a,b)\psi'(a) = 0 \tag{7.14}$$
である．(7.13) と (7.14) より $\psi'(a)$ を消去すると，
$$f_x(a,b) - f_y(a,b)\frac{g_x(a,b)}{g_y(a,b)} = 0 \tag{7.15}$$
である．ここで，$\lambda = \dfrac{f_y(a,b)}{g_y(a,b)}$，つまり，$f_y(a,b) - \lambda g_y(a,b) = 0$ とすれば (7.15) は
$$f_x(a,b) - \lambda g_x(a,b) = 0$$
となる．また，$g(x,\psi(x)) = 0$ より $g(a,b) = 0$ が成り立つ．
$g_x(a,b) \neq 0$ のときは，$x$ と $y$ を入れ換えて同様の議論をすればよい． ■

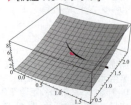

▶[例題 7.6 のグラフ]

赤点が極値，黒線が $g(x,y) = 0$ を動く点．

---
**例題7.6**（ラグランジュの乗数法）

$g(x,y) = 2x^2 - 4xy - y^2 + 5 = 0$ かつ $y \geq 0$ の下で関数 $f(x,y) = x^2 + y^2$ の極値を求めよ．
---

(解答)

(ステップ1) 定理 7.10 に基づいて極値点の候補を探す

$f_x(x,y) = 2x$, $f_y(x,y) = 2y$, $g_x(x,y) = 4x - 4y$, $g_y(x,y) = -4x - 2y$ であり,

$$\begin{cases} \dfrac{f_x}{g_x} = \dfrac{f_y}{g_y} \\ g(x,y) = 0 \end{cases} \Longrightarrow \begin{cases} \dfrac{x}{2x-2y} = \dfrac{y}{-2x-y} \\ 2x^2 - 4xy - y^2 + 5 = 0 \end{cases} \Longrightarrow \begin{cases} (x+2y)(2x-y) = 0 \\ 2x^2 - 4xy - y^2 + 5 = 0 \end{cases}$$

である.$x = -2y$ とすると,第2式より

$$8y^2 + 8y^2 - y^2 + 5 = 0 \Longrightarrow 15y^2 + 5 = 0$$

となるが,これを満たす実数 $y$ は存在しない.次に,$y = 2x$ とすると,第2式より

$$2x^2 - 8x^2 - 4x^2 + 5 = 0 \Longrightarrow 10x^2 = 5 \Longrightarrow x = \pm\dfrac{1}{\sqrt{2}}$$

となるが,$y = 2x \geqq 0$ より,$x = \dfrac{1}{\sqrt{2}}$ である.よって,極値点の候補は

$(x,y) = \left(\dfrac{1}{\sqrt{2}}, \sqrt{2}\right)$ である.

(ステップ2) $g(x,y) = 0$ の特異点の確認し,特異点があればそれを極値点の候補に含める

$g_x = g_y = 0$ を満たすのは,$x - y = 0$ および $2x + y = 0$ より $(x,y) = (0,0)$ となるが,$g(0,0) = 5 \neq 0$ なので $(x,y) = (0,0)$ は特異点ではない.よって,極値点の候補は

$(x,y) = \left(\dfrac{1}{\sqrt{2}}, \sqrt{2}\right)$ のみである.

(ステップ3) 極値の判定

$g_y\left(\dfrac{1}{\sqrt{2}}, \sqrt{2}\right) = -2\sqrt{2} - 2\sqrt{2} = -4\sqrt{2} \neq 0$ なので陰関数定理より,$x = \dfrac{1}{\sqrt{2}}$ を含むある開区間 $I$ で $y = \psi(x)$ および $g(x, \psi(x)) = 0$ を満たすものが存在する.よって,この $I$ では $f(x,y) = f(x, \psi(x))$ と表せるので,$F(x) = f(x, \psi(x))$ とおくと,

$$\dfrac{dF}{dx}(x) = f_x(x,\psi(x)) + f_y(x,\psi(x))\psi'(x) = 2x + 2y\psi'(x) = 2x + 2\psi(x)\psi'(x)$$

$$\dfrac{d^2F}{dx^2}(x) = 2 + 2(\psi'(x)\psi'(x) + \psi''(x)\psi(x))$$

である.ここで,

$$\psi'(x) = -\dfrac{g_x(x,y)}{g_y(x,y)} = -\dfrac{4x - 4y}{-4x - 2y} = \dfrac{2x - 2\psi(x)}{2x + \psi(x)}$$

$$\Longrightarrow \psi'\left(\dfrac{1}{\sqrt{2}}\right) = \dfrac{\sqrt{2} - 2\sqrt{2}}{\sqrt{2} + \sqrt{2}} = -\dfrac{1}{2}$$

$$\psi''(x) = 2\dfrac{(1-\psi'(x))(2x+\psi(x)) - (x-\psi(x))(2+\psi'(x))}{(2x+\psi(x))^2} = 6\dfrac{\psi(x) - x\psi'(x)}{(2x+\psi(x))^2}$$

$$\Longrightarrow \psi''\left(\dfrac{1}{\sqrt{2}}\right) = 6 \cdot \dfrac{\sqrt{2} - \dfrac{\sqrt{2}}{2}\left(-\dfrac{1}{2}\right)}{(\sqrt{2}+\sqrt{2})^2} = \dfrac{15}{16}\sqrt{2}$$

なので,

$$\dfrac{dF}{dx}\left(\dfrac{1}{\sqrt{2}}\right) = \sqrt{2} + 2\sqrt{2}\left(-\dfrac{1}{2}\right) = 0, \quad \dfrac{d^2F}{dx^2}\left(\dfrac{1}{\sqrt{2}}\right) = 2 + 2\left(\dfrac{1}{4} + \dfrac{15}{16}\sqrt{2} \cdot \sqrt{2}\right)$$

$$= \dfrac{25}{4} > 0$$

である.ゆえに,$F(x)$ は $x = \dfrac{1}{\sqrt{2}}$ で極小値をとる.したがって,$F(x) = f(x, \psi(x))$ は点 $\left(\dfrac{1}{\sqrt{2}}, \sqrt{2}\right)$ で極小値 $f\left(\dfrac{1}{\sqrt{2}}, \sqrt{2}\right) = \left(\dfrac{1}{\sqrt{2}}\right)^2 + (\sqrt{2})^2 = \dfrac{5}{2}$ をとる. ∎

▶【アクティブ・ラーニング】
例題 7.6 は確実にできるようになりましたか?できなければ,それがどうすればできるようになりますか?何に気をつければいいですか?また,読者全員ができるようになるにはどうすればいいでしょうか?それを紙に書き出しましょう.そして,書き出した紙を周りの人と見せ合って,それをまとめてグループごとに発表しましょう.

▶[ステップ3の考え方]
1変数関数の極値問題に帰着させ,定理 3.12 を用いて極値の判定をする.あるいは,極値の定義に基づいて,極値の判定をする.後者の場合,$g(a+s, b+t) = 0$ を満たす 0 でない実数 $s, t$ に対して,$f(a+s, b+t) - f(a,b)$ の符号を調べればよい.具体例については,例えば,文献 [13] の例 5.33 を参照のこと.

【注意】$F(x) = f(x, \psi(x))$ が $x = a$ で極値をとるならば,$F'(a) = 0$ となる.したがって,今の場合,$F'\left(\dfrac{1}{\sqrt{2}}\right) = 0$ となるハズである.

▶【アクティブ・ラーニング】
ある学生が,定理 7.6 を使って,例題 7.6 の極値判定を次のようにした.この考え方は正しいか?みんなで話し合ってみよう.
$f_{xx}(x,y) = 2$, $f_{xy}(x,y) = 0$, $f_{yx}(x,y) = 0$, $f_{yy}(x,y) = 2$ より,

$$H\left(\dfrac{1}{\sqrt{2}}, \sqrt{2}\right) = \begin{vmatrix} 2 & 0 \\ 0 & 2 \end{vmatrix}$$
$$= 4 > 0$$

かつ $f_{xx}\left(\dfrac{1}{\sqrt{2}}, \sqrt{2}\right) = 2 > 0$ である.よって,定理 7.6(1) より,$F(x) = f(x, \psi(x))$ は点 $\left(\dfrac{1}{\sqrt{2}}, \sqrt{2}\right)$ で極小値 $f\left(\dfrac{1}{\sqrt{2}}, \sqrt{2}\right) = \left(\dfrac{1}{\sqrt{2}}\right)^2 + (\sqrt{2})^2 = \dfrac{5}{2}$ をとる.

【注意】例題 7.6 から分かるように，条件付き極値問題を解く際には $\lambda$ を具体的に定める訳ではない．未定の数 $\lambda$ を条件 $g(x,y)=0$ の偏導関数に乗じて，(7.12) を解くのである．そのため，ラングランジュの乗数法を**ラグランジュの未定乗数法** と呼ぶこともある．

▶【アクティブ・ラーニング】
まとめに記載されている項目について，例を交えながら他の人に説明しよう．また，あなたならどのように本章をまとめますか？あなたの考えで本章をまとめ，それを他の人とも共有し，自分たちオリジナルのまとめを作成しよう．

▶【アクティブ・ラーニング】
本章で登場した例題および問において，重要な問題を 2 つ選び，その理由を述べてください．その際，選定するための基準は，自分たちで考えてください．

[問] 7.6 次の問に答えよ．

(1) $g(x,y)=x^2+y^2-1=0$ かつ $y \geqq 0$ の下で，関数 $f(x,y)=x+2y+3$ の極値を求めよ．

(2) $g(x,y)=xy-2=0$ かつ $y \geqq 0$ の下で，関数 $f(x,y)=4x^2+y^2$ の極値を求めよ．

## 第 7 章のまとめ

- テイラーの定理：
$$f(a+h,b+k) = \sum_{j=0}^{n-1} \frac{1}{j!}\Big(h\frac{\partial}{\partial x}+k\frac{\partial}{\partial y}\Big)^j f(a,b) + \frac{1}{n!}\Big(h\frac{\partial}{\partial x}+k\frac{\partial}{\partial y}\Big)^n f(a+\theta h, b+\theta k)$$

極値の十分条件（定理 7.6）を導く際に利用した．

- マクローリン展開：$f(x,y) = \sum_{j=0}^{\infty} \frac{1}{j!}\Big(x\frac{\partial}{\partial x}+y\frac{\partial}{\partial y}\Big)^j f(0,0)$

- 極値の十分条件：$f_x(a,b)=f_y(a,b)=0$ のとき，

 (1) $H(a,b)>0$ かつ $f_{xx}(a,b)>0$ ならば，$f(x,y)$ は点 $(a,b)$ で狭義の極小値 $f(a,b)$ をとる．
 
 (2) $H(a,b)>0$ かつ $f_{xx}(a,b)<0$ ならば，$f(x,y)$ は点 $(a,b)$ で狭義の極大値 $f(a,b)$ をとる．
 
 (3) $H(a,b)<0$ ならば $f(x,y)$ は点 $(a,b)$ で極値をとらない．

 $H(a,b)=0$ のときは，別途調べる．

- $F(x,y)=0$ で定まる陰関数 $y=f(x)$ に対して，

 導関数：$f'(x) = -\dfrac{F_x(x,y)}{F_y(x,y)}$
 
 極値の導出手順：
 
 (1) $F(x,y)=0, F_x(x,y)=0$ を満たす $(x,y)=(a,b)$ を求める．
 
 (2) $F_y(a,b) \neq 0$ を確認する．
 
 (3) $F_{xx}(a,b)/F_y(a,b)$ の符号を確認して極値を求める．

- 条件付き極値問題の解法手順：

 (1) $\dfrac{f_x}{g_x} = \dfrac{f_y}{g_y}, g(x,y)=0$ を解いて極値点の候補を探す．
 
 (2) $g(x,y)=0$ の特異点の確認し，特異点があればそれを極値点の候補に含める．
 
 (3) 1 変数関数の極値問題に帰着させて極値の判定を行う．あるいは定義に基づいて極値の判定を行う．

## 第 7 章　演習問題

[A. 基本問題]

**演習 7.1** 次の関数のマクローリン級数を 3 次の項まで求めよ.

(1) $\sqrt{1+x-y}$　　　(2) $\dfrac{1}{1-x+y}$　　　(3) $\sin(x+2y)$

**演習 7.2** 次の関数の極値を求めよ.

(1) $f(x,y) = x^3 - 3axy + y^3 \ (a>0)$　　　(2) $f(x,y) = 8x^3 - 24xy + y^3$

(3) $f(x,y) = \sin x - \cos y \ (0 < x < 2\pi, 0 < y < 2\pi)$　　　(4) $f(x,y) = x^4 - 2x^2y^2 + 2y^4$

**演習 7.3** 次式で定まる陰関数 $y = f(x)$ に対し，$f'(x)$ を求めよ.

(1) $x^4 + 2x^2 + y^3 - y = 0$　　　(2) $y\sin x - \cos(x-y) = 0$　　　(3) $y = x^y (x > 0)$

**演習 7.4** 次の方程式を求めよ.

(1) $x^2 + 2xy + y^2 + x - y = 0$ 上の点 $(-1,3)$ における接線の方程式.

(2) $x^2 - xy + y^2 - 3 = 0$ 上の点 $(-1,1)$ における接線の方程式.

(3) $3x^2 - 7x + 2y^2 - y - 12 = 0$ 上の $y = 2$ かつ $x > 0$ を満たす点における接線の方程式.

**演習 7.5** 次式で定まる陰関数 $y = f(x)$ の極値を求めよ.

(1) $x^2 - xy + y^2 - 4 = 0$　　　(2) 正定数 $a > 0$ に対して，$xy(y-x) = 2a^3$

**演習 7.6** 次の問に答えよ.

(1) $g(x,y) = x^2 + xy + y^2 - 1 = 0$ かつ $x \geqq 0, y \geqq 0$ の下で，関数 $f(x,y) = xy$ の極値を求めよ.

(2) $g(x,y) = 3y^2 - x^2 + 2 = 0$ かつ $y \geqq 0$ の下で，関数 $f(x,y) = x^2 + 3xy + 3y^2$ の極値を求めよ.

[B. 応用問題]

**演習 7.7** 条件 $g(x,y) = x^3 - 6xy + y^3 = 0$ の下で，$f(x,y) = x^2 + y^2$ の極値を求めよ.

**演習 7.8** $x$ 軸, $y$ 軸に平行な辺をもち，楕円 $\dfrac{x^2}{4} + \dfrac{y^2}{2} = 1$ に内接する長方形を $x$ 軸のまわりに回転して直円柱を作る．このような直円柱のうちで，表面積が最大になるものの半径と高さを求めよ．ただし，半径が $r$, 高さが $h$ の直円柱の表面積 $S$ は，$S = 2\pi r^2 + 2\pi rh$ であることを利用してよい.

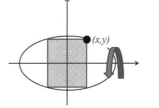
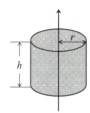

## 第 7 章　略解とヒント

[問]

**問 7.1** (1) $y + xy - \dfrac{y^2}{2} + \dfrac{x^2y}{2} - \dfrac{xy^2}{2} + \dfrac{y^3}{3} + \cdots$　　　(2) $\dfrac{1}{2} - \dfrac{1}{4}(x+y) + \dfrac{1}{8}(x+y)^2 - \dfrac{1}{16}(x+y)^3 + \cdots$

(3) $1 - \dfrac{1}{2}(x+y)^2 + \cdots$

**問 7.2** (1) $(\sqrt{3}, 0)$ で極大値 $6\sqrt{3}$.  $(-\sqrt{3}, 0)$ で極値なし.　　　(2) $(2,-3)$ で極値なし. $(2,3)$ で極小値 $-103$.

(3) $f(h,k) - f(0,0) = h^4 + k^2 > 0$ より，$(0,0)$ で極小値 0.　　　(4) 極値なし. $\delta_f = f(h,k) - f(0,0) = $

$h^2 - k^4$ は $h$ と $k$ の値によって正にも負にもなる.

**問 7.3** (1) $\dfrac{2x-y}{x-2y}$　　(2) $-\dfrac{\sqrt{y}}{\sqrt{x}}$

**問 7.4** (1) $2x + 3y + 12 = 0$　　(2) $x - 2y + 3 = 0$

**問 7.5** (1) $x = 2$ で極大値 $-2$, $x = -2$ で極小値 $2$　　(2) $x = 0$ で極小値 $1$, $x = 2$ で極大値 $-1$

**問 7.6** (1) 極大値 $f\left(\dfrac{1}{\sqrt{5}}, \dfrac{2}{\sqrt{5}}\right) = 3 + \sqrt{5}$　　(2) 極小値 $f(1,2) = 8$

[演習]

**演習 7.1** (1) $1 + \dfrac{1}{2}(x-y) - \dfrac{1}{8}(x-y)^2 + \dfrac{1}{16}(x-y)^3 + \cdots$　　(2) $1 + (x-y) + (x-y)^2 + (x-y)^3 + \cdots$
(3) $x + 2y - \dfrac{1}{6}(x+2y)^3 + \cdots$

**演習 7.2** (1) $(a,a)$ で極小値 $-a^3$, $(0,0)$ で極値なし.　　(2) $(0,0)$ で極値なし, $(2,4)$ で極小値 $-64$.
(3) $\left(\dfrac{\pi}{2}, \pi\right)$ で極大値 $2$, $\left(\dfrac{3}{2}\pi, \pi\right)$ で極値なし.　　(4) $(0,0)$ で極小値 $0$.

**演習 7.3** (1) $-\dfrac{4x^3 + 4x}{3y^2 - 1}$　　(2) $\dfrac{y\cos x + \sin(x-y)}{\sin(x-y) - \sin x}$　　(3) $\dfrac{y^2}{x(1 - y\log x)}$. $x^y = e^{y\log x}$ に注意.

**演習 7.4** (1) $5x + 3y - 4 = 0$　　(2) $y = x + 2$　　(3) $11x + 7y - 47 = 0$

**演習 7.5** (1) $x = \dfrac{2}{\sqrt{3}}$ で極大値 $\dfrac{4}{\sqrt{3}}$, $x = -\dfrac{2}{\sqrt{3}}$ で極小値 $-\dfrac{4}{\sqrt{3}}$　　(2) $x = a$ で極小値 $2a$

**演習 7.6** (1) 極大値 $f\left(\dfrac{1}{\sqrt{3}}, \dfrac{1}{\sqrt{3}}\right) = \dfrac{1}{3}$　　(2) 極小値 $f\left(-\sqrt{3}, \dfrac{1}{\sqrt{3}}\right) = 1$. $x^2 + 4xy + 3y^2 = (x+3y)(x+y)$ に注意.

**演習 7.7** 極大値 $f(3,3) = 18$, 極小値 $f(0,0) = 0$. 点 $(0,0)$ は特異点.

**演習 7.8** 半径は $\dfrac{2}{\sqrt{3}}$, 高さは $\dfrac{4}{\sqrt{3}}$.

（ヒント）長方形の第 1 象限の頂点を $(x,y)$ とし, 直円柱の表面積を $f(x,y)$ とするとき, 条件 $g(x,y) = x^2 + 2y^2 - 4 = 0$ の下で, $f(x,y)$ の極大値を考えればよい. なお, 長方形の第 1 象限の頂点を $(x,y)$ とすれば, 半径が $y$ で, 高さが $2x$ の直円柱の表面積は $f(x,y) = 2\pi y^2 + 4\pi xy$.

# 第 8 章　重積分とその応用

### [ねらい]

2変数関数の積分のことを特に2重積分という．1変数関数の定積分は面積を表していたが，重積分は体積を表すことになる．また，1変数関数の場合は，積分は不定積分を介して微分の逆演算と関連付けられるが，重積分はそのようなことができない．そのため，2重積分といえば，定積分だけある．その一方，2重積分を計算するときは，1変数関数の定積分を繰り返し行う．本章では，このような1変数関数の積分と重積分の類似点と相違点に注意しながら，重積分を学ぼう．

さらに，2重積分の応用として，面積と体積，広義積分を扱う．

### [この章の項目]

2重積分，累次積分，積分の順序交換，2重積分の変数変換，2重積分による曲面積と体積の計算，広義2重積分

## 8.1　2重積分

$xy$ 平面の有界閉領域 $D$ で定義された関数 $f(x,y)$ を考え，$D$ を小領域 $D_1, D_2, \ldots D_n$ に分割する．

$$\Delta : D = D_1 \cup D_2 \cup \cdots \cup D_j \cup \cdots \cup D_n$$

そして，この分割を $\Delta$ で表し，$D_j$ の面積を $|D_j|$ とする．さらに，領域 $D_j$ 内の2点間の距離の最大値を $d_j$，$|\Delta| = \max_{1 \leq j \leq n} d_j$ とする．

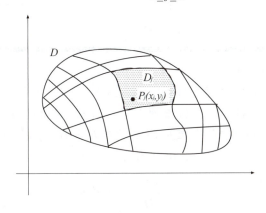

1変数関数の定積分と同様にリーマン和を定義することから始める．

▶ [有界閉領域]

原点を中心とする十分に大きな円の内部に含まれる境界をもつ領域のことを**有界閉領域** (bounded closed region) という．直観的には，無限に広がっていない境界をもつ領域をイメージすればよい．

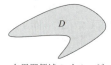

有界閉領域のイメージ

有界閉領域でない（境界なし）

有界閉領域でない（無限領域）

> **定義 8.1 (リーマン和)**
> 各小領域 $D_j$ から任意に $P_j(x_j, y_j) \in D_j$ を1つずつ選び,
> $$S(\Delta) = \sum_{j=1}^{n} f(x_j, y_j)|D_j|$$
> とする. この $S(\Delta)$ を関数 $f(x,y)$ の分割 $\Delta$ に関するリーマン和という.

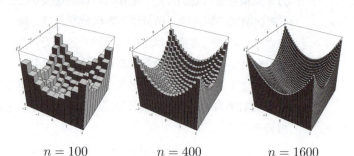

$n = 100$　　$n = 400$　　$n = 1600$

**図 8.1** リーマン和 $S(\Delta)$ のイメージ. 各直方体の体積が $f(x_j, y_j)|D_j|$.

1変数関数の定積分と同じように2重積分をリーマン和の極限として定義する.

▶ **[2重積分が体積]**
リーマン和の極限である2重積分 $\iint_D f(x,y)dxdy$ は,体積を表す.

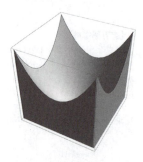

図 8.1 で $|\Delta| \to 0$ としたときのイメージ.

> **定義 8.2 (2重積分)**
> $|\Delta| \to 0$ とするとき, $S(\Delta)$ が点 $P_j(x_j, y_j)$ の選び方によらずある値に収束するとき, $f$ は $D$ 上でリーマン積分可能, 2重積分可能 (double integrable), あるいは重積分可能 (multiple integrable) である, という. また, その極限を
> $$\iint_D f(x,y)dxdy = \lim_{|\Delta|\to 0} \sum_{j=1}^{n} f(x_j, y_j)|D_j|$$
> と書き, 領域 $D$ における $f$ のリーマン積分, 2重積分 (double integral), あるいは重積分 (multiple integral) という.

▶ **[立体 $K$ のイメージ]**

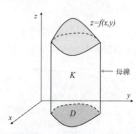

$D$ を有界閉領域とし, $f(x,y), g(x,y)$ は $D$ で連続とすると, 1次元の定積分と同様の基本的な性質はすべて成立する. また, 2重積分の定義より, $f(x,y) \geqq 0$ ならば, $D$ の境界を通り $z$ 軸に平行な直線を母線とする柱面と曲面 $z = f(x,y)$ および $D$ で囲まれた立体 $K = \{(x,y,z) \mid (x,y) \in D, 0 \leqq z \leqq f(x,y)\}$ の体積 (volume) $V$ は次式で与えられる.

$$V = \iint_D f(x,y)dxdy \tag{8.1}$$

### 定理 8.1（2 重積分可能であるための十分条件）

有界閉領域 $D$ で連続な関数 $f(x,y)$ は $D$ 上で重積分可能であり，

$$\iint_D f(x,y)dxdy = \lim_{|\Delta|\to 0}\sum_{j=1}^{n}f(x_j,y_j)|D_j|$$

が存在する．（極限値は $D$ の分割の仕方，$(x_j,y_j)$ のとり方に依らない．）

以後，特に断りがなければ $D$ は有界閉領域とする．2 重積分についても，1 変数関数の定積分の性質（定理 4.2）と同様の性質がある．

### 定理 8.2（2 重積分の線形性）

$f(x,y)$ と $g(x,y)$ が $D$ 上でリーマン積分可能ならば，次が成り立つ．

(1) $\displaystyle\iint_D \{f(x,y) \pm g(x,y)\}dxdy$
$\displaystyle\qquad = \iint_D f(x,y)dxdy \pm \iint_D g(x,y)dxdy$

(2) $\displaystyle\iint_D kf(x,y)dxdy = k\iint_D f(x,y)dxdy \qquad$（$k$ は定数）

▶ [積分領域の加法性]

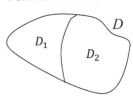

### 定理 8.3（積分領域の加法性）

$f(x,y)$ が $D$ 上でリーマン積分可能で，$D$ が 2 つの有界閉領域 $D_1, D_2$ に分かれているときは，

$$\iint_D f(x,y)dxdy = \iint_{D_1} f(x,y)dxdy + \iint_{D_2} f(x,y)dxdy$$

が成り立つ．

### 定理 8.4（2 重積分の単調性）

$D$ 上でリーマン積分可能な $f(x,y)$ と $g(x,y)$ に対して，$f(x,y) \geqq g(x,y)$ ならば

$$\iint_D f(x,y)dxdy \geqq \iint_D g(x,y)dxdy \tag{8.2}$$

$g(x,y) \equiv 0$ のとき，つまり，$f(x,y) \geqq 0$ ならば，

$$\iint_D f(x,y)dxdy \geqq 0 \qquad \text{（積分の正値性）}$$

また，

$$\left|\iint_D f(x,y)dxdy\right| \leqq \iint_D |f(x,y)|dxdy \tag{8.3}$$

である．

(証明)
有界閉領域 $D$ を $n$ 個の小閉領域 $D_1, D_2, \ldots, D_n$ に分割し，各小閉領域の面積を $|D_i|$ とし，$d_i = \max_{x,y \in D_i} |x - y|$, $|\Delta| = \max_{1 \leq i \leq n} d_i$ とする．

((8.2) の証明)
$$\iint_D f(x,y)dxdy = \lim_{|\Delta| \to 0} \sum_{i=1}^{n} f(x_i, y_i)|D_i|, \quad \iint_D g(x,y)dxdy = \lim_{|\Delta| \to 0} \sum_{i=1}^{n} g(x_i, y_i)|D_i|$$

であり，$f(x,y) \geq g(x,y)$ および極限の性質より，

$$\lim_{|\Delta| \to 0} \sum_{i=1}^{n} f(x_i, y_i)|D_i| \geq \lim_{|\Delta| \to 0} \sum_{i=1}^{n} g(x_i, y_i)|D_i|$$

なので，(8.2) が成立する．

((8.3) の証明)
$-|f(x,y)| \leq f(x,y) \leq |f(x,y)|$ の両辺を積分すると，

$$-\iint_D |f(x,y)|dxdy \leq \iint_D f(x,y)dxdy \leq \iint_D |f(x,y)|dxdy$$

となる．これは，(8.3) が成立することを意味する． ■

▶【アクティブ・ラーニング】
「なぜ2重積分の積分の平均値の定理が重要なのですか？」という問に対して，あなたならどのように回答しますか？自分の意見をまとめて，お互いに発表し合おう．

---

**定理 8.5（2 重積分の平均値の定理）**

$f(x,y), g(x,y)$ が有界閉領域 $D$ 上で連続であり，$g(x,y) \geq 0$ ならば

$$\iint_D f(x,y)g(x,y)dxdy = f(\xi, \eta) \iint_D g(x,y)dxdy \tag{8.4}$$

となる $(\xi, \eta) \in D$ が存在する．特に，$g(x,y) = 1$ とすれば，

$$\iint_D f(x,y)dxdy = f(\xi, \eta)|D|$$

である．

---

(証明)
$g(x,y) = 0$ のとき，(8.4) において，左辺 $= 0 =$ 右辺となるので，(8.4) は成り立つ．そこで，$g(x,y) > 0$ の場合を考える．
$D$ における $f(x,y)$ の連続性より，最大値 $M$ および最小値 $m$ が存在するので

$$m \leq f(x,y) \leq M \tag{8.5}$$

が成り立つ．
よって，$m = M$ のときは，$f(x,y) = M(= m)$ となり，(8.4) が成立する．
次に $m < M$ とすると，(8.5) および $g(x,y) > 0$ より

$$m \iint_D g(x,y)dxdy \leq \iint_D f(x,y)g(x,y)dxdy \leq M \iint_D g(x,y)dxdy$$

なので，

$$m \leq \frac{\iint_D f(x,y)g(x,y)dxdy}{\iint_D g(x,y)dxdy} \leq M$$

【注意】第 6.3 節で述べたように，2 変数連続関数に対しても中間値の定理が成り立つ．

が成り立つ．一方，中間値の定理より，任意の $c \in (m, M)$ に対して $f(\xi, \eta) = c$ となる $(\xi, \eta) \in D$ が存在する．そこで，$c = \dfrac{\iint_D f(x,y)g(x,y)dxdy}{\iint_D g(x,y)dxdy}$ とすると，

$f(\xi, \eta) = \dfrac{\iint_D f(x,y)g(x,y)dxdy}{\iint_D g(x,y)dxdy}$ となる $(\xi, \eta) \in D$ が存在することが分かる．これは，(8.4) が成立することを意味する． ■

**例題 8.1（2 重積分と体積）**
$f(x,y) = h$ ($h > 0$ は定数), $D = \{(x,y) | a \leq x \leq b, c \leq y \leq d\}$ とするとき, $\iint_D f(x,y)dxdy$ は何を表すか？

（解答）
$(\xi, \eta)$ のとり方に関係なく $f(\xi, \eta) = h$ なので, 積分の平均値の定理より,
$$\iint_D f(x,y)dxdy = f(\xi, \eta)|D| = h(b-a)(d-c)$$
である. この右辺は, $D$ を底面とし, 高さが $h$ の直方体の体積である. ■

▶ [2 重積分と直方体の体積]

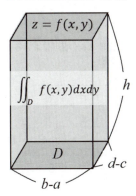

さて, 1 変数の場合は不定積分 $F(x) = \int f(x)dx$ が存在すれば, 定積分 $\int_a^b f(x)dx$ の値を求めることができた. この考え方を 2 変数に拡張できるか考えてみよう. つまり,
$$F(x,y) = \iint f(x,y)dxdy$$
みたいなものが考えられるか？について考えよう. 1 変数のときは
$$F(x) = \int f(x)dx \iff F'(x) = f(x)$$
なので, 2 変数のときは, 記号上,
$$F(x,y) = \iint f(x,y)dxdy \iff F'(x,y) = f(x,y)$$
となるであろう. また, 1 変数のときは $F'(x) = \dfrac{dF}{dx}$ なので, 2 変数のときは $F'(x) = \left(\dfrac{\partial F}{\partial x}, \dfrac{\partial F}{\partial y}\right)$ を考えるのが妥当であろう. しかし, こう考えると, $F'(x,y) \in \mathbb{R}^2$ に対し, $f(x,y) \in \mathbb{R}$ なので
$$F'(x,y) = f(x,y)$$
という方程式は意味をなさない. したがって, 2 変数関数では不定積分の概念は存在しないのである. そこで, 重積分を計算するために, これを何とかして 1 変数の定積分に帰着させることを考える.

▶【アクティブ・ラーニング】
　本当に, 2 変数関数では不定積分と同様な概念は考えられないのか, 考えられるとすれば, どのような条件が必要か, といったことについて自分で考えてみよう. また, それをお互いに発表してみよう.

## 8.2 累次積分

実は, 積分の平均値の定理を使うと, 次の長方形領域における重積分の性質を導くことができる. 次の定理 8.6 は, 2 重積分は 1 変数関数の定積分の繰り返し（累次積分(iterated integral, repeated integral)）によって求められる, と主張している.

> **定理 8.6（長方形領域での累次積分）**
> $f(x,y)$ が長方形領域 $D = \{(x,y) | a \leqq x \leqq b, c \leqq y \leqq d\}$ で連続ならば，次が成り立つ．
> $$(1) \iint_D f(x,y)dxdy = \int_a^b \left(\int_c^d f(x,y)dy\right)dx$$
> $$(2) \iint_D f(x,y)dxdy = \int_c^d \left(\int_a^b f(x,y)dx\right)dy$$

**（証明）**
(1) と (2) の証明方法は同じなので，(1) のみを示す．
閉区間 $[a,b], [c,d]$ をそれぞれ $m, n$ 分割し，
$$a = x_0 < x_1 < \cdots < x_i < \cdots < x_m = b$$
$$c = y_0 < y_1 < \cdots < y_i < \cdots < y_n = d$$

▶ [定理 8.6 の証明における領域分割]

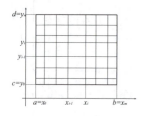

とする．$[a,b]$ で定義される $x$ の関数
$$g(x) = \int_c^d f(x,y)dy$$
は連続なので，積分の平均値の定理より
$$\int_a^b g(x)dx = \sum_{i=1}^m \int_{x_{i-1}}^{x_i} g(x)dx = \sum_{i=1}^m g(\xi_i)(x_i - x_{i-1}) \quad (x_{i-1} < \xi_i < x_i)$$
となる $\xi_i$ が存在する．また，同様に考えると
$$g(\xi_i) = \int_c^d f(\xi_i, y)dy = \sum_{j=1}^n \int_{y_{j-1}}^{y_j} f(\xi_i, y)dy = \sum_{j=1}^n f(\xi_i, \eta_{ij})(y_j - y_{j-1})$$
となる $\eta_{ij}(y_{j-1} < \eta_{ij} < y_j)$ が存在することが分かる．
したがって，
$$\int_a^b g(x)dx = \sum_{i=1}^m \sum_{j=1}^n f(\xi_i, \eta_{ij})(x_i - x_{i-1})(y_j - y_{j-1})$$
である．ここで，分割を細かくして $m, n \to \infty$ とすると，右辺は 2 重積分 $\iint_D f(x,y)dxdy$ に収束するから，求める等式を得る． ∎

この定理 8.6 から直ちに次の系を得る．

> **系 8.1（$f(x)g(y)$ の長方形領域上での 2 重積分）**
> $f(x), g(y)$ をそれぞれ $[a,b], [c,d]$ で連続な関数とすれば，$f(x)g(y)$ は長方形領域 $D = \{(x,y) | a \leqq x \leqq b, c \leqq y \leqq d\}$ で連続であり，
> $$\iint_D f(x)g(y)dxdy = \int_a^b \left(\int_c^d f(x)g(y)dy\right)dx$$
> $$= \left(\int_a^b f(x)dx\right)\left(\int_c^d g(y)dy\right)$$

**例題 8.2（長方形領域における重積分の計算）**

次の 2 重積分を求めよ．

(1) $\iint_D \left(\dfrac{1}{x} + \dfrac{1}{y}\right) dxdy, \quad D = \{(x,y) \mid 1 \leqq x \leqq e^2, 1 \leqq y \leqq 2\}$

(2) $\iint_D \dfrac{2xy}{x^2+1} dxdy, \quad D = \{(x,y) \mid 0 \leqq x \leqq 1, 1 \leqq y \leqq 3\}$

（解答）

(1)
$$\iint_D \left(\frac{1}{x} + \frac{1}{y}\right) dxdy = \int_1^2 \left\{\int_1^{e^2}\left(\frac{1}{x} + \frac{1}{y}\right) dx\right\} dy = \int_1^2 \left[\log|x| + \frac{x}{y}\right]_1^{e^2} dy$$
$$= \int_1^2 \left(2 + \frac{e^2}{y} - \frac{1}{y}\right) dy = \left[2y + (e^2-1)\log|y|\right]_1^2 = 2 + (e^2-1)\log 2$$

(2)
$$\int_1^3 \int_0^1 \frac{2xy}{x^2+1} dxdy = \left(\int_1^3 y\, dy\right)\left(\int_0^1 \frac{2x}{x^2+1} dx\right) = \left[\frac{1}{2}y^2\right]_1^3 \left[\log(x^2+1)\right]_0^1$$
$$= \left(\frac{9}{2} - \frac{1}{2}\right)(\log 2 - \log 1) = 4\log 2$$

∎

**[問] 8.1** 次の 2 重積分を求めよ．

(1) $\iint_D \left(\dfrac{y}{x} + \dfrac{x}{y}\right) dxdy, \quad D = \{(x,y) \mid 1 \leqq x \leqq e, 1 \leqq y \leqq e\}$

(2) $\iint_D x\log y\, dxdy, \quad D = \{(x,y) \mid 0 \leqq x \leqq 2, e \leqq y \leqq e^2\}$

(3) $\iint_D \sin(x-y) dxdy, \quad D = \left\{(x,y) \mid 0 \leqq x \leqq \dfrac{\pi}{2}, 0 \leqq y \leqq \dfrac{\pi}{2}\right\}$

**定義 8.3（縦線領域）**

$D_1 = \{(x,y) \mid a \leqq x \leqq b, \varphi_1(x) \leqq y \leqq \varphi_2(x)\}$, $D_2 = \{(x,y) \mid c \leqq y \leqq d, \psi_1(y) \leqq x \leqq \psi_2(y)\}$ をそれぞれ $x$ についての**縦線領域**($x$−simple set），$y$ についての縦線領域という．

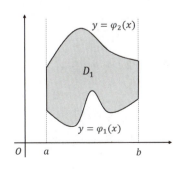
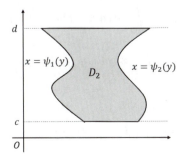

> **定理 8.7（縦線領域での累次積分）**
> 縦線領域における積分については，次が成り立つ.
>
> (1) $\varphi_1(x), \varphi_2(x)$ を $[a,b]$ 上の連続関数で $\varphi_1(x) \leqq \varphi_2(x)$ とする. $f(x,y)$ が領域 $D_1$ で連続ならば，
> $$\iint_{D_1} f(x,y)dxdy = \int_a^b \left( \int_{\varphi_1(x)}^{\varphi_2(x)} f(x,y)dy \right) dx$$
>
> (2) $\psi_1(y), \psi_2(y)$ を $[c,d]$ 上の連続関数で $\psi_1(y) \leqq \psi_2(y)$ とする. $f(x,y)$ が領域 $D_2$ で連続ならば
> $$\iint_{D_2} f(x,y)dxdy = \int_c^d \left( \int_{\psi_1(y)}^{\psi_2(y)} f(x,y)dx \right) dy$$

**【注意】** $\int_a^b \left( \int_{\varphi_1(x)}^{\varphi_2(x)} f(x,y)dy \right) dx$ を $\int_a^b dx \int_{\varphi_1(x)}^{\varphi_2(x)} f(x,y)dy$ と書き，$\int_c^d \left( \int_{\psi_1(y)}^{\psi_2(y)} f(x,y)dx \right) dy$ を $\int_c^d dy \int_{\psi_1(y)}^{\psi_2(y)} f(x,y)dx$ と書くこともある.

**（証明）**
(1) のみを示す.
$D_1$ を含む長方形 $D = [a,b] \times [c,d]$ をとり，
$$\tilde{f}(x,y) = \begin{cases} f(x,y) & (x,y) \in D_1 \\ 0 & (x,y) \in D \setminus D_1 \end{cases}$$
とする. このとき，$x \in [a,b]$ を固定すれば，
$$c \leqq y < \varphi_1(x) \quad \text{および} \quad \varphi_2(x) < y \leqq d$$
において $\tilde{f}(x,y) = 0$ である.

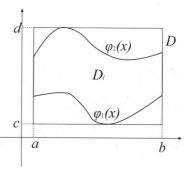

よって，
$$\int_c^d \tilde{f}(x,y)dy = \int_{\varphi_1(x)}^{\varphi_2(x)} f(x,y)dy$$
となる. したがって，
$$\iint_{D_1} f(x,y)dxdy = \int_a^b \left( \int_c^d \tilde{f}(x,y)dy \right) dx = \int_a^b \left( \int_{\varphi_1(x)}^{\varphi_2(x)} f(x,y)dy \right) dx$$
である. ∎

▶ **【アクティブ・ラーニング】**
例題 8.3 はすべて確実に求められるようになりましたか？求められない問題があれば，それがどうすれば求められるようになりますか？何に気をつければいいですか？また，読者全員ができるようになるにはどうすればいいでしょうか？それを紙に書き出しましょう. そして，書き出した紙を周りの人と見せ合って，それをまとめてグループごとに発表しましょう.

> **例題 8.3（縦線領域における 2 重積分）**
> 次の 2 重積分を求めよ.
> (1) $\iint_D x \, dxdy, \quad D = \{(x,y) \mid x^2 \leqq y \leqq 2x+3\}$
> (2) $\iint_D x^2 y \, dxdy, \quad D = \{(x,y) \mid y \leqq x-2, x+y^2 \leqq 4\}$

**（解答）**
(1) $x^2 \leqq 2x+3$ より，$x^2 - 2x - 3 = (x-3)(x+1) \leqq 0$ なので，$-1 \leqq x \leqq 3$ である.
よって，

$$\iint_D x dx dy = \int_{-1}^{3}\left(\int_{x^2}^{2x+3} x dy\right)dx = \int_{-1}^{3} x \left(\int_{x^2}^{2x+3} 1 dy\right) dx = \int_{-1}^{3} x \left[y\right]_{x^2}^{2x+3} dx$$
$$= \int_{-1}^{3} x(2x+3-x^2)dx = \int_{-1}^{3}(2x^2+3x-x^3)dx = \left[\frac{2}{3}x^3+\frac{3}{2}x^2-\frac{1}{4}x^4\right]_{-1}^{3}$$
$$= \left(\frac{54}{3}+\frac{27}{2}-\frac{81}{4}\right)-\left(-\frac{2}{3}+\frac{3}{2}-\frac{1}{4}\right)=\frac{32}{3}$$

(2) 側注の図のように積分領域を 2 つの領域 $D_1$ と $D_2$ に分ける.

$$\iint_D x^2 y dx dy = \int_0^3 \left(\int_{-\sqrt{4-x}}^{x-2} x^2 y dy\right)dx + \int_3^4\left(\int_{-\sqrt{4-x}}^{\sqrt{4-x}} x^2 y dy\right)dx$$
$$=\int_0^3\left[\frac{1}{2}x^2y^2\right]_{-\sqrt{4-x}}^{x-2}dx+\int_3^4\left[\frac{1}{2}x^2y^2\right]_{-\sqrt{4-x}}^{\sqrt{4-x}}dx$$
$$=\frac{1}{2}\int_0^3\{x^2(x-2)^2-x^2(4-x)\}dx+0=\int\frac{1}{2}\int_0^3(x^4-3x^3)dx$$
$$=\frac{1}{2}\left[\frac{1}{5}x^5-\frac{3}{4}x^4\right]_0^3=-\frac{243}{40}$$

(別解)
領域を 2 つに分けずに, (1) と同じようにすると, やや計算が複雑になる.
$y+2 \leqq x \leqq 4-y^2$ より, $y^2+y-2=(y+2)(y-1)\leqq 0$ なので, $-2\leqq y\leqq 1$ である.

$$\int_{-2}^{1}\left(\int_{y+2}^{4-y^2} x^2 y dx\right)dy = \int_{-2}^{1}\left[\frac{1}{3}x^3 y\right]_{y+2}^{4-y^2} dy = \frac{1}{3}\int_{-2}^{1} y\{(4-y^2)^3-(y+2)^3\}dy$$
$$=\frac{1}{3}\int_{-2}^{1}\left(-y^7+12y^5-y^4-54y^3-12y^2+56y\right)dy$$
$$=\frac{1}{3}\left[-\frac{y^8}{8}+2y^6-\frac{1}{5}y^5-\frac{27}{2}y^4-4y^3+28y^2\right]_{-2}^{1}$$
$$=\frac{1}{3}\left\{\left(-\frac{1}{8}+2-\frac{1}{5}-\frac{27}{2}-4+28\right)-\left(-\frac{256}{8}+128+\frac{32}{5}-216+32+112\right)\right\}$$
$$=\frac{1}{3}\cdot\left(-\frac{729}{40}\right)=-\frac{243}{40}$$

■

[基本テクニック] ▶重積分の計算では, なるべく積分領域を図示する.

▶[例題 8.3(1) の積分領域]

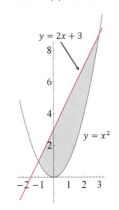

▶[例題 8.3(2) の積分領域]

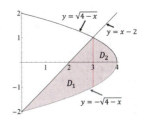

【注意】長方形領域と違い, 縦線領域の場合は

$$\int_{-2}^{1}\int_{y+2}^{4-y^2}x^2 y dx dy$$
$$\neq$$
$$\left(\int_{-2}^{1} y dy\right)\left(\int_{y+2}^{4-y^2} x^2 dx\right)$$

そもそもこんな計算をすれば, 計算結果が $y$ の関数になってしまう. 2 重積分は定積分なので, 結果は必ず数値になる.

[問] 8.2 次の 2 重積分を求めよ.

(1) $\iint_D xy dx dy, \quad D=\{(x,y)\,|\,0\leqq x\leqq 1, 0\leqq y\leqq \sqrt{x}\}$

(2) $\iint_D (2y-x)dx dy, \quad D=\{(x,y)\,|\,x^2\leqq y\leqq 2x\}$

(3) $\iint_D (x+y)dx dy, \quad D=\{(x,y)\,|\,x\geqq 0, y\geqq 0, x^2+y^2\leqq 1\}$

(4) $\iint_D (2x+y)dx dy, \quad D=\{(x,y)\,|\,x\leqq y\leqq 3x, x+y\leqq 4\}$

積分領域が $x$ についての縦線領域であると同時に $y$ についての縦線領域であるとき, 積分の順序を交換できる.

---

定理 8.8 (積分の順序交換)
$D=\{(x,y)\,|\,a\leqq x\leqq b, \varphi_1(x)\leqq y\leqq \varphi_2(x)\}=\{(x,y)\,|\,c\leqq y\leqq d, \psi_1(y)\leqq x\leqq \psi_2(y)\}$ が成り立つとする. このとき, $f(x,y)$ が連

続ならば
$$\int_a^b \left(\int_{\varphi_1(x)}^{\varphi_2(x)} f(x,y)dy\right) dx = \int_c^d \left(\int_{\psi_1(y)}^{\psi_2(y)} f(x,y)dx\right) dy$$
が成り立つ．

(証明)
定理 8.7 において $D_1 = D_2$ とすればよい．

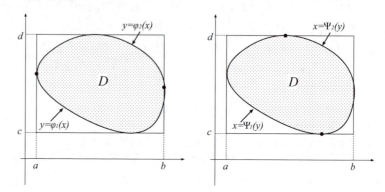

■

▶【アクティブ・ラーニング】
例題 8.4 はすべて確実にできるようになりましたか？できない問題があれば，それがどうすればできるようになりますか？何に気をつければいいですか？また，読者全員ができるようになるにはどうすればいいでしょうか？それを紙に書き出しましょう．そして，書き出した紙を周りの人と見せ合って，それをまとめてグループごとに発表しましょう．

【注意】$y$ についての縦線領域では，$y$ の両端点が定数である．$x$ についての縦線領域では，$x$ の両端点が定数である．

**例題8.4（積分の順序交換）**

次の累次積分の積分順序を交換せよ．ただし，(2) についてはその値も求めよ．

(1) $\displaystyle\int_0^1 \left(\int_y^{\sqrt{2-y^2}} f(x,y)dx\right) dy$　(2) $\displaystyle\int_0^{\frac{\sqrt{\pi}}{2}} \left(\int_y^{\frac{\sqrt{\pi}}{2}} \cos x^2 dx\right) dy$

(解答)
(1) 積分領域 $D$ は，$y$ についての縦線領域 $D = \{(x,y) \mid y \leq x \leq \sqrt{2-y^2}, 0 \leq y \leq 1\}$ である．$D$ を $x$ についての縦線領域で表すと，$D_1 = \{(x,y) \mid 0 \leq x \leq 1, 0 \leq y \leq x\}$ と $D_2 = \{(x,y) \mid 1 \leq x \leq \sqrt{2}, 0 \leq y \leq \sqrt{2-x^2}\}$ に分かれる．
したがって，

$$\int_0^1 \left(\int_y^{\sqrt{2-y^2}} f(x,y)dx\right) dy = \int_0^1 \left(\int_0^x f(x,y)dy\right) dx + \int_1^{\sqrt{2}} \left(\int_0^{\sqrt{2-x^2}} f(x,y)dy\right) dx$$

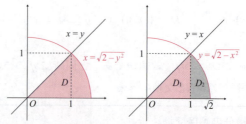

[基本テクニック] ▶ 積分の順序交換をするときは，積分領域を図示する．図示しただけでは分かりづらいときは，(2) のように積分順序を図に記入するとよい．

(2) 積分領域 $D$ は，$y$ についての縦線領域 $D = \left\{(x,y) \mid y \leq x \leq \dfrac{\sqrt{\pi}}{2}, 0 \leq y \leq \dfrac{\sqrt{\pi}}{2}\right\}$ であ

る. $D$ を $x$ についての縦線領域で表すと, $D = \left\{(x,y) \,\middle|\, 0 \leqq x \leqq \dfrac{\sqrt{\pi}}{2}, 0 \leqq y \leqq x\right\}$ なので,

$$\int_0^{\frac{\sqrt{\pi}}{2}} \left(\int_y^{\frac{\sqrt{\pi}}{2}} \cos x^2 dx\right) dy = \int_0^{\frac{\sqrt{\pi}}{2}} \left(\int_0^x \cos x^2 dy\right) dx = \int_0^{\frac{\sqrt{\pi}}{2}} x \cos x^2 dx$$

$$= \left[\dfrac{\sin x^2}{2}\right]_0^{\frac{\sqrt{\pi}}{2}} = \dfrac{1}{2\sqrt{2}} = \dfrac{\sqrt{2}}{4}$$

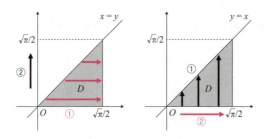

■

[問] 8.3 次の累次積分の積分順序を交換せよ. ただし, (2) についてはその値も求めよ.

(1) $\displaystyle\int_0^2 \left(\int_{\frac{x^2}{4}}^{3-x} f(x,y) dy\right) dx$ 　(2) $\displaystyle\int_0^4 \left(\int_{\sqrt{y}}^2 e^{\frac{y}{x}} dx\right) dy$

## 8.3　2重積分の変数変換

2重積分に対する変数変換公式を求める前に1変数の定積分に対する変数変換公式を求めてみよう. そのために, 変数 $t$ の区間 $[\alpha, \beta]$ から $x$ の区間 $[a, b]$ への全単射な $C^1$ 級関数 $x = \varphi(t)$ があるとする. このとき, $\varphi(t)$ が単調増加関数ならば $t: \alpha \to \beta$ のとき $x: a \to b$ なので

$$\int_a^b f(x) dx = \int_\alpha^\beta f(\varphi(t)) \varphi'(t) dt$$

であるが, $\varphi(t)$ が単調減少関数の場合は $t: \beta \to \alpha$ のとき $x: a \to b$ なので

$$\int_a^b f(x) dx = -\int_\alpha^\beta f(\varphi(t)) \varphi'(t) dt$$

である. したがって, 変数変換公式は

$$\int_a^b f(x) dx = \int_\alpha^\beta f(\varphi(t)) |\varphi'(t)| dt \tag{8.6}$$

となる. これより, 形式的に $dx = |\varphi'(t)| dt$ と書けるので,

$$\Delta x \approx |\varphi'(t)| \Delta t = \left|\dfrac{dx}{dt}\right| \Delta t \tag{8.7}$$

が成り立つ. これより, $|\varphi'(t)|$ は微小区間 $\Delta x$ と $\Delta t$ の長さの比を表していることが分かる.

【注意】例題 8.4(2) において, $\displaystyle\int \cos x^2 dx$ は求められないので, $\displaystyle\int_0^{\frac{\sqrt{\pi}}{2}} \left(\int_y^{\frac{\sqrt{\pi}}{2}} \cos x^2 dx\right) dy$ のままでは計算できないことに注意せよ.

▶ [写像]

集合 $A$ から集合 $B$ への写像(mapping) $f$ とは, 集合 $A$ の任意の要素 $x$ に対して集合 $B$ の要素 $y$ をただ1つ対応づける「規則」のことである. このとき,

$$f: A \to B \text{ とか } y = f(x)$$

と表す. $f: A \to B$ であるとき, 集合 $A$ を写像 $f$ の定義域(domain), $B$ を $f$ の値域(range) という. 関数は, 数の集合に値をもつ写像である.

▶ [1 対 1 の写像]

写像 $f: A \to B$ が条件「$x \neq y$ ならば $f(x) \neq f(y)$」を満たすとき, $f$ は単射(injection) あるいは1対1の写像(one-to-one mapping) であるという. 単射の対偶をとれば, 「$f(x) = f(y)$ ならば $x = y$」となるので, これを単射の定義にしてもよい.

▶ [上への写像]

写像 $f: A \to B$ が条件「任意の $y \in B$ に対して $y = f(x)$ となる $x \in A$ が存在する」を満たすとき, $f$ は全射(surjection) あるいは上への写像 (onto-mapping) という.

▶ [全単射]

$f$ が単射かつ全射のとき, $f$ は全単射(bijection) であるという. $f$ が全単射, 別の言い方をすれば, $f$ が上への1対1写像のとき, 任意の $y \in B$ に対して, $y = f(x)$ となる $x \in A$ がただ一つ存在する.

以上の考え方を重積分に拡張しよう．そのためには，「微小区間の長さの比」の代わりに「微小領域の面積の比」を考える必要がある．

さて，「微小領域の面積の比」を考える上で，ヤコビアンが必要となるので，あらかじめそれを定義しておこう．

▶ [行列式]

行列 $A = \begin{bmatrix} a & b \\ c & d \end{bmatrix}$ の行列式を $\det A$ または $|A|$ と表す．また，

$$\det A = ad - bc = |A|$$

である．

---

**定義 8.4（ヤコビアン）**

$T(u,v) = (\varphi(u,v), \psi(u,v))(= (x,y))$ は $\mathbb{R}^2$ の領域 $D$ から $\mathbb{R}^2$ への写像とする．$\varphi, \psi$ が $C^1$ 級のとき，写像 $T$ は $C^1$ 級であるという．また，関数行列式

$$J = \begin{vmatrix} \dfrac{\partial \varphi}{\partial u} & \dfrac{\partial \varphi}{\partial v} \\ \dfrac{\partial \psi}{\partial u} & \dfrac{\partial \psi}{\partial v} \end{vmatrix} = \begin{vmatrix} \dfrac{\partial x}{\partial u} & \dfrac{\partial x}{\partial v} \\ \dfrac{\partial y}{\partial u} & \dfrac{\partial y}{\partial v} \end{vmatrix}$$

を関数 $\varphi, \psi$（または，$x, y$）の $u, v$ に関する**ヤコビ行列式 (Jacobian)** または**ヤコビアン**といい，$\dfrac{\partial(\varphi, \psi)}{\partial(u,v)}$, $\dfrac{\partial(x,y)}{\partial(u,v)}$ などと表す．

---

**定理 8.9（2 重積分の変数変換公式）**

$uv$ 平面の有界閉領域 $E$ を $xy$ 平面の有界閉領域 $D$ に写す $C^1$ 級写像 $T$ が 1 対 1 で，$E$ 上のすべての点で $J \neq 0$ とする．このとき，$D$ 上の連続関数 $f(x,y)$ に対して，

$$\iint_D f(x,y) dx dy = \iint_E f(\varphi(u,v), \psi(u,v)) |J| du dv$$

が成り立つ．ここで，$T(u,v) = (\varphi(u,v), \psi(u,v))$ である．

---

【注意】$T$ が 1 対 1 でなくても，また，ヤコビアン $J$ が 0 となるような点があっても，そのような点の集合の面積が 0 であれば定理 8.9 は成立する．

**（証明）**

$\Delta u$ と $\Delta v$ は十分小さいとする．このとき，$A = (u_0, v_0)$, $B = (u_0 + \Delta u, v_0)$, $C = (u_0, v_0 + \Delta v)$ として，ベクトル $\overrightarrow{AB}$ と $\overrightarrow{AC}$ を 2 辺とする微小領域 $E_j$ の $T$ による像 $D_j$ を考える．そのために，点 $A, B, C$ の $T$ による像をそれぞれ $A', B', C'$ とすると，$A' = (\varphi(u_0, v_0), \psi(u_0, v_0))$, $B' = (\varphi(u_0 + \Delta u, v_0), \psi(u_0 + \Delta u, v_0))$, $C' = (\varphi(u_0, v_0 + \Delta v), \psi(u_0, v_0 + \Delta v))$ である．また，$D_j$ と $E_j$ の面積をそれぞれ $m(D_j), m(E_j)$ と表すことにする．そして，$m(D_j)$ と $m(E_j)$ の比を求めるために，$D_j$ を $\overrightarrow{A'B'}, \overrightarrow{A'C'}$ の 2 つのベクトルからできる平行四辺形 $K_j$ で近似する．

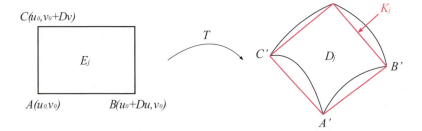

このとき，平均値の定理より

$$\overrightarrow{A'B'} = \begin{bmatrix} \varphi(u_0+\Delta u, v_0) - \varphi(u_0, v_0) \\ \psi(u_0+\Delta u, v_0) - \psi(u_0, v_0) \end{bmatrix} \approx \begin{bmatrix} \varphi_u(u_0, v_0)\Delta u \\ \psi_u(u_0, v_0)\Delta u \end{bmatrix}$$

$$\overrightarrow{A'C'} = \begin{bmatrix} \varphi(u_0, v_0+\Delta v) - \varphi(u_0, v_0) \\ \psi(u_0, v_0+\Delta v) - \psi(u_0, v_0) \end{bmatrix} \approx \begin{bmatrix} \varphi_v(u_0, v_0)\Delta v \\ \psi_v(u_0, v_0)\Delta v \end{bmatrix}$$

が成り立つので，

$$m(D_j) \approx m(K_j) \approx \left| \det \begin{bmatrix} \varphi_u(u_0, v_0)\Delta u & \varphi_v(u_0, v_0)\Delta v \\ \psi_u(u_0, v_0)\Delta u & \psi_v(u_0, v_0)\Delta v \end{bmatrix} \right|$$

$$= \left| \frac{\partial(\varphi, \psi)}{\partial(u, v)} \right| \Delta u \Delta v = \left| \frac{\partial(\varphi, \psi)}{\partial(u, v)} \right| m(E_j)$$

である．
よって，$E$ を含む長方形を座標軸に平行な直線によって細分し，$E$ に完全に含まれる小長方形を $E_1, E_2, \ldots, E_n$ とし，$E_i$ の左下の頂点を $P_i$，その $T$ による像を $Q_i$ とすると，

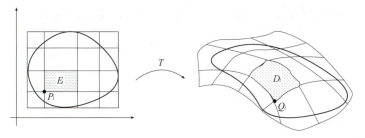

$$\iint_E f(\varphi(u,v), \psi(u,v)) \left| \frac{\partial(\varphi, \psi)}{\partial(u, v)} \right| dudv = \lim_{n\to\infty} \sum_{i=1}^n f(T(P_i)) \left| \frac{\partial(\varphi, \psi)}{\partial(u, v)} \right| m(E_i)$$

$$= \lim_{n\to\infty} \sum_{i=1}^n f(Q_i) m(D_i) = \iint_D f(x, y) dxdy$$

が成り立つ． ∎

▶ [平行四辺形の面積]
ベクトル $\boldsymbol{a} = \begin{bmatrix} a_1 \\ a_2 \end{bmatrix}$ と $\boldsymbol{b} = \begin{bmatrix} b_1 \\ b_2 \end{bmatrix}$ を 2 辺とする平行四辺形の面積 $S$ は $S = \left| \det \begin{bmatrix} a_1 & b_1 \\ a_2 & b_2 \end{bmatrix} \right| = |a_1 b_2 - a_2 b_1|$．

---

**例題 8.5（変数変換による積分計算）**

変数変換を用いて，次の 2 重積分を求めよ．

(1) $\displaystyle\iint_D \sin\left(\sqrt{x^2+y^2}\right) dxdy, \quad D = \{(x,y) \mid x^2+y^2 \leqq \pi^2\}$

(2) $\displaystyle\iint_D \cos(x+y) \sin(x-y) dxdy,$
$\qquad D = \left\{ (x,y) \;\middle|\; 0 \leqq x+y \leqq \frac{\pi}{4}, 0 \leqq x-y \leqq \frac{\pi}{2} \right\}$

▶ 【アクティブ・ラーニング】
例題 8.5 はすべて確実に求められるようになりましたか？求められない問題があれば，それがどうすれば求められるようになりますか？何に気をつければいいですか？また，読者全員ができるようになるにはどうすればいいでしょうか？それを紙に書き出しましょう．そして，書き出した紙を周りの人と見せ合って，それをまとめてグループごとに発表しましょう．

▶ [例題 8.5(1) の積分領域]

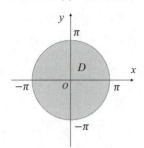

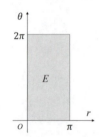

▶ [例題 8.5(2) の積分領域]

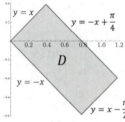

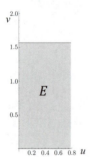

（解答）

(1) $x = r\cos\theta, y = r\sin\theta$ とすると，$D$ は $E = \{(r,\theta) \mid 0 \leqq r \leqq \pi, 0 \leqq \theta \leqq 2\pi\}$ に対応する．また，ヤコビアン $J$ は

$$J = \begin{vmatrix} \frac{\partial x}{\partial r} & \frac{\partial x}{\partial \theta} \\ \frac{\partial y}{\partial r} & \frac{\partial y}{\partial \theta} \end{vmatrix} = \begin{vmatrix} \cos\theta & -r\sin\theta \\ \sin\theta & r\cos\theta \end{vmatrix} = r$$

なので，

$$\iint_D \sin\left(\sqrt{x^2+y^2}\right) dxdy = \iint_E (\sin r) \, rdrd\theta = \left(\int_0^{2\pi} 1 d\theta\right)\left(\int_0^{\pi} r\sin r \, dr\right)$$

である．ここで，

$$\int_0^{\pi} r\sin r \, dr = \Big[-r\cos r\Big]_0^{\pi} + \int_0^{\pi} \cos r \, dr = -\pi\cos\pi + \Big[\sin r\Big]_0^{\pi} = \pi$$

に注意すれば，次を得る．

$$\iint_D \sin\left(\sqrt{x^2+y^2}\right) dxdy = 2\pi \cdot \pi = 2\pi^2$$

(2) $x = \frac{1}{2}(u+v), y = \frac{1}{2}(u-v)$ よりヤコビアン $J$ は

$$J = \begin{vmatrix} x_u & x_v \\ y_u & y_v \end{vmatrix} = \begin{vmatrix} \frac{1}{2} & \frac{1}{2} \\ \frac{1}{2} & -\frac{1}{2} \end{vmatrix} = -\frac{1}{4} - \frac{1}{4} = -\frac{1}{2}$$

であり，$D$ は $E = \left\{(u,v) \mid 0 \leqq u \leqq \frac{\pi}{4}, 0 \leqq v \leqq \frac{\pi}{2}\right\}$ に対応する．よって，

$$\iint_D \cos(x+y)\sin(x-y)dxdy = \iint_E \cos u \sin v \left|-\frac{1}{2}\right| dudv$$

$$= \frac{1}{2}\left(\int_0^{\frac{\pi}{4}} \cos u \, du\right)\left(\int_0^{\frac{\pi}{2}} \sin v \, dv\right) = \frac{1}{2}\Big[\sin u\Big]_0^{\frac{\pi}{4}} \Big[-\cos v\Big]_0^{\frac{\pi}{2}}$$

$$= \frac{1}{2} \cdot \frac{1}{\sqrt{2}} \cdot 1 = \frac{1}{2\sqrt{2}} = \frac{\sqrt{2}}{4}$$

∎

[問] 8.4 カッコ内で示した変数変換を用いて，次の 2 重積分を求めよ．

(1) $\displaystyle\iint_D \frac{2x-y}{x+y} dxdy, \quad D = \{(x,y) \mid 1 \leqq x+y \leqq 2, 1 \leqq 2x-y \leqq 3\}$

$(u = x+y, v = 2x-y)$

(2) $\displaystyle\iint_D y \, dxdy, \quad D = \left\{(x,y) \mid \frac{x^2}{4} + \frac{y^2}{16} \leqq 1, y \geqq 0\right\}$

$(x = 2r\cos\theta, y = 4r\sin\theta)$

## 8.4　2重積分による曲面積と体積の計算

2重積分の定義で説明したように，2重積分を使って体積を求められる．

定理 8.10（曲面で囲まれた立体の体積）
$D = \{(x,y) \mid a \leqq x \leqq b, \varphi_1(x) \leqq y \leqq \varphi_2(x)\}$ とし，関数 $f(x,y), g(x,y)$ が $D$ において連続で，$g(x,y) \leqq f(x,y)$ とする．このとき，2つの曲面 $z = f(x,y), z = g(x,y)$ と $D$ の境界の曲

線を通って $z$ 軸に平行な直線を母線にもつ柱面とで囲まれた立体 $K = \{(x,y,z) \,|\, (x,y) \in D, g(x,y) \leqq z \leqq f(x,y)\}$ の体積 $V$ は次式で与えられる.

$$V = \iint_D \{f(x,y) - g(x,y)\}dxdy \tag{8.8}$$

(証明) $x$ 軸上の点 $x(a \leqq x \leqq b)$ を通り, $yz$ 平面に平行な平面による $K$ の断面積 $S(x)$ は, $S(x) = \int_{\varphi_1(x)}^{\varphi_2(x)} \{f(x,y) - g(x,y)\}dy$ である. $S(x)$ を区間 $[a,b]$ で積分して

$$V = \int_a^b \int_{\varphi_1(x)}^{\varphi_2(x)} \{f(x,y) - g(x,y)\}dydx = \iint_D \{f(x,y) - g(x,y)\}dxdy$$

■

▶ [立体 $K$ のイメージ]

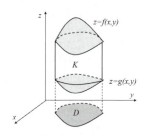

▶ [$S(x)$ のイメージ]

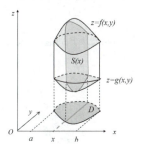

**例題 8.6（体積の計算）**

次の立体の体積 $V$ を求めよ.

(1) 2つの円柱 $y^2 + z^2 \leqq a^2$ と $x^2 + y^2 \leqq a^2$ の共通部分. ただし, $a > 0$ とする.

(2) 楕円体 $\dfrac{x^2}{a^2} + \dfrac{y^2}{b^2} + \dfrac{z^2}{c^2} \leqq 1 \quad (a > 0, b > 0, c > 0)$

(解答)
(1) $x \geqq 0, y \geqq 0, z \geqq 0$ の部分の体積を求めて 8 倍すればよい. そこで, $xy$ 平面の領域を $D = \{(x,y) \,|\, x \geqq 0, y \geqq 0, x^2 + y^2 \leqq a^2\}$ として考えると, $y^2 + z^2 = a^2$ より

$$\begin{aligned} V &= 8\iint_D \sqrt{a^2-y^2}\,dxdy = 8\int_0^a \left(\int_0^{\sqrt{a^2-y^2}} \sqrt{a^2-y^2}\,dx\right) dy \\ &= 8\int_0^a \left[x\sqrt{a^2-y^2}\right]_0^{\sqrt{a^2-y^2}} dy = 8\int_0^a (a^2-y^2)dy \\ &= 8\left[a^2 y - \frac{1}{3}y^3\right]_0^a = \frac{16}{3}a^3 \end{aligned}$$

（別解）対称性を考慮しない場合は, $D = \{(x,y) \,|\, x^2 + y^2 \leqq a^2\}$ とし, 上面が $z = \sqrt{a^2-y^2}$, 下面が $z = -\sqrt{a^2-y^2}$ であることに注意し, 次のようにする.

$$\begin{aligned} V &= \iint_D \left\{\sqrt{a^2-y^2} - \left(-\sqrt{a^2-y^2}\right)\right\} dxdy = 2\iint_D \sqrt{a^2-y^2}\,dxdy \\ &= 2\int_{-a}^a \left(\int_{-\sqrt{a^2-y^2}}^{\sqrt{a^2-y^2}} \sqrt{a^2-y^2}\,dx\right) dy = 4\int_{-a}^a (a^2-y^2)dy = \frac{16}{3}a^2 \end{aligned}$$

(2) $xy$ 平面の領域は $D = \left\{(x,y) \,\bigg|\, \dfrac{x^2}{a^2} + \dfrac{y^2}{b^2} \leqq 1\right\}$ であり, 上面は $z = c\sqrt{1 - \dfrac{x^2}{a^2} - \dfrac{y^2}{b^2}}$, 下面は $z = -c\sqrt{1 - \dfrac{x^2}{a^2} - \dfrac{y^2}{b^2}}$ である. よって求める体積 $V$ は,

$$V = \iint_D \left\{c\sqrt{1 - \frac{x^2}{a^2} - \frac{y^2}{b^2}} - \left(-c\sqrt{1 - \frac{x^2}{a^2} - \frac{y^2}{b^2}}\right)\right\} dxdy$$

▶ [例題 8.6(1) のイメージ]

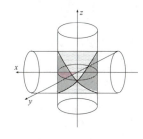

図形の形が分からなくても, 式さえ立てられれば体積を求められる.

【注意】 $x = ar\cos\theta, y = br\sin\theta$ のときのヤコビアンは,

$$J = \begin{vmatrix} x_r & x_\theta \\ y_r & y_\theta \end{vmatrix}$$
$$= \begin{vmatrix} a\cos\theta & -ar\sin\theta \\ b\sin\theta & br\cos\theta \end{vmatrix}$$
$$= abr\cos^2\theta + abr\sin^2\theta$$
$$= abr$$

▶【アクティブ・ラーニング】
例題 8.6 はすべて確実に求められるようになりましたか？ 求められない問題があれば，それがどうすれば求められるようになりますか？何に気をつければいいですか？また，読者全員ができるようになるにはどうすればいいでしょうか？それを紙に書き出しましょう．そして，書き出した紙を周りの人と見せ合って，それをまとめてグループごとに発表しましょう．

▶[接平面による曲面の近似のイメージ]

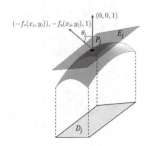

▶[平面と法線ベクトル]
平面 $\pi$ に垂直なベクトルを法線ベクトル (normal vector) という．

平面 $\pi$ 上の固定された任意の点を $A(x_0, y_0, z_0)$ とし，法線ベクトルを $\boldsymbol{n} = (a, b, c)$ とする．このとき，$\pi$ 上の任意の点を $P(x, y, z)$ とすると $\overrightarrow{AP} = (x-x_0, y-y_0, z-z_0)$ と $\boldsymbol{n}$ は直交するので，

$$\overrightarrow{AP} \cdot \boldsymbol{n} = 0$$
$$\iff$$
$$a(x-x_0) + b(y-y_0)$$
$$+ c(z-z_0) = 0$$

である．これが，点 $A$ を通り，$\boldsymbol{n}$ に平行な平面 $\pi$ の方程式である．接平面 $\pi_j$ の場合，$a = -f_x(x_j, y_j), b = -f_y(x_j, y_j), c = 1$ である．

$$= 2c\iint_D \sqrt{1 - \frac{x^2}{a^2} - \frac{y^2}{b^2}} dxdy$$

$x = ar\cos\theta, y = br\sin\theta$ とおけば，

$$V = 2c\int_0^1 \int_0^{2\pi} \sqrt{1-r^2} abr d\theta dr = 2abc\left(\int_0^{2\pi} 1 d\theta\right)\left(\int_0^1 r\sqrt{1-r^2} dr\right)$$
$$= 4abc\pi \left[-\frac{1}{3}(1-r^2)^{\frac{3}{2}}\right]_0^1 = \frac{4}{3}abc\pi$$

■

[問] 8.5 次の立体の体積 $V$ を求めよ．

(1) 円柱 $x^2 + y^2 = a^2 (a > 0)$ の $xy$ 平面の上方，平面 $z = x$ の下方にある部分．

(2) 球 $x^2 + y^2 + z^2 \leqq 9$ と円柱 $x^2 + y^2 \leqq 4$ の共通部分．

第 5.3 節では，曲線を折れ線で近似し，折れ線の長さの和の極限を曲線の長さと定義した．これと同様に曲面を接平面で近似し，接平面の面積の和の極限を曲面の面積と定義する．

これを数式で表現しよう．そのために，$xy$ 平面上の有界閉領域 $D$ で定義された関数 $f(x,y)$ は $C^1$ 級であるとする．$D$ を小領域 $D_1, D_2, \ldots, D_n$ に分割し，その分割を $\Delta$ で表す．また，小領域の 1 つを $D_j$，その面積を $|D_j|$ とし，$D_j$ 内に点 $(x_j, y_j)$ をとり，曲面上の点 $P_j(x_j, y_j, f(x_j, y_j))$ における接平面を $\pi_j$ とすれば，点 $P_j$ の近くでは曲面 $z = f(x,y)$ は接平面 $\pi_j$ で近似される．よって，$|\Delta|$ が十分に小さいとき，$D_j$ 上にある曲面 $z = f(x,y)$ の部分の面積は，接平面 $\pi_j$ の対応する部分 $E_j$ の面積 $|E_j|$ で近似される．そこで，$S(\Delta) = \sum_{j=1}^n |E_j|$ とし，$|\Delta| \to 0$ とするとき，点 $P_j$ のとり方に関係なく $S(\Delta)$ が一定値 $S$ に近づくならば，$S$ を曲面 $z = f(x,y)$ の曲面積 (surface area) という．

定理 8.11（曲面積）
関数 $f(x,y)$ が領域 $D$ で $C^1$ 級ならば，曲面 $z = f(x,y)$ の領域 $D$ における曲面積 $S$ は，次式で与えられる．

$$S = \iint_D \sqrt{f_x(x,y)^2 + f_y(x,y)^2 + 1} dxdy \qquad (8.9)$$

(証明)
$D_j$ は，接平面 $\pi_j$ 上の領域 $E_j$ を $xy$ 平面に正射影した領域なので，$\pi_j$ と $xy$ 平面とのなす角を $\theta_j$ とすれば，$|D_j| = |E_j|\cos\theta_j$ が成り立つ．ここで，点 $P_j$ における接平面 $\pi_j$ の方程式は，

$$z - z_j = f_x(x_j, y_j)(x - x_j) + f_y(x_j, y_j)(y - y_j)$$

なので，$\pi_j$ の法線ベクトル $\boldsymbol{n}_j$ は，$\boldsymbol{n}_j = (-f_x(x_j, y_j), -f_y(x_j, y_j), 1)$ であり，これと，$z$ 軸方向の単位ベクトル $\boldsymbol{k} = (0,0,1)$ のなす角が $\theta_j$ なので，内積の性質より，

$$\cos\theta_j = \frac{-f_x\cdot 0 + (-f_y)\cdot 0 + 1\cdot 1}{\sqrt{f_x^1 + f_y^2 + 1}\sqrt{0^2 + 0^2 + 1^2}} = \frac{1}{\sqrt{f_x^2 + f_y^2 + 1}}$$

したがって，

$$S(\Delta) = \sum_{j=1}^{n}|E_j| = \sum_{j=1}^{n}\frac{|D_j|}{\cos\theta_j} = \sum_{j=1}^{n}\sqrt{f_x(x_j,y_j)^2 + f_y(x_j,y_j)^2 + 1}\,|D_j|$$

$$\to \iint_D \sqrt{f_x(x,y)^2 + f_y(x,y)^2 + 1}\,dxdy \qquad (|\Delta|\to 0)$$

■

---

**例題 8.7（曲面積の計算）**

次の曲面の面積 $S$ を求めよ．

(1) 曲面 $z = xy$ の円柱 $x^2 + y^2 \leqq a^2$ の内部にある部分

(2) $xy$ 平面上の $C^1$ 級曲線 $y = f(x)\,(a \leqq x \leqq b)$ を $x$ 軸のまわりに回転してできる回転面

---

▶ [内積と角度]

2つのベクトル $\boldsymbol{a} = (a_1,a_2,a_3)$, $\boldsymbol{b} = (b_1,b_2,b_3)$ のなす角を $\theta$ とすれば，

$$\cos\theta = \frac{\boldsymbol{a}\cdot\boldsymbol{b}}{|\boldsymbol{a}||\boldsymbol{b}|}$$

となる．ただし，$\boldsymbol{a}\cdot\boldsymbol{b} = a_1b_1 + a_2b_2 + a_3b_3$ は内積で，$|\boldsymbol{a}| = \sqrt{a_1^2 + a_2^2 + a_3^2}$ は長さである．

【注意】例題 8.7(2) の結果は，定理 5.7 と同じである．

（解答）

(1) $D = \{(x,y)\,|\,x^2 + y^2 \leqq a^2\}$ とし，$x = r\cos\theta,\,y = r\sin\theta$ とすれば，

$$S = \iint_D \sqrt{z_x^2 + z_y^2 + 1}\,dxdy = \iint_D \sqrt{y^2 + x^2 + 1}\,dxdy$$

$$= \left(\int_0^{2\pi} d\theta\right)\left(\int_0^a r\sqrt{r^2+1}\,dr\right) = 2\pi\left[\frac{1}{3}(1+r^2)^{\frac{3}{2}}\right]_0^a = \frac{2}{3}\pi\left\{(1+a^2)^{\frac{3}{2}} - 1\right\}$$

(2) 回転面 $S_C$ は $S_C = \{(x,y,z)\,|\,y^2 + z^2 = \{f(x)\}^2\}$ と表せるので，$z \geqq 0$ の部分は，$D = \{(x,y)\,|\,a \leqq x \leqq b,\,-|f(x)| \leqq y \leqq |f(x)|\}$ 上の曲面 $z = \sqrt{f(x)^2 - y^2}$ である．このとき，$z_x = \dfrac{f(x)f'(x)}{\sqrt{f(x)^2 - y^2}}$, $z_y = -\dfrac{y}{\sqrt{f(x)^2 - y^2}}$ なので，

$$\sqrt{z_x^2 + z_y^2 + 1} = \frac{\sqrt{\{f(x)f'(x)\}^2 + y^2 + f(x)^2 - y^2}}{\sqrt{f(x)^2 - y^2}} = |f(x)|\frac{\sqrt{f'(x)^2 + 1}}{\sqrt{f(x)^2 - y^2}}$$

よって，

$$S = 2\iint_D \sqrt{z_x^2 + z_y^2 + 1}\,dxdy = 2\iint_D |f(x)|\frac{\sqrt{f'(x)^2 + 1}}{\sqrt{f(x)^2 - y^2}}\,dxdy$$

$$= 4\int_a^b \left(\int_0^{|f(x)|} |f(x)|\frac{\sqrt{f'(x)^2 + 1}}{\sqrt{f(x)^2 - y^2}}\,dy\right) dx$$

$$= 4\int_a^b |f(x)|\sqrt{f'(x)^2 + 1}\left[\sin^{-1}\frac{y}{|f(x)|}\right]_0^{|f(x)|} dx$$

$$= 2\pi\int_a^b |f(x)|\sqrt{1 + f'(x)^2}\,dx \tag{8.10}$$

■

▶ [アクティブ・ラーニング]

例題 8.7 はすべて確実に求められるようになりましたか？求められない問題があれば，それがどうすれば求められるようになりますか？何に気をつければいいですか？また，読者全員ができるようになるにはどうすればいいでしょうか？それを紙に書き出しましょう．そして，書き出した紙を周りの人と見せ合って，それをまとめてグループごとに発表しましょう．

[問] 8.6 次の曲面の面積 $S$ を求めよ．

(1) 平面 $x + y + z = a\,(a > 0)$ の $x \geqq 0,\,y \geqq 0,\,z \geqq 0$ の部分．

(2) 球面 $x^2 + y^2 + z^2 = 9$ が円柱面 $x^2 + y^2 = 4$ によって切り取られる部分．

## 8.5 広義2重積分

1変数関数では，広義積分を考えた．その基本的なアイディアは，関数が定義できない部分を避けて積分した後に極限を考える，というものであった．このアイディアを拡張して2重積分の広義積分を定義する．

▶【アクティブ・ラーニング】
自分で近似列の例を作ってみよう．そして，それをお互いに披露してみよう．

> **定義 8.5（近似列）**
> 平面集合 $D$ に対して $D$ に含まれる有界閉領域の列 $\{D_n\}$ が次の条件を満たすとき $\{D_n\}$ を $D$ の近似列(approximating sequence) という．
> (1) $D_1 \subset D_2 \subset \cdots \subset D_n \subset D_{n+1} \subset \cdots \subset D$
> (2) $D$ に含まれるどんな有界閉領域もある $D_n$ に含まれる

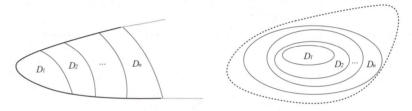

図 8.2 近似列の例.

【注意】$f(x,y)$ が不連続点になる点が領域内にある場合は，それを含まないような近似列を作る．また，一般の平面集合 $D$ に対しては，近似列が存在するとは限らないし，存在しても無数に存在する場合がある．

> **定義 8.6（広義2重積分）**
> $D$ 上で連続な関数 $f(x,y)$ について，どのように $D$ の近似列 $\{D_n\}$ をとっても近似列の取り方によらない一定の有限な極限値
> $$\lim_{n \to \infty} \iint_{D_n} f(x,y)dxdy = I \qquad (8.11)$$
> が存在するとき，この極限値 $I$ を $\iint_D f(x,y)dxdy$ と表し，広義2重積分 (improper double integrals) あるいは広義重積分 (improper multiple integrals) という．このとき，$f(x,y)$ は $D$ 上で広義2重積分可能，広義重積分可能 あるいは単に重積分可能 であるという．

あらゆる近似列に対して，(8.11) を確認するのは現実的ではない．実は，ある1つの近似列に対して (8.11) を確認すれば十分であることが次の定理より保証されている．

> **定理 8.12（広義重積分可能性の判定）**
> $f(x,y)$ は $D$ 上で連続で，$f(x,y) \geqq 0$(または $f(x,y) \leqq 0$) とする．このとき，ある1つの近似列 $\{D_n\}$ について
> $$\lim_{n \to \infty} \iint_{D_n} f(x,y)dxdy = I$$

が存在すれば，$f(x,y)$ は $D$ 上で重積分可能であり，広義重積分は $I$ となる．

(証明) 
$f(x,y) \geqq 0$ の場合に証明すれば十分である．
仮定より，$D$ のある1つの近似列 $\{D_n\}$ について
$$I = \lim_{n \to \infty} \iint_{D_n} f(x,y) dxdy$$
が成り立っているので，別の任意の近似列 $\{E_n\}$ について
$$I = \lim_{n \to \infty} \iint_{E_n} f(x,y) dxdy$$
が成り立つことを示せばよい．そのために，
$$I(D_n) = \iint_{D_n} f(x,y) dxdy, \qquad I(E_n) = \iint_{E_n} f(x,y) dxdy$$
とおく．$f(x,y) \geqq 0$ なので $\{I(D_n)\}, \{I(E_n)\}$ はともに単調増加数列である．このとき，有界閉領域 $E_m$ はある $D_n$ に含まれるので
$$I(E_m) \leqq I(D_n) \leqq I$$
である．よって，$\{I(E_m)\}$ は上に有界な単調増加数列なので，極限値 $J$ が存在し，$J \leqq I$ が成り立つ．一方，有界閉領域 $D_m$ はある $E_n$ に含まれるので
$$I(D_m) \leqq I(E_n) \leqq J$$
が成り立ち，$I \leqq J$ を得る．ゆえに，$I = J$ となる．すなわち，$f(x,y)$ は $D$ 上で重積分可能である．■

定理 8.12 は $D$ 上で $f(x,y)$ の符号が一定だとしたが，一定でない場合は，
$$f_+(x,y) = \max(f(x,y), 0) = \frac{1}{2}(|f(x,y)| + f(x,y))$$
$$f_-(x,y) = \max(-f(x,y), 0) = \frac{1}{2}(|f(x,y)| - f(x,y))$$
とすると，$f_+(x,y) \geqq 0$ かつ $f_-(x,y) \geqq 0$ であり，これに定理 8.12 を適用し，次の関係式を利用して積分値を求めればよい．
$$f(x,y) = f_+(x,y) - f_-(x,y)$$

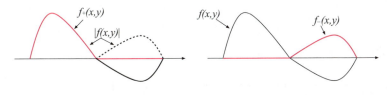

▶【アクティブ・ラーニング】
なぜ，$f(x,y) \geqq 0$ の場合に証明すれば十分なのでしょうか？その理由を他の人に説明してみよう．

【注意】例えば，例題 8.8(1) では，形式的に
$$\int_{-\infty}^{\infty} \int_{-\infty}^{\infty} e^{-(x^2+y^2)} dxdy$$
$$= \int_0^{2\pi} \int_0^{\infty} e^{-r^2} r dr d\theta$$
$$= 2\pi \left[ -\frac{1}{2} e^{-r^2} \right]_0^{\infty} = \pi$$

と計算できる．しかし，大学院入試や編入学試験等において，近似列に基づく極限操作を省略すると，減点される場合があるため，なるべく近似列に基づいた計算をした方がよい．この点は，例題 5.7 の【注意】と同じである．

---

**例題 8.8（広義 2 重積分の計算）**
次の広義 2 重積分を求めよ．
(1) $\displaystyle\int_{-\infty}^{\infty} e^{-x^2} dx$

(2) $\displaystyle\iint_D \frac{1}{(x-y)^\alpha} dxdy \qquad D = \{(x,y); 0 \leqq y < x \leqq 1\} (0 < \alpha < 1)$

▶【アクティブ・ラーニング】
例題 8.8 はすべて確実に求められるようになりましたか？求められない問題があれば，それがどうすれば求められるようになりますか？何に気をつければいいですか？また，読者全員ができるようになるにはどうすればいいでしょうか？それを紙に書き出しましょう．そして，書き出した紙を周りの人と見せ合って，それをまとめてグループごとに発表しましょう．

（解答）
(1)
$$\left(\int_{-\infty}^{\infty} e^{-x^2} dx\right)^2 = \left(\int_{-\infty}^{\infty} e^{-x^2} dx\right)\left(\int_{-\infty}^{\infty} e^{-y^2} dy\right) = \int_{-\infty}^{\infty}\int_{-\infty}^{\infty} e^{-(x^2+y^2)} dxdy$$

に注意して，$D = \mathbb{R}^2$ とおく．このとき，$D$ において $e^{-(x^2+y^2)} \geqq 0$ であり，$D_n = \{(x,y)|x^2+y^2 \leqq n^2\}$ とすると，$\{D_n\}$ は $D$ の近似列である．ここで，$x = r\cos\theta$，$y = r\sin\theta$ とおくと，$D_n$ は $E_n = \{(r,\theta)|0 \leqq r \leqq n, 0 \leqq \theta \leqq 2\pi\}$ に対応するので，

$$I(D_n) = \iint_{D_n} e^{-(x^2+y^2)} dxdy = \int_0^{2\pi}\int_0^n e^{-r^2} r \, drd\theta$$
$$= 2\pi\left[-\frac{1}{2}e^{-r^2}\right]_0^n = \pi(1 - e^{-n^2}).$$

よって，$\displaystyle\lim_{n\to\infty} I(D_n) = \pi$ となるので，$\displaystyle\int_{-\infty}^{\infty} e^{-x^2} dx = \sqrt{\pi}$.

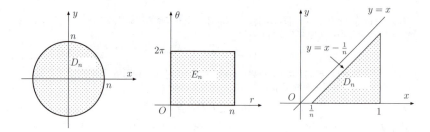

【注意】$0 \leqq y < x \leqq 1$ より「$0 < x \leqq 1$」かつ「$0 \leqq y < x$」が成り立つ．今の場合，「$0 < x \leqq 1$」を「$\frac{1}{n} \leqq x \leqq 1$」で，「$0 \leqq y < x$」を「$0 \leqq y \leqq x - \frac{1}{n}$」で近似している．$\frac{1}{(x-y)^\alpha}$ は直線 $y = x$ 上では定義されないので，そこを避けて $y = x - \frac{1}{n}$ で考えている．

(2) $D = \{(x,y)|0 \leqq y < x \leqq 1\}$ に対して，$D_n = \left\{(x,y)\Big|\frac{1}{n} \leqq x \leqq 1, 0 \leqq y \leqq x - \frac{1}{n}\right\}$ とおくと，$D_n$ は $D$ の近似列である．また，$D$ において $\frac{1}{(x-y)^\alpha} \geqq 0$ なので

$$I(D_n) = \iint_{D_n} \frac{1}{(x-y)^\alpha} dxdy$$
$$= \int_{\frac{1}{n}}^1 \left(\int_0^{x-\frac{1}{n}} \frac{1}{(x-y)^\alpha} dy\right) dx = \int_{\frac{1}{n}}^1 \frac{-1}{1-\alpha}\left[(x-y)^{1-\alpha}\right]_0^{x-\frac{1}{n}} dx$$
$$= \frac{-1}{1-\alpha} \int_{\frac{1}{n}}^1 \left\{\left(\frac{1}{n}\right)^{1-\alpha} - x^{1-\alpha}\right\} dx = \frac{-1}{1-\alpha}\left[\left(\frac{1}{n}\right)^{1-\alpha} x - \frac{1}{2-\alpha} x^{2-\alpha}\right]_{\frac{1}{n}}^1$$
$$= \frac{-1}{1-\alpha}\left\{\left(\frac{1}{n}\right)^{1-\alpha} - \frac{1}{2-\alpha} - \left(\frac{1}{n}\right)^{2-\alpha} + \frac{1}{2-\alpha}\left(\frac{1}{n}\right)^{2-\alpha}\right\}$$

よって，求める積分の値は，$\displaystyle\lim_{n\to\infty} I(D_n) = \frac{1}{(1-\alpha)(2-\alpha)}$. ∎

[問] 8.7 次の広義 2 重積分を求めよ．

(1) $\displaystyle\iint_D \frac{1}{\sqrt{2x-y}} dxdy$, $D = \{(x,y)|0 \leqq y < 2x \leqq 2\}$

(2) $\displaystyle\int_0^\infty e^{-4x^2} dx$

(3) $\displaystyle\iint_D \frac{1}{x^2 y^2} dxdy$, $D = \{(x,y)|x \geqq 1, y \geqq 1\}$

(4) $\displaystyle\iint_D \frac{x}{\sqrt{x^2+y^2}} dxdy$, $D = \{(x,y)|0 < x^2+y^2 \leqq 1, x \geqq 0, y \geqq 0\}$

実は，近似列を考えずに広義2重積分を1変数の広義積分の累次積分と考えて，広義2重積分の値を求めることができる．実際，例題 8.8(1) の場合は，

$$\int_{-\infty}^{\infty}\int_{-\infty}^{\infty} e^{-(x^2+y^2)}dxdy = \int_0^{2\pi}\int_0^R e^{-r^2}rdrd\theta$$
$$= 2\pi(1-e^{-R^2}) \to 2\pi \ (R \to \infty)$$

例題 8.8(2) の場合は，

$$\iint_D \frac{1}{(x-y)^\alpha}dxdy = \int_\varepsilon^1 \int_0^{x-\delta} \frac{1}{(x-y)^\alpha}dydx = \int_\varepsilon^1 \frac{-1}{1-\alpha}(\delta^{1-\alpha} - x^{1-\alpha})dx$$
$$= \frac{-1}{1-\alpha}\left(\delta^{1-\alpha} - \frac{1}{2-\alpha} - \delta^{1-\alpha}\varepsilon + \frac{\varepsilon^{2-\alpha}}{2-\alpha}\right)$$
$$\to \frac{1}{(1-\alpha)(2-\alpha)}(\varepsilon, \delta \to +0)$$

のように求められる．なお，このように計算してよい根拠は，ルベーグ積分のフビニの定理である．

▶【ルベーグ積分】
「ルベーグ積分」については，例えば，文献 6) を参照.

## 第 8 章のまとめ

- 1 変数の定積分と同様，2 重積分はリーマン和の極限値として定義される．
- 2 重積分には不定積分という概念は存在しない．
- 2 重積分の計算では，1 変数関数の定積分を 2 回行う (累次積分)．
- 2 重積分の計算ができないとき，積分の順序交換を行うと，計算できる場合がある．
- 変数変換を行うと，重積分が簡単に求められる場合がある．2 重積分の変数変換では，ヤコビアン $J$ の絶対値が登場することに注意．

$$\iint_D f(x,y)dxdy = \iint_E f(\varphi(u,v),\psi(u,v))|J|dudv$$

- 2 重積分を使うと，体積 $V$ や曲面積 $S$ を求められる．

$$V = \iint_D \{f(x,y) - g(x,y)\}dxdy$$
$$S = \iint_D \sqrt{f_x(x,y)^2 + f_y(x,y)^2 + 1}dxdy$$

- 広義 2 重積分を計算する際には，$f(x,y)$ が定義されていない点を避けて近似列 $\{D_n\}$ を作り，$\iint_{D_n} f(x,y)dxdy(n \to \infty)$ を計算する．

▶【アクティブ・ラーニング】
まとめに記載されている項目について，例を交えながら他の人に説明しよう．また，あなたならどのように本章をまとめますか？あなたの考えで本章をまとめ，それを他の人とも共有し，自分たちオリジナルのまとめを作成しよう．

▶【アクティブ・ラーニング】
本章で登場した例題および問において，重要な問題を 3 つ選び，その理由を述べてください．その際，選定するための基準は，自分たちで考えてください．

## 第8章　演習問題

[A. 基本問題]

**演習 8.1** 次の2重積分を求めよ．

(1) $\iint_D \sin(x-2y)dxdy$, $\quad D = \left\{(x,y) \,\middle|\, 0 \leqq x \leqq \dfrac{\pi}{4}, 0 \leqq y \leqq \dfrac{\pi}{2}\right\}$

(2) $\iint_D \left(x^2 + xy + y^2\right) dxdy$, $\quad D = \{(x,y) \,|\, 0 \leqq x \leqq 1, 0 \leqq y \leqq 2\}$

(3) $\iint_D x\sin(x+y)dxdy$, $\quad D = \left\{(x,y) \,|\, 0 \leqq x \leqq \pi, 0 \leqq y \leqq \dfrac{\pi}{2}\right\}$

**演習 8.2** 次の2重積分を求めよ．

(1) $\iint_D e^x \sin y\, dxdy$, $\quad D = \left\{(x,y) \,|\, 0 \leqq x \leqq \cos y, 0 \leqq y \leqq \dfrac{\pi}{2}\right\}$

(2) $\iint_D (x - y^2) dxdy$, $\quad D = \{(x,y) \,|\, x \geqq 0,\, y \geqq 0,\, x+y \leqq 1\}$

(3) $\iint_D (x^2 + y) dxdy$, $\quad D = \{(x,y) \,|\, x \geqq 0,\, y \geqq 0,\, x+y \leqq 1\}$

(4) $\iint_D (x+y) dxdy$, $\quad D = \{(x,y) \,|\, x \geqq 0, y \geqq 0, x+2y \leqq 2\}$

(5) $\iint_D x^2 y\, dxdy$, $\quad D = \{(x,y) \,|\, y \geqq 0, x^2 + y^2 \leqq 1\}$

(6) $\iint_D (x - 2y) dxdy$, $\quad D = \{(x,y) \,|\, x^2 \leqq y \leqq x+2\}$

(7) $\iint_D y\, dxdy$, $\quad D = \left\{(x,y) \,|\, x \leqq y \leqq -x^2 + 2x\right\}$

**演習 8.3** 次の累次積分の積分順序を交換せよ．ただし，(2)〜(4)についてはその値も求めよ．

(1) $\displaystyle\int_0^{\frac{1}{\sqrt{2}}} \left(\int_y^{\sqrt{1-y^2}} f(x,y)dx\right) dy$

(2) $\displaystyle\int_0^{\sqrt{3}} \left(\int_1^{\sqrt{4-x^2}} \dfrac{x}{\sqrt{x^2+y^2}} dy\right) dx$

(3) $\displaystyle\int_0^1 \left(\int_y^{2-y} x^2 dx\right) dy$

(4) $\displaystyle\int_1^2 \left(\int_{\frac{1}{x}}^2 y e^{xy} dy\right) dx$

**演習 8.4** 変数変換を用いて，次の2重積分を求めよ．

(1) $\iint_D (x^2 + y) dxdy$, $\quad D = \{(x,y) \,|\, x^2 + 2y^2 \leqq 1\}$

(2) $\iint_D e^{-\frac{x^2}{4} - \frac{y^2}{9}} dxdy$, $\quad D = \left\{(x,y) \,\middle|\, \dfrac{x^2}{4} + \dfrac{y^2}{9} \leqq 1, x \geqq 0, y \geqq 0\right\}$

(3) $\iint_D (x+y) dxdy$, $\quad D = \{(x,y) \,|\, 0 \leqq y + 2x \leqq 2, 0 \leqq 2x - y \leqq 2\}$

(4) $\iint_D x^2 e^{x-y} dxdy$, $\quad D = \{(x,y) \,|\, 0 \leqq x+y \leqq 1, 1 \leqq x-y \leqq 2\}$

**演習 8.5** 定数 $a > 0$ に対して，球 $x^2 + y^2 + z^2 \leqq a^2$ と円柱 $x^2 + y^2 \leqq ax$ の共通部分の立体の体積を求めよ．

**演習 8.6** 次の問に答えよ．

(1) 曲面 $z = x^2 + y^2$ の円柱面 $x^2 + y^2 = a^2 (a > 0)$ の内部にある部分の曲面積を求めよ．

(2) 曲線 $y = f(x)(a \leqq x \leqq b)$ のパラメータ表示が $x = \varphi(\theta), y = \psi(\theta)(\varphi'(\theta) \geqq 0, \alpha \leqq \theta \leqq \beta)$ であれば，回転体の側面積 $S$ は次式で与えられることを示せ．
$$S = 2\pi \int_\alpha^\beta |\psi(\theta)| \sqrt{\varphi'(\theta)^2 + \psi'(\theta)^2} d\theta$$

(3) サイクロイド $x = a(\theta - \sin\theta), y = a(1 - \cos\theta)(a > 0, 0 \leqq \theta \leqq 2\pi)$ を $x$ 軸の周りに回転してできる回転体の表面積を求めよ．

**演習 8.7** 次の広義 2 重積分を求めよ．

(1) $\iint_D \dfrac{1}{(x-2)^2(y+5)^2} dxdy, \quad D = \{(x,y) \mid x \geqq 3, y \geqq 4\}$

(2) $\iint_D \dfrac{1}{(x+y+3)^3} dxdy, \quad D = \{(x,y) \mid x \geqq 0, y \geqq 0\}$

(3) $\iint_D \dfrac{1}{\sqrt{1-x^2-y^2}} dxdy, \quad D = \{(x,y) \mid x^2+y^2 < 1\}$

(4) $\iint_D \dfrac{1}{(1+x^2+y^2)^2} dxdy, \quad D = \{(x,y) \mid y \geqq 0\}$

(5) $\iint_D \dfrac{y}{\sqrt{x^2+y^2}} dxdy, \quad D = \{(x,y) \mid 0 < x^2+y^2 \leqq 4, x \geqq 0, y \geqq 0\}$

(6) $\iint_D e^{-\left(\frac{x^2}{9} + \frac{y^2}{4}\right)} dxdy, \quad D = \{(x,y) \mid y \geqq 0\}$

[B. 応用問題]

**演習 8.8** 次の 2 重積分を求めよ．

(1) $\iint_D x \log y \, dxdy, \quad D = \{(x,y) \mid 0 \leqq x \leqq 2, 1 \leqq y \leqq e^x\}$

(2) $\iint_D \dfrac{x}{x^2+y^2} dxdy, \quad D = \{(x,y) \mid y - \dfrac{1}{4}x^2 \geqq 0, y - x \leqq 0, x \geqq 2\}$

**演習 8.9** 変数変換を用いて，次の 2 重積分を求めよ．

(1) $\iint_D \dfrac{(x-2y)^4}{(x+2y)^2+1} dxdy, \ D = \{(x,y) \mid 0 \leqq y \leqq \dfrac{1}{2}, 0 \leqq x \leqq 1-2y\}$

(2) $\iint_D (4-x^2-y^2) dxdy, \quad D = \{(x,y) \mid x^2+(y-1)^2 \leqq 1, y \leqq x\}$

**演習 8.10** 次の広義 2 重積分を求めよ．

(1) $\iint_D \dfrac{1}{\sqrt{x^2-y^2}} dxdy, \quad D = \{(x,y) \mid 0 \leqq y < x \leqq 2\}$

(2) $\iint_D \dfrac{1}{\sqrt{x^2+y^2}} dxdy, \quad D = \{(x,y) \mid 0 \leqq x \leqq y \leqq 1, (x,y) \neq (0,0)\}$

(3) $\iint_D \dfrac{1}{x^2\sqrt{x^2+y^2}}dxdy, \quad D = \{(x,y) \mid x^2+y^2 \geqq 4, -x \leqq y \leqq \sqrt{3}x\}$

## 第8章 略解とヒント

[問]

問 8.1 (1) $e^2 - 1$ (2) $2e^2$ (3) $0$

問 8.2 (1) $\displaystyle\int_0^1 \int_0^{\sqrt{x}} xy\,dy\,dx = \dfrac{1}{6}$ (2) $\displaystyle\int_0^2 \int_{x^2}^{2x} (2y-x)\,dy\,dx = \dfrac{44}{15}$ (3) $\displaystyle\int_0^1 \left(\int_0^{\sqrt{1-x^2}} (x+y)\,dy\right) dx = \dfrac{2}{3}$ (4) $\displaystyle\int_0^1 \int_x^{3x} (2x+y)\,dy\,dx + \int_1^2 \int_x^{4-x} (2x+y)\,dy\,dx = \dfrac{22}{3}$

問 8.3 (1) $\displaystyle\int_0^1 \left(\int_0^{2\sqrt{y}} f(x,y)dx\right)dy + \int_1^3 \left(\int_0^{3-y} f(x,y)dx\right)dy$ (2) $\displaystyle\int_0^2 \left(\int_0^{x^2} e^{\frac{y}{x}}dy\right)dx = e^2 - 1$

問 8.4 (1) $\dfrac{1}{3}\left(\displaystyle\int_1^2 \dfrac{1}{u}du\right)\left(\int_1^3 v\,dv\right) = \dfrac{4}{3}\log 2$ (2) $\displaystyle\int_0^\pi \left(\int_0^1 4r\sin\theta(8r)dr\right)d\theta = \dfrac{64}{3}$

問 8.5 (1) $D = \{(x,y) \mid x^2+y^2 \leqq a^2, x \geqq 0\}$, $\iint_D x\,dx\,dy = \dfrac{2}{3}a^3$ (2) $D = \{(x,y) \mid x^2+y^2 \leqq 4\}$, $2\iint_D \sqrt{9-x^2-y^2}\,dx\,dy = \dfrac{4}{3}\pi(27 - 5\sqrt{5})$

問 8.6 (1) $\sqrt{3}\displaystyle\int_0^a \left(\int_0^{a-y} dx\right)dy = \dfrac{\sqrt{3}}{2}a^2$

(2) $D = \{(x,y) \mid x^2+y^2 \leqq 4\}$. $2\iint_D \sqrt{\left(\dfrac{x^2}{9-x^2-y^2}\right) + \left(\dfrac{y^2}{9-x^2-y^2}\right) + 1}\,dx\,dy = 12\pi(3-\sqrt{5})$

問 8.7 (1) $\displaystyle\int_{\frac{1}{n}}^1 \left(\int_0^{2x-\frac{1}{n}} \dfrac{1}{\sqrt{2x-y}}dy\right)dx = -2\left(\dfrac{1}{n}\right)^{\frac{1}{2}} + \dfrac{4}{3}\sqrt{2} + 2\left(\dfrac{1}{n}\right)^{\frac{1}{2}}\dfrac{1}{n} - \dfrac{4}{3}\sqrt{2}\left(\dfrac{1}{n}\right)^{\frac{3}{2}} \to \dfrac{4}{3}\sqrt{2}$

(2) $x = r\cos\theta, y = r\sin\theta$ とおく. $\left(\displaystyle\int_0^{\frac{\pi}{2}} 1\,d\theta\right)\left(\int_0^n re^{-4r^2}dr\right) = -\dfrac{\pi}{16}(e^{-4n^2}-1) \to \dfrac{\pi}{16}$ より, $\dfrac{\sqrt{\pi}}{4}$.

(3) $\left(\displaystyle\int_1^n \dfrac{1}{x^2}dx\right)\left(\int_1^n \dfrac{1}{y^2}dy\right) = \left(\dfrac{1}{n}-1\right)\left(\dfrac{1}{n}-1\right) \to 1$ (4) $x = r\cos\theta, y = r\sin\theta$ とおく. $\left(\displaystyle\int_0^{\frac{\pi}{2}} \cos\theta d\theta\right)\left(\int_{\frac{1}{n}}^1 r\,dr\right) = \dfrac{1}{2}\left(1-\dfrac{1}{n^2}\right) \to \dfrac{1}{2}$

[演習]

演習 8.1 (1) $-\dfrac{1}{\sqrt{2}}$ (2) $\dfrac{13}{3}$ (3) $\pi - 2$  部分積分が必要.

演習 8.2 (1) $\displaystyle\int_0^{\frac{\pi}{2}} \left(\int_0^{\cos y} e^x \sin y\,dx\right)dy = e - 2$ (2) $\displaystyle\int_0^1 \int_0^{1-x} (x-y^2)\,dy\,dx = \dfrac{1}{12}$ (3) $\displaystyle\int_0^1 \int_0^{1-x} (x^2+y)\,dy\,dx = \dfrac{1}{4}$ (4) $\displaystyle\int_0^1 \left(\int_0^{2-2y} (x+y)dx\right)dy = 1$ (5) $\displaystyle\int_{-1}^1 \left(\int_0^{\sqrt{1-x^2}} x^2 y\,dy\right)dx = \dfrac{2}{15}$ (6) $\displaystyle\int_{-1}^2 \left(\int_{x^2}^{x+2} (x-2y)dy\right)dx = -\dfrac{243}{20}$ (7) $\displaystyle\int_0^1 \int_x^{-x^2+2x} y\,dy\,dx = \dfrac{1}{10}$

演習 8.3 (1) $\displaystyle\int_0^{\frac{1}{\sqrt{2}}} \left(\int_0^x f(x,y)dy\right)dx + \int_{\frac{1}{\sqrt{2}}}^1 \left(\int_0^{\sqrt{1-x^2}} f(x,y)dy\right)dx$ (2) $\displaystyle\int_1^2 \left(\int_0^{\sqrt{4-y^2}} \dfrac{x}{\sqrt{x^2+y^2}}dx\right)dy =$

$\dfrac{1}{2}$   (3) $\displaystyle\int_0^1\left(\int_0^x x^2 dy\right)dx+\int_1^2\left(\int_0^{-x+2} x^2 dy\right)dx=\dfrac{7}{6}$   (4) $\displaystyle\int_{\frac{1}{2}}^1\int_{\frac{1}{y}}^2 ye^{xy}dxdy+\int_1^2\int_1^2 ye^{xy}dxdy=\dfrac{e^2}{2}(e^2-2)$

**演習 8.4** (1) $x=r\cos\theta, y=\dfrac{r}{\sqrt{2}}\sin\theta$ とおく．$\dfrac{1}{\sqrt{2}}\displaystyle\int_0^{2\pi}\int_0^1\left(r^3\cos^2\theta+\dfrac{r^2}{\sqrt{2}}\sin\theta\right)drd\theta=\dfrac{\sqrt{2}}{8}\pi$

(2) $x=2r\cos\theta, y=3r\sin\theta$ とおく．$\left(\displaystyle\int_0^{\frac{\pi}{2}}1d\theta\right)\left(\int_0^1 6re^{-r^2}dr\right)=\dfrac{3\pi}{2}\left(1-\dfrac{1}{e}\right)$   (3) $u=y+2x, v=2x-y$ とおく．$\displaystyle\int_0^2\int_0^2\left(\dfrac{3u-v}{4}\right)\dfrac{1}{4}dudv=\dfrac{1}{2}$   (4) $u=x+y, v=x-y$ とおく．$\displaystyle\iint_E\left(\dfrac{u+v}{2}\right)^2 e^v\left|-\dfrac{1}{2}\right|dudv=\dfrac{5e^2-2e}{12}$

**演習 8.5** $D=\{(x,y)\,|\,x^2+y^2\leqq ax\}$．$x=r\cos\theta, y=r\sin\theta$ とおく．$2\displaystyle\iint_D\sqrt{a^2-x^2-y^2}dxdy=2\int_{-\pi/2}^{\pi/2}\left(\int_0^{a\cos\theta}r\sqrt{a^2-r^2}dr\right)d\theta=\dfrac{2}{9}a^3(3\pi-4)$

**演習 8.6** (1)  $x=r\cos\theta, y=r\sin\theta$ とおく．$4\displaystyle\iint_D\sqrt{(2x)^2+(2y)^2+1}dxdy=4\left(\int_0^{\frac{\pi}{2}}d\theta\right)\left(\int_0^a\sqrt{4r^2+1}rdr\right)=\dfrac{(4a^2+1)^{\frac{3}{2}}-1}{6}\pi$．   (2) (8.10) において $x=\varphi(\theta), y=\psi(\theta)$ とおく．   (3) $2\pi\displaystyle\int_0^{2\pi}|a(1-\cos\theta)|\sqrt{a^2(1-\cos\theta)^2+a^2\sin^2\theta}d\theta=\dfrac{64}{3}\pi a^2$

**演習 8.7** (1) $\left(\displaystyle\int_3^n\dfrac{1}{(x-2)^2}dx\right)\left(\int_4^n\dfrac{1}{(y+5)^2}dy\right)=\left(\dfrac{1}{n-2}-1\right)\left(\dfrac{1}{n+5}-\dfrac{1}{9}\right)\to\dfrac{1}{9}$

(2) $\displaystyle\int_0^n\left(\int_0^n\dfrac{1}{(x+y+3)^3}dx\right)dy=-\dfrac{1}{2}\left\{\left(-\dfrac{1}{2n+3}+\dfrac{1}{n+3}\right)-\left(-\dfrac{1}{n+3}+\dfrac{1}{3}\right)\right\}\to\dfrac{1}{6}$

(3) $x=r\cos\theta, y=r\sin\theta$ とおく．$\left(\displaystyle\int_0^{2\pi}1d\theta\right)\left(\int_0^{\sqrt{1-\frac{1}{n}}}\dfrac{1}{\sqrt{1-r^2}}dr\right)=2\pi\left(1-\sqrt{\dfrac{1}{n}}\right)\to 2\pi$

(4) $x=r\cos\theta, y=r\sin\theta$ とおく．$\displaystyle\int_0^\pi\left(\int_0^n\dfrac{r}{(1+r^2)^2}dr\right)d\theta-\dfrac{\pi}{2}\left(\dfrac{1}{1+n^2}-1\right)\to\dfrac{\pi}{2}$

(5) $x=r\cos\theta, y=r\sin\theta$ とおく．$\left(\displaystyle\int_0^{\frac{\pi}{2}}\sin\theta d\theta\right)\left(\int_{\frac{1}{n}}^2 rdr\right)=\dfrac{1}{2}\left(4-\dfrac{1}{n^2}\right)\to 2$

(6) $x=3r\cos\theta, y=2r\sin\theta$ とおく．$6\left(\displaystyle\int_0^\pi 1d\theta\right)\left(\int_0^n re^{-r^2}dr\right)=-3\pi(e^{-n^2}-1)\to 3\pi$

**演習 8.8** 部分積分が必要．(1) $\displaystyle\int_0^2 x\left(\int_1^{e^x}\log ydy\right)dx=e^2-1$   (2) $\displaystyle\int_2^4\int_{\frac{x^2}{4}}^x\dfrac{x}{x^2+y^2}dydx=2\tan^{-1}\dfrac{1}{2}-\dfrac{\pi}{2}+2\log\dfrac{8}{5}$

**演習 8.9** (1) $u=x+2y, v=x-2y$ とおく．$\dfrac{1}{4}\displaystyle\int_0^1\left(\int_{-u}^u\dfrac{v^4}{u^2+1}dv\right)du=\dfrac{1}{40}(2\log 2-1)$

(2) $x=r\cos\theta, y=r\sin\theta$ とおく．$\displaystyle\int_0^{\frac{\pi}{4}}\left(\int_0^{2\sin\theta}(4r-r^3)dr\right)d\theta=\dfrac{5}{8}\pi-1$

**演習 8.10** (1) $\displaystyle\int_{\frac{1}{n}}^2\left(\int_0^{x-\frac{1}{n}}\dfrac{1}{\sqrt{x^2-y^2}}dx\right)dy=2\sin^{-1}\left(1-\dfrac{1}{2n}\right)+\dfrac{1}{n}-\sqrt{\dfrac{1}{n}\left(4-\dfrac{1}{n}\right)}\to\pi$

(2) $\displaystyle\int_{\frac{1}{n}}^1\left(\int_0^y\dfrac{1}{\sqrt{x^2+y^2}}dx\right)dy=\left(1-\dfrac{1}{n}\right)\log(1+\sqrt{2})\to\log(1+\sqrt{2})$   (3) $x=r\cos\theta, y=r\sin\theta$ とおく．$\left(\displaystyle\int_{-\frac{\pi}{4}}^{\frac{\pi}{3}}\dfrac{1}{\cos^2\theta}d\theta\right)\left(\int_2^{n+1}\dfrac{1}{r^2}dr\right)=\left(\sqrt{3}-(-1)\right)\cdot\left(-\dfrac{1}{n+1}+\dfrac{1}{2}\right)\to\dfrac{\sqrt{3}+1}{2}$

# 参考文献

1) 新井紀子：『AI VS. 教科書が読めない子どもたち』，東洋経済新報社，2018 年．
2) 教育課程研究会 編著：『アクティブ・ラーニングを考える』，東洋館出版社，2016 年．
3) 熊原啓作：『初等微分積分学』，放送大学教育振興会，2002 年．
4) 熊原啓作：『多変数の微積分』，放送大学教育振興会，2003 年．
5) 黒田 成俊：『微分積分』，共立出版，2002 年．
6) 州之内治男：『ルベーグ積分入門』，内田老鶴圃，1987 年．
7) ダン・ロスステイン，ルース・サンタナ著：『たった一つを変えるだけ クラスも教師も自立する「質問づくり」』，新評論，2015 年．
8) 越昭三 監修，高橋泰嗣，加藤幹雄 著：『微分積分概論』，サイエンス社，1998 年．
9) 寺田 文行，坂田 注：『演習と応用 微分積分』，サイエンス社，2000 年．
10) 溝上慎一：『アクティブラーニングと教授学習パラダイムの転換』，東信堂，2014 年．
11) 溝上慎一編：『改訂版 高等学校におけるアクティブラーニング理論編』，東信堂，2016 年．
12) 溝上慎一編：『高等学校におけるアクティブラーニング事例編』，東信堂，2016 年．
13) 皆本晃弥：『スッキリわかる微分積分演習—誤答例・評価基準つき—』，近代科学社，2008 年．
14) 吉村善一，岩下弘一：『入門講義 微分積分』，裳華房，2006 年．
15) D. Varberg, E. J. Purcell, S. E. Rigdon: *Calculus (Eighth Edition)*, Prentice-Hall, 2000.

# 索 引

$\{a_n\}$ approaches negative infinity ................ 4
$\{a_n\}$ approaches positive infinity ................. 4
$C^n$ 級 .................................... 41, 155
$C^\infty$ 級 ................................... 41, 155
$n$ times continuously differentiable .............. 41
$n$ times differentiable ......................... 41
$n$th derivative ............................... 41
$n$th differential coefficient ..................... 41
$x-$simple set ................................ 191
1 対 1 の写像 ................................. 195

absolute value ................................. 3
antiderivative または primitive function .......... 87
approximating sequence ....................... 202
Archimedean spiral ........................... 130
area .......................................... 84
argument .................................... 128
asteroid ..................................... 131

base of natural logarithm ....................... 8
bijection .................................... 195
binomial coefficients ........................... 8
bounded .................................... 2, 7
bounded closed region ........................ 185
bounded from above ............................ 7
bounded from below ............................ 7

cardioid .................................... 129
catenary .................................... 131
Cauchy's mean value theorem ................... 54
chain rule ................................... 163
class C infinity ................................ 41
closed ........................................ 1
closed interval ................................. 2
complex conjugate ........................... 106
composite function ............................ 20
concave ...................................... 69
continuity of real numbers ....................... 3
continuous ................................... 19
continuous from the left ........................ 20
continuous from the right ....................... 20
contour curves ............................... 148
contraposition ................................ 11
converge ...................................... 4
converse ..................................... 10
convex ....................................... 69
cosecant ..................................... 38

cotangent .................................... 38
definite integral ............................... 83
definite integral of $f(x)$ from $a$ to $b$ ............. 83
density ....................................... 2
dependent variable ........................... 147
derivative .................................... 32
difference ..................................... 1
differentiable ............................. 31, 158
differential coefficient .......................... 31
differentiate .................................. 32
differentiation of composite functions ........... 36
differentiation of inverse function ............... 38
discontinuous ................................. 19
distance .................................... 149
diverge ....................................... 4
domain .................................. 12, 195
double integrable ............................ 186
double integral .............................. 186

elementary function ........................... 60
explicit function ............................. 176
extream value theorem ........................ 21
extremal point ................................ 67
extreme value ................................. 67

factor theorem .............................. 106
factorial ...................................... 8
finite decimal .................................. 2
first fundamental theorem of calculus ........... 87
four arithmetic operations ....................... 1
four rules ..................................... 1
function ..................................... 12
function of two variables $x, y$ ................. 147
fundamental theorem of algebra ............... 106
fundamental theorem of calculus ................ 87

graph of the function of two variables ......... 148

half-open interval .............................. 2
harmonic function ........................... 167
Hessian ..................................... 174
hyperbolic cosine .............................. 38
hyperbolic sine ................................ 38

implicit function ............................. 176
implicit function theorem ..................... 176

improper double integrals . . . . . . . . . . . . . . . . . . . . . . 202
improper integral . . . . . . . . . . . . . . . . . . . . . . . . 136, 137
improper multiple integrals . . . . . . . . . . . . . . . . . . . . 202
indefinite integral . . . . . . . . . . . . . . . . . . . . . . . . . . . . . 87
independent variable . . . . . . . . . . . . . . . . . . . . . . . . . 147
indeterminate form . . . . . . . . . . . . . . . . . . . . . . . . . . . . 54
infinite decimal . . . . . . . . . . . . . . . . . . . . . . . . . . . . . . . . 2
infinite geometric series . . . . . . . . . . . . . . . . . . . . . . . . 11
infinite integral . . . . . . . . . . . . . . . . . . . . . . . . . . . . . . 136
infinite series . . . . . . . . . . . . . . . . . . . . . . . . . . . . . . . . . . 9
infinitely differentiable . . . . . . . . . . . . . . . . . . . . . . . . 41
inflection point . . . . . . . . . . . . . . . . . . . . . . . . . . . . . . . 70
injection . . . . . . . . . . . . . . . . . . . . . . . . . . . . . . . . . . . . 195
integer . . . . . . . . . . . . . . . . . . . . . . . . . . . . . . . . . . . . . . . 1
integrable . . . . . . . . . . . . . . . . . . . . . . . . . . . . . . . . . . . . 82
integral test . . . . . . . . . . . . . . . . . . . . . . . . . . . . . . . . . 139
integrand . . . . . . . . . . . . . . . . . . . . . . . . . . . . . . . . . 83, 90
integrate . . . . . . . . . . . . . . . . . . . . . . . . . . . . . . . . . . . . . 90
integration by parts . . . . . . . . . . . . . . . . . . . . . . . . . . 100
integration by substitution . . . . . . . . . . . . . . . . . . . . 95
integration constant . . . . . . . . . . . . . . . . . . . . . . . . . . 90
intermediate value theorem . . . . . . . . . . . . . . . . . . . 21
interval . . . . . . . . . . . . . . . . . . . . . . . . . . . . . . . . . . . . . . . 2
interval of integration . . . . . . . . . . . . . . . . . . . . . . . . 83
inverse cosine function . . . . . . . . . . . . . . . . . . . . . . . . 25
inverse function . . . . . . . . . . . . . . . . . . . . . . . . . . . . . . 23
inverse sine function . . . . . . . . . . . . . . . . . . . . . . . . . . 25
inverse tangent function . . . . . . . . . . . . . . . . . . . . . . 25
inverse trigonometric function . . . . . . . . . . . . . . . . 25
irrational number . . . . . . . . . . . . . . . . . . . . . . . . . . . . . 2
iterated integral, repeated integral . . . . . . . . . . . . 189

Jacobian . . . . . . . . . . . . . . . . . . . . . . . . . . . . . . . . . . . . 196

l'Hôpital's theorem . . . . . . . . . . . . . . . . . . . . . . . . . . . 55
Lagrange multiplier . . . . . . . . . . . . . . . . . . . . . . . . . 180
Lagrange remainder . . . . . . . . . . . . . . . . . . . . . . . . . . 58
Lagrange's mean value theorem . . . . . . . . . . . . . . . 52
Landau's symbol . . . . . . . . . . . . . . . . . . . . . . . . . . . . . 60
Laplacian . . . . . . . . . . . . . . . . . . . . . . . . . . . . . . . . . . . 167
Laplacian operator . . . . . . . . . . . . . . . . . . . . . . . . . . 167
lateral surface area . . . . . . . . . . . . . . . . . . . . . . . . . . 134
left differentiable . . . . . . . . . . . . . . . . . . . . . . . . . . . . . 33
left differential coefficient . . . . . . . . . . . . . . . . . . . . . 33
left-hand limit value . . . . . . . . . . . . . . . . . . . . . . . . . 14
Leibniz formula . . . . . . . . . . . . . . . . . . . . . . . . . . . . . . 42
length of curve . . . . . . . . . . . . . . . . . . . . . . . . . . . . . . 130
limit . . . . . . . . . . . . . . . . . . . . . . . . . . . . . . . . . . . . . . . . . 4
limit value . . . . . . . . . . . . . . . . . . . . . . . . . . . . . . . . . . . . 4
linear approximation . . . . . . . . . . . . . . . . . . . . . . . . . 32
local maximum . . . . . . . . . . . . . . . . . . . . . . . . . . . . . . 66
local maximum value . . . . . . . . . . . . . . . . . . . . . . . . 66
local minimum . . . . . . . . . . . . . . . . . . . . . . . . . . . . . . 67
local minimum value . . . . . . . . . . . . . . . . . . . . . . . . . 67
logarithmic differentiation . . . . . . . . . . . . . . . . . . . . 40
lower end point . . . . . . . . . . . . . . . . . . . . . . . . . . . . . . 83

Maclaurin expansion . . . . . . . . . . . . . . . . . . . . . . . . . . 62
Maclaurin series . . . . . . . . . . . . . . . . . . . . . . . . . . . . . . 62
Maclaurin's theorem . . . . . . . . . . . . . . . . . . . . . . . . . 59
mapping . . . . . . . . . . . . . . . . . . . . . . . . . . . . . . . . . . . . 195
mathematical induction . . . . . . . . . . . . . . . . . . . . . . 42
maximum value . . . . . . . . . . . . . . . . . . . . . . . . . . . . . . 21
mean value theorem . . . . . . . . . . . . . . . . . . . . . . . . . . 52
method of Lagrange multiplier . . . . . . . . . . . . . . . 180
minimum value . . . . . . . . . . . . . . . . . . . . . . . . . . . . . . 21
mixed partial derivative . . . . . . . . . . . . . . . . . . . . . 155
monotone decreasing . . . . . . . . . . . . . . . . . . . . . . . . . 24
monotone decreasing sequence . . . . . . . . . . . . . . . . . 7
monotone increasing . . . . . . . . . . . . . . . . . . . . . . . . . 24
monotone increasing sequence . . . . . . . . . . . . . . . . . 7
multiple integrable . . . . . . . . . . . . . . . . . . . . . . . . . . 186
multiple integral . . . . . . . . . . . . . . . . . . . . . . . . . . . . 186
multivariable function . . . . . . . . . . . . . . . . . . . . . . . 147

Napier's constant . . . . . . . . . . . . . . . . . . . . . . . . . . . . . 8
natural logarithm . . . . . . . . . . . . . . . . . . . . . . . . . . . . . 9
natural number . . . . . . . . . . . . . . . . . . . . . . . . . . . . . . . 1
necessary and sufficient condition . . . . . . . . . . . . . . 5
neighborhood . . . . . . . . . . . . . . . . . . . . . . . . . . . . . . . . 13
non-differentiable . . . . . . . . . . . . . . . . . . . . . . . . . . . . 32
normal vector . . . . . . . . . . . . . . . . . . . . . . . . . . . . . . . 200
number line . . . . . . . . . . . . . . . . . . . . . . . . . . . . . . . . . . 2

one-sided continuous . . . . . . . . . . . . . . . . . . . . . . . . . 20
one-sided limit value . . . . . . . . . . . . . . . . . . . . . . . . . 14
one-to-one mapping . . . . . . . . . . . . . . . . . . . . . . . . . 195
onto-mapping . . . . . . . . . . . . . . . . . . . . . . . . . . . . . . . 195
open interval . . . . . . . . . . . . . . . . . . . . . . . . . . . . . . . . . 2
origin . . . . . . . . . . . . . . . . . . . . . . . . . . . . . . . . . . . . . . . . 2
orthogonal coordinates . . . . . . . . . . . . . . . . . . . . . . 128

parameter . . . . . . . . . . . . . . . . . . . . . . . . . . . . . . . . . . . 44
parametric representation . . . . . . . . . . . . . . . . . . . . 44
partial derivative . . . . . . . . . . . . . . . . . . . . . . . . . . . . 153
partial differential coefficient . . . . . . . . . . . . . . . . 152
partial differential operator . . . . . . . . . . . . . . . . . . 156
partial fraction decomposition . . . . . . . . . . . . . . . 107
partial sum . . . . . . . . . . . . . . . . . . . . . . . . . . . . . . . . . . . 9
partially differentiable with respect to $x$ . . . . . . . 152
partially differentiate . . . . . . . . . . . . . . . . . . . . . . . . 153
polar coordinates . . . . . . . . . . . . . . . . . . . . . . . . . . . 128
polar equation . . . . . . . . . . . . . . . . . . . . . . . . . . . . . . 129
positive series . . . . . . . . . . . . . . . . . . . . . . . . . . . . . . . 139
product . . . . . . . . . . . . . . . . . . . . . . . . . . . . . . . . . . . . . . 1

quotient . . . . . . . . . . . . . . . . . . . . . . . . . . . . . . . . . . . . . . 1

radius . . . . . . . . . . . . . . . . . . . . . . . . . . . . . . . . . . . . . . 128
range . . . . . . . . . . . . . . . . . . . . . . . . . . . . . . . . . . . 12, 195
rational function . . . . . . . . . . . . . . . . . . . . . . . . . . . . 105
rational number . . . . . . . . . . . . . . . . . . . . . . . . . . . . . . 1
real number . . . . . . . . . . . . . . . . . . . . . . . . . . . . . . . . . . 2
recurring decimal . . . . . . . . . . . . . . . . . . . . . . . . . . . . . 2

| | |
|---|---|
| remainder | 58 |
| Riemann sum | 82 |
| right differentiable | 33 |
| right differential coefficient | 33 |
| right-hand limit value | 14 |
| Rolle's theorem | 51 |
| secant | 38 |
| second fundamental theorem of calculus | 93 |
| second partial derivative | 154 |
| sequence | 4 |
| series | 9 |
| singular point | 180 |
| Squeeze theorem | 5 |
| strict local maximum value | 66 |
| strict local minimum value | 66 |
| strictly monotone decreasing | 24 |
| strictly monotone increasing | 24 |
| sum | 1, 9 |
| surface | 148 |
| surface area | 134, 200 |
| surjection | 195 |
| tangent | 32 |
| tangent plane | 162 |
| Taylor expansion | 61 |
| Taylor series | 61 |
| Taylor's theorem | 58 |
| total differential | 161 |
| totally differentiable | 158 |
| two times partial differentiable | 154 |
| upper end point | 83 |
| variable of integration | 90 |
| volume | 186 |
| アークコサイン | 25 |
| アークサイン | 25 |
| アークタンジェント | 25 |
| アステロイド | 131 |
| アルキメデスの螺旋 | 130 |
| 1 次近似 | 32 |
| 陰関数 | 176 |
| 陰関数定理 | 176 |
| 因数定理 | 106 |
| 上に有界 | 7 |
| 上への写像 | 195 |
| $a$ から $b$ までの積分 | 83 |
| $x$ について偏微分可能 | 152 |
| $n$ 回微分可能 | 41 |
| $n$ 回偏微分可能 | 155 |
| $n$ 回連続微分可能 | 41 |
| $f(x,y)$ は 2 回偏微分可能である | 154 |
| 凹 | 69, 71 |
| 開区間 | 2 |
| 階乗 | 8 |
| カージオイド | 129 |
| 片側極限値 | 14 |
| 片側連続 | 20 |
| 下端 | 83 |
| カテナリー | 131 |
| 関数 | 12 |
| 逆 | 10 |
| 逆関数 | 23 |
| 逆関数の微分 | 38 |
| 逆三角関数 | 25 |
| 逆正弦関数 | 25 |
| 逆正接関数 | 25 |
| 逆余弦関数 | 25 |
| 級数 | 9 |
| 狭義単調減少 | 24 |
| 狭義単調増加 | 24 |
| 狭義の極小値 | 66, 173 |
| 狭義の極大値 | 66, 173 |
| 共役複素数 | 106 |
| 極限 | 4 |
| 極限値 | 4, 13, 149 |
| 極座標 | 128 |
| 極小 | 67 |
| 極小値 | 67, 173 |
| 極小点 | 173 |
| 曲線の長さ | 130 |
| 極大 | 66 |
| 極大値 | 66, 173 |
| 極大点 | 173 |
| 極値 | 67, 173 |
| 極値点 | 67, 173 |
| 極方程式 | 129 |
| 曲面 $z = f(x,y)$ | 148 |
| 曲面積 | 200 |
| 距離 | 149 |
| 近似列 | 202 |
| 近傍 | 13, 159 |
| 区間 | 2 |
| 原始関数 | 87 |
| 原点 | 2 |
| 広義 2 重積分 | 202 |
| 広義 2 重積分可能 | 202 |
| 広義重積分 | 202 |
| 広義重積分可能 | 202 |
| 広義積分 | 137 |
| 広義の極値 | 66, 173 |
| 合成関数 | 20 |
| 合成関数の微分 | 36 |
| コーシーの平均値の定理 | 54 |
| コーシーの剰余項 | 60 |
| 弧度法 | x |
| 混合偏導関数 | 155 |
| 差 | 1 |
| サイクロイド | 45 |
| 最小値 | 21 |

| | |
|---|---|
| 最大値 | 21 |
| 最大値・最小値の定理 | 21 |
| 三角不等式 | 3 |
| 自然数 | 1 |
| 自然対数 | 9 |
| 自然対数の底 | 8 |
| 四則 | 1 |
| 四則演算 | 1 |
| 下に有界 | 7 |
| 実数 | 2 |
| 実数の連続性 | 3 |
| 写像 | 195 |
| 重積分 | 186 |
| 重積分可能 | 186, 202 |
| 収束 | 15 |
| 収束する | 4, 9, 13 |
| 従属変数 | 147 |
| 循環小数 | 2 |
| 商 | 1 |
| 上端 | 83 |
| 剰余項 | 58 |
| 初等関数 | 60 |
| 数学的帰納法 | 42 |
| 数直線 | 2 |
| 数列 | 4 |
| 正割 | 38 |
| 正項級数 | 139 |
| 整数 | 1 |
| 正の無限大に発散 | 4, 14 |
| 積 | 1 |
| 積分可能 | 82 |
| 積分区間 | 83 |
| 積分する | 90 |
| 積分定数 | 90 |
| 積分判定法 | 139, 140 |
| 積分変数 | 90 |
| 接線 | 32 |
| 絶対値 | 3 |
| 接平面 | 162 |
| 漸近線 | 73 |
| 全射 | 195 |
| 全単射 | 195 |
| 全微分 | 161 |
| 全微分可能 | 158 |
| 双曲正弦関数 | 38 |
| 双曲余弦関数 | 38 |
| 増減表 | 68 |
| 側面積 | 134 |
| 第 2 次偏導関数 | 154 |
| 第 $n$ 次導関数 | 41 |
| 第 $n$ 次微分係数 | 41 |
| 第 1 微分積分学の基本定理 | 87 |
| 対偶 | 11 |
| 代数学の基本定理 | 106 |
| 対数微分法 | 40 |
| 体積 | 186 |

| | |
|---|---|
| 第 2 微分積分学の基本定理 | 93 |
| 第 $n$ 部分和 | 9 |
| 縦線領域 | 191 |
| 多変数関数 | 147 |
| 単射 | 195 |
| 単調減少 | 24 |
| 単調減少数列 | 7 |
| 単調増加 | 24 |
| 単調増加数列 | 7 |
| 値域 | 12, 147, 195 |
| 置換積分 | 95 |
| 中間値の定理 | 21 |
| 稠密性 | 2 |
| 調和関数 | 167 |
| 直交座標 | 128 |
| 定義域 | 12, 147, 195 |
| 定積分 | 83 |
| $D$ で $x$（または $y$）について偏微分可能 | 152 |
| $D$ で連続 | 150 |
| テイラーの定理 | 58, 171 |
| テイラー級数 | 61 |
| テイラー展開 | 61 |
| 停留点 | 174 |
| 導関数 | 32 |
| 動径 | 128 |
| 等高線 | 148 |
| 特異積分 | 136 |
| 特異点 | 180 |
| 独立変数 | 147 |
| 閉じている | 1 |
| 凸 | 69, 71 |
| 2 回偏微分可能 | 154 |
| 二項係数 | 8 |
| 二項積分 | 113 |
| 2 重積分 | 186 |
| 2 重積分可能 | 186 |
| 2 変数関数のグラフ | 148 |
| 2 変数 $x,y$ の関数 | 147 |
| ネイピアの数 | 16 |
| ネイピア数 | 8 |
| 媒介変数 | 44 |
| 媒介変数表示 | 44 |
| はさみうちの定理 | 5, 15 |
| 発散する | 4, 9 |
| パラメータ | 44 |
| パラメータ表示 | 44 |
| 半開区間 | 2 |
| 被積分関数 | 83, 90 |
| 左側連続 | 20 |
| 左極限値 | 14 |
| 左微分可能 | 33 |
| 左微分係数 | 33 |
| 必要十分条件 | 5 |
| 区間 $I$ で微分可能 | 32 |
| 微分可能 | 31, 158 |

微分係数 ................................. 31
微分する ................................. 32
微分積分学の基本定理 ..................... 87
微分不可能 ............................... 32
表面積 .................................. 134
不定形 ................................... 54
不定積分 ............................. 87, 90
負の無限大に発散 ...................... 4, 14
部分積分 ................................ 100
部分分数分解 ........................... 107
部分和 .................................... 9
不連続 ................................... 19
平均値の定理 ....................... 52, 172
閉区間 .................................... 2
ヘッシアン ............................. 174
ヘッセ行列式 ........................... 174
偏角 .................................... 128
変曲点 ................................... 70
偏導関数 ............................... 153
偏微分可能 ............................. 152
偏微分係数 ............................. 152
偏微分作用素 ........................... 156
偏微分する ............................. 153
法線ベクトル ........................... 200

マクローリン級数 .................. 62, 172
マクローリン展開 .................. 62, 172
マクローリンの定理 ................ 59, 172
右側連続 ................................. 20
右極限値 ................................. 14
右微分可能 ............................... 33
右微分係数 ............................... 33
無限回微分可能 .................... 41, 155
無限級数 .................................. 9
無限小数 .................................. 2
無限積分 ............................... 136
無限等比級数 ............................. 11
無理数 .................................... 2
面積 ..................................... 84

ヤコビアン ............................. 196
ヤコビ行列式 ........................... 196
有界 ................................... 2, 7
有界閉領域 ............................. 185
有限小数 .................................. 2
有理関数 ............................... 105
有理数 .................................... 1
陽関数 .................................. 176
余割 ..................................... 38
余接 ..................................... 38

ライプニッツの公式 ...................... 42
ラグランジュ乗数 ....................... 180
ラグランジュの乗数法 ................... 180
ラグランジュの剰余項 .................... 58
ラグランジュの平均値の定理 .............. 52
ラグランジュの未定乗数法 ............... 182

ラジアン .................................. x
ラプラシアン ........................... 167
ラプラス作用素 ......................... 167
ランダウの記号 ............... 60, 61, 158
リーマン積分 ........................... 186
リーマン積分可能 ....................... 186
リーマン和 ........................ 82, 186
累次積分 ............................... 189
連鎖律 .................................. 163
連続 ............................... 19, 150
ロピタルの定理 .......................... 55
ロルの定理 .............................. 51

和 .................................... 1, 9

### 著者略歴

## 皆 本 晃 弥（みなもと　てるや）

1992 年　愛媛大学教育学部中学校課程数学専攻 卒業
1994 年　愛媛大学大学院理学研究科数学専攻修士課程 修了
1997 年　九州大学大学院数理学研究科数理学専攻博士後期課程 単位取得退学
2000 年　博士（数理学）（九州大学）
　　　　　九州大学大学院システム情報科学研究科情報理学専攻 助手，
　　　　　佐賀大学理工学部知能情報システム学科 講師，同 准教授などを歴任
現　在　佐賀大学教育研究院自然科学域理工学系 教授

### 主要著書

スッキリわかる確率統計（近代科学社，2015 年）
スッキリわかる線形代数（近代科学社，2011 年）
スッキリわかる微分積分演習（近代科学社，2008 年）
スッキリわかる複素関数論（近代科学社，2007 年）
スッキリわかる微分方程式とベクトル解析（近代科学社，2007 年）
スッキリわかる線形代数演習（近代科学社，2006 年）
よくわかる数値解析演習（近代科学社，2005 年）
やさしく学べる C 言語入門（サイエンス社，2004 年）
やさしく学べる pLaTeX2e 入門（サイエンス社，2003 年）
シェル&Perl 入門（共著，サイエンス社，2001 年）
UNIX ユーザのためのトラブル解決 Q&A（サイエンス社，2000 年）
GIMP/GNUPLOT/Tgif で学ぶグラフィック処理（共著，サイエンス社，1999 年）
理工系ユーザのための Windows リテラシ（共著，サイエンス社，1999 年）
Linux/FreeBSD/Solaris で学ぶ UNIX（サイエンス社，1999 年）

---

基礎からスッキリわかる微分積分
―アクティブ・ラーニング実践例つき

© 2019 Teruya Minamoto　　　Printed in Japan

2019 年 3 月 31 日　初 版 発 行
2023 年 2 月 28 日　初版第 4 刷発行

著　者　　皆　本　晃　弥
発行者　　大　塚　浩　昭
発行所　　株式会社 近代科学社

〒 101-0051　東京都千代田区神田神保町 1 丁目 105 番地
https://www.kindaikagaku.co.jp

藤原印刷　　ISBN978-4-7649-0585-6

定価はカバーに表示してあります．